中文版
AutoCAD2016
应用宝典

李建新 编著

北京日报出版社

图书在版编目（CIP）数据

中文版 AutoCAD 2016 应用宝典 / 李建新编著. --
北京 ：北京日报出版社, 2015.12
ISBN 978-7-5477-1979-4

Ⅰ．①中⋯ Ⅱ．①李⋯ Ⅲ．①AutoCAD 软件 Ⅳ.
① TP391.72

中国版本图书馆 CIP 数据核字(2015)第 314394 号

中文版 AutoCAD 2016 应用宝典

出版发行： 北京日报出版社

地　　址： 北京市东城区东单三条 8-16 号　东方广场东配楼四层

邮　　编： 100005

电　　话： 发行部：（010）65255876
　　　　　　　总编室：（010）65252135-8043

网　　址： www.beijingtongxin.com

印　　刷： 北京凯达印务有限公司

经　　销： 各地新华书店

版　　次： 2016 年 3 月第 1 版
　　　　　　　2016 年 3 月第 1 次印刷

开　　本： 787 毫米×1092 毫米　1/16

印　　张： 32.25

字　　数： 668 千字

定　　价： 98.00 元(随书赠送 DVD 一张)

前 言

1　软件简介

　　AutoCAD 2016 是由美国 Autodesk 公司推出的最新款计算机辅助绘图与设计软件，其强大的功能和易于掌握的特点。在多个领域的应用非常广泛，受到各领域广大从业者的一致好评，随着软件的不断升级，本书立足于这款软件的实际操作及行业应用，完全从一个初学者的角度出发，循序渐进地讲解核心知识点，并通过大量实例演练，让读者在最短的时间内成为 AutoCAD 2016 操作高手。

2　本书的主要特色

　　内容全面：5 大篇幅内容安排＋20 章软件技术精解＋201 个专家提醒＋1700 多张图片全程图解。

　　功能完备：书中详细讲解了 AutoCAD 2016 的工具、功能、命令、菜单、选项，做到完全解析、完全自学，读者可以即查即用。

　　案例丰富：4 大领域专题实战精通＋366 个技能实例演练＋570 多分钟视频播放＋330 多个素材文件，帮助读者步步精通，成为 AutoCAD 行家！

3　本书内容

　　第 1~4 章，为入门篇，主要介绍了 AutoCAD 2016 快速入门的基础知识。

　　第 5~8 章，为提高篇，主要介绍了二维图形的创建与编辑等内容。

　　第 9~13 章，为晋级篇，主要介绍了图块、文字、表格的创建与设置等内容。

　　第 14~16 章，为精通篇，主要介绍了三维实体的创建与修改等内容。

　　第 17~20 章，为实战篇，主要介绍了简易图纸、机械、室内、建筑设计。

4　作者售后

　　本书由卓越编著，在编写的过程中，得到了龚政、李瑶等人的帮助，在此表示感谢。由于作者知识水平有限，书中难免有错误和疏漏之处，恳请广大读者批评、指正，联系邮箱：itsir@qq.com。

5　版权声明

　　本书及光盘中所采用的图片、模型、音频、视频和赠品等素材，均为所属公司、网站或个人所有，本书引用仅为说明（教学）之用，绝无侵权之意，特此声明。

编者

1

内容提要

本书是一本 AutoCAD 2016 学习宝典，全书通过 366 个实战案例，以及 570 多分钟全程同步语音教学视频，帮助读者从入门、进阶、精通软件，到成为应用高手！

书中内容包括：初识 AutoCAD 2016、绘图环境的设置、辅助功能的设置、图形显示的控制、二维图形的创建、二维图形的编辑、创建与管理图层、创建面域与填充图案、查询与管理外部参照、管理图块与设计中心、文字的创建与设置、表格的创建与设置、创建编辑尺寸标注、创建三维实体对象、修改渲染三维模型、打印与发布图形、简易图纸设计、机械设计、室内设计、建筑设计等内容。

本书适合于 AutoCAD 的初、中级读者阅读，包括平面辅助绘图人员、机械绘图人员、工程绘图人员、模具绘图人员、工业绘图人员、室内装潢设计人员、室外建筑施工人员及建筑效果图制作者等，同时也可作为各类计算机培训中心、中职中专、高职高专等院校及相关专业的辅导教材。

CONTENTS 目录

CONTENTS

CONTENTS

初识AutoCAD 2016

学习提示

　　AutoCAD 2016 是由美国 Autodesk 公司推出的 AutoCAD 的最新版本，它是一款计算机辅助绘图与设计软件，具有功能强大、易于掌握、使用方便等特点，能够绘制二维与三维图形、标注图形尺寸、渲染图形以及打印输出图纸。本章将介绍 AutoCAD 2016 的基础知识。

本章案例导航

- 实战——启动 AutoCAD 2016
- 实战——退出 AutoCAD 2016
- 实战——新建图形文件
- 实战——吊钩
- 实战——圆柱 2D

- 实战——弹簧
- 实战——切换图形文件
- 实战——室内装潢图
- 实战——关闭图形文件
- 实战——花草

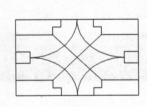

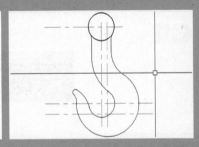

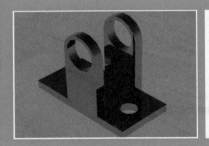

1.1 启动与退出 AutoCAD 2016

下面以在 Windows 7 下启动与退出 AutoCAD 2016 为例，向用户介绍启动与退出 AutoCAD 2016 的方法。

1.1.1 启动 AutoCAD 2016

在安装好 AutoCAD 2016 软件后，用户可以通过以下方法启动 AutoCAD 2016。

	素材文件	无
	效果文件	无
	视频文件	光盘 \ 视频 \ 第 1 章 \1.1.1 启动 AutoCAD 2016.mp4

实战 启动 AutoCAD 2016

步骤 01 移动鼠标指针至桌面上的 AutoCAD 2016 图标上，在图标上单击鼠标右键，在弹出的快捷菜单中选择"打开"选项，如图 1-1 所示。

步骤 02 弹出 AutoCAD 2016 程序启动界面，显示程序启动信息，如图 1-2 所示。

图 1-1 选择"打开"选项

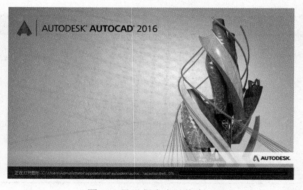

图 1-2 显示程序启动信息

步骤 03 稍等片刻，即可进入 AutoCAD 2016 的程序界面，如图 1-3 所示。

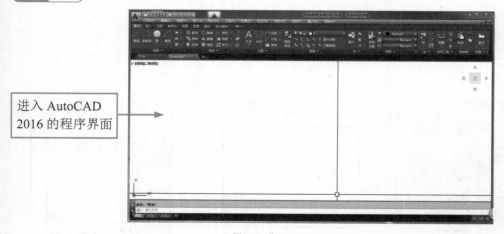

图 1-3 进入 AutoCAD 2016

专家指点

用户还可以通过以下两种方法启动 AutoCAD 2016：

＊ 命令：单击"开始"|"所有程序"｜"AutoCAD 2016"。

＊ 文件：双击 DWG 格式的 AutoCAD 文件。

1.1.2　退出 AutoCAD 2016

若用户完成了工作，则需要退出 AutoCAD 2016，退出 AutoCAD 2016 与退出其他大多数应用程序一样，执行"文件"|"退出"命令即可。

素材文件	无
效果文件	无
视频文件	光盘 \ 视频 \ 第 1 章 \1.1.2 退出 AutoCAD 2016.mp4

实战　退出 AutoCAD 2016

步骤 01 启动 AutoCAD 2016 后，单击"菜单浏览器"按钮，在弹出的下拉菜单中，单击"退出 Autodesk AutoCAD 2016"按钮，如图 1-4 所示。

步骤 02 执行操作后，即可退出 AutoCAD 2016 应用程序。

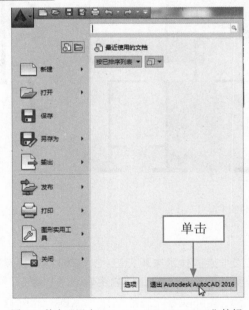

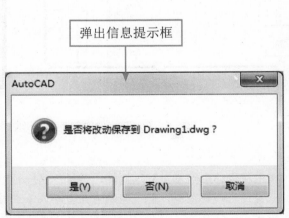

图 1-4　单击"退出 Autodesk AutoCAD 2016"按钮

图 1-5　信息提示框

专家指点

若在工作界面中进行了部分操作，之前也未保存，在退出该软件时，弹出信息提示框，如图 1-5 所示。单击"是"按钮，将保存文件；单击"否"按钮，将不保存文件；单击"取消"按钮，将不退出 AutoCAD 2016 程序。

1.2 AutoCAD 2016 的初步认识

AutoCAD 产生于 1982 年，至今已经过多次升级，其功能不断增强并日趋完善，如今已成为工程设计领域中应用最为广泛的计算机辅助绘图和设计软件之一，深受广大工程技术人员的欢迎。

1.2.1 创建与编辑图形

在 AutoCAD 2016 中，可以通过菜单中的"绘图"菜单和"修改"菜单下的相应命令绘制图形。在 AutoCAD 2016 中，即可以绘制平面图，也可以绘制轴测图和三维图。下面向用户介绍绘制各种图形的方法。

1. 绘制平面图

AutoCAD 提供了丰富的绘图命令，使用这些命令可以绘制直线、构造线、多段线、圆、矩形、多边形、椭圆等基本图形，也可以将绘制的图形转换为面域，对其进行填充，使用"绘图"选项板中的相应命令，可以绘制出各种各样的平面图形，如图 1-6 所示的室内平面图，以及在其他软件中根据图纸设计的效果图。

图 1-6 室内平面图和效果图

2. 绘制轴测图

在工程设计中经常见到轴测图，轴测图是一种以二维绘图技术来模拟三维对象沿特定视点产生的三维平行投影效果，但在绘制方法上不同于二维图形的绘制。因此轴测图看似三维图形，但在实际上是二维图形。切换到 AutoCAD 的轴测模式下，就可以方便地绘制出轴测图。此时直线将绘制成与坐标轴成 300°、90°、150° 等角度，圆将绘制成椭圆，如图 1-7 所示的轴测图。

3. 绘制三维图

在 AutoCAD 2016 中，可以把一些平面图形通过拉伸、设定标高和厚度等转换为三维图形，AutoCAD 2016 提供了三维绘图命令，用户可以很方便地绘制圆柱体、球体、长方体等基本实体以及三维网格、旋转网格等网格模型。同样再结合编辑命令，还可以绘制出各种各样的复杂三维图形，如图 1-8 所示。

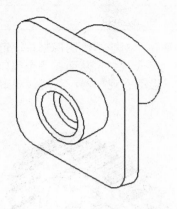
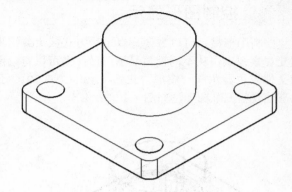

图 1-7 模型轴测图

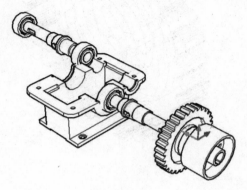
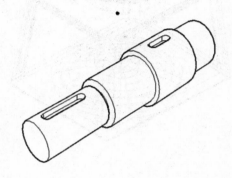

图 1-8 三维模型

1.2.2 标注图形尺寸

尺寸标注是向图形中添加测量注释的过程,是整个绘图过程中不可缺少的一步。AutoCAD 2016 提供了标注功能,使用该功能可以在图形的各个方向上创建各种类型的标注,也可以方便、快速地以一定格式创建符合行业或项目标准的标注。

在 AutoCAD 2016 中提供了线性、半径和角度 3 种基本标注类型,可以进行水平、垂直、对齐、旋转、坐标、基线或连续等标注。标注的对象可以是二维图形或三维图形,如图 1-9 所示。

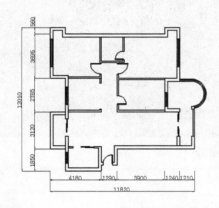
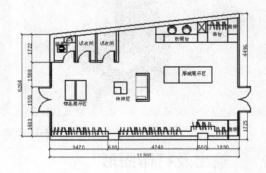

图 1-9 标注图形尺寸

1.2.3 控制图形显示

控制图形显示可以方便地以多种方式放大或缩小绘制的图形。对于三维图形来说，可以通过改变观察视点，从不同视角显示图形；也可以将绘图窗口分为多个视口，从而在各个视口中以不同文件方位显示同一图形。此外，AutoCAD 2016 还提供了三维动态观察器，利用该观察器可以动态地观察三维图形，如图 1-10 所示。

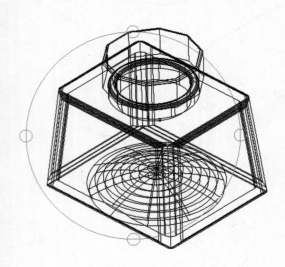
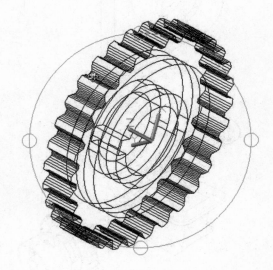

图 1-10 动态观察图形

1.2.4 渲染三维图形

在 AutoCAD 2016 中，可以运用雾化、光源和材质，将模型渲染为具有真实感的图像。如果为了演示，可以渲染全部对象，如图 1-11 所示。

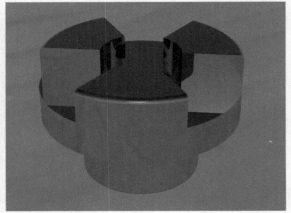

图 1-11 渲染三维图形

1.2.5 输出及打印图形

AutoCAD 2016 不仅允许将所绘制的图形以不同样式通过绘图仪或打印机输出，还能够将不同格式的图形导入 AutoCAD 或将 AutoCAD 图形以其他格式输出。因此，当图形绘制完成之后可以使用多种方法将其输出。例如，可以将图形打印在图纸上，或创建成文件以供其他应用程序使用。

1.3 AutoCAD 2016 的工作界面

AutoCAD 2016 包含有 4 个工作界面，分别是"二维草图与注释"、"三维基础"、"三维建模"和"AutoCAD 经典"工作界面。在"二维草图与注释"工作界面中，其界面主要由菜单浏览器、标题栏、快速访问工具栏、绘图窗口、功能区、命令行以及状态栏等部分组成，如图 1-12 所示。

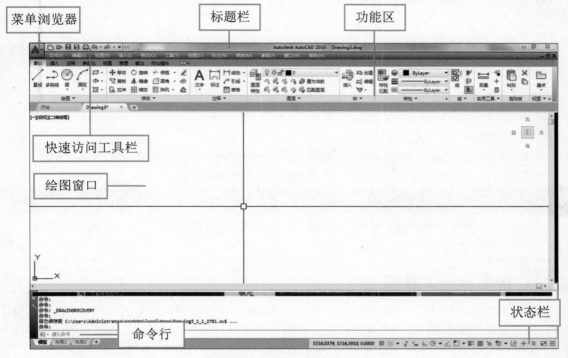

图 1-12 AutoCAD 2016 工作界面

1.3.1 标题栏

标题栏位于应用程序窗口的最上方，用于显示当前正在运行的程序及文件名等信息，如图 1-13 所示，为 AutoCAD 2016 的标题栏。

图 1-13 AutoCAD 2016 标题栏

单击标题栏右侧的按钮组 ，可以最小化、最大化或关闭应用程序窗口。在标题栏上的空白处单击鼠标右键，在弹出快捷菜单中可以执行最小化或最大化窗口、还原窗口、关闭 AutoCAD 等操作。

1.3.2 菜单浏览器

"菜单浏览器"按钮 位于界面左上角。单击该按钮，将弹出 AutoCAD 菜单，如图 1-14 所示，在其中几乎包含了 AutoCAD 的全部功能和命令，用户单击命令后即可执行相应操作。

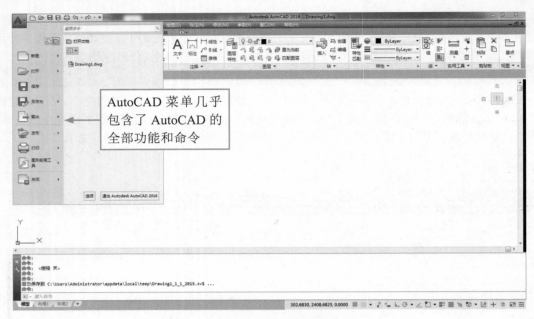

图 1-14 "菜单浏览器"按钮的下拉菜单

专家指点

单击"菜单浏览器"按钮，在弹出的菜单中，在"搜索"文本框中输入关键字，然后单击"搜索"按钮，即可以显示与关键字相关的命令。

1.3.3 快速访问工具栏

AutoCAD 2016 的快速访问工具栏中包含最常用操作的快捷按钮，方便用户使用。在默认状态中，快速访问工具栏中包含 7 个快捷按钮，如图 1-15 所示，分别为"新建"按钮、"打开"按钮、"保存"按钮、"另存为"按钮、"打印"按钮、"放弃"按钮和"重做"按钮。

图 1-15 快速访问工具栏

如果想在快速访问工具栏中添加或删除其他按钮，可以在快速访问工具栏上单击鼠标右键，在弹出的快捷菜单中选择"自定义快速访问工具栏"选项，在弹出的"自定义用户界面"对话框中进行设置即可。

专家指点

在快速访问工具栏右侧三角按钮上单击鼠标左键，再在弹出的快捷菜单栏中选择"显示菜单栏"选项，就可以在工作空间中显示菜单栏。

1.3.4 "功能区"选项板

"功能区"选项板是一种特殊的选项板，位于绘图窗口的上方。在"二维草图与注释"工作界面中，"功能区"选项板中有 8 个选项卡，即默认、插入、注释、参数化、视图、管理、输出、附加模块。每个选项卡包含若干个面板，每个面板又包含有许多命令按钮，如图 1-16 所示。

图 1-16 "功能区"选项板

1.3.5 绘图窗口

绘图窗口是用户绘制图形时的工作区域,用户可以通过 LIMITS 命令设置显示在屏幕上绘图区域的大小,也可以根据需要关闭其他窗口元素,例如工具栏、选项板等,以增大绘图空间。如果图纸比较大,需要查看未显示部分时,可以单击窗口右边与下边滚动条上的箭头,或拖曳滚动条上的滑块来移动图纸。绘图窗口左下方显示的是系统默认的世界坐标系图标。绘图窗口底部显示了"模型"、"布局 1"和"布局 2" 3 个选项卡,用户可以在模型空间及图纸空间自由切换。

1.3.6 命令窗口

命令窗口位于绘图窗口的底部,用于接收输入的命令,并显示 AutoCAD 提示信息,如图 1-17 所示。在 AutoCAD 2016 中,命令窗口可以拖曳为浮动窗口。处于浮动状态的命令行随拖曳位置的不同,其标题显示的方向也不同。如果将命令行拖曳到绘图窗口的右侧,这时命令窗口的标题栏将位于右边。

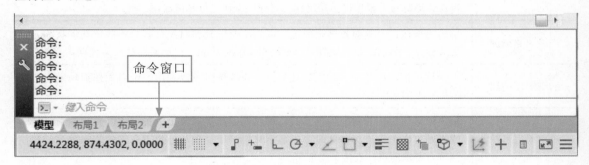

图 1-17 AutoCAD 2016 命令窗口

专家指点

使用 AutoCAD 2016 绘图时,命令提示行一般有以下两种显示状态:

* 等待命令输入状态:表示系统等待用户输入命令,以绘制或编辑图形。

* 正在执行命令的状态:在执行命令的过程中,命令提示行中将显示该命令的操作 提示。

1.3.7 状态栏

状态栏位于屏幕的最下方,它显示了当前 AutoCAD 的工作状态,以及其他的显示按钮等,如图 1-18 所示。

> ▶_ ▾ 键入命令

模型 布局1 布局2 +

4424.2288, 874.4302, 0.0000

图 1-18 AutoCAD 2016 状态栏

状态栏中包括"推断约束"、"捕捉模式"、"栅格"、"正交模式"、"极轴追踪"、"二维对象捕捉"、"三维对象捕捉"、"对象捕捉追踪"、"动态 UCS"、"动态输入"、"线宽"、"透明度"、"快捷特性"、"选择循环"和"注释监视器"这 15 个状态转换按钮，其功能如表 1-1 所示。

表 1-1 状态栏中的状态转换按钮

名称	功能说明
推断约束	单击该按钮，打开推断约束功能，可约束设置的限制效果，比如限制两条直线垂直、相交、共线，圆与直线相切等。
捕捉模式	单击该按钮，打开捕捉设置，此时光标只能在 X 轴、Y 轴或极轴方向移动固定的距离。
栅格	单击该按钮，打开栅格显示，此时屏幕上将布满小点。其中，栅格的 X 轴和 Y 轴间距也可通过"草图设置"对话框的"捕捉和栅格"选项卡进行设置。
正交模式	单击该按钮，打开正交模式，此时只能绘制垂直直线或水平直线。
极轴追踪	单击该按钮，打开极轴追踪模式。在绘制图形时，系统将根据设置显示一条追踪线，可在该追踪线上根据提示精确移动光标，从而进行精确绘图。
二维对象捕捉	单击该按钮，打开对象捕捉模式。因为所有的几何对象都有一些决定其形状和方位的关键点，所以，在绘图时可以利用对象捕捉功能，自动捕捉这些关键点。
三维对象捕捉	单击该按钮，打开三维对象捕捉模式。在绘图时可以利用三维对象捕捉功能，自动捕捉三维图形的各个关键点。
对象捕捉追踪	单击该按钮，打开对象捕捉模式，可以通过捕捉对象上的关键点，并沿着正交方向或极轴方向拖曳光标，此时可以显示光标当前位置与捕捉点之间的相对关系。若找到符合要求的点，直接单击即可。
动态 UCS	单击该按钮，可以允许或禁止动态 UCS。
动态输入	单击该按钮，将在绘制图形时自动显示动态输入文本框，方便绘图时设置精确数值。
线宽	单击该按钮，打开线宽显示。在绘图时如果为图层和所绘图形设置了不同的线宽，打开该开关，可以在屏幕上显示线宽，以标识各种具有不同线宽的对象。
透明度	单击该按钮，打开透明度显示。在绘图时如果为图层和所绘图形设置了不同的透明度，打开该开关，可以在屏幕上显示透明度，方便识别不同的对象。
快捷特性	单击该按钮，可以显示对象的快捷特性选项板，能帮助用户快捷地编辑对象的一般特性。通过"草图设置"对话框的"快捷特性"选项卡可以设置快捷特性选项板的位置模式和大小。
选择循环	单击该按钮，可以帮助用户对选择进行循环操作。
注释监视器	单击该按钮，可以启用注释监视器，它提供关于关联注释状态的反馈。如果当前图形中的所有注释都已关联，在系统托盘中的注释图标将保持为正常。

1.4 AutoCAD 2016 的基本操作

要学习 AutoCAD 2016 软件的设计应用，首先需掌握 AutoCAD 2016 的基本操作，包括新建图形文件、打开图形文件、保存图形文件、输出图形文件和关闭图形文件，下面向用户介绍掌握各个基本操作的方法。

1.4.1 新建图形文件

启动 AutoCAD 2016 之后，系统将自动新建一个名为 Drawing1 的图形文件，该图形文件默认以 acadiso.dwt 为模板，根据需要用户也可以新建图形文件，以完成相应的绘图操作。

素材文件	无
效果文件	无
视频文件	光盘 \ 视频 \ 第 1 章 \1.4.1 新建图形文件 .mp4

实战 新建图形文件

步骤 01 启动 AutoCAD 2016 后，单击"菜单浏览器"按钮，在弹出的菜单列表中单击"新建"命令，如图 1-19 所示。

步骤 02 弹出"选择样板"对话框，在列表框中选择相应选项，如图 1-20 所示。

图 1-19 单击"新建"命令   图 1-20 选择 acadiso 选项

步骤 03 单击"打开"按钮，即可新建图形文件。

 专家指点

用户还可以通过以下 3 种方法，新建图形文件：

* 命令：在命令行中输入 NEW 命令并按【Enter】键确认。

* 快捷键：按【Ctrl ＋ N】组合键。

* 工具栏：单击快速访问工具栏的"新建"按钮。

执行以上任意一种方法，均可弹出"选择样板"对话框。

1.4.2 打开已有图形文件

若电脑中已经保存了 AutoCAD 文件，可以将其打开进行查看和编辑。

	素材文件	光盘\素材\第 1 章\吊钩 .dwg
	效果文件	无
	视频文件	光盘\视频\第 1 章\1.4.2 打开已有图形文件 .mp4

实战 吊钩

步骤 01 在 AutoCAD 2016 工作界面中，单击"菜单浏览器"按钮，在弹出的菜单列表中单击"打开"命令，如图 1-21 所示。

步骤 02 弹出"选择文件"对话框，在"查找范围"列表框中选择需要打开的素材图形，如图 1-22 所示。

图 1-21 单击"打开"命令 　　　　　　　图 1-22 选择需要打开的素材图形

专家指点

用户还可以通过以下 3 种方法，打开图形文件：

* 命令：在命令行中输入 OPEN 命令并按【Enter】键确认。

* 快捷键：按【Ctrl ＋ O】组合键。

* 工具栏：单击快速访问工具栏的"打开"按钮 。

执行以上任意一种方法，均可弹出"选择文件"对话框。

步骤 03 单击"打开"按钮，即可打开素材图形，如图 1-23 所示。

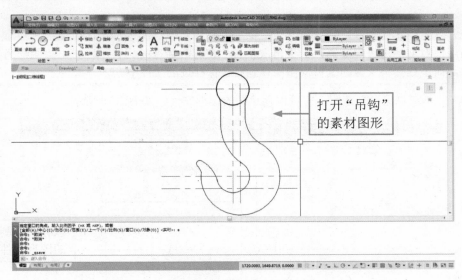

图 1-23　打开素材图形

1.4.3　直接保存文件

　　在绘制一个图形文件时，要注意保存所绘制的图形文件到本地磁盘，以免因意外而丢失文件数据。

	素材文件	无
	效果文件	光盘 \ 效果 \ 第 1 章 \ 圆柱 2D.dwg
	视频文件	光盘 \ 视频 \ 第 1 章 \1.4.3 直接保存文件 .mp4

实战　圆柱 2D

步骤　01　启动 AutoCAD 2016，在其中进行图形的绘制，绘制完成后，单击"菜单浏览器"按钮，在弹出的菜单列表中单击"保存"命令，如图 1-24 所示。

步骤　02　弹出"图形另存为"对话框，在其中用户可根据需要设置文件的保存位置及文件名称，如图 1-25 所示。

图 1-24　单击"保存"命令

图 1-25　设置文件保存信息

专家指点

　　当用户对文件进行保存后，如果再次执行"保存"命令时，将不再弹出"图形另存为"对话框，而是直接将所做的编辑操作保存到已经保存过的文件中。

> 步骤 **03**　单击"保存"按钮，即可保存绘制的图形文件，如图 1-26 所示。

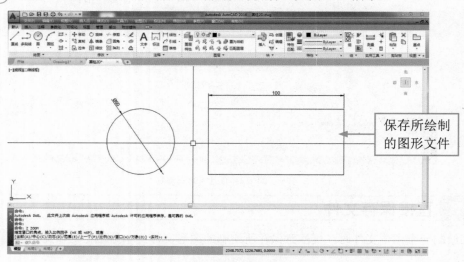

图 1-26　保存绘制的图形文件

 专家指点

　　用户还可以通过以下 3 种方法，保存图形文件：

　＊ 命令：在命令行中输入 SAVE 命令并按【Enter】键确认。

　＊ 快捷键：按【Ctrl ＋ S】组合键。

　＊ 工具栏：单击快速访问工具栏的"保存"按钮 。

　　执行以上任意一种方法，均可弹出"图形另存为"对话框。

1.4.4　另存为图形文件

　　如果用户需要重新将图形文件保存至磁盘中的另一位置，此时可以使用"另存为"命令，对图形文件进行另存为操作。

	素材文件	光盘 \ 素材 \ 第 1 章 \ 弹簧 .dwg
	效果文件	光盘 \ 效果 \ 第 1 章 \ 弹簧 .dwg
	视频文件	光盘 \ 视频 \ 第 1 章 \1.4.4 另存为图形文件 .mp4

实战 弹簧

> 步骤 **01**　单击"菜单浏览器"按钮，在弹出的菜单列表中单击"打开"|"图形"命令，打开一幅素材图形，如图 1-27 所示。

> 步骤 **02**　单击"菜单浏览器"按钮，在弹出的菜单列表中单击"另存为"|"图形"命令，弹出"图形另存为"对话框，单击"保存于"右侧的下拉按钮，在弹出的列表框中重新设置文件的保存位置，

如图 1-28 所示。

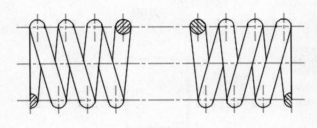

图 1-27 打开一幅素材图形　　　　　　　图 1-28 设置文件的保存位置

步骤 03　单击"保存"按钮，即可另存为图形文件。

专家指点

用户还可以通过以下两种方法，另存为图形文件：

∗ 命令：在命令行中输入 SAVEAS 命令，并按【Enter】键确认。

∗ 快捷键：按【Ctrl ＋ Shift ＋ S】组合键。

执行以上任意一种方法，均可弹出"图形另存为"对话框。

1.4.5　切换图形文件

在 AutoCAD 2016 窗口界面中，当用户打开了多幅图形文件时，可以在各图形文件之间进行切换操作。

素材文件	光盘 \ 素材 \ 第 1 章 \ 冰箱 .dwg、窗格 .dwg	
效果文件	无	
视频文件	光盘 \ 视频 \ 第 1 章 \1.4.5 切换图形文件 .mp4	

实战 切换图形文件

步骤 01　单击"菜单浏览器"按钮，在弹出的菜单列表中单击"打开"|"图形"命令，打开两幅素材图形，如图 1-29 所示。

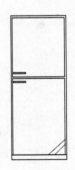
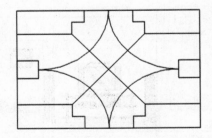

图 1-29 打开两幅素材图像

步骤 **02** 单击"功能区"选项板中的"视图"选项卡,在"窗口"选项板中单击"切换窗口"下拉按钮,在弹出的列表框中选择"冰箱"选项,如图1-30所示。

步骤 **03** 即可切换到选择的图形窗口中,如图1-31所示。

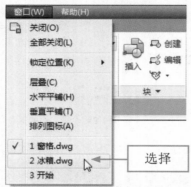

图 1-30 选择"植物"选项　　　　　　　　　　图 1-31 切换到选择的图形窗口中

 专家指点

除了运用上述方法可以切换图形文件之外,还可以按【Ctrl＋Tab】组合键,切换图形文件。

1.4.6 输出图形文件

在 AutoCAD 2016 中,用户可根据需要对图形文件进行输出操作。

	素材文件	光盘 \ 素材 \ 第 1 章 \ 室内装潢图 .dwg
	效果文件	光盘 \ 效果 \ 第 1 章 \ 室内装潢图 .bmp
	视频文件	光盘 \ 视频 \ 第 1 章 \1.4.6 输出图形文件 .mp4

实战 室内装潢图

步骤 **01** 单击"菜单浏览器"按钮,在弹出的菜单列表中单击"打开"|"图形"命令,打开一幅素材图形,如图1-32所示。

步骤 **02** 单击"菜单浏览器"按钮,在弹出的菜单列表中单击"输出"|"其他格式"命令,如图1-33所示。

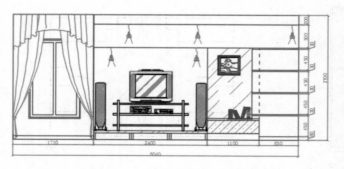

图 1-32 打开一幅素材图形　　　　　　　　　　图 1-33 单击"其他格式"命令

步骤 03 弹出"输出数据"对话框,在其中可以设置文件的保存路径及文件类型,如图1-34所示。

步骤 04 单击"保存"按钮,返回绘图区,在指定位置双击保存的图像,即可查看图像,如图1-35所示。

图 1-34 设置文件的保存路径及文件类型

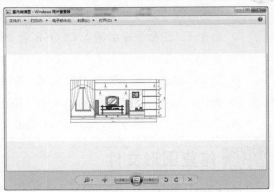
图 1-35 查看输出的图像效果

专家指点

在命令行中输入 EXPORT 命令,并按【Enter】键确认,也可以输出图形文件。在 AutoCAD 2016 中,常用的输出文件类型有三维 DWF(*.dwf)、图元文件(*.wmf)、块(*.dwg)、位图(*.bmp)、V8.DGN(*.dgn)等。

1.4.7 关闭图形文件

当完成对图形文件的编辑之后,用户可以关闭图形文件。

素材文件	无	
效果文件	无	
视频文件	光盘 \ 视频 \ 第 1 章 \1.4.7 关闭图形文件 .mp4	

实战 关闭图形文件

步骤 01 将鼠标移至绘图窗口右上角的"关闭"按钮上,单击鼠标左键,如图 1-36 所示。

步骤 02 执行操作后,如果图形文件尚未作修改,可以直接将当前图形文件关闭;如果保存后又修改过图形文件,且未对图形文件进行重新保存,系统将弹出提示信息框,提示用户是否保存文件或放弃已作的修改,如图 1-37 所示。

图 1-36 单击"关闭"按钮

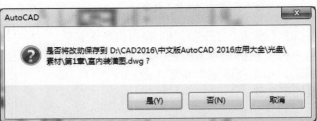
图 1-37 信息提示框

步骤 **03** 单击"是"按钮，将保存图形文件；单击"否"按钮，将不保存图形文件，退出 AutoCAD；单击"取消"按钮，则不退出 AutoCAD 2016 应用程序。

 专家指点

用户还可以通过以下 3 种方法，关闭图形文件：

＊ 命令 1：在命令行中输入 CLOSE 命令并按【Enter】键确认。

＊ 命令 2：在命令行中输入 CLOSEALL 命令并按【Enter】键确认。

＊ 菜单：单击"菜单浏览器"按钮，在弹出的菜单中单击"关闭"命令。

＊ 按钮：单击标题栏右侧的"关闭"按钮。

执行以上任意一种方法，均可关闭图形文件。

1.4.8 修复图形文件

在 AutoCAD 2016 中，用户还可以修复已损坏的图形文件。

素材文件	光盘 \ 素材 \ 第 1 章 \ 花草 .dwg
效果文件	无
视频文件	光盘 \ 视频 \ 第 1 章 \1.4.8 修复图形文件 .mp4

实战 花草

步骤 **01** 单击"菜单浏览器"按钮，在弹出的菜单列表中单击"图形实用工具"|"修复"|"修复"命令，如图 1-38 所示。

步骤 **02** 弹出"选择文件"对话框，在其中选择需要修复的图形文件，如图 1-39 所示。

图 1-38 单击"修复"命令

图 1-39 选择需要修复的图形文件

步骤 **03** 单击"打开"按钮，弹出信息提示框，提示用户修复后的数据库没有核查出错误，如图 1-40 所示，单击"确定"按钮，返回绘图区，即可修复图形文件。

图 1-40 单击"确定"按钮

绘图环境的设置

学习提示

　　通常情况下，在进行绘图之前，首先应确定绘图环境所需要的环境参数，以提高绘图效率。在 AutoCAD 2016 中，设置绘图环境包括设置系统参数、设置图形单位、设置图形界限以及管理用户界面等。本章主要介绍设置绘图环境的基本操作。

本章案例导航

- 实战——台灯
- 实战——时钟
- 实战——电动机
- 实战——沙发
- 实战——会议桌

- 实战——回转器
- 实战——连杆
- 实战——卡座
- 实战——玻璃门
- 实战——洗衣机

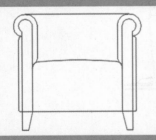
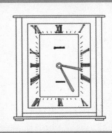
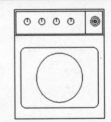
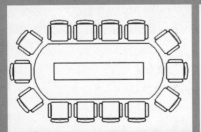

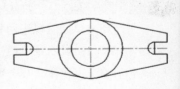

2.1 功能区选项板的设置

　　"功能区"选项板位于绘图窗口的上方，在"二维草图与注释"工作界面中，"功能区"选项板中有一些常用选项卡，如默认、插入、注释、参数化、视图、管理、输出、附加模块。本节主要介绍管理"功能区"选项板的基本操作。

2.1.1 显示或隐藏功能区

　　在 AutoCAD 2016 中，用户可根据需要对"功能区"选项板进行显示或隐藏操作。

1. 隐藏"功能区"选项板

　　如果用户需要在绘图区中显示更多的图形，此时可将"功能区"选项板进行隐藏。

	素材文件	光盘 \ 素材 \ 第 2 章 \ 台灯 .dwg
	效果文件	无
	视频文件	光盘 \ 视频 \ 第 2 章 \2.1.1 隐藏功能区选项板 .mp4

实战	台灯

步骤 01 单击"菜单浏览器"按钮，在弹出的菜单列表中单击"打开"|"图形"命令，如图 2-1 所示。

步骤 02 执行操作后，打开一幅素材图形，如图 2-2 所示。

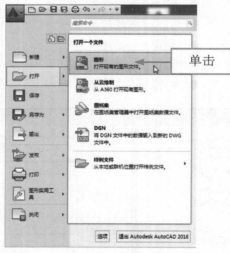

图 2-1 单击"打开"|"图形"命令

图 2-2 打开一幅素材图形

专家指点

　　用户还可以通过以下两种方法，隐藏"功能区"选项板：

　　＊ 命令 1：显示菜单栏，单击"工具"|"选项板"|"功能区"命令。

　　＊ 命令 2：在命令行中输入 RIBBONCLOSE 命令，按【Enter】键确认。

　　执行以上任意一种操作，均可隐藏"功能区"选项。

步骤 03 在"功能区"选项板的空白处单击鼠标右键，在弹出的快捷菜单中选择"关闭"选项，如图 2-3 所示。

步骤 04 执行操作后，即可隐藏"功能区"选项板，如图 2-4 所示。

隐藏"功能区"选项板

图 2-3 选择"关闭"选项　　　　　图 2-4 隐藏"功能区"选项板

2. 显示"功能区"选项板

与当前工作空间相关的操作都单一简洁地置于功能区中，下面向用户介绍显示"功能区"选项板的方法。

素材文件	无
效果文件	无
视频文件	光盘 \ 视频 \ 第 2 章 \2.1.1 显示功能区选项板 .mp4

实战 显示功能区选项板

步骤 01 单击快速访问工具栏右侧的下三角按钮，再在弹出的菜单列表中选择"显示菜单栏"选项，如图 2-5 所示。

步骤 02 显示菜单栏，单击"工具"|"选项板"|"功能区"命令，如图 2-6 所示。

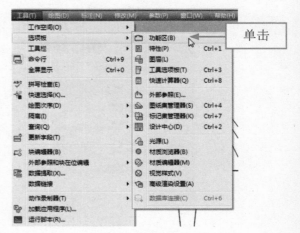

图 2-5 选择"显示菜单栏"选项　　　　　图 2-6 单击"功能区"命令

专家指点

在命令行中输入 RIBBON 命令，也可以显示"功能区"选项板。

步骤 **03** 执行操作后，即可显示"功能区"选项板，如图 2-7 所示。

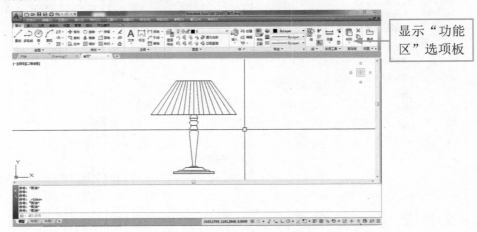

显示"功能区"选项板

图 2-7 显示"功能区"选项板

2.1.2 隐藏面板标题名称

在绘图过程中，用户还可以根据需要隐藏面板标题名称。

素材文件	光盘 \ 素材 \ 第 2 章 \ 时钟 .dwg
效果文件	无
视频文件	光盘 \ 视频 \ 第 2 章 \2.1.2 隐藏面板标题名称 .mp4

实战 时钟

步骤 **01** 单击"菜单浏览器"按钮，在弹出的菜单列表中单击"打开"|"图形"命令，如图 2-8 所示。

步骤 **02** 执行操作后，打开一幅素材图形，如图 2-9 所示。

单击

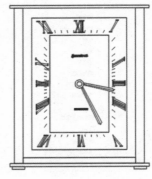

图 2-8 单击"打开"|"图形"命令   图 2-9 打开一幅素材图形

步骤 03 在"功能区"选项板的空白处，单击鼠标右键，在弹出的快捷菜单中选择"显示面板标题"选项，如图 2-10 所示。

步骤 04 执行操作后，即可隐藏面板标题名称，如图 2-11 所示。

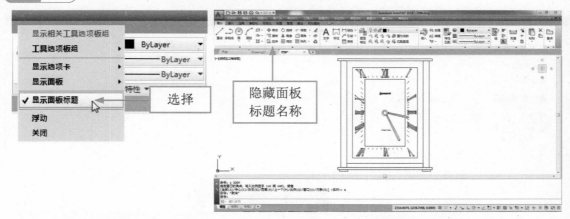

图 2-10 选择"显示面板标题"选项   图 2-11 隐藏面板标题名称

2.1.3 浮动功能区

在 AutoCAD 2016 中，还可以将"功能区"选项板进行浮动操作。

素材文件	光盘 \ 素材 \ 第 2 章 \ 电动机 .dwg	
效果文件	无	
视频文件	光盘 \ 视频 \ 第 2 章 \2.1.3 浮动功能区 .mp4	

实战 电动机

步骤 01 单击"菜单浏览器"按钮，在弹出的菜单列表中单击"打开"|"图形"命令，如图 2-12 所示。

步骤 02 执行操作后，打开一幅素材图形，如图 2-13 所示。

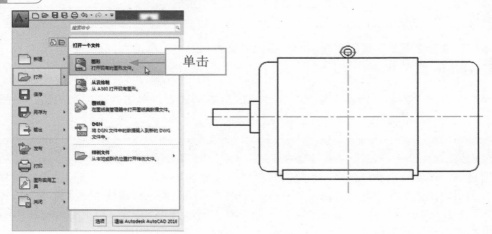

图 2-12 单击"打开"|"图形"命令   图 2-13 打开一幅素材图形

> **步骤 03** 在"功能区"选项板空白处单击鼠标右键，在弹出的快捷菜单中选择"浮动"选项，如图 2-14 所示。

> **步骤 04** 执行操作后，即可浮动选项板，如图 2-15 所示。

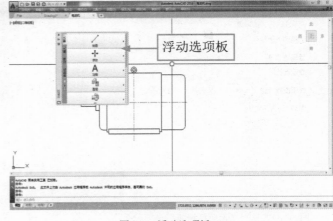

图 2-14 选择"浮动"选项　　　　　　　　　　图 2-15 浮动选项板

2.2 系统参数的设置

在 AutoCAD 2016 中，单击"菜单浏览器"按钮，在弹出的菜单列表中单击"选项"按钮，在弹出的"选项"对话框中，用户可以对系统和绘图环境进行各种设置，以满足不同用户的需求。

2.2.1 设置文件路径

在"选项"对话框中，单击"文件"选项卡，在该选项卡中可以设置 AutoCAD 2016 支持文件、驱动程序、搜索路径、菜单文件和其他文件的目录等。

素材文件	光盘 \ 素材 \ 第 2 章 \ 沙发 .dwg	
效果文件	无	
视频文件	光盘 \ 视频 \ 第 2 章 \2.2.1 设置文件路径 .mp4	

实战 沙发

> **步骤 01** 单击"菜单浏览器"按钮，在弹出的菜单列表中，单击"打开"|"图形"命令，打开一幅素材图形，如图 2-16 所示。

> **步骤 02** 单击"菜单浏览器"按钮，在弹出的菜单列表中，单击"选项"按钮，如图 2-17 所示。

专家指点

　　用户可以在没有执行任何命令也没有选择任何对象的情况下，在绘图窗口中单击鼠标右键，在弹出的快捷菜单中选择"选项"命令。单击"草图设置"对话框中的"选项"按钮也可进入"选项"对话框。另外，在命令行中输入 OPTIONS（选项）命令，按下【Enter】键确认，也可弹出"选项"对话框。

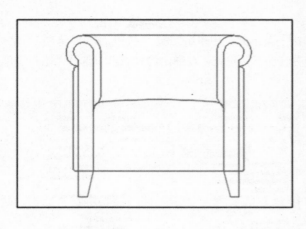

图 2-16 打开一幅素材图形

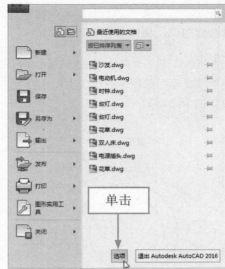

图 2-17 单击"选项"按钮

步骤 03 弹出"选项"对话框，切换至"文件"选项卡，如图 2-18 所示。

步骤 04 单击"支持文件搜索路径"选项前的"＋"号⊞，在展开的列表中选择相应选项，如图 2-19 所示。

图 2-18 单击"文件"选项卡

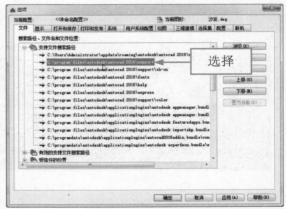

图 2-19 选择相应选项

步骤 05 操作完成后，单击"确定"按钮，即可设置文件路径。

2.2.2 设置窗口元素

在"选项"对话框中，切换至"显示"选项卡，该选项卡用于设置 AutoCAD 2016 的显示情况。

	素材文件	光盘 \ 素材 \ 第 2 章 \ 椭圆零件 .dwg
	效果文件	无
	视频文件	光盘 \ 视频 \ 第 2 章 \2.2.2 设置窗口元素 .mp4

实战 椭圆零件

步骤 01 单击"菜单浏览器"按钮，在弹出的菜单列表中单击"打开"|"图形"命令，打开一幅素材图形，如图 2-20 所示。

步骤 02 单击"菜单浏览器"按钮，在弹出的菜单列表中单击"选项"按钮，弹出"选项"对话框，切换至"显示"选项卡，单击"配色方案"右侧的下拉按钮，在弹出的列表框中选择"暗"选项，如图 2-21 所示。

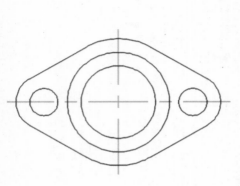

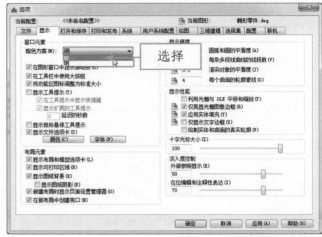

图 2-20 打开一幅素材图形　　　　　　　　　图 2-21 选择"暗"选项

步骤 03 设置完成后，单击"确定"按钮，更改窗口的颜色显示状态，如图 2-22 所示。

图 2-22 更改窗口的颜色显示状态

👨‍🎓 专家指点

　　在"选项"对话框中的"显示"选项卡中，用户可以进行绘图环境显示设置、布局显示设置以及控制十字光标的尺寸等设置。

2.2.3 设置文件保存时间

　　在"选项"对话框中，切换至"打开和保存"选项卡，在其中用户可以设置在 AutoCAD 2016 中保存文件的相关选项。

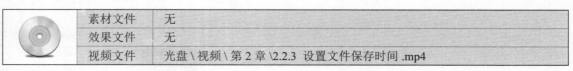	素材文件	无
	效果文件	无
	视频文件	光盘 \ 视频 \ 第 2 章 \2.2.3 设置文件保存时间 .mp4

设置文件保存时间

步骤 01 单击"菜单浏览器"按钮，在弹出的菜单列表中，单击"选项"按钮，如图 2-23 所示。

步骤 02 弹出"选项"对话框，切换至"打开和保存"选项卡，选中"自动保存"复选框，在其下方设置"自动保存"的间隔分钟数，如图 2-24 所示。

单击

图 2-23 单击"选项"按钮

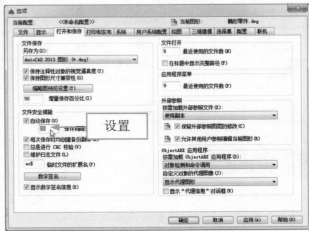

设置

图 2-24 设置自动保存的间隔分钟数

步骤 03 设置完成后，单击"确定"按钮，即可完成文件保存时间的设置。

专家指点

在"选项"对话框的"打开和保存"选项卡中，用户可根据需要设置保存文件的格式，对要保存的文件采取安全措施，以及最近运用的文件数目、是否需要加载外部参照文件。

2.2.4 设置打印与发布

在"选项"对话框中，单击"打印和发布"选项卡，该选项卡用于设置 AutoCAD 打印和发布的相关选项。

	素材文件	无
	效果文件	无
	视频文件	光盘 \ 视频 \ 第 2 章 \2.2.4 设置打印与发布 .mp4

设置打印与发布

步骤 01 单击"菜单浏览器"按钮，在弹出的菜单列表中单击"选项"按钮，弹出"选项"对话框，切换至"打开和保存"选项卡，单击对话框下方的"打印样式表设置"按钮，如图 2-25 所示。

步骤 02 弹出"打印样式表设置"对话框，选中"使用颜色相关打印样式"单选按钮，如图 2-26 所示。

步骤 03 单击"确定"按钮，返回"选项"对话框，单击"确定"按钮，即可完成打印样式表的设置。

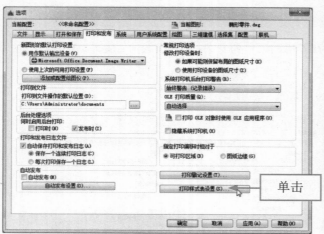
图 2-25 单击"打印样式表设置"按钮

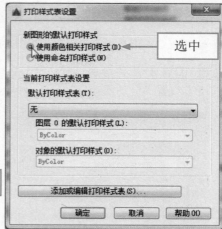
图 2-26 选中相应单选按钮

2.2.5 设置图形性能

在"选项"对话框中，单击"系统"选项卡，在其中可以进行当前三维图形的显示效果、模型选项卡和布局选项卡中的显示列表如何更新等设置。

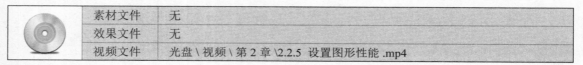

素材文件	无
效果文件	无
视频文件	光盘 \ 视频 \ 第 2 章 \2.2.5 设置图形性能 .mp4

实战 设置图形性能

步骤 01 单击"菜单浏览器"按钮，在弹出的菜单列表中单击"选项"按钮，弹出"选项"对话框，切换至"系统"选项卡，在"硬件加速"选项区中单击"图形性能"按钮，如图 2-27 所示。

步骤 02 弹出"图形性能"对话框，在"效果设置"选项区中关闭"硬件加速"选项，如图 2-28 所示。

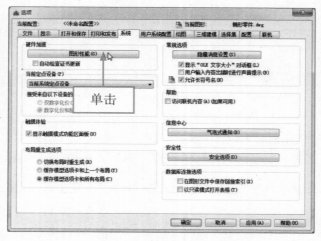
图 2-27 单击"图形性能"按钮

图 2-28 关闭"硬件加速"选项

步骤 03 设置完成后，依次单击"确定"按钮，完成图形性能的设置。

2.2.6 设置用户系统配置

在"选项"对话框中，单击"用户系统配置"选项卡，在其中可以设置 AutoCAD 中优化性能的选项。

	素材文件	无
	效果文件	无
	视频文件	光盘 \ 视频 \ 第 2 章 \2.2.6 设置用户系统配置 .mp4

实战 设置用户系统配置

步骤 01 单击"菜单浏览器"按钮，在弹出的菜单列表中，单击"选项"按钮，如图 2-29 所示。

步骤 02 弹出"选项"对话框，切换至"用户系统配置"选项卡，在其中可以设置用户系统配置的相关参数，如图 2-30 所示。

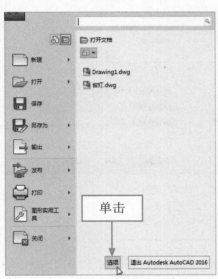

图 2-29 单击"选项"按钮

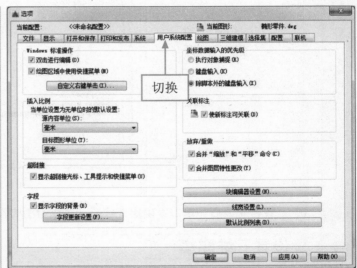

图 2-30 "用户系统配置"选项卡

步骤 03 设置完成后，单击"确定"按钮，完成用户系统配置的设置。

专家指点

在"用户系统配置"选项卡中，用户可以进行指定鼠标右键操作的模式、指定插入单位等设置。

2.2.7 设置绘图

在"选项"对话框的"绘图"选项卡中，可以设置 AutoCAD 2016 中的一些基本编辑选项。在其中，用户可以进行是否打开自动捕捉标记、改变自动捕捉标记大小，设置对象捕捉选项等设置。

	素材文件	无
	效果文件	无
	视频文件	光盘 \ 视频 \ 第 2 章 \2.2.7 设置绘图 .mp4

实战 设置绘图

步骤 01 单击"菜单浏览器"按钮，在弹出的菜单列表中，单击"选项"按钮，如图 2-31 所示。

步骤 02 弹出"选项"对话框，切换至"绘图"选项卡，可以设置 AutoCAD 2016 的相关参数，如图 2-32 所示。

图 2-31 单击"选项"按钮　　　　　　　图 2-32 "绘图"选项卡

步骤 03 设置完成后，单击"确定"按钮，完成绘图的设置。

2.2.8 设置三维建模

在"选项"对话框的"三维建模"选项卡中，可以对三维绘图模式下的三维十字光标、UCS 图标、动态输入、三维对象和三维导航等选项进行设置。

	素材文件	无
	效果文件	无
	视频文件	光盘 \ 视频 \ 第 2 章 \2.2.8 设置三维建模 .mp4

实战 设置三维建模

步骤 01 单击"菜单浏览器"按钮，在弹出的菜单列表中，单击"选项"按钮，如图 2-33 所示。

步骤 02 弹出"选项"对话框，切换至"三维建模"选项卡，设置三维建模的相应选项，如图 2-34 所示。

步骤 03 设置完成后，单击"确定"按钮，完成三维建模的设置。

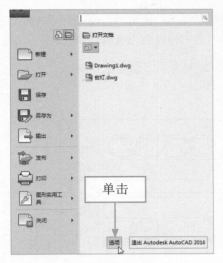

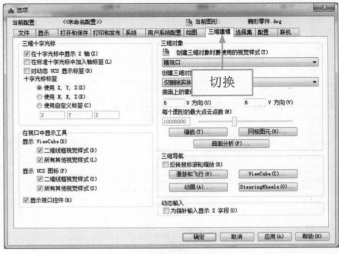

图 2-33 单击"选项"按钮 | 图 2-34 "三维建模"选项卡

2.2.9 设置拾取框大小

在 AutoCAD 2016 中，用户还可以根据需要设置拾取框的大小。

素材文件	光盘 \ 素材 \ 第 2 章 \ 会议桌 .dwg
效果文件	无
视频文件	光盘 \ 视频 \ 第 2 章 \2.2.9 设置拾取框大小 .mp4

实战 会议桌

步骤 01 单击"菜单浏览器"按钮，在弹出的菜单列表中单击"打开"|"图形"命令，如图 2-35 所示。

步骤 02 执行操作后，打开一幅素材图形，如图 2-36 所示。

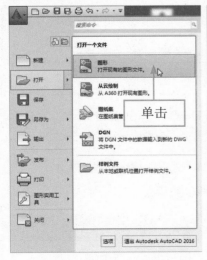

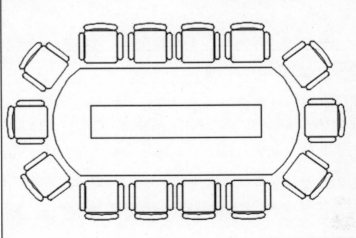

图 2-35 单击"打开"|"图形"命令 | 图 2-36 打开一幅素材图形

步骤 **03** 单击"菜单浏览器"按钮，在弹出的菜单列表中单击"选项"按钮，弹出"选项"对话框，切换至"选择集"选项卡，在"拾取框大小"选项区中单击滑块并向右拖曳到最大值，如图 2-37 所示。

步骤 **04** 设置完成后，单击"确定"按钮，即可设置拾取框的大小，如图 2-38 所示。

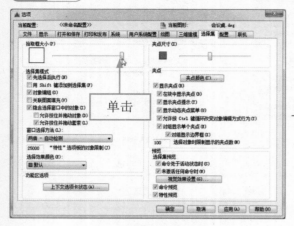

图 2-37 向右拖曳到最大值

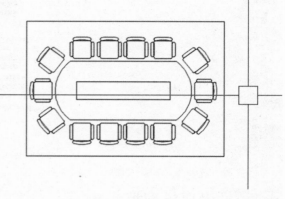

图 2-38 设置拾取框的大小

2.3 图形单位的设置

　　在开始绘制图形前，需要确定图形单位与实际单位之间的尺寸关系，即绘图比例。另外，还要指定程序中测量角度的方向。对于所有的线性和角度单位，还要设置显示精度的等级，如小数点的倍数或者以分数显示时的最小分母，精度的设置会影响距离、角度和坐标的显示。本节主要介绍设置图形单位的方法。

2.3.1 设置图形单位的长度

　　在"图形单位"对话框中的"长度"选项区中，可以设置图形的长度类型和精度。下面向用户介绍设置图形单位的长度。

	素材文件	无
	效果文件	无
	视频文件	光盘 \ 视频 \ 第 2 章 \2.3.1 设置图形单位的长度 .mp4

实战 设置图形单位的长度

步骤 **01** 在命令行中输入 UNITS（单位）命令，按【Enter】键确认，弹出"图形单位"对话框，在"长度"选项区中单击"类型"下拉按钮，在弹出的列表框中选择"小数"选项，如图 2-39 所示。

步骤 **02** 单击"精度"下拉按钮，弹出列表框，选择"0.000"选项，如图 2-40 所示。

步骤 **03** 设置完成后，单击"确定"按钮，即可设置图形单位的长度。

 专家指点

　　显示菜单栏，单击"格式" | "单位"命令，也可以弹出"图形单位"对话框。

图 2-39 选择"小数"选项　　　　　　图 2-40 选择"0.000"选项

2.3.2 设置图形单位的角度

在"角度"选项区中，可以指定当前角度的格式和当前角度显示的精度。

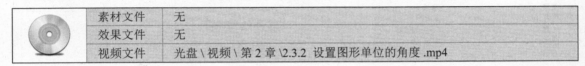

素材文件	无
效果文件	无
视频文件	光盘 \ 视频 \ 第 2 章 \2.3.2 设置图形单位的角度 .mp4

实战 设置图形单位的角度

步骤 01 在命令行中输入 UNITS（单位）命令，按【Enter】键确认，弹出"图形单位"对话框，在"角度"选项区中单击"类型"下拉按钮，在弹出的列表框中选择"百分度"选项，如图 2-41 所示。

步骤 02 在"角度"选项区中单击"精度"下拉按钮，在弹出的列表框中选择 0.00g 选项，如图 2-42 所示。

图 2-41 选择"百分度"选项　　　　　图 2-42 选择"0.00g"选项

步骤 03 设置完成后，单击"确定"按钮，即可设置图形单位的角度。

2.3.3 设置图形单位的方向

在 AutoCAD 2016 中，用户还可以设置图形单位的方向。

素材文件	无	
效果文件	无	
视频文件	光盘\视频\第2章\2.3.3 设置图形单位的方向.mp4	

实战 设置图形单位的方向

步骤 01 在命令行中输入 UNITS（单位）命令，按【Enter】键确认，弹出"图形单位"对话框，单击"方向"按钮，如图 2-43 所示。

步骤 02 弹出"方向控制"对话框，在"基准角度"选项区中，选中"西"单选按钮，如图 2-44 所示。

图 2-43 单击"方向"按钮　　　　　　　图 2-44 选中"西"单选按钮

步骤 03 设置完成后，单击"确定"按钮，即可设置图形单位的方向。

 专家指点

　　在"方向控制"选项区中，选中"其他"单选按钮后，单击"拾取角度"按钮，返回到绘图窗口，通过选取两个点来确定基准角度为 0° 的方向。

2.4 图形界限的设置

　　AutoCAD 2016 的绘图区域是无限大的，用户可以绘制任意大小的图形。在绘图时，尽可能使图形最大限度充满整个绘图窗口，以便于观察图形。本节主要介绍设置图形界限的方法。

2.4.1 设置图形界限

图形界限就是绘图区域，也称为图限。在 AutoCAD 2016 的命令行中，输入 LIMITS 命令，并按【Enter】键确认，可以设置图形界限。

素材文件	无
效果文件	无
视频文件	光盘 \ 视频 \ 第 2 章 \2.4.1 设置图形界限 .mp4

实战 设置图形界限

步骤 01 单击快速访问工具栏上的"新建"按钮，新建一幅空白图形文件，在命令行中输入 LIMITS 命令，如图 2-45 所示，按【Enter】键确认。

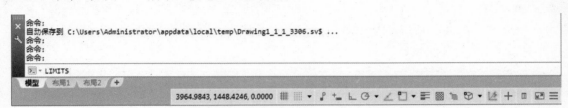

图 2-45 输入 LIMITS 命令

步骤 02 根据命令行提示信息输入"0，0"，如图 2-46 所示，按【Enter】键确认。

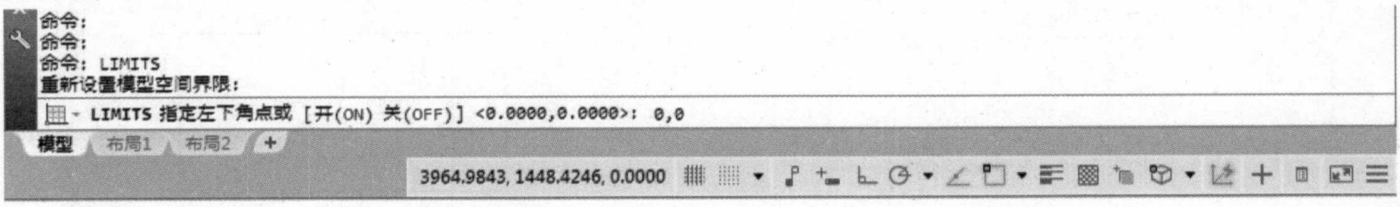

图 2-46 根据命令行提示信息输入（0，0）

步骤 03 根据命令行提示信息，指定图形界限右上角点为（100，100），如图 2-47 所示，按【Enter】键确认，即可设置图形界限。

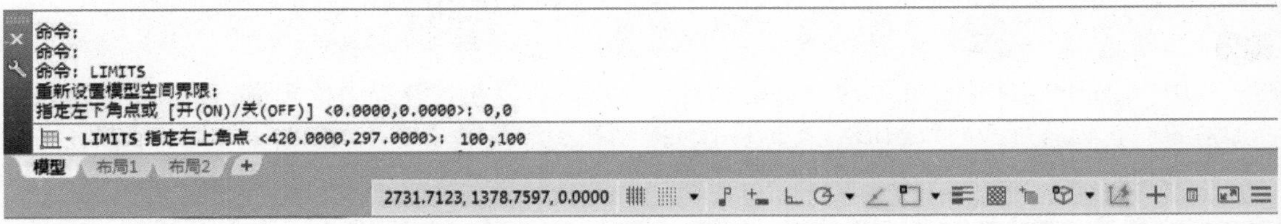

图 2-47 指定图形界限右上角点为（100，100）

2.4.2 显示图形界限

在 AutoCAD 2016 中，不仅可以设置图形界限，还可以根据需要显示图形界限。

素材文件	无
效果文件	无
视频文件	光盘 \ 视频 \ 第 2 章 \2.4.2 显示图形界限 .mp4

实战	显示图形界限

步骤 01 移动鼠标指针至状态栏上的"栅格显示"按钮处，如图 2-48 所示。

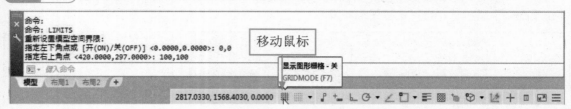

图 2-48 将鼠标移至"栅格显示"按钮处

步骤 02 单击"栅格显示"按钮，即可显示图形界限，如图 2-49 所示。

步骤 03 在"功能区"选项板中，单击"默认"选项卡，在"绘图"面板上单击"矩形"按钮，绘制一个长 60、宽 30 的矩形，效果如图 2-50 所示，完成显示图形界限的操作。

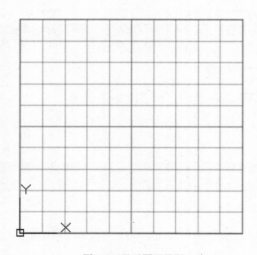

图 2-49 显示图形界限

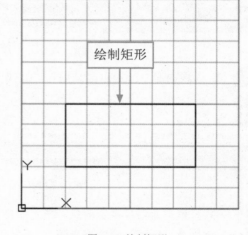

图 2-50 绘制矩形

专家指点

由于 AutoCAD 中的界限检查只是针对输入点，所以在打开界限检查后，用户在创建图形对象时，仍有可能导致图形对象的某部分绘制在图形界限之外。例如绘制圆时，在图形界限内部指定圆心点后，如果半径很大，则有可能部分圆弧将绘制在图形界限之外。

2.5 用户界面的管理

在 AutoCAD 2016 中，可以自定义工作空间来创建绘图环境，以便显示用户需要的工具栏、菜单和可固定的窗口。本节主要介绍管理用户界面的方法。

2.5.1 自定义用户界面

在"功能区"选项板中单击"管理"选项卡，在"自定义设置"面板上单击"用户界面"按钮，在弹出的"自定义用户界面"对话框中，可以重新设置图形环境使其满足需求。下面向用户介绍自定义用户界面的方法。

	素材文件	无
	效果文件	无
	视频文件	光盘 \ 视频 \ 第 2 章 \2.5.1 自定义用户界面 .mp4

实战 自定义用户

步骤 01 在"功能区"选项板中单击"管理"选项卡,在"自定义设置"面板上单击"用户界面"按钮,如图 2-51 所示。

步骤 02 弹出"自定义用户界面"对话框,在"自定义"选项卡的"所有自定义文件"选项区的列表框中选择"功能区"|"选项卡"选项,单击鼠标右键,在弹出的快捷菜单中选择"新建选项卡"选项,如图 2-52 所示。

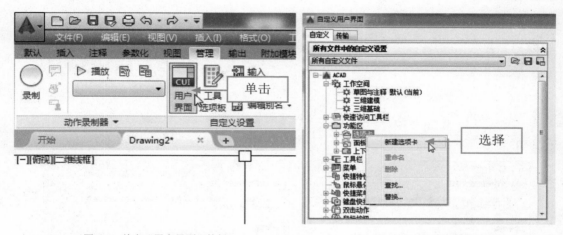

图 2-51 单击"用户界面"按钮   图 2-52 选择"新建选项卡"选项

步骤 03 在文本框中输入"三维",如图 2-53 所示,依次单击"确定"按钮,即可新建"三维"选项卡。

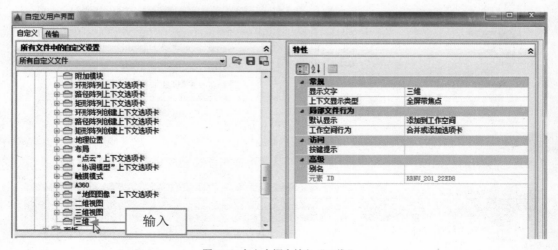

图 2-53 在文本框中输入"三维"

专家指点

　　在命令行中输入 CUI（界面）命令，按【Enter】键确认，也可以弹出"自定义用户界面"对话框。

2.5.2　自定义个性化工具栏

　　在 AutoCAD 2016 中，用户可根据需要自定义个性化工具栏。

素材文件	无
效果文件	无
视频文件	光盘 \ 视频 \ 第 2 章 \2.5.2 自定义个性化工具栏 .mp4

实战　自定义个性化工具栏

步骤　01　在命令行中输入 TOOLBAR（工具栏）命令，如图 2-54 所示，按【Enter】键确认。

图 2-54　输入 TOOLBAR（工具栏）命令

步骤　02　弹出"自定义用户界面"对话框，如图 2-55 所示。

步骤　03　在下拉列表中选择相应选项，如图 2-56 所示。

图 2-55　"自定义用户界面"对话框　　　　　　图 2-56　选择相应选项

步骤　04　单击鼠标左键并拖曳至快速访问工具栏上，然后单击"自定义用户界面"对话框中的"确定"按钮，返回绘图窗口，在快速访问工具栏上即可添加相应按钮，如图 2-57 所示。

图 2-57　显示添加的工具栏

2.6 使用命令的方法

AutoCAD 2016 的命令执行方式有多种，主要有使用鼠标执行命令、使用命令行执行命令、使用文本窗口执行命令以及使用透明命令等。不论采用哪种方式执行命令，命令提示行中都将显示相应的提示信息。本节主要介绍使用命令的技巧。

2.6.1 使用鼠标执行命令

在绘图窗口中，鼠标指针通常显示为"十"字形状。当鼠标指针移至菜单命令、工具栏或对话框内时，会自动变成箭头形状。无论鼠标指针是"十"字形状，还是箭头形状，当单击鼠标时，都会执行相应的命令。

素材文件	光盘 \ 素材 \ 第 2 章 \ 回转器 .dwg
效果文件	光盘 \ 效果 \ 第 2 章 \ 回转器 .dwg
视频文件	光盘 \ 视频 \ 第 2 章 \2.6.1 使用鼠标执行命令 .mp4

实战 回转器

步骤 01 单击"菜单浏览器"按钮，在弹出的菜单列表中单击"打开"|"图形"命令，打开一幅素材图形，如图 2-58 所示。

步骤 02 单击"功能区"选项板中的"默认"选项卡，在"绘图"面板上单击"圆心，半径"按钮，如图 2-59 所示。

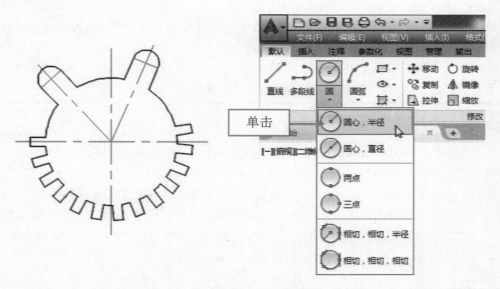

图 2-58 打开一幅素材图形   图 2-59 单击"圆心，半径"按钮

步骤 03 根据命令行提示进行操作，在绘图区两条中心线的交点上，单击鼠标左键，输入 13，按【Enter】键确认，即可使用鼠标执行命令绘制圆，如图 2-60 所示。

步骤 04 参照与上相同的方法，在绘图区中的相应位置再次绘制两个半径为 3 的圆，效果如图 2-61 所示。

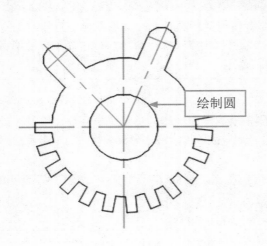

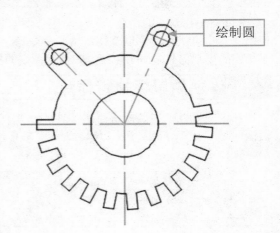

图 2-60 使用鼠标执行命令绘制圆　　　　　　　　　　图 2-61 再次绘制圆

专家指点

　　在 AutoCAD 2016 中，鼠标指针有 3 种模式：拾取模式、回车模式和弹出式模式。

　　＊ 拾取键：拾取键指的是鼠标左键，用于指定屏幕上的点，也被用于选择 Windows 对象、AutoCAD 对象、工具栏按钮和菜单命令等。

　　＊ 回车键：回车键指的是鼠标右键，相当于【Enter】键，用于结束当前使用的命令，此时系统会根据当前绘图状态而弹出不同的快捷菜单。

　　＊ 弹出键：按住【Shift】键的同时单击鼠标右键，系统将会弹出一个快捷菜单，用于设置捕捉点的方法。对于三键鼠标，弹出键相当于鼠标的中间键。

2.6.2　使用命令行执行命令

　　在 AutoCAD 2016 中，默认情况下命令行是一个可固定的窗口，用户可以在当前命令提示下输入命令、对象参数等内容。

　　对大多数命令而言，命令行可以显示执行完的两条命令提示（也叫历史命令），而对于一些输入命令，如"TIME"和"LIST"命令，则需要放大命令行或用 AutoCAD 文本窗口才可以显示。

	素材文件	光盘 \ 素材 \ 第 2 章 \ 连杆 .dwg
	效果文件	光盘 \ 效果 \ 第 2 章 \ 连杆 .dwg
	视频文件	光盘 \ 视频 \ 第 2 章 \2.6.2 使用命令行执行命令 .mp4

实战 连杆

步骤 01　单击"菜单浏览器"按钮，在弹出的菜单列表中单击"打开"|"图形"命令，如图 2-62 所示。

步骤 02　执行操作后，打开一幅素材图形，如图 2-63 所示。

图 2-62 单击"打开"|"图形"命令

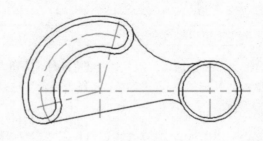

图 2-63 打开一幅素材图形

步骤 03 在命令行中输入 CIRCLE（圆）命令，按【Enter】键确认，如图 2-64 所示。

图 2-64 在命令行中输入 CIRCLE 命令

步骤 04 根据命令行提示进行操作，在绘图区中合适位置，单击鼠标左键，确认圆心，如图 2-65 所示。

步骤 05 向右引导光标，输入 7，并按【Enter】键确认，即可绘制一个半径为 7 的圆，如图 2-66 所示。

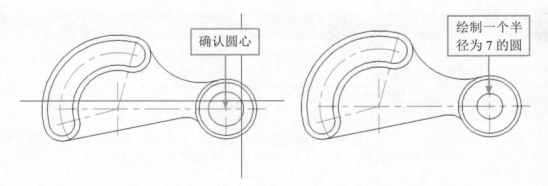

图 2-65 确认圆心　　　　　　　　　　　　图 2-66 绘制一个半径为 7 的圆

2.6.3 使用文本窗口执行命令

在 AutoCAD 2016 中，文本窗口是一个浮动窗口，可以在其中输入命令或查看命令行提示信息，以便查看执行的历史命令。

	素材文件	无
	效果文件	无
	视频文件	光盘 \ 视频 \ 第 2 章 \2.6.3 使用文本窗口执行命令 .mp4

实战 使用文本窗口执行命令

步骤 01 单击快速访问工具栏上的"新建"按钮，新建一个空白图形文件，单击菜单栏中的"视图"菜单，在弹出的下拉列表框中选择"显示"选项，在弹出的快捷菜单中选择"文本窗口"，如图 2-67 所示。

步骤 02 弹出 AutoCAD 文本窗口，在文本窗口的命令行处输入"LINE"命令，并按【Enter】键确认，在其中用户可根据提示信息输入相应的数值，进行相应操作，如图 2-68 所示。

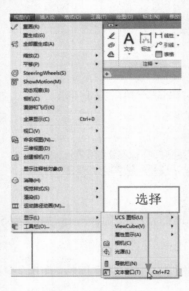

图 2-67 选择"文本窗口

图 2-68 通过文本窗口执行命令

专家指点

在命令行中用户还可以通过按【Back Space】键或【Delete】键，删除命令行中的文字；也可以选择历史命令，并执行"粘贴到命令行"命令，将其粘贴到命令行中。

2.6.4 使用透明命令

在执行命令的过程中，用户可以输入并执行某些其他命令，这类命令多为辅助修改图形设置的命令，或是打开绘图辅助工具的命令，在 AutoCAD 中，称这类命令为透明命令。下面向用户介绍使用透明命令的方法。

	素材文件	光盘 \ 素材 \ 第 2 章 \ 卡座 .dwg
	效果文件	光盘 \ 效果 \ 第 2 章 \ 卡座 .dwg
	视频文件	光盘 \ 视频 \ 第 2 章 \2.6.4 使用透明命令 .mp4

实战 卡座

步骤 01 单击"菜单浏览器"按钮，在弹出的菜单列表中单击"打开"|"图形"命令，如图 2-69 所示。

步骤 02 执行操作后，打开一幅素材图形，如图 2-70 所示。

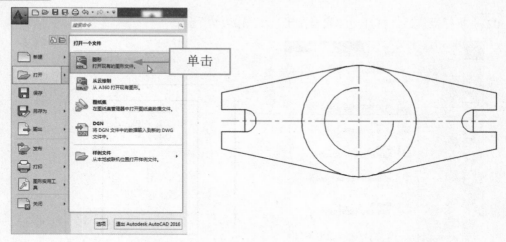

图 2-69 单击"打开"|"图形"命令　　　　　　　图 2-70 打开一幅素材图形

步骤 03 在命令行中输入 ARC（三点）命令，并按【Enter】键确认，捕捉合适的点为圆弧起点，如图 2-71 所示。

步骤 04 在命令行中输入 C（圆心），按【Enter】键确认，指定圆心，再在命令行中输入 A（角度），按【Enter】键确认，再在命令行中输入 -90，按【Enter】键确认，即可绘制圆弧，效果如图 2-72 所示。

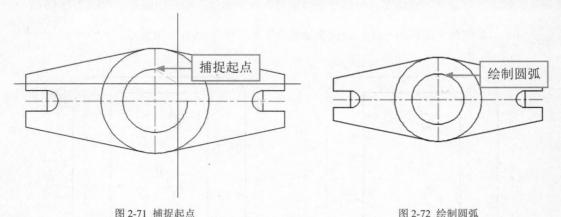

图 2-71 捕捉起点　　　　　　　　　　图 2-72 绘制圆弧

2.6.5 使用扩展命令

　　"扩展"命令是在命令行中输入某一种命令，并按【Enter】键确认后，出现多个选项，选择不同的选项，即可进行不同的操作，得到的效果也不同。

	素材文件	光盘 \ 素材 \ 第 2 章 \ 电源插座 .dwg
	效果文件	光盘 \ 效果 \ 第 2 章 \ 电源插座 .dwg
	视频文件	光盘 \ 视频 \ 第 2 章 \2.6.5 使用扩展命令 .mp4

实战 电源插座

步骤 **01** 单击"菜单浏览器"按钮，在弹出的菜单列表中单击"打开"|"图形"命令，如图 2-73 所示。

步骤 **02** 执行操作后，打开一幅素材图形，如图 2-74 所示。

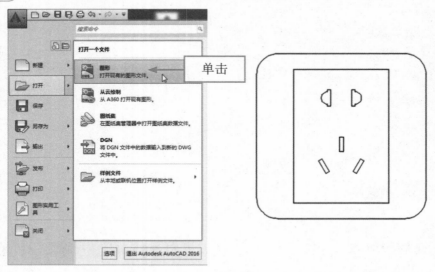

图 2-73 单击"打开"|"图形"命令   图 2-74 打开一幅素材图形

步骤 **03** 在命令行中输入 FILLET（圆角）命令，并按【Enter】键确认，输入半径 R，按【Enter】键确认，输入 5 并确认，在绘图区中依次选择需要倒圆角的边，即可倒圆角，如图 2-75 所示。

步骤 **04** 参照与上同样的方法，创建其他圆角矩形，效果如图 2-76 所示。

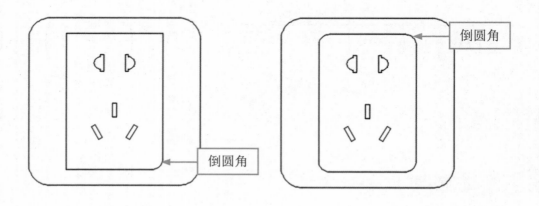

图 2-75 倒圆角后的图形   图 2-76 创建其他圆角矩形

2.7 停止和退出命令的使用

在 AutoCAD 2016 中，用户可以方便地重复执行同一个命令，或撤销前面执行的一个或多个命令。此外，撤销前面执行的命令后，用户还可以通过重做来恢复前面执行的命令。本节主要介绍停止和退出命令的技巧。

2.7.1 取消已执行的命令

在 AutoCAD 2016 中，用户可以取消已执行的命令。

素材文件	光盘 \ 素材 \ 第 2 章 \ 玻璃门 .dwg
效果文件	无
视频文件	光盘 \ 视频 \ 第 2 章 \2.7.1 取消已执行的命令 .mp4

实战 玻璃门

步骤 01 单击"菜单浏览器"按钮，在弹出的菜单列表中单击"打开"|"图形"命令，打开一幅素材图形，如图 2-77 所示。

步骤 02 在绘图区中，选择所有图形，单击鼠标左键并拖曳至合适位置后释放鼠标，即可移动图形，如图 2-78 所示。

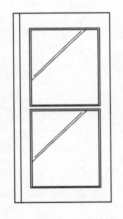

图 2-77 打开一幅素材图形

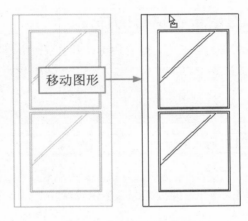

图 2-78 移动图形后的效果

专家指点

用户还可以通过以下 3 种方法，取消已执行的命令：

* 按钮：单击快速访问工具栏上的"放弃"按钮。

* 命令：显示菜单栏，单击"编辑"|"放弃"命令。

* 快捷键：按【Ctrl ＋ Z】组合键。

执行以上任意一种操作，均可取消执行的命令。

步骤 03 在命令行中输入 UNDO（放弃）命令，如图 2-79 所示，并按【Enter】键确认。

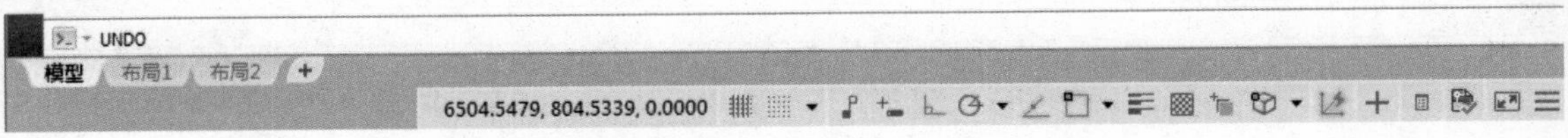

UNDO

模型 布局1 布局2 +

6504.5479, 804.5339, 0.0000

图 2-79 输入 UNDO（放弃）命令

步骤 04 命令行中显示提示信息，继续输入 B，如图 2-80 所示，并按【Enter】键确认。

```
命令:
命令: UNDO
当前设置: 自动 = 开, 控制 = 全部, 合并 = 是, 图层 = 是
UNDO 输入要放弃的操作数目或 [自动(A) 控制(C) 开始(BE) 结束(E) 标记(M) 后退(B)] <1>: b

模型   布局1   布局2   +

7251.8671, 1249.0406, 0.0000
```

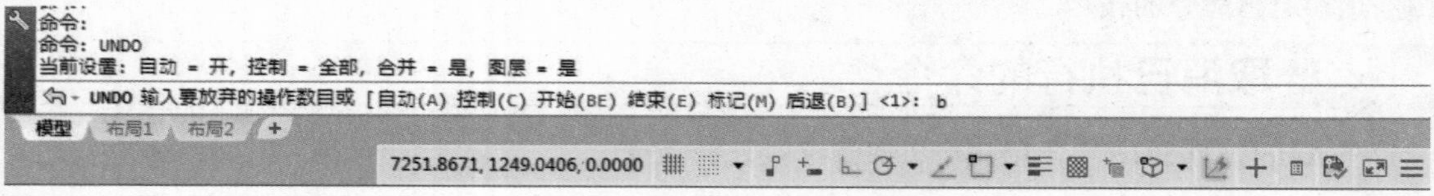

图 2-80 继续输入 B

步骤 05 命令行提示用户是否确定操作，输入 Y，如图 2-81 所示，并按【Enter】键确认。

```
命令:
命令: UNDO
当前设置: 自动 = 开, 控制 = 全部, 合并 = 是, 图层 = 是
输入要放弃的操作数目或 [自动(A)/控制(C)/开始(BE)/结束(E)/标记(M)/后退(B)] <1>: b
UNDO 这将放弃所有操作。确定? <Y> y

模型   布局1   布局2   +

6554.4684, 2336.1771, 0.0000
```

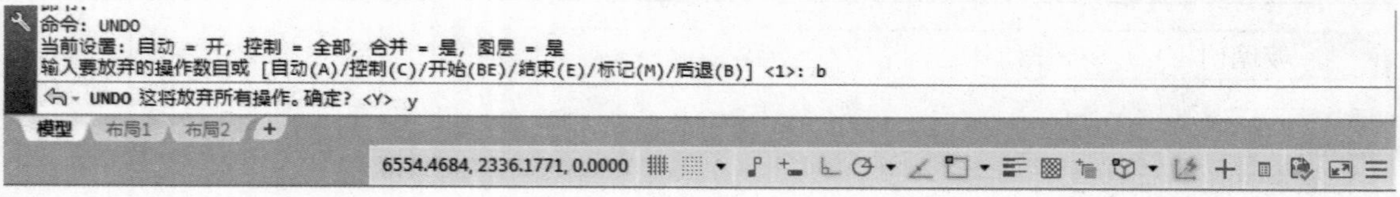

图 2-81 输入 Y

步骤 06 此时，命令窗口中提示已放弃所有操作，绘图区中的图形也将恢复至开始状态。

2.7.2 退出正在执行的命令

在 AutoCAD 2016 中，用户还可以退出正在执行的命令。

	素材文件	无
	效果文件	无
	视频文件	光盘 \ 视频 \ 第 2 章 \2.7.2 退出正在执行的命令 .mp4

实战 退出正在执行的命令

步骤 01 单击快速访问工具栏上的"新建"按钮，新建一幅空白图形文件，在命令行中输入 CIRCLE（圆）命令，并按【Enter】键确认，此时命令行提示用户指定圆的圆心，如图 2-82 所示。

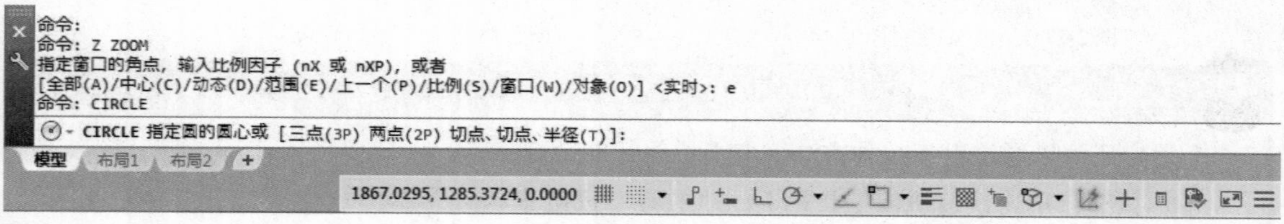

```
命令:
命令: Z ZOOM
指定窗口的角点，输入比例因子 (nX 或 nXP)，或者
[全部(A)/中心(C)/动态(D)/范围(E)/上一个(P)/比例(S)/窗口(W)/对象(O)] <实时>: e
命令: CIRCLE
CIRCLE 指定圆的圆心或 [三点(3P) 两点(2P) 切点、切点、半径(T)]:

模型   布局1   布局2   +

1867.0295, 1285.3724, 0.0000
```

图 2-82 命令行提示指定圆心

步骤 02 按【Esc】键，退出正在执行的命令，命令行提示已取消操作，如图 2-83 所示。

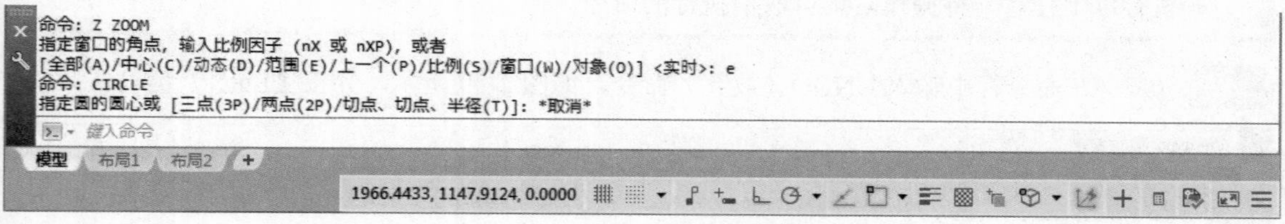

```
命令: Z ZOOM
指定窗口的角点，输入比例因子 (nX 或 nXP)，或者
[全部(A)/中心(C)/动态(D)/范围(E)/上一个(P)/比例(S)/窗口(W)/对象(O)] <实时>: e
命令: CIRCLE
指定圆的圆心或 [三点(3P)/两点(2P)/切点、切点、半径(T)]: *取消*
键入命令

模型   布局1   布局2   +

1966.4433, 1147.9124, 0.0000
```

图 2-83 命令行提示用户已取消操作

2.7.3 恢复已撤销的命令

在绘制图形的过程中，用户还可以恢复已撤销的命令。

素材文件	光盘 \ 素材 \ 第 2 章 \ 洗衣机 .dwg
效果文件	无
视频文件	光盘 \ 视频 \ 第 2 章 \2.7.3 恢复已撤销的命令 .mp4

实战 洗衣机

步骤 01 单击"菜单浏览器"按钮，在弹出的菜单列表中单击"打开"|"图形"命令，如图 2-84 所示。

步骤 02 执行操作后，打开一幅素材图形，如图 2-85 所示。

图 2-84 单击"打开"|"图形"命令

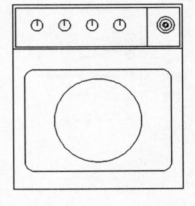

图 2-85 打开一幅素材图形

步骤 03 选择图形，按【Delete】键将其删除，单击快速访问工具栏上的"放弃"按钮，如图 2-86 所示，放弃操作。

步骤 04 单击快速访问工具栏上的"重做"按钮，如图 2-87 所示，即可恢复撤销的命令。

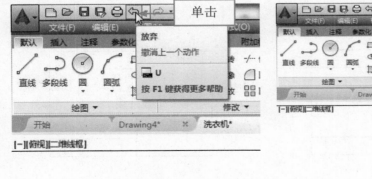
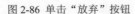

图 2-86 单击"放弃"按钮

图 2-87 单击"重做"按钮

2.7.4 重做已执行的命令

在 AutoCAD 2016 中，用户还可以重做已执行的命令。

素材文件	光盘 \ 素材 \ 第 2 章 \ 零件 .dwg	
效果文件	光盘 \ 效果 \ 第 2 章 \ 零件 .dwg	
视频文件	光盘 \ 视频 \ 第 2 章 \2.7.4 重做已执行的命令 .mp4	

实战 零件

步骤 01 单击"菜单浏览器"按钮，在弹出的菜单列表中单击"打开"|"图形"命令，如图 2-88 所示。

步骤 02 执行操作后，打开一幅素材图形，如图 2-89 所示。

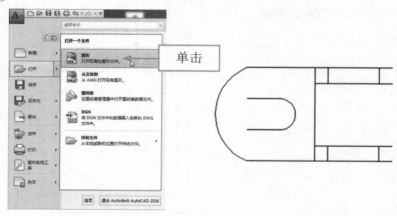

图 2-88 单击"打开"|"图形"命令　　　　图 2-89 打开一幅素材图形

步骤 03 在命令行中输入 L（直线）命令，并按【Enter】键确认，根据命令行提示进行操作，在绘图区中右上角的端点上，单击鼠标左键，向下移动鼠标，捕捉右下角的端点，单击鼠标左键，按【Enter】键确认，即可绘制直线，如图 2-90 所示。

步骤 04 按【Enter】键，重复执行 L（直线）命令，捕捉合适的端点绘制第二条直线，效果如图 2-91 所示。

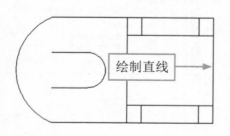
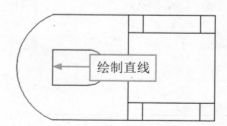

图 2-90 绘制直线　　　　　　　　图 2-91 重做已执行的命令

03 辅助功能的设置

学习提示

    在绘制图形时，用鼠标定位虽然方便快捷，但精度不高，绘制的图形也不够精确，远远不能满足工程制图的要求。为了解决该问题，AutoCAD 2016 提供了一些绘图辅助工具，用于帮助用户精确绘图。本章主要介绍设置辅助功能的方法。

本章案例导航

- 实战——启用栅格功能
- 实战——启用捕捉功能
- 实战——螺丝刀
- 实战——三角板
- 实战——起钉锤

- 实战——双头扳手
- 实战——灯笼
- 实战——墩座
- 实战——剪刀
- 实战——茶几

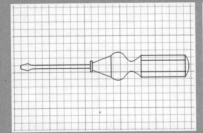
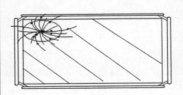
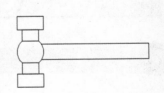
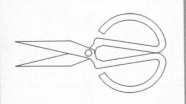
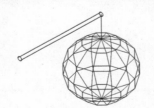
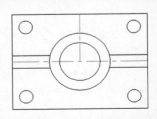

3.1 捕捉和栅格的设置

在 AutoCAD 2016 中，"栅格"是一些标定位置的小点；"捕捉"是用于设定鼠标指针移动的间距，起坐标纸的作用，可以提供直观的距离和位置参照。本节主要介绍设置捕捉和栅格的方法。

3.1.1 启用栅格功能

在 AutoCAD 2016 中绘制图形时，如果要精确定位点，必须设置启用栅格功能。

素材文件	无	
效果文件	无	
视频文件	光盘 \ 视频 \ 第 3 章 \3.1.1 启用栅格功能 .mp4	

实战 启用栅格功能

步骤 01 进入 AutoCAD 2016 工作界面，在命令行中输入 DSETTINGS（草图设置）命令，如图 3-1 所示。

步骤 02 按【Enter】键确认，弹出"草图设置"对话框，切换至"捕捉和栅格"选项卡，如图 3-2 所示。

图 3-1 输入 DSETTINGS 命令

图 3-2 切换至"捕捉和栅格"选项卡

专家指点

用户还可以通过以下 4 种方法，启用栅格功能：

* 菜单：显示菜单栏，单击"工具"|"草图设置"命令，弹出"草图设置"对话框，在"捕捉和栅格"选项卡中，选中"启用栅格"复选框。

* 按钮：单击状态栏上的"栅格显示"按钮。

* 快捷键 1：按【F7】键。

* 快捷键 2：按【Ctrl + G】组合键。

执行以上任意一种方法，均可启用栅格功能。

步骤 03 在对话框右侧，选中"启用栅格"复选框，如图 3-3 所示。

步骤 04 设置完成后，单击"确定"按钮，即可启用栅格功能，如图 3-4 所示。

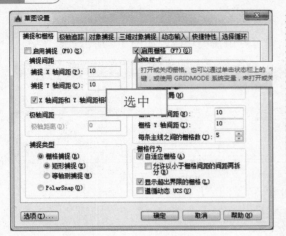

图 3-3 选中"启用栅格"复选框

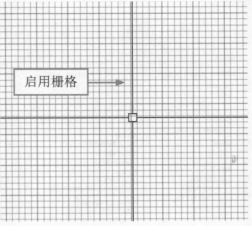

图 3-4 启用栅格功能

3.1.2 启用捕捉功能

在绘图过程中，如果用户需要启用捕捉功能，此时可将捕捉功能开启。

素材文件	无
效果文件	无
视频文件	光盘 \ 视频 \ 第 3 章 \3.1.2 启用捕捉功能 .mp4

实战 启用捕捉功能

步骤 01 进入 AutoCAD 2016 工作界面，在命令行中输入 DSETTINGS（草图设置）命令，如图 3-5 所示，按【Enter】键确认。

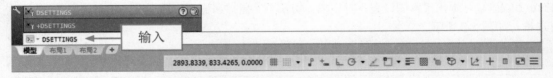

图 3-5 输入 DSETTINGS（草图设置）命令

专家指点

用户还可以通过以下 5 种方法，启用捕捉功能：

* 命令：在命令行中输入 SNAP 命令，并按【Enter】键，根据命令行提示进行操作。

* 菜单：显示菜单栏，单击"工具"|"草图设置"命令，弹出"草图设置"对话框，在"捕捉和栅格"选项卡中，选中"启用捕捉"复选框。

* 按钮：单击状态栏上的"捕捉模式"按钮。

* 快捷键 1：按【F9】键。

* 快捷键 2：按【Ctrl ＋ B】组合键。

执行以上任意一种方法，均可启用捕捉功能。

步骤 02 弹出"草图设置"对话框,切换至"捕捉和栅格"选项卡,选中"启用捕捉"复选框,如图 3-6 所示。

步骤 03 设置完成后,单击"确定"按钮,即可启用捕捉功能,如图 3-7 所示。

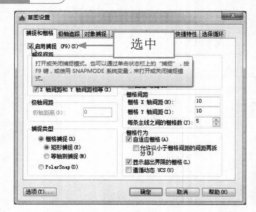

图 3-6 选中"启用捕捉"复选框

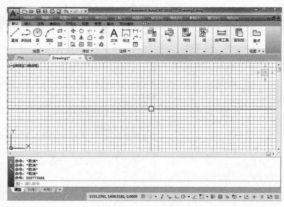

图 3-7 启用捕捉功能

3.1.3 关闭栅格功能

在 AutoCAD 2016 中,用户可以根据需要关闭栅格功能。

素材文件	无	
效果文件	无	
视频文件	光盘 \ 视频 \ 第 3 章 \3.1.3 关闭栅格功能 .mp4	

实战 关闭栅格功能

步骤 01 进入 AutoCAD 2016 工作界面,在命令行中输入 DSETTINGS(草图设置)命令,按【Enter】键确认,弹出"草图设置"对话框,切换至"捕捉和栅格"选项卡,取消选中"启用栅格"复选框,如图 3-8 所示。

步骤 02 设置完成后,单击"确定"按钮,即可关闭栅格功能,如图 3-9 所示。

图 3-8 取消选中"启用栅格"复选框

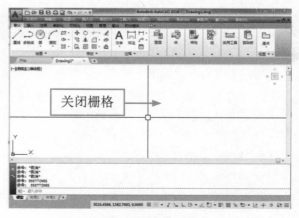

图 3-9 关闭栅格功能

使用栅格功能可以显示可见的参照网格点，当启用栅格功能时，栅格将在图形界限范围内显示出来。栅格既不是图形的一部分，也不会被输出，但在绘图过程中却起着很重要的辅助作用。

3.1.4　设置捕捉和栅格间距

　　栅格间距可以和捕捉间距相同，也可以不同，下面介绍设置捕捉和栅格间距的方法。

素材文件	光盘 \ 素材 \ 第 3 章 \ 螺丝刀 .dwg
效果文件	光盘 \ 效果 \ 第 3 章 \ 螺丝刀 .dwg
视频文件	光盘 \ 视频 \ 第 3 章 \3.1.4　设置捕捉和栅格间距 .mp4

实战　螺丝刀

步骤　01　单击"菜单浏览器"按钮，在弹出的菜单列表中单击"打开"|"图形"命令，打开一幅素材图形，如图 3-10 所示。

步骤　02　在命令行中输入 DSETTINGS（草图设置）命令，并按【Enter】键确认，弹出"草图设置"对话框，切换至"捕捉和栅格"选项卡，在"栅格间距"选项区中设置"栅格 X 轴间距"为 10、"栅格 Y 轴间距"为 10，如图 3-11 所示。

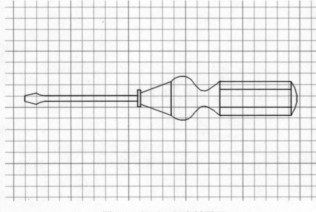

图 3-10　打开一幅素材图形

图 3-11　设置栅格间距

步骤　03　设置完成后，单击"确定"按钮，即可设置栅格间距。

3.2　正交和极轴追踪的设置

　　正交功能是将十字光标限制在水平或垂直方向上，此时用户在绘图区中只能进行水平或垂直操作，极轴追踪是按事先给定的角度增量来追踪特征点。本节主要介绍设置正交和极轴追踪的方法。

3.2.1　开启正交功能

　　使用 ORTHO 命令，可以打开正交模式，以用正交方式绘图。在正交模式下，可以方便地绘制出与当前 X 轴或 Y 轴平行的线段。

	素材文件	光盘 \ 素材 \ 第 3 章 \ 电脑显示器 .dwg
	效果文件	光盘 \ 效果 \ 第 3 章 \ 电脑显示器 .dwg
	视频文件	光盘 \ 视频 \ 第 3 章 \3.2.1 开启正交功能 .mp4

实战 电脑显示器

步骤 01 单击"菜单浏览器"按钮，在弹出的菜单列表中单击"打开"|"图形"命令，如图 3-12 所示。

步骤 02 执行操作后，打开一幅素材图形，如图 3-13 所示。

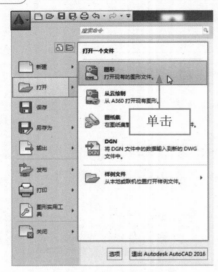

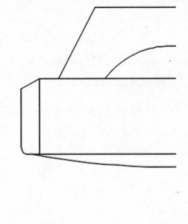

图 3-12 单击"打开"|"图形"命令   图 3-13 打开一幅素材图形

步骤 03 单击状态栏上的"正交模式"按钮 ∟，打开正交功能，如图 3-14 所示。

图 3-14 打开正交功能

步骤 04 在命令行中输入 LINE（直线）命令，并按【Enter】键确认，单击鼠标左键指定第一点，如图 3-15 所示。

步骤 05 向下引导光标，指定下一点，并按【Enter】键确认，即可使用正交功能绘制直线，如图 3-16 所示。

 专家指点

　　用户还可以通过以下 3 种方法，开启正交功能：

　　✳ 快捷键 1：按【F8】键。

　　✳ 快捷键 2：按【Ctrl ＋ L】组合键。

＊命令：在命令行中输入ORTHO命令，并按【Enter】键确认，然后输入ON，再按【Enter】键确认。

执行以上任意一种方法，均可开启正交功能。

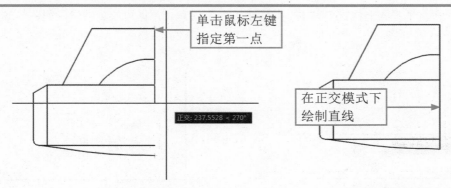

单击鼠标左键指定第一点

在正交模式下绘制直线

正交: 237.5528 < 270°

图 3-15 指定第一点　　　　　　　　　　　图 3-16 绘制直线

3.2.2 开启极轴追踪功能

极轴追踪功能可以在系统要求指定某一点时，按照预先设置的角度增量，显示一条无限延伸的辅助线（一条虚线），此时即可沿着辅助线追踪到指定点。用户可以在"草图设置"对话框的"极轴追踪"选项卡中，对极轴追踪进行设置。

素材文件	光盘 \ 素材 \ 第 3 章 \ 三角板 .dwg
效果文件	光盘 \ 效果 \ 第 3 章 \ 三角板 .dwg
视频文件	光盘 \ 视频 \ 第 3 章 \3.2.2 开启极轴追踪功能 .mp4

实战 三角板

步骤 01　单击"菜单浏览器"按钮，在弹出的菜单列表中单击"打开"|"图形"命令，打开一幅素材图形，如图 3-17 所示。

步骤 02　在命令行中输入 DSETTINGS（草图设置）命令，按【Enter】键确认，弹出"草图设置"对话框，切换至"极轴追踪"选项卡，选中"启用极轴追踪"复选框，如图 3-18 所示。

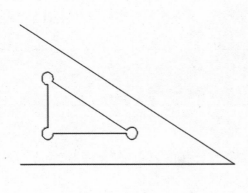

图 3-17 打开一幅素材图形　　　　　　　　图 3-18 选中"启用极轴追踪"复选框

步骤 **03** 设置完成后，单击"确定"按钮，返回绘图窗口，在命令行中输入 LINE（直线）命令，并按【Enter】键确认，根据命令行提示进行操作，在绘图区中单击鼠标左键，确定起始点，向下引导光标，即可显示极轴，如图 3-19 所示。

步骤 **04** 在极轴方向上指定下一点，并按【Enter】键确认，即可绘制直线，如图 3-20 所示。

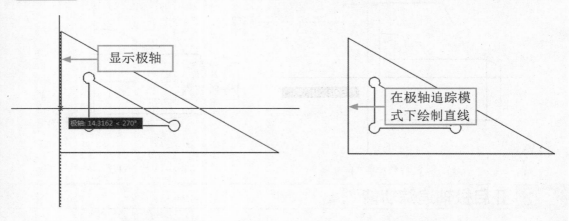

图 3-19 显示极轴   图 3-20 绘制直线

专家指点

用户还可以通过以下两种方法，启用极轴追踪功能：

＊ 快捷键：按【F10】键。

＊ 按钮：单击状态栏上的"极轴追踪"按钮。

执行以上任意一种方法，均可启用极轴追踪功能。

3.3 对象捕捉的设置

在 AutoCAD 2016 中，使用对象捕捉功能可以快速、准确地捕捉到一些特殊点，以达到用户的需求，简单、快捷的绘制图形。

3.3.1 设置对象捕捉中点

在绘图的过程中，经常需要指定一些已有对象的点，例如端点、圆心和中点等，下面向用户介绍设置对象捕捉中点的方法。

素材文件	光盘 \ 素材 \ 第 3 章 \ 吊灯 .dwg	
效果文件	无	
视频文件	光盘 \ 视频 \ 第 3 章 \3.3.1 设置对象捕捉中点 .mp4	

实战 吊灯

步骤 **01** 单击"菜单浏览器"按钮，在弹出的菜单列表中单击"打开"|"图形"命令，如图 3-21 所示。

步骤 **02** 执行操作后，打开一幅素材图形，如图 3-22 所示。

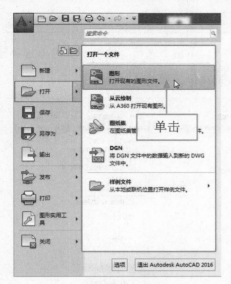

图 3-21 单击"打开"|"图形"命令

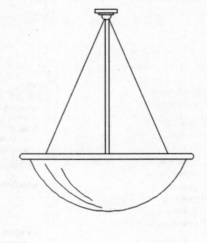

图 3-22 打开一幅素材图形

步骤 **03** 在命令行中输入 DSETTINGS（草图设置）命令，按【Enter】键确认，弹出"草图设置"对话框，切换至"对象捕捉"选项卡，选中"中点"复选框，如图 3-23 所示。

步骤 **04** 设置完成后，单击"确定"按钮，返回绘图窗口，在命令行中输入 LINE（直线）命令，并按【Enter】键确认，根据命令行提示进行操作，移动鼠标指针至绘图区中的中点上，即可显示对象的捕捉中点，如图 3-24 所示。

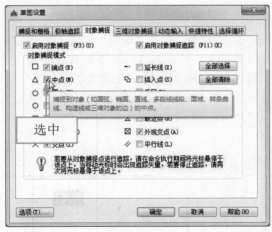

图 3-23 选中"中点"复选框

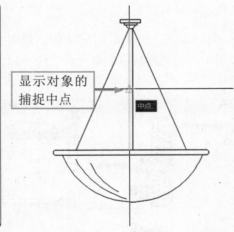

图 3-24 显示对象的捕捉中点

3.3.2 设置自动捕捉标记的颜色

在 AutoCAD 2016 中，用户可以设置自动捕捉标记的颜色。

	素材文件	无
	效果文件	无
	视频文件	光盘 \ 视频 \ 第 3 章 \3.3.2 设置自动捕捉标记的颜色 .mp4

实战	设置自动捕捉标记的颜色

步骤 01 单击"菜单浏览器"按钮,弹出菜单列表,单击"选项"按钮,如图 3-25 所示。

步骤 02 弹出"选项"对话框,切换至"绘图"选项卡,如图 3-26 所示。

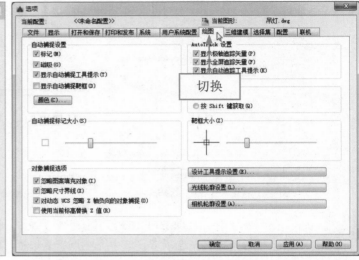

图 3-25 单击"选项"按钮　　　　　　　　图 3-26 切换至"绘图"选项卡

步骤 03 单击"自动捕捉设置"选项区中的"颜色"按钮,弹出"图形窗口颜色"对话框,单击"颜色"右侧的下拉按钮,在弹出的列表框中选择"红"选项,此时,"预览"窗口中的捕捉标记颜色为红色,如图 3-27 所示。

步骤 04 单击"应用并关闭"按钮,返回"选项"对话框,单击"确定"按钮,返回绘图窗口,在绘图区中绘制矩形后,在命令行中输入 LINE(直线)命令,按【Enter】键确认,根据命令行提示进行操作,移动鼠标指针至矩形的中点上,即可显示标记的颜色,如图 3-28 所示。

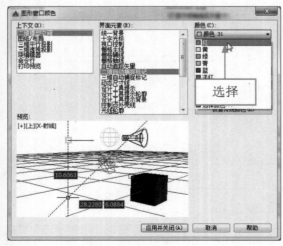

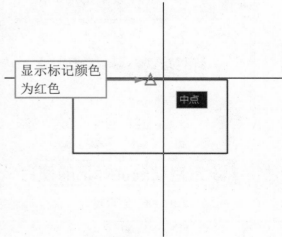

图 3-27 捕捉标记颜色为红色　　　　　　　图 3-28 显示标记的颜色

3.4 对象捕捉追踪的设置

对象捕捉追踪是指当前系统自动捕捉到图形中的一个特征点后，再以这个点为基点，沿设置的极坐标角度增量追踪另一点，并在追踪方向上显示一条辅助线，用户可以在该辅助线上定位点。本节主要介绍设置对象捕捉追踪的方法。

3.4.1 使用临时追踪点

在 AutoCAD 2016 中，绘制图形时可以使用临时追踪点，使绘制的图形更加精确，下面向用户介绍使用临时追踪点的方法。

素材文件	光盘 \ 素材 \ 第 3 章 \ 双头扳手 .dwg	
效果文件	光盘 \ 效果 \ 第 3 章 \ 双头扳手 .dwg	
视频文件	光盘 \ 视频 \ 第 3 章 \3.4.1 使用临时追踪点 .mp4	

实战 双头扳手

步骤 01 按【Ctrl ＋ O】组合键，打开一幅素材图形，如图 3-29 所示。

步骤 02 显示菜单栏，单击"工具"|"工具栏" | "AutoCAD" | "对象捕捉"命令，如图 3-30 所示。

  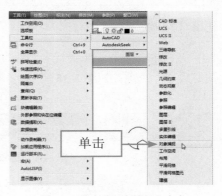

图 3-29 打开一幅素材图形　　　　　　　图 3-30 单击"对象捕捉"命令

步骤 03 调出"对象捕捉"工具栏，如图 3-31 所示。

步骤 04 在命令行中输入 LINE（直线）命令，并按【Enter】键确认，根据命令行提示进行操作，在"对象捕捉"工具栏中单击"捕捉到端点"按钮，在绘图区合适端点上单击鼠标左键，确定第一点，如图 3-32 所示。

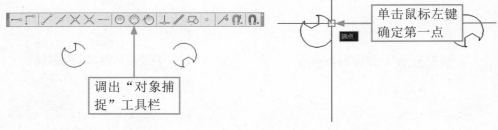

图 3-31 "对象捕捉"工具栏　　　　　　　图 3-32 确定第一点

步骤 05 在绘图区中捕捉第二个端点，如图 3-33 所示，按【Enter】键确认，绘制直线。

步骤 06 采用同样的方法，绘制第二条直线，如图 3-34 所示。

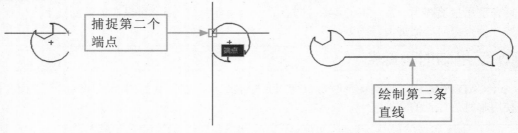

图 3-33 捕捉第二个端点　　　　　　　　　图 3-34 绘制第二条直线

3.4.2 使用对象捕捉追踪

在使用对象捕捉追踪时，必须打开对象捕捉，并捕捉一个几何点作为追踪参考点。下面向用户介绍使用对象捕捉追踪的方法。

素材文件	无
效果文件	无
视频文件	光盘 \ 视频 \ 第 3 章 \3.4.2 使用对象捕捉追踪 .mp4

实战 使用对象捕捉追踪

步骤 01 在状态栏的"显示捕捉参照线"按钮 ∠ 上，单击鼠标右键，在弹出的快捷菜单中选择"对象捕捉追踪设置"选项，如图 3-35 所示。

图 3-35 选择"对象捕捉追踪设置"选项

步骤 02 弹出"草图设置"对话框，切换至"对象捕捉"选项卡，如图 3-36 所示。

步骤 03 选中"启用对象捕捉追踪"复选框，如图 3-37 所示。

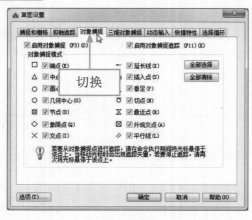
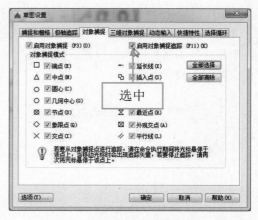

图 3-36 切换至"对象捕捉"选项卡　　　　　图 3-37 选中"启用对象捕捉追踪"复选框

步骤 04 设置完成后，单击"确定"按钮，即可使用对象捕捉追踪功能。

专家指点

用户还可以通过以下两种方法，启用对象捕捉追踪功能：

＊ 快捷键：按【F11】键。

＊ 命令：在命令行中输入 DSETTINGS（草图设置）命令，按【Enter】键确认，弹出"草图设置"对话框，切换至"对象捕捉"选项卡，选中"启用对象捕捉追踪"复选框。

执行以上任意一种方法，均可启用对象捕捉追踪功能。

3.4.3 使用自动追踪功能

使用自动追踪功能可以快速而精确地定位点，在很大程度上提高了绘图效率。下面向用户介绍使用自动追踪功能的方法。

素材文件	无
效果文件	无
视频文件	光盘 \ 视频 \ 第 3 章 \3.4.3 使用自动追踪功能 .mp4

实战 使用自动追踪功能

步骤 01 启动 AutoCAD 2016 后，单击"菜单浏览器"按钮，在弹出的菜单列表中单击"选项"按钮，弹出"选项"对话框，切换至"绘图"选项卡，如图 3-38 所示。

步骤 02 在"Auto Track 设置"选项区中，可以进行自动追踪功能的设置，如图 3-39 所示，单击"确定"按钮，完成设置。

图 3-38 切换至"绘图"选项卡　　　　　图 3-39 设置自动追踪功能

 专家指点

在"草图"选项卡中的"Auto Track 设置"选项区中，各主要选项含义如下：

＊ "显示极轴追踪矢量"复选框：设置是否显示极轴追踪的矢量数据。

＊ "显示全屏追踪矢量"复选框：设置是否显示全屏追踪的矢量数据。

＊ "显示自动追踪工具栏提示"复选框：设置在追踪特征点时是否显示工具栏上的相应按钮的提示文字。

3.5 动态输入的设置

在 AutoCAD 2016 中，使用动态输入功能可以在指针位置处显示标注输入和命令提示信息，从而极大地方便了绘图。本节主要介绍设置动态输入的方法。

3.5.1 启用并设置指针输入

在 AutoCAD 2016 中，用户可根据需要启用并设置指针输入。

	素材文件	光盘 \ 素材 \ 第 3 章 \ 墩座 .dwg
	效果文件	无
	视频文件	光盘 \ 视频 \ 第 3 章 \3.5.1 启用并设置指针输入 .mp4

实战 墩座

步骤 01 单击"菜单浏览器"按钮，在弹出的菜单列表中单击"打开"|"图形"命令，打开一幅素材图形，如图 3-40 所示。

步骤 02 在命令行中输入 DSETTINGS（草图设置）命令，按【Enter】键确认，弹出"草图设置"对话框，切换至"动态输入"选项卡，选中"启用指针输入"复选框，如图 3-41 所示。

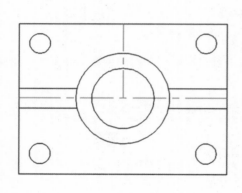

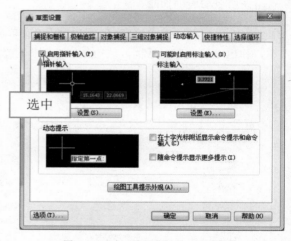

图 3-40 打开一幅素材图形　　　　　　　图 3-41 选中"启用指针输入"复选框

专家指点

在 AutoCAD 2016 中，当用户启用指针输入且有命令在执行时，十字光标的位置将在光标附近的工具提示中显示坐标。可以在工具提示中输入坐标值，而不用在命令行中输入。

步骤 03 单击"设置"按钮，弹出"指针输入设置"对话框，在"可见性"选项区中选中"命令需要一个点时"单选按钮，如图 3-42 所示。

步骤 04 单击"确定"按钮，返回到"草图设置"对话框，单击"确定"按钮，在命令行中输入 LINE（直线）命令，并按【Enter】键确认，移动鼠标指针到绘图区，即可在十字光标处显示坐标数据，如图 3-43 所示。

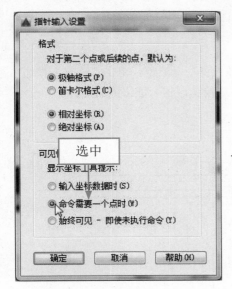

图 3-42 选中相应单选按钮

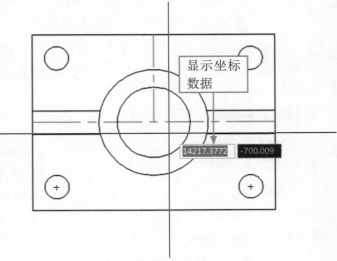

图 3-43 显示坐标数据

3.5.2 打开并设置标注输入

绘制图形过程中，用户可以打开并设置标注输入。

素材文件	光盘 \ 素材 \ 第 3 章 \ 起钉锤 .dwg
效果文件	无
视频文件	光盘 \ 视频 \ 第 3 章 \3.5.2 打开并设置标注输入 .mp4

实战 起钉锤

步骤 01 单击"菜单浏览器"按钮，在弹出的菜单列表中单击"打开"|"图形"命令，打开一幅素材图形，如图 3-44 所示。

步骤 02 在命令行中输入 DSETTINGS（草图设置）命令，并按【Enter】键确认，弹出"草图设置"对话框，切换至"动态输入"选项卡，选中"可能时启用标注输入"复选框，如图 3-45 所示。

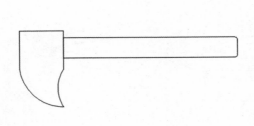

图 3-44 打开一幅素材图形

图 3-45 选中"可能时启用标注输入"复选框

步骤 **03** 单击"设置"按钮，弹出"标注输入的设置"对话框，在"可见性"选项区中选中"每次显示 2 个标注输入字段"单选按钮，如图 3-46 所示。

步骤 **04** 设置完成后，单击"确定"按钮，返回"草图设置"对话框，单击"确定"按钮，在命令行中输入 LINE（直线）命令，并按【Enter】键确认，在绘图区的合适位置上单击鼠标左键，即可显示两个标注输入，如图 3-47 所示。

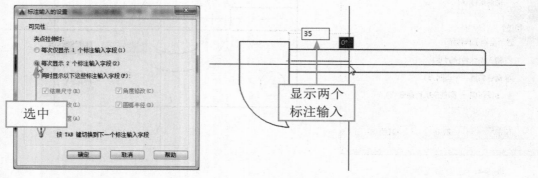

图 3-46 选中相应单选按钮　　　　　　　图 3-47 显示两个标注输入

3.5.3　显示命令提示

在绘制图形时，可以显示命令提示，方便用户绘制图形。

	素材文件	光盘 \ 素材 \ 第 3 章 \ 剪刀 .dwg
	效果文件	无
	视频文件	光盘 \ 视频 \ 第 3 章 \3.5.3 显示命令提示 .mp4

实战 剪刀

步骤 **01** 单击"菜单浏览器"按钮，在弹出的菜单列表中单击"打开"|"图形"命令，如图 3-48 所示。

步骤 **02** 执行操作后，打开一幅素材图形，如图 3-49 所示。

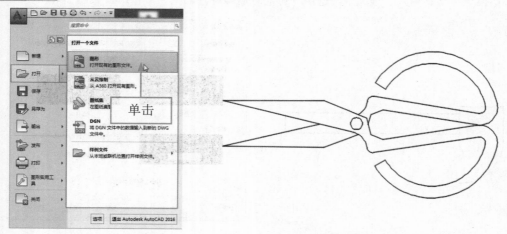

图 3-48 单击"打开"|"图形"命令　　　　图 3-49 打开一幅素材图形

步骤 03 在命令行中输入 DSETTINGS（草图设置）命令，并按【Enter】键确认，弹出"草图设置"对话框，切换至"动态输入"选项卡，选中"在十字光标附近显示命令提示和命令输入"复选框，如图 3-50 所示。

步骤 04 单击"确定"按钮，返回绘图窗口，在命令行中输入 LINE（直线）命令，并按【Enter】键确认，根据命令行提示进行操作，在绘图区中合适的端点上，单击鼠标左键，即可显示命令提示，如图 3-51 所示。

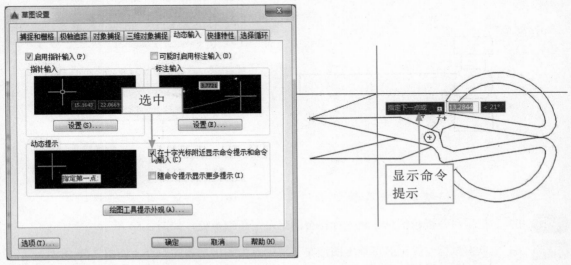

图 3-50 选中相应复选框   图 3-51 显示命令提示

3.6 坐标系与坐标的使用

在绘图过程中，常常需要使用某个坐标系作为参照来拾取点的位置，以精确定位某个对象，AutoCAD 提供的坐标系可以用来准确设置并绘制图形。本章主要介绍使用坐标系与坐标的方法。

3.6.1 世界坐标系

在 AutoCAD 2016 中，默认的坐标系是世界坐标系（World Coordinate System，简称 WCS），是运行 AutoCAD 时由系统自动建立的，其原点位置和坐标轴方向固定的一种整体坐标系。WCS 包括 X 轴和 Y 轴（在 3D 空间下，还有 Z 轴），其坐标轴的交汇处有一个"口"字形标记。世界坐标系中所有的位置都是相对于坐标原点计算的，而且规定 X 轴正方向及 Y 轴正方向为正方向。

3.6.2 用户坐标系

用户坐标系是一种可移动的自定义坐标系，用户不仅可以更改该坐标的位置，还可以改变其方向，在绘制三维对象时非常有用。

	素材文件	光盘 \ 素材 \ 第 3 章 \ 锤子 .dwg
	效果文件	无
	视频文件	光盘 \ 视频 \ 第 3 章 \3.6.2 用户坐标系 .mp4

实战 | 锤子

步骤 01 单击"菜单浏览器"按钮，在弹出的菜单列表中单击"打开"|"图形"命令，打开一幅素材图形，如图 3-52 所示。

步骤 02 在"功能区"选项板中单击"视图"选项卡，在"坐标"面板中单击"原点"按钮，如图 3-53 所示。

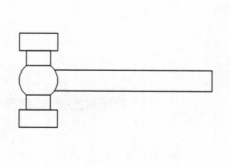

图 3-52 打开一幅素材图形

图 3-53 单击"原点"按钮

步骤 03 根据命令提示信息，将光标移至图形左下角端点处，如图 3-54 所示。

步骤 04 单击鼠标左键，即可指定图形左下角端点为新坐标系的原点，如图 3-55 所示。

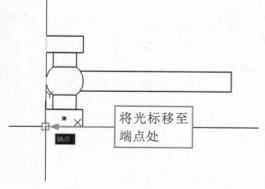

将光标移至端点处

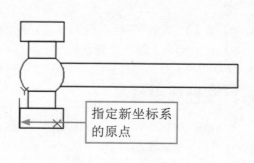

指定新坐标系的原点

图 3-54 将光标移至图形左下角端点处

图 3-55 指定新坐标系的原点

3.6.3 绝对坐标

在 AutoCAD 2016 中，绝对坐标以原点（0，0）或（0，0，0）为基点定位所有的点。AutoCAD 默认的坐标原点位于绘图窗口左下角。在绝对坐标系中，X 轴、Y 轴和 Z 轴在原点（0，0，0）处相交。绘图窗口的任意一点都可以使用（X、Y、Z）来表示，也可以通过输入 X、Y、Z 坐标值（中间用逗号隔开）来定义点的位置。

 专家指点

输入绝对坐标值，可以使用分数、小数或科学记数等形式表示点 X、Y、Z、坐标值。

3.6.4 相对坐标

相对坐标是指相对于当前点的坐标，在其 X、Y 轴上的位移，它与坐标系的原点无关。输入格式与绝对坐标相同，但要在输入坐标值前加上"@"符号。一般情况下，绘图中常常把上一操作点看作是特定点，后续绘图操作都是相对于上一操作点而进行的。如果上一操作点的坐标是（30，45），通过键盘输入下一点的相对坐标（@20，15），则等于确定了该点的绝对坐标为（50，60）。

3.6.5 绝对极坐标

绝对坐标和相对坐标实际上都是二维线性坐标，一个点在二维平面上都可以用（X，Y）来表示其位置。极坐标则是通过相对于极点的距离和角度来进行定位的。在默认情况下，AutoCAD 2016 以逆时针方向来测量角度。水平向右为 0°（或 360°），垂直向上为 90°，水平向左为180°，垂直向下为 270°。当然，用户也可以自行设置角度方向。

绝对极坐标以原点作为极点。用户可以输入一个长度距离，后面加一个"<"符号，再加一个角度即表示绝对极坐标，绝对极坐标规定 X 轴正方向为 0°，Y 轴正方向为 90°。例如，20 < 45表示该点相对于原点的极径为 20，而该点的连线与 0°方向（通常为 X 轴正方向）之间的夹角为45°。

3.6.6 相对极坐标

相对极坐标通过用相对于某一特定点的极径和偏移角度来表示。相对极坐标是以上一操作点作为极点，而不是以原点作为极点，这也是相对极坐标同绝对极坐标之间的区别。用 @1 < a 来表示相对极坐标，其中 @ 表示相对，1 表示极径，a 表示角度。例如，@60 < 30 表示相对于上一操作点的极径为 60、角度为 30°的点。

3.6.7 控制坐标显示

在绘图窗口中移动鼠标指针时，状态栏上将会动态显示当前坐标。在 AutoCAD 2016 中，坐标显示取决于所选择的模式和程序中运行的命令，共有"关"、"绝对"和"相对"3 种模式，各种模式的含义分别如下：

＊ 模式 0，"关"：显示上一个拾取点的绝对坐标。此时，指针坐标将不能动态更新，只有在拾取一个新点时，显示才会更新。但是，从键盘输入一个新点坐标时，不会改变显示方式，如图 3-56 所示，为"关"模式。

＊ 模式 1，"绝对"：显示光标的绝对坐标，该值是动态更新的，默认情况下，显示方式是打开的，如图 3-57 所示，为"绝对"模式。

＊ 模式 2，"相对"：显示一个相对极坐标，当选择该方式时，如果当前处在拾取点状态，系统将显示光标所在位置相对于上一个点的距离和角度。当离开拾取点状态时，系统将恢复到模式 1，如图 3-58 所示，为"相对"模式。

-9.6109, -28.8937, 0.0000	149.4407, -15.5634, 0.0000	69.3093<347, 0.0000
图 3-56 模式 0，"关"	图 3-57 模式 1，"绝对"	图 3-58 模式 2，"相对"

	素材文件	无
	效果文件	无
	视频文件	光盘 \ 视频 \ 第 3 章 \3.6.7 控制坐标显示 .mp4

实战 控制坐标显示

步骤 01 单击快速访问工具栏上的"新建"按钮，新建一个图形文件，在命令行中输入 LINE（直线）命令，并按【Enter】键确认，将鼠标移至绘图区中的任意位置，单击鼠标左键，此时在状态栏将显示图形坐标为关模式，如图 3-59 所示。

图 3-59 显示图形坐标为关模式

步骤 02 在该图形坐标上，单击鼠标右键，在弹出的快捷菜单中选择"绝对"选项，如图 3-60 所示。

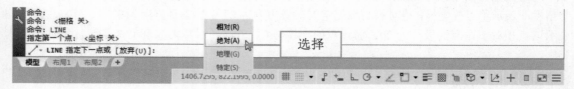

图 3-60 选择"绝对"选项

步骤 03 执行操作后，图形坐标将切换至"绝对"模式，如图 3-61 所示。

图 3-61 切换至"绝对"模式

步骤 04 在图形坐标的"绝对"模式上，单击鼠标右键，在弹出的快捷菜单中选择"相对"选项，如图 3-62 所示，即可切换至"相对"模式。

图 3-62 选择"相对"选项

3.6.8 控制坐标系图标显示

在 AutoCAD 2016 中，用户可以控制坐标系图标显示。

	素材文件	无
	效果文件	无
	视频文件	光盘 \ 视频 \ 第 3 章 \3.6.8 控制坐标系图标显示 .mp4

实战 控制坐标系图标显示

步骤 01 在 AutoCAD 2016 工作界面中,新建一个空白图形文件,在"功能区"选项板中单击"视图"选项卡,在"坐标"面板上单击"在原点处显示 UCS 图标"按钮 ,弹出列表框,选择"隐藏 UCS 图标"选项,如图 3-63 所示,即可隐藏坐标系原点。

步骤 02 显示菜单栏,单击"视图"|"显示"|"UCS 图标"|"特性"命令,即可弹出"UCS 图标"对话框,如图 3-64 所示,在其中可以设置 UCS 图标的样式、大小、颜色和布局选项卡图标颜色等。

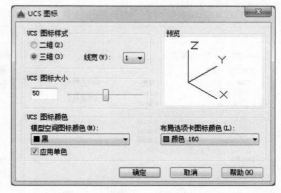

图 3-63 选择"隐藏 UCS 图标"选项   图 3-64 "UCS 图标"对话框

3.6.9 设置正交 UCS

在 AutoCAD 2016 中,用户可以设置正交 UCS。

	素材文件	无
	效果文件	无
	视频文件	光盘 \ 视频 \ 第 3 章 \3.6.9 设置正交 UCS.mp4

实战 设置正交 UCS

步骤 01 在 AutoCAD 2016 工作界面中,新建一个空白图形文件,在"功能区"选项板中单击"视图"选项卡,在"坐标"面板中单击右侧的箭头按钮 ,如图 3-65 所示。

步骤 02 弹出 UCS 对话框,切换至"正交 UCS"选项卡,如图 3-66 所示。

图 3-65 单击箭头按钮   图 3-66 切换至"正交 UCS"选项卡

步骤 03 在"当前 UCS：世界"列表框中，选择 Front 选项，并单击"置为当前"按钮，如图 3-67 所示。

步骤 04 在 UCS 对话框中的"正交 UCS"选项卡中，"深度"表示正交 UCS 的 XY 平面与通过坐标系统变量指定的坐标系统原点平行平面之间的距离，"相对于"下拉列表用于指定定义正交 UCS 的基准坐标系。如图 3-68 所示为在 UCS 对话框的"正交 UCS"选项卡中的"深度"列选项与"相对于"列表框。

图 3-67 单击"置为当前"按钮

图 3-68 "正交 UCS"对话框

3.6.10 重命名用户坐标系

在 AutoCAD 2016 中，用户可以重命名用户坐标系。

素材文件	光盘 \ 素材 \ 第 3 章 \ 直角支架 .dwg
效果文件	无
视频文件	光盘 \ 视频 \ 第 3 章 \3.6.10 重命名用户坐标系 .mp4

实战 直角支架

步骤 01 单击"菜单浏览器"按钮，在弹出的菜单列表中单击"打开"|"图形"命令，打开一幅素材图形，如图 3-69 所示。

步骤 02 在"功能区"选项板中单击"视图"选项卡，在"坐标"面板中单击右侧的箭头按钮，如图 3-70 所示。

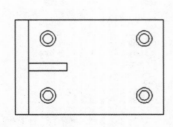

图 3-69 打开一幅素材图形

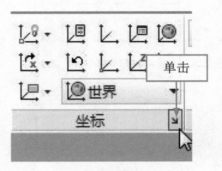

图 3-70 单击右侧的箭头按钮

步骤 03 弹出 UCS 对话框，切换至"命名 UCS"选项卡，在"未命名"选项上，单击鼠标右键，在弹出的快捷菜单中选择"重命名"选项，如图 3-71 所示。

步骤 04 输入当前 UCS 的名称，如图 3-72 所示，设置完成后，单击"确定"按钮，即可命名 UCS。

图 3-71 选择"重命名"选项　　　　　　图 3-72 输入当前 UCS 的名称

3.6.11 设置 UCS 的其他选项

当绘制的图形较大时，为了能够从多个角度观察图形的不同侧面或图形的不同部分，可以把当前绘图窗口划分为几个小的视口。在这些视口中，还可以定义成不同的 UCS。

素材文件	光盘 \ 素材 \ 第 3 章 \ 灯笼 .dwg
效果文件	无
视频文件	光盘 \ 视频 \ 第 3 章 \3.6.11 设置 UCS 的其他选项 .mp4

实战 灯笼

步骤 01 单击"菜单浏览器"按钮，在弹出的菜单列表中单击"打开"|"图形"命令，打开一幅素材图形，如图 3-73 所示。

步骤 02 在"功能区"选项板中单击"视图"选项卡，在"模型视口"面板中单击"视口配置"按钮，在弹出的列表框中选择"四个：相等"选项，如图 3-74 所示。

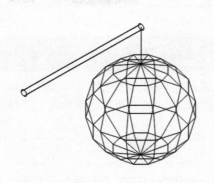
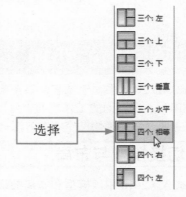

图 3-73 打开一幅素材图形　　　　　　图 3-74 选择"四个：相等"选项

步骤 **03** 执行操作后，即可在绘图窗口中显示四个视口，如图 3-75 所示。

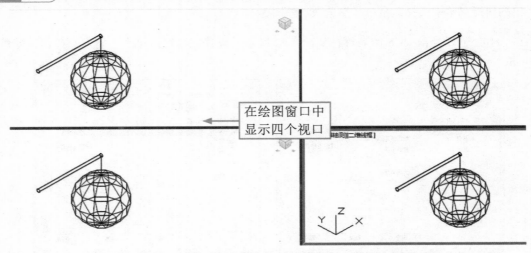

图 3-75 在绘图窗口中显示四个视口

步骤 **04** 在"视图"选项卡的"坐标"面板上，单击"原点"按钮，在绘图区中捕捉合适的点，单击鼠标左键，即可设置当前视口中的 UCS，如图 3-76 所示。

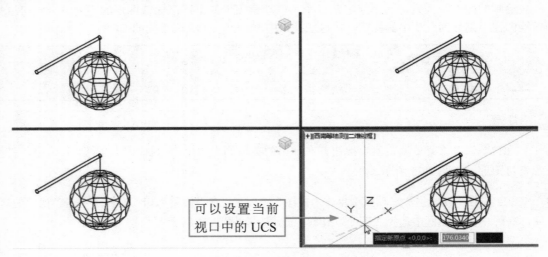

图 3-76 设置当前视口中的 UCS

3.7 绘图空间的切换

在 AutoCAD 2016 中，绘制和编辑图形时，可以采用不同的工作空间，即模型空间和图纸空间（布局空间）。在不同的工作空间中可以完成不同的操作，如绘图和编辑操作、注释和显示控制等。本节主要介绍切换绘图空间的方法。

3.7.1 切换模型与布局

在 AutoCAD 2016 中，模型和布局的切换可以通过绘图窗口底部的选项卡来实现。下面向用户介绍切换模型与布局的方法。

	素材文件	光盘 \ 素材 \ 第 3 章 \ 茶几 .dwg
	效果文件	无
	视频文件	光盘 \ 视频 \ 第 3 章 \3.7.1 切换模型与布局 .mp4

实战 茶几

步骤 01 单击"菜单浏览器"按钮，在弹出的菜单列表中单击"打开"|"图形"命令，打开一幅素材图形，如图 3-77 所示。

步骤 02 将鼠标指针移至状态栏上的"布局 1"按钮处，单击鼠标左键，即可切换至布局空间。如图 3-78 所示。

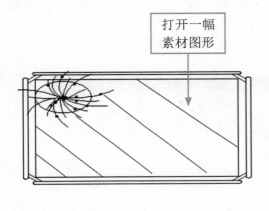

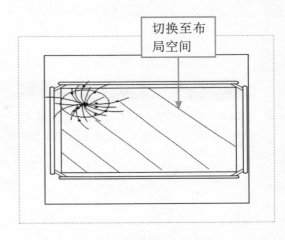

图 3-77 打开一幅素材图形　　　　　　　　图 3-78 切换至布局空间

专家指点

　　无论是在模型空间还是在图纸空间，AutoCAD 都允许使用多个视图，但多视图的性质和作用并不是相同的。在模型空间中，多视图只是为了方便观察图形和绘图，因此其中的各个视图与原绘图窗口类似。在图纸空间中，多视图主要是便于进行图纸的合理布局，用户可以对其中任何一个视图进行复制、移动等基本编辑操作。多视图操作大大方便了用户从不同视点观察同一实体，这对于在三维绘图时非常有利。

3.7.2 创建新布局

在 AutoCAD 2016 中，用户可根据需要创建新布局。

	素材文件	无
	效果文件	无
	视频文件	光盘 \ 视频 \ 第 3 章 \3.7.2 创建新布局 .mp4

实战 创建新布局

步骤 01 在 AutoCAD 2016 工作界面中，新建一个空白图形文件，在命令行中输入 LAYOUT（新建布局）命令，按【Enter】键确认，输入 N（新建），如图 3-79 所示，并按【Enter】键确认。

图 3-79 输入 N（新建）并确认

步骤 02 在命令行中输入"布局 3"，并按【Enter】键确认，如图 3-80 所示。

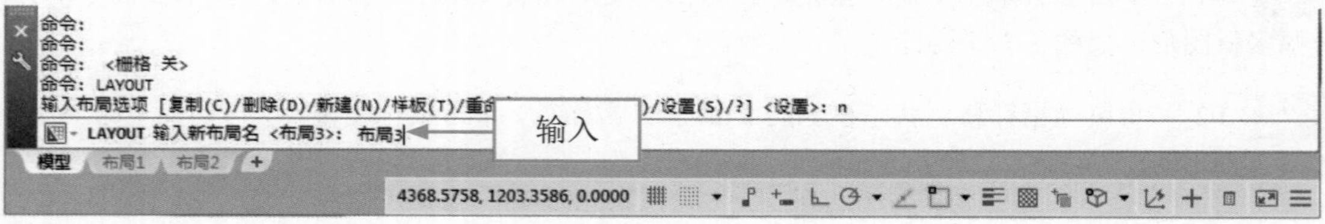

图 3-80 输入"布局 3"

步骤 03 执行操作后，即可新建一个布局，如图 3-81 所示。

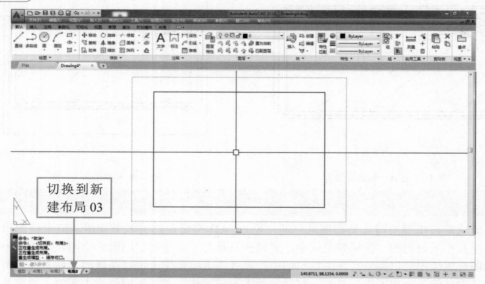

切换到新建布局 03

图 3-81 新建一个布局

3.7.3 使用样板布局

在 AutoCAD 2016 中，用户可以使用样板布局。

	素材文件	无
	效果文件	无
	视频文件	光盘 \ 视频 \ 第 3 章 \3.7.3 使用样板布局 .mp4

实战 使用样板布局

步骤 01 在 AutoCAD 2016 工作界面中，新建一个空白图形文件，在命令行中输入 LAYOUT（新建布局）命令，按【Enter】键确认，输入 T（样板），并按【Enter】键确认，弹出"从文件选择样板"对话框，在"名称"下拉列表框中选择相应选项，如图 3-82 所示。

步骤 02 单击"打开"按钮，弹出"插入布局"对话框，在列表框中选择需要插入的布局名称，如图 3-83 所示。

图 3-82 选择相应选项

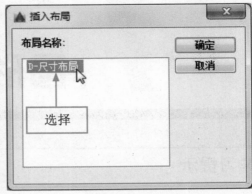

图 3-83 选择需要插入的布局名称

步骤 03 单击"确定"按钮，返回绘图窗口，单击 D- 尺寸布局选项卡，即可查看使用的样板布局效果，如图 3-84 所示。

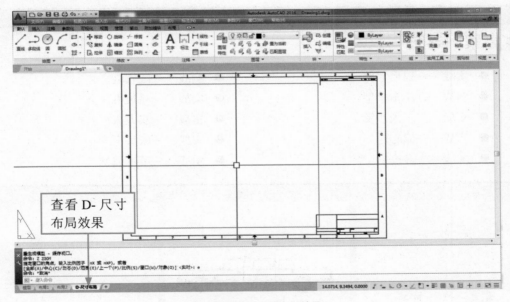

图 3-84 查看样板布局效果

图形显示的控制

学习提示

　　AutoCAD 的图形显示控制功能，在工程设计和绘图领域中应用得十分广泛。用户可以使用多种方法来观察绘图窗口中绘制的图形，以便灵活观察图形的整体效果或局部细节。本章主要介绍控制图形显示的多种操作方法。

本章案例导航

- 实战——扇形零件
- 实战——小车模型
- 实战——三人沙发
- 实战——偏心轮
- 实战——会议室
- 实战——洗衣机
- 实战——播放机
- 实战——双人床
- 实战——床头柜
- 实战——手机模型

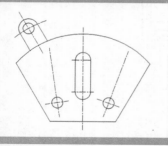
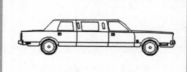
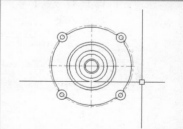
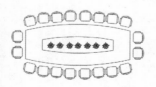

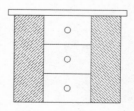

4.1 图形的缩放

在 AutoCAD 2016 中，通过缩放视图，可以放大或缩小图形的屏幕显示尺寸，而图形的真实尺寸保持不变。本节主要介绍缩放图形等内容。

4.1.1 按全部缩放

在 AutoCAD 2016 中，可以显示整个图形中的所有图像。在平面视图中，它以图形界限或当前图形范围为显示边界。

素材文件	光盘 \ 素材 \ 第 4 章 \ 扇形零件 .dwg
效果文件	无
视频文件	光盘 \ 视频 \ 第 4 章 \4.1.1 按全部缩放 .mp4

实战 扇形零件

步骤 01 单击"菜单浏览器"按钮，在弹出的菜单列表中单击"打开"|"图形"命令，如图 4-1 所示。

步骤 02 执行操作后，打开一幅素材图形，如图 4-2 所示。

图 4-1 单击"打开"|"图形"命令

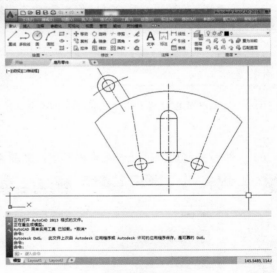

图 4-2 打开一幅素材图形

步骤 03 单击"功能区"选项板中的"视图"选项卡，在"导航"面板上，单击"范围"右侧的三角按钮，在弹出的列表框中选择"全部"选项，如图 4-3 所示。

步骤 04 执行操作后，即可全部缩放显示图形，如图 4-4 所示。

 专家指点

单击快速访问工具栏右侧的下拉按钮，在弹出的列表框中选择"显示菜单栏"选项，显示菜单栏，然后单击"视图"|"缩放"|"全部"命令，也可以全部缩放显示图形效果。

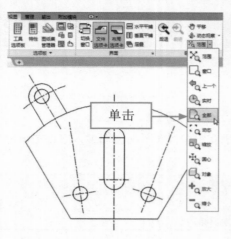

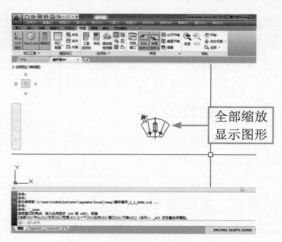

图 4-3 单击"全部"按钮   图 4-4 全部缩放显示图形

4.1.2 按范围缩放

　　使用范围缩放图形，可以在绘图区最大化显示图形对象。它与全部缩放不同，范围缩放使用的显示边界只是图形范围而不是图形界限。

素材文件	光盘 \ 素材 \ 第 4 章 \ 小车模型 .dwg
效果文件	无
视频文件	光盘 \ 视频 \ 第 4 章 \4.1.2 按范围缩放 .mp4

实战 小车模型

步骤 01 单击"菜单浏览器"按钮，在弹出的菜单列表中单击"打开"|"图形"命令，如图 4-5所示。

步骤 02 执行操作后，打开一幅素材图形，如图 4-6 所示。

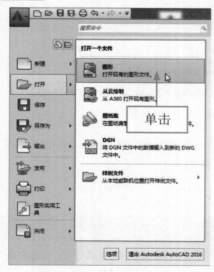

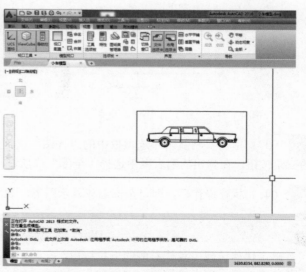

图 4-5 单击"打开"|"图形"命令   图 4-6 打开一幅素材图形

步骤 **03** 单击"功能区"选项板中的"视图"选项卡，在"导航"面板上，单击"范围"按钮 ，如图4-7所示。

步骤 **04** 执行操作后，即可按范围缩放图形，效果如图4-8所示。

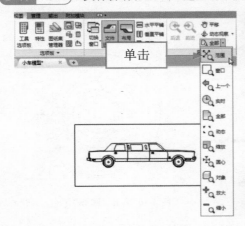

图 4-7 单击"范围"按钮

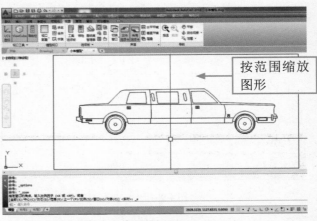

图 4-8 按范围缩放图形

专家指点

单击快速访问工具栏右侧的下拉按钮，在弹出的列表框中选择"显示菜单栏"选项，显示菜单栏，然后单击"视图"|"缩放"|"范围"命令，也可以按缩放范围显示图形效果，达到同样的效果。

4.1.3 按圆心缩放

中心点缩放是指可以使图形以某一中心位置按照指定的缩放比例因子进行缩放。下面介绍使用圆心缩放的方法。

	素材文件	光盘 \ 素材 \ 第 4 章 \ 阀盖 .dwg
	效果文件	光盘 \ 效果 \ 第 4 章 \ 阀盖 .dwg
	视频文件	光盘 \ 视频 \ 第 4 章 \4.1.3 按圆心缩放 .mp4

实战 阀盖

步骤 **01** 单击"菜单浏览器"按钮，在弹出的菜单列表中单击"打开"|"图形"命令，打开一幅素材图形，如图4-9所示。

步骤 **02** 单击"功能区"选项板中的"视图"选项卡，在"导航"面板上，单击"范围"右侧的下拉按钮，在弹出的列表框中单击"圆心"按钮，如图4-10所示。

专家指点

单击快速访问工具栏右侧的下拉按钮，弹出列表框，选择"显示菜单栏"选项，显示菜单栏，然后单击"视图"|"缩放"|"圆心"命令，也可以按中心点缩放显示图形效果，达到同样的效果。

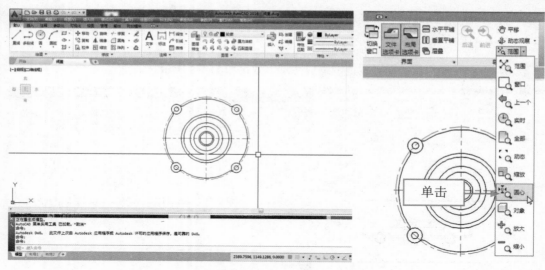

图 4-9 打开一幅素材图形　　　　　　　　　图 4-10 单击"圆心"按钮

步骤 03 执行操作后，根据命令行提示进行操作，在绘图区的合适中心点上单击鼠标左键确定中心点，如图 4-11 所示。

步骤 04 输入 100，按【Enter】键确认，即可以按圆心缩放图形，效果如图 4-12 所示。

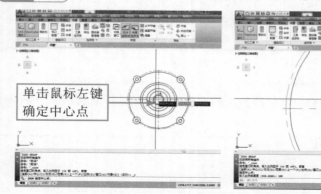

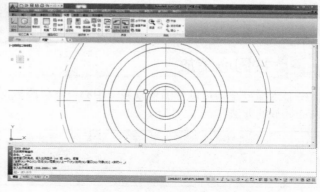

图 4-11 单击鼠标左键确定中心点　　　　　　图 4-12 以中心点缩放图形

4.1.4　使用动态缩放

在 AutoCAD 2016 中，当进入动态缩放模式时，在绘图区中将会显示一个带有 × 标记的矩形方框。

素材文件	光盘 \ 素材 \ 第 4 章 \ 偏心轮 .dwg
效果文件	无
视频文件	光盘 \ 视频 \ 第 4 章 \4.1.4 使用动态缩放 .mp4

实战 偏心轮

步骤 01 单击"菜单浏览器"按钮，在弹出的菜单列表中单击"打开"|"图形"命令，打开一幅素材图形，如图 4-13 所示。

步骤 02 单击"功能区"选项板中的"视图"选项卡，在"导航"面板上单击"范围"右侧的下拉按钮，在弹出的列表框中单击"动态"按钮，如图 4-14 所示。

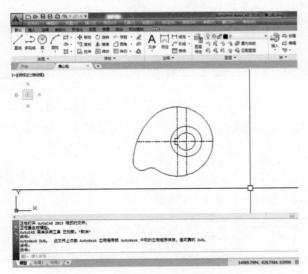

图 4-13 打开一幅素材图形

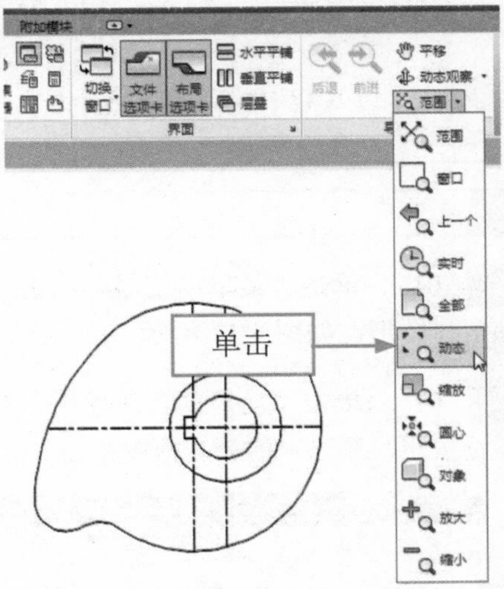

图 4-14 单击"动态"按钮

步骤 03 此时，鼠标指针呈带有 × 标记的矩形形状，如图 4-15 所示。

步骤 04 将矩形框移至合适位置，按【Enter】键确认，即可运用动态缩放显示图形，效果如图 4-16 所示。

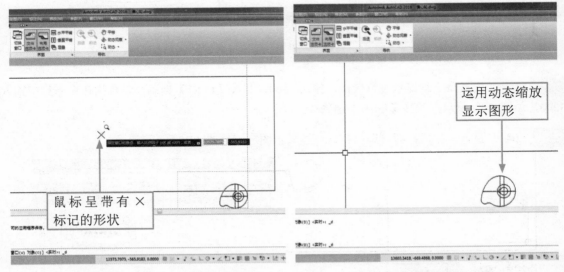

图 4-15 鼠标呈带有 × 标记的形状

图 4-16 运用动态缩放显示图形

 专家指点

单击快速访问工具栏右侧的下拉按钮，在弹出的列表框中选择"显示菜单栏"选项，显示菜单栏，然后单击"视图"|"缩放"|"动态"命令，也可以运用动态缩放显示图形。

4.1.5 使用窗口缩放

在 AutoCAD 2016 中，使用窗口缩放可以放大某一指定区域。

	素材文件	光盘 \ 素材 \ 第 4 章 \ 会议室 .dwg
	效果文件	无
	视频文件	光盘 \ 视频 \ 第 4 章 \4.1.5 使用窗口缩放 .mp4

实战 会议室

步骤 01 单击"菜单浏览器"按钮，在弹出的菜单列表中单击"打开"|"图形"命令，打开一幅素材图形，如图 4-17 所示。

步骤 02 单击"功能区"选项板中的"视图"选项卡，在"导航"面板上单击"范围"右侧的下拉按钮，在弹出的列表框中单击"🔍窗口"按钮，如图 4-18 所示。

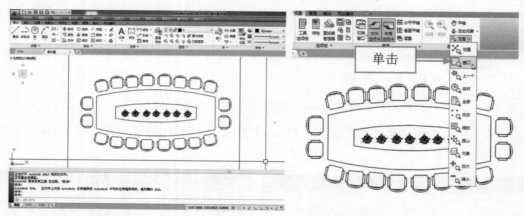

图 4-17 打开一幅素材图形　　　　　　　　图 4-18 单击"窗口"按钮

步骤 03 根据命令行提示进行操作，输入 1500，并按【Enter】键确认，再次在命令行中输入 3000，如图 4-19 所示，并按【Enter】键确认。

步骤 04 执行操作后，即可运用窗口缩放显示图形，如图 4-20 所示。

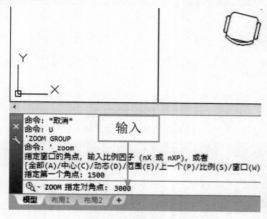

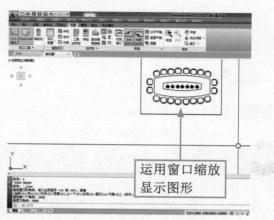

图 4-19 在命令行中输入 3000　　　　　　　图 4-20 运用窗口缩放显示图形

除了运用上述方法可以调用"窗口"命令外，还可以单击"工具"|"工具栏"|"AutoCAD"|
"标准"命令，弹出"标准"工具栏，单击"窗口缩放"按钮 即可。

4.1.6　使用实时缩放

　　在 AutoCAD 2016 中，用户可以使用实时缩放功能，对图形进行缩放操作。下面介绍使用实时缩放的方法。

素材文件	光盘\素材\第4章\洗衣机.dwg
效果文件	无
视频文件	光盘\视频\第4章\4.1.6 使用实时缩放.mp4

实战 洗衣机

步骤 01 单击"菜单浏览器"按钮，在弹出的菜单列表中单击"打开"|"图形"命令，打开一幅素材图形，如图 4-21 所示。

步骤 02 单击"功能区"选项板中的"视图"选项卡，在"导航"面板上单击"范围"右侧的下拉按钮，在弹出的列表框中单击"　实时"按钮，如图 4-22 所示。

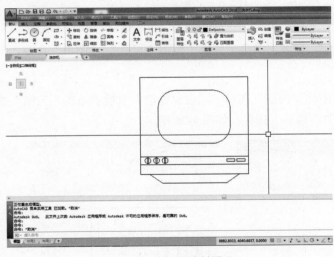

图 4-21 打开一幅素材图形

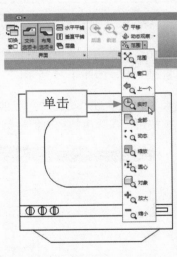

图 4-22 单击"实时"按钮

步骤 03 当鼠标指针呈放大镜形状 时，在绘图区中单击鼠标左键并向上拖曳，即可放大图形区域，如图 4-23 所示。

步骤 04 单击鼠标左键并向下拖曳，即可缩小图形，如图 4-24 所示。

　　除了运用上述方法可以调用"实时"命令外，还可以单击"工具"|"工具栏"|"AutoCAD"|
"标准"命令，弹出"标准"工具栏，单击"实时缩放"按钮 即可放大或缩小图形。

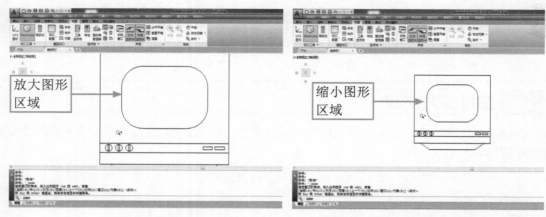

图 4-23 放大图形区域　　　　　　　　图 4-24 缩小图形区域

4.1.7　按指定比例缩放

在 AutoCAD 2016 中，用户可以按照指定的缩放比例缩放视图。

素材文件	光盘 \ 素材 \ 第 4 章 \ 窗帘 .dwg
效果文件	无
视频文件	光盘 \ 视频 \ 第 4 章 \4.1.7 按指定比例缩放 .mp4

实战 窗帘

步骤 **01** 单击"菜单浏览器"按钮，在弹出的菜单列表中单击"打开"|"图形"命令，打开一幅素材图形，如图 4-25 所示。

步骤 **02** 单击"功能区"选项板中的"视图"选项卡，在"导航"面板上单击"范围"右侧的下拉按钮，在弹出的列表框中单击" 缩放"按钮，如图 4-26 所示。

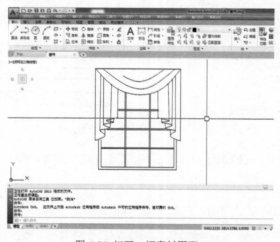

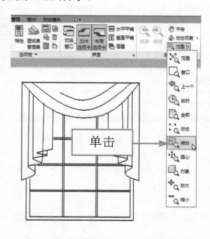

图 4-25 打开一幅素材图形　　　　　　　图 4-26 单击"缩放"按钮

步骤 **03** 根据命令行提示进行操作，输入 0.05，如图 4-27 所示，按【Enter】键确认。

步骤 **04** 执行操作后，即可按比例缩放图形，效果如图 4-28 所示。

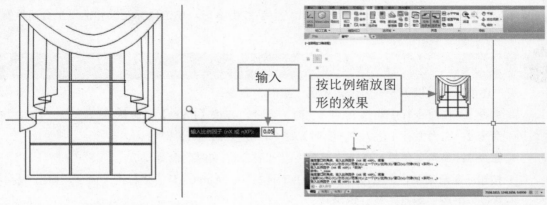

图 4-27 在命令行中输入 0.05　　　　　　　　图 4-28 按比例缩放图形的效果

4.2 图形的平移

本节主要介绍使用平移功能移动图形的多种操作方法。

4.2.1 实时平移

在 AutoCAD 2016 中，实时平移相当于一个镜头对准视图，当移动镜头时，视口中的图形也跟着移动。

素材文件	光盘 \ 素材 \ 第 4 章 \ 三人沙发 .dwg
效果文件	无
视频文件	光盘 \ 视频 \ 第 4 章 \4.2.1 实时平移 .mp4

实战 三人沙发

步骤 01 单击"菜单浏览器"按钮，在弹出的菜单列表中单击"打开"|"图形"命令，打开一幅素材图形，如图 4-29 所示。

步骤 02 单击"功能区"选项板中的"视图"选项卡，在"导航"面板上单击"平移"按钮，如图 4-30 所示。

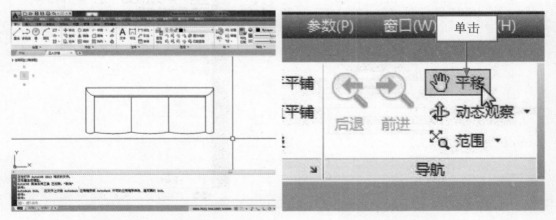

图 4-29 打开一幅素材图形　　　　　　　　图 4-30 单击"平移"按钮

步骤 03 将鼠标移至绘图区，当鼠标指针呈小手形状 👋 时，单击鼠标左键并拖曳至合适位置，即可实时平移视图。

专家指点

用户还可以通过以下 5 种方法，调用"实时"命令：

∗ 命令 1：在命令行中输入 PAN（实时）命令，并按【Enter】键确认。

∗ 命令 2：在命令行中输入 P（实时）命令，并按【Enter】键确认。

∗ 命令 3：显示菜单栏，单击"视图"|"平移"|"实时"命令。

∗ 按钮：显示菜单栏，单击"工具"|"工具栏"| AutoCAD |"标准"命令，弹出"标准"工具栏，单击"实时平移"按钮。

∗ 选项：在绘图区中的任意空白位置，单击鼠标右键，在弹出的快捷菜单中选择"平移"选项。

执行以上任意一种方法，均可调用"实时"命令。

4.2.2 定点平移

在 AutoCAD 2016 中，使用定点平移可以将视图按照两点间的距离进行平移。下面介绍定点平移的使用方法。

素材文件	光盘 \ 素材 \ 第 4 章 \ 播放机 .dwg	
效果文件	无	
视频文件	光盘 \ 视频 \ 第 4 章 \4.2.2 定点平移 .mp4	

实战 播放机

步骤 01 单击"菜单浏览器"按钮，在弹出的菜单列表中单击"打开"|"图形"命令，打开一幅素材图形，如图 4-31 所示。

步骤 02 在命令行中输入 -PAN（定点平移）命令，如图 4-32 所示，按【Enter】键确认。

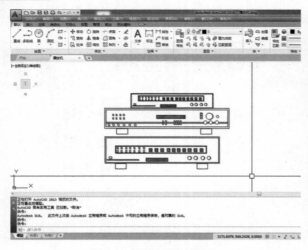

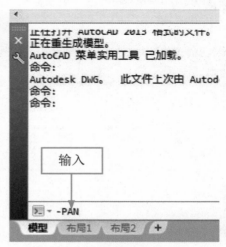

图 4-31 打开一幅素材图形　　　　　图 4-32 在命令行中输入 -PAN 命令

步骤 **03** 根据命令行提示进行操作，输入 200，按【Enter】键确认，再次在命令行中输入 300，如图 4-33 所示，按【Enter】键确认。

步骤 **04** 执行操作后，即可定点平移视图，效果如图 4-34 所示。

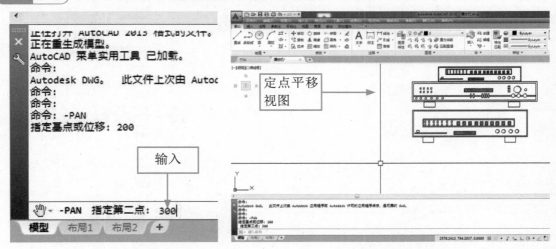

图 4-33 在命令行中输入 300　　　　　　　　图 4-34 定点平移视图

专家指点

在 AutoCAD 2016 中，显示菜单栏，单击"视图"|"平移"|"点"命令，也可以定点平移图形文件。

4.3 平铺视口

在 AutoCAD 2016 中，为了便于编辑图形，常常需要对图形的局部进行放大，以显示其细节。当需要观察图形的整体效果时，仅使用单一的绘图视口已无法满足需要，此时可使用 AutoCAD 2016 的平铺视口功能，将绘图窗口划分为若干视口。

4.3.1 新建平铺视口

平铺视口是指把绘图窗口分为多个矩形区域，从而创建多个不同的绘图区域，其中每一个区域都可用来查看图形的不同部分。在 AutoCAD 2016 中，可以同时打开多个视口，屏幕上还可以保留"功能区"选项板和命令提示窗口。

下面介绍新建平铺视口的方法。

素材文件	光盘 \ 素材 \ 第 4 章 \ 拼花 .dwg	
效果文件	无	
视频文件	光盘 \ 视频 \ 第 4 章 \4.3.1 新建平铺视口 .mp4	

实战 拼花

步骤 **01** 单击"菜单浏览器"按钮，在弹出的菜单列表中单击"打开"|"图形"命令，打开一幅素材图形，如图 4-35 所示。

步骤 02 显示菜单栏，单击"视图"|"视口"|"新建视口"，执行"新建视口"命令，如图4-36所示。

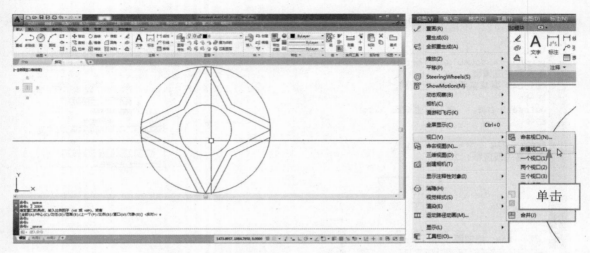

图4-35 打开一幅素材图形　　　　　　　　　　图4-36 新建视口

步骤 03 弹出"视口"对话框，在"新名称"文本框中输入"平铺视口"，在"标准视口"列表框中选择"两个：水平"选项，如图4-37所示。

步骤 04 设置完成后，单击"确定"按钮，关闭该对话框，返回绘图窗口，即可新建平铺视口，如图4-38所示。

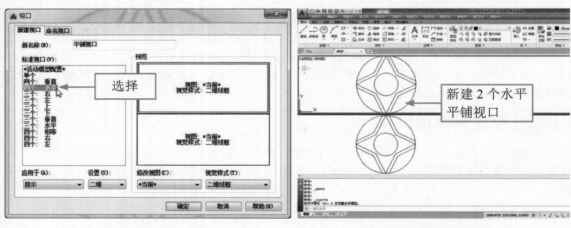

图4-37 选择"两个：水平"选项　　　　　　　图4-38 新建平铺视口

专家指点

在 AutoCAD 2016 中，用户还可以在命令行中输入 VPORTS（新建视口）命令，并按【Enter】键确认，调用"新建视口"命令。

4.3.2 分割平铺视口

在 AutoCAD 2016 中，用户还可以根据需要分割平铺视口。

素材文件	光盘 \ 素材 \ 第 4 章 \ 手机模型 .dwg
效果文件	无
视频文件	光盘 \ 视频 \ 第 4 章 \4.3.2 分割平铺视口 .mp4

实战 手机模型

步骤 01 打开素材图形，单击"功能区"选项板中的"视图"选项卡，在"模型视口"面板上单击"视口配置"的下拉按钮，在弹出的列表框中选择"四个：右"选项，如图 4-39 所示。

步骤 02 执行操作后，即可分割平铺视口，如图 4-40 所示。

图 4-39 选择"四个：右"选项   图 4-40 分割平铺视口

4.4 使用视图管理器

使用"视图管理器"命令，可以对绘图区中的视图进行管理，为其中的任意视图指定名称，并在以后的操作过程中将其恢复。本节主要介绍使用命名视图的方法。

4.4.1 新建命名视图

在 AutoCAD 2016 中，新建命名视图时，将保存该视图的中点、位置、缩放比例和透视设置等。

素材文件	光盘 \ 素材 \ 第 4 章 \ 键盘 .dwg
效果文件	无
视频文件	光盘 \ 视频 \ 第 4 章 \4.4.1 新建命名视图 .mp4

实战 键盘

步骤 01 单击"菜单浏览器"按钮，在弹出的菜单列表中单击"打开"|"图形"命令，如图 4-41 所示。

步骤 02 执行操作后，打开一幅素材图形，如图 4-42 所示。

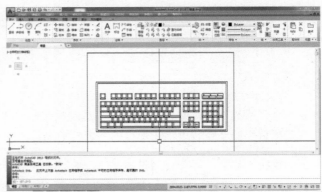

图 4-41 单击"打开"|"图形"命令　　　　　　图 4-42 打开一幅素材图形

步骤 03 单击"功能区"选项板中的"视图"选项卡，在"视图"面板中单击"视图管理器"按钮，如图 4-43 所示。

步骤 04 弹出"视图管理器"对话框，单击"新建"按钮，如图 4-44 所示。

图 4-43 单击"视图管理器"按钮　　　　　图 4-44 单击"新建"按钮

步骤 05 弹出"新建视图/快照特性"对话框，在"视图名称"文本框中输入"键盘"，在"视觉样式"列表框中选择"二维线框"选项，如图 4-45 所示。

步骤 06 单击"确定"按钮，返回到"视图管理器"对话框，在"查看"列表框中将显示"键盘"视图，如图 4-46 所示，单击"确定"按钮。

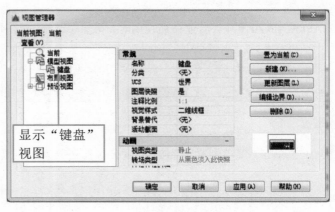

图 4-45 选择"二维线框"选项　　　　　　图 4-46 显示"键盘"视图

专家指点

在命令行中输入 VIEW 命令，按【Enter】键确认，也可以弹出"视图管理器"对话框。在"视图管理器"对话框中各主要选项的含义如下：

＊ "当前"选项：选择该选项，可以显示当前视图及其"查看"和"剪裁"特性。

＊ "模型视图"选项：选择该选项，可以显示命名视图和相机视图列表，并列出选定视图的"基本"、"查看"和"剪裁"特性。

＊ "布局视图"选项：选择该选项，可以在定义视图的布局上显示视口列表，并列出选定视图的"基本"和"查看"特性。

4.4.2 删除命名视图

在 AutoCAD 2016 中，用户可以删除命名视图。

	素材文件	光盘 \ 素材 \ 第 4 章 \ 键盘 .dwg
	效果文件	无
	视频文件	光盘 \ 视频 \ 第 4 章 \4.4.2 删除命名视图 .mp4

实战 删除命名视图

步骤 01 单击"功能区"选项板中的"视图"选项卡，在"视图"面板中单击"视图管理器"按钮，弹出"视图管理器"对话框，在"查看"列表框中选择"键盘"选项，如图 4-47 所示。

步骤 02 单击对话框右侧的"删除"按钮，即可删除命名视图，如图 4-48 所示。

图 4-47 选择"键盘"选项

图 4-48 删除命名视图

4.4.3 恢复命名视图

在 AutoCAD 2016 中，可以一次性命名多个视图，当需要重新使用一个已命名的视图时，只需将该视图恢复到当前视口即可。如果绘图窗口中包含多个视口，也可以将视图恢复到活动视口中，或将不同的视图恢复到不同的视口中，以同时显示模型的多个视图。下面介绍恢复命名视图的方法。

	素材文件	光盘 \ 素材 \ 第 4 章 \ 键盘 .dwg
	效果文件	无
	视频文件	光盘 \ 视频 \ 第 4 章 \4.4.3 恢复命名视图 .mp4

实战	恢复命名视图 .dwg

步骤 01 单击"功能区"选项板中的"视图"选项卡,在"视图"面板中单击"视图管理器"按钮,弹出"视图管理器"对话框,单击"预设视图"选项前的加号⊞,在展开的列表中选择"西南等轴测"选项,如图 4-49 所示。

步骤 02 单击"置为当前"按钮,将"西南等轴测"选项置为当前,单击"确定"按钮,即可恢复命名视图,如图 4-50 所示。

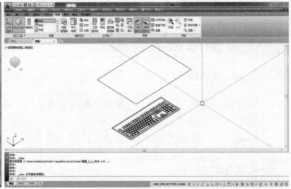

图 4-49 选择"西南等轴测"选项   图 4-50 恢复命名视图

专家指点

恢复视图时可以恢复视口中点、查看方向、缩放比例因子和透视图"镜头长度"等多种设置,如果在命名视图时将当前的 UCS 随视图一起保存起来,当恢复视图时也可以恢复 UCS。

4.5 重画与重生成图形

在 AutoCAD 2016 中,重画和重生成功能可以更新屏幕和重生成屏幕显示,使屏幕清晰明了,方便绘图。本节主要介绍重画与重生成图形的方法。

4.5.1 重画图形

执行"重画"命令,系统将更新图形,不仅可以清除临时标记,删除进行某些编辑操作时留在显示区域中的加号形状的标记,还可以更新用户当前的视口。

打开图形文件,在命令行中输入 REDRAWALL(重画)命令,按【Enter】键确认,即可更新当前视口,重画图形。

4.5.2 重生图形

在 AutoCAD 2016 中,使用"重生成"命令,可以重生成屏幕,系统将自动从磁盘调用当前图形的数据。它比"重画"命令慢,因为更新屏幕的时间比"重画"命令用的时间长。如果一直使用某个命令修改编辑图形,但是该图形还没有发生什么变化,就可以使用"重生成"命令更新屏幕显示。

素材文件	光盘 \ 素材 \ 第 4 章 \ 双人床 .dwg
效果文件	无
视频文件	光盘 \ 视频 \ 第 4 章 \4.5.2 重生图形 .mp4

实战 双人床

步骤 01 单击"菜单浏览器"按钮，在弹出的菜单列表中单击"打开"|"图形"命令，如图 4-51 所示。

步骤 02 执行操作后，打开一幅素材图形，如图 4-52 所示。

图 4-51 单击"打开"|"图形"命令

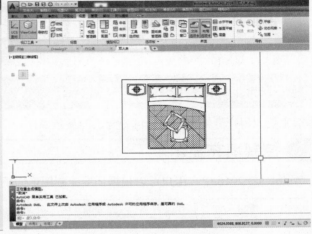

图 4-52 打开一幅素材图形

步骤 03 单击"功能区"选项板中的"视图"选项卡，在"界面"面板上单击"选项，显示选项卡"按钮，如图 4-53 所示。

步骤 04 弹出"选项"对话框，切换至"显示"选项卡，在"显示性能"选项区中，取消选中"应用实体填充"复选框，如图 4-54 所示。

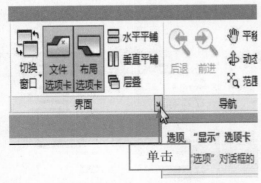

图 4-53 单击"选项，显示选项卡"按钮

图 4-54 取消选中"应用实体填充"复选框

步骤 05 单击"确定"按钮，返回绘图窗口，在命令行中输入 REGEN（重生成）命令，如图 4-55 所示，按【Enter】键确认。

步骤 06 执行操作后，即可重生图形，如图 4-56 所示。

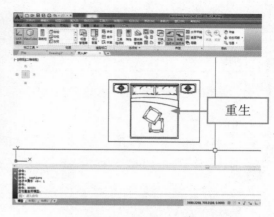

图 4-55 输入 REGEN（重生成）命令　　　　　图 4-56 重生图形

4.6 控制图形可见元素显示

本节主要向用户介绍控制图形可见元素的显示操作。

4.6.1 控制填充显示

在 AutoCAD 2016 中，用户可以根据需要控制图形的填充显示。

素材文件	光盘 \ 素材 \ 第 4 章 \ 床头柜 .dwg
效果文件	光盘 \ 效果 \ 第 4 章 \ 床头柜 .dwg
视频文件	光盘 \ 视频 \ 第 4 章 \4.6.1 控制填充显示 .mp4

实战 床头柜

步骤 01 单击"菜单浏览器"按钮，在弹出的菜单列表中单击"打开"|"图形"命令，打开一幅素材图形，如图 4-57 所示。

步骤 02 单击"功能区"选项板中的"视图"选项卡，在"界面"面板上单击"选项，显示选项卡"按钮圖，弹出"选项"对话框，切换至"显示"选项卡，在"显示性能"选项区中，选中"应用实体填充"复选框，如图 4-58 所示。

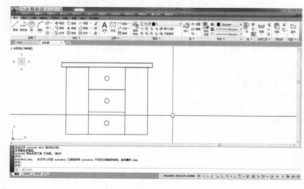

图 4-57 打开一幅素材图形　　　　　图 4-58 选中"应用实体填充"复选框

步骤 03 单击"确定"按钮，在命令行中输入REGEN（重生成）命令，如图4-59所示，按【Enter】键确认。

步骤 04 执行操作后，即可控制填充显示，效果如图4-60所示。

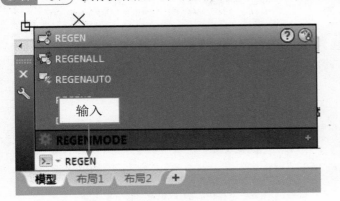

图 4-59 输入 REGEN（重生成）命令

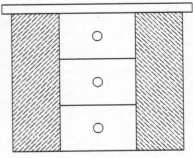

图 4-60 控制填充显示

4.6.2 控制文字快速显示

在 AutoCAD 2016 中，用户可以控制文字快速显示。

素材文件	光盘 \ 素材 \ 第 4 章 \ 室内装潢图 .dwg	
效果文件	光盘 \ 效果 \ 第 4 章 \ 室内装潢图 .dwg	
视频文件	光盘 \ 视频 \ 第 4 章 \4.6.2 控制文字快速显示 .mp4	

实战 室内装潢图

步骤 01 单击"菜单浏览器"按钮，在弹出的菜单列表中单击"打开"|"图形"命令，打开一幅素材图形，如图4-61所示。

步骤 02 单击"功能区"选项板中的"视图"选项卡，在"界面"面板上，单击"选项，显示选项卡"按钮，如图4-62所示。

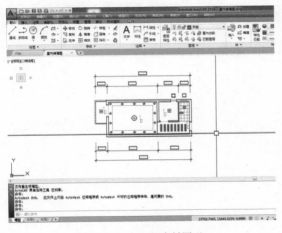

图 4-61 打开一幅素材图形

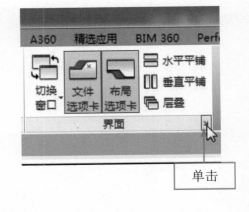

图 4-62 单击"选项卡"按钮

步骤 03 弹出"选项"对话框，切换至"显示"选项卡，如图 4-63 所示。

步骤 04 在"显示性能"选项区中，取消选中"仅显示文字边框"复选框，如图 4-64 所示。

图 4-63 切换至"显示"选项卡

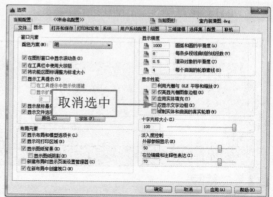

图 4-64 取消选中相应复选框

步骤 05 单击"确定"按钮，返回绘图窗口，在命令行中输入 REGEN（重生成）命令，如图 4-65 所示，并按【Enter】键确认。

步骤 06 执行操作后，即可控制文字快速显示，效果如图 4-66 所示。

图 4-65 输入 REGEN（重生成）命令

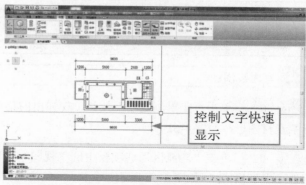

图 4-66 控制文字快速显示

二维图形的创建

学习提示

　　绘图是 AutoCAD 的主要功能，也是最基本的功能。二维平面图形的形状都很简单，创建起来也很容易，创建二维平面图形是 AutoCAD 的绘图基础。只有熟练地掌握二维平面图形的绘制方法和技巧，才能更好地绘制出复杂的图形。本节主要介绍创建二维图形的各种操作方法。

本章案例导航

- 实战——圆环
- 实战——垫片
- 实战——箭头
- 实战——螺丝
- 实战——花键

- 实战——曲柄
- 实战——茶几
- 实战——支座
- 实战——灶台
- 实战——支架

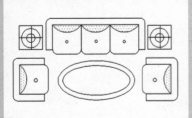

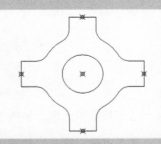

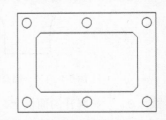

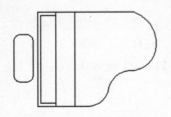

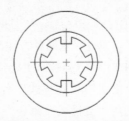

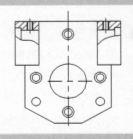

5.1 点对象的创建

在 AutoCAD 2016 中，点对象可用作捕捉和偏移对象的节点和参考点，可以通过"单点"、"多点"、"定数等分"和"定距等分" 4 种方法创建点对象。

5.1.1 创建单点

在 AutoCAD 2016 中，作为节点或参照几何图形的点对象，对于对象捕捉和相对偏移是非常有用的。

	素材文件	光盘 \ 素材 \ 第 5 章 \ 弹簧盖 .dwg
	效果文件	光盘 \ 效果 \ 第 5 章 \ 弹簧盖 .dwg
	视频文件	光盘 \ 视频 \ 第 5 章 \5.1.1 创建单点 .mp4

实战 弹簧盖

步骤 01 单击"菜单浏览器"按钮，在弹出的菜单列表中单击"打开"|"图形"命令，打开一幅素材图形，如图 5-1 所示。

步骤 02 在"功能区"选项板中的"默认"选项卡中，单击"实用工具"面板按钮，如图 5-2 所示。

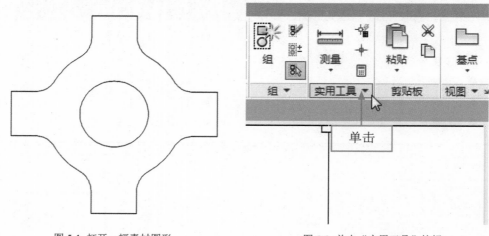

图 5-1 打开一幅素材图形　　　　　图 5-2 单击"实用工具"按钮

步骤 03 在展开的面板上，选择" 点样式"选项，如图 5-3 所示。

步骤 04 弹出"点样式"对话框，选择点样式第 2 行的第 4 个，如图 5-4 所示。

专家指点

在 AutoCAD 2016 中，用户还可以通过以下两种方法，调用"点样式"命令：

✳ 命令 1：在命令行中输入 DDPTYPE（点样式）命令，按【Enter】键确认。

✳ 命令 2：显示菜单栏，单击"格式"|"点样式"命令。

执行以上任意一种操作，均可调用"点样式"命令。

图 5-3 单击"点样式"按钮

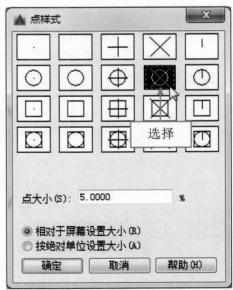

图 5-4 选择点样式

步骤 05 单击"确定"按钮，即可设置点样式，在命令行中输入 POINT（单点）命令，按【Enter】键确认，如图 5-5 所示。

步骤 06 根据命令行提示进行操作，在绘图区中的圆心点上单击鼠标左键，即可绘制单点，效果如图 5-6 所示。

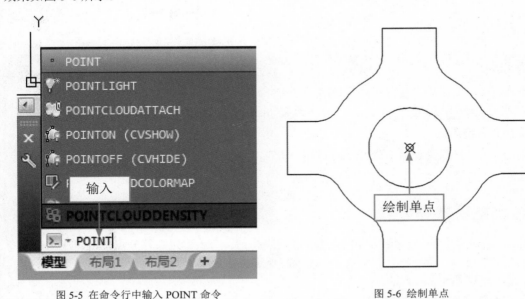

图 5-5 在命令行中输入 POINT 命令

图 5-6 绘制单点

5.1.2 创建多点

在 AutoCAD 2016 中，不仅可以一次绘制一个点，还可以一次绘制多个点，下面介绍绘制多点的方法。

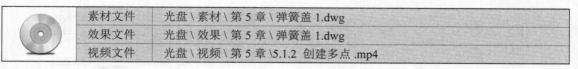

素材文件	光盘 \ 素材 \ 第 5 章 \ 弹簧盖 1.dwg
效果文件	光盘 \ 效果 \ 第 5 章 \ 弹簧盖 1.dwg
视频文件	光盘 \ 视频 \ 第 5 章 \5.1.2 创建多点 .mp4

实战 创建多点

步骤 01 以上一个效果为例，在"功能区"选项板中的"默认"选项卡中，单击"绘图"面板中间的下拉按钮，在展开的面板上单击"多点"按钮 ，如图 5-7 所示。

步骤 02 根据命令行提示进行操作，依次在绘图区中的合适位置单击鼠标左键，绘制多点，按【Esc】键可退出命令，完成多点的绘制操作，效果如图 5-8 所示。

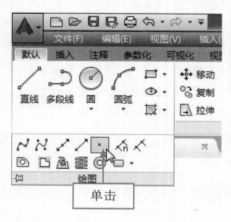

图 5-7 单击"多点"按钮

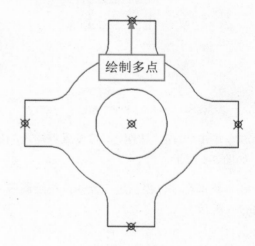

图 5-8 完成多点的绘制操作

专家指点

用户还可以通过以下两种方法，调用"多点"命令：

* 命令 1：在命令行中输入 MULTIPLE 命令，并按【Enter】键确认，然后输入 POINT 命令，并按【Enter】键确认。

* 命令 2：显示菜单栏，单击"绘图"|"点"|"多点"命令。

执行以上任意一种方法，均可调用"多点"命令。

5.1.3 创建定数等分点

定数等分点就是将点或块沿图形对象的长度间隔排列。在绘制定数等分点之前，注意在命令行中输入的是等分数，而不是点的个数，如果要将所选对象分成 N 等份，有时将生成 N-1 个点。下面介绍创建定数等分点的方法。

素材文件	光盘 \ 素材 \ 第 5 章 \ 圆 .dwg
效果文件	光盘 \ 效果 \ 第 5 章 \ 圆 .dwg
视频文件	光盘 \ 视频 \ 第 5 章 \5.1.3 创建定数等分点 .mp4

实战 圆

步骤 01 单击"菜单浏览器"按钮，在弹出的菜单列表中单击"打开"|"图形"命令，打开一幅素材图形，如图 5-9 所示。

步骤 02 在"功能区"选项板中的"默认"选项卡中，单击"绘图"面板中间的下拉按钮，在展开的面板上单击"定数等分"按钮 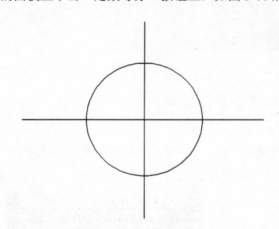 ，如图 5-10 所示。

图 5-9 打开一幅素材图形　　　　　图 5-10 单击"定数等分"按钮

步骤 03 在绘图区中拾取水平直线为定数等分对象，如图 5-11 所示。

步骤 04 在命令行中输入 6，按【Enter】键确认，执行操作后，即可绘制定数等分点，如图 5-12 所示。

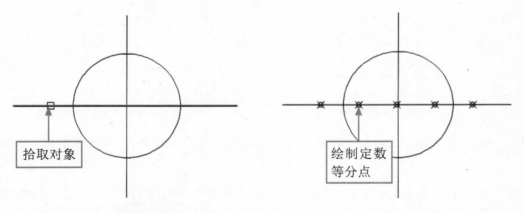

图 5-11 拾取水平直线为定数等分对象　　　　　图 5-12 绘制定数等分点

 专家指点

用户还可以通过以下 3 种方法，调用"定数等分点"命令：

＊ 命令 1：在命令行中输入 DIVIDE（定数等分）命令，并按【Enter】键确认。

＊ 命令 2：在命令行中输入 DIV（定数等分）命令，并按【Enter】键确认。

＊ 命令 3：显示菜单栏，单击"绘图"|"点"|"定数等分"命令。

执行以上任意一种方法，均可调用"定数等分点"命令。

5.1.4 创建定距等分点

定距等分点就是在指定的对象上按确定的长度进行等分，即该操作是先指定所要创建的点与点之间的距离，再根据该间距值分隔所选对象。

	素材文件	光盘 \ 素材 \ 第 5 章 \ 圆环 .dwg
	效果文件	光盘 \ 效果 \ 第 5 章 \ 圆环 .dwg
	视频文件	光盘 \ 视频 \ 第 5 章 \5.1.4 创建定距等分点 .mp4

实战 圆环

步骤 01 单击"菜单浏览器"按钮，在弹出的菜单列表中单击"打开"|"图形"命令，打开一幅素材图形，如图 5-13 所示。

步骤 02 在"功能区"选项板中单击"默认"选项卡，单击"绘图"面板中间的下拉按钮，在展开的面板上单击"定距等分"按钮，如图 5-14 所示。

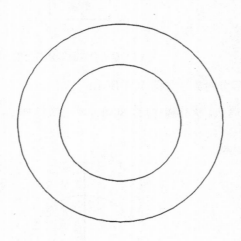

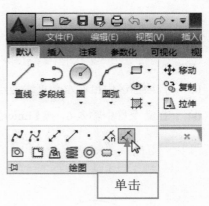

单击

图 5-13 打开一幅素材图形　　　　　　　　图 5-14 单击"定距等分"按钮

步骤 03 根据命令行提示进行操作，在绘图区中，拾取外圆为定距等分的对象，如图 5-15 所示。

步骤 04 输入长度值为 250，按【Enter】键确认，执行操作后，即可绘制定距等分点，如图 5-16 所示。

专家指点

用户还可以通过以下 3 种方法，调用"定距等分点"命令：

＊ 命令 1：在命令行中输入 MEASURE（定距等分）命令，并按【Enter】键确认。

＊ 命令 2：在命令行中输入 ME（定距等分）命令，并按【Enter】键确认。

＊ 命令 3：显示菜单栏，单击"绘图"|"点"|"定距等分"命令。

执行以上任意一种方法，均可调用"定距等分点"命令。

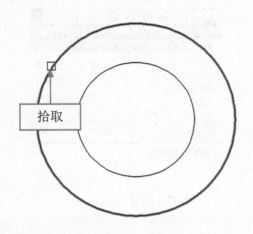

图 5-15 拾取外圆为定距等分对象

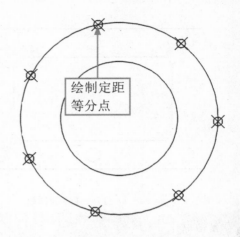

图 5-16 绘制定距等分点

5.2 线型对象的创建

直线型对象是所有图形的基础，在 AutoCAD 2016 中，直线型包括"直线"、"射线"和"构造线"等。各线型具有不同的特征，用户应根据实际绘制需要选择线型。

5.2.1 创建直线

直线是各种绘图中最常用、最简单的一类图形对象，只要指定了起点和终点即可绘制一条直线。在 AutoCAD 2016 中，可以用二维坐标（x，y）或三维坐标（x，y，z），也可以混合使用二维坐标和三维坐标来指定端点，以绘制直线。

	素材文件	光盘 \ 素材 \ 第 5 章 \ 垫片 .dwg
	效果文件	光盘 \ 效果 \ 第 5 章 \ 垫片 .dwg
	视频文件	光盘 \ 视频 \ 第 5 章 \5.2.1 创建直线 .mp4

实战 垫片

步骤 01 单击"菜单浏览器"按钮，在弹出的菜单列表中单击"打开"|"图形"命令，打开一幅素材图形，如图 5-17 所示。

步骤 02 单击"功能区"选项板中的"默认"选项卡，在"绘图"面板上单击"直线"按钮 ，如图 5-18 所示。

专家指点

用户还可以通过以下 3 种方法，调用"直线"命令：

＊ 在命令行中输入 LINE（直线）命令，并按【Enter】键确认。

＊ 在命令行中输入 L（直线）命令，并按【Enter】键确认。

＊ 显示菜单栏，单击"绘图"|"直线"命令。

执行以上任意一种方法，均可调用"直线"命令。

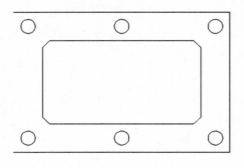

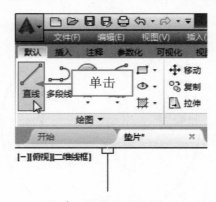

图 5-17 打开一幅素材图形　　　　　　　　　图 5-18 单击"直线"按钮

 专家指点

　　直线是绘图中最常用的实体对象，在一条由多条线段连接而成的简单直线中，每条线段都是一个单独的直线对象。

步骤　03　根据命令行提示进行操作，在绘图区中左上端合适的位置上，单击鼠标左键，确定线段的起始点，如图 5-19 所示。

步骤　04　向下引导光标，输入 100，并按【Enter】键确认，即可绘制一条长度为 100 的直线，效果如图 5-20 所示，绘制完成后，按【Esc】键退出，即可退出绘制状态。

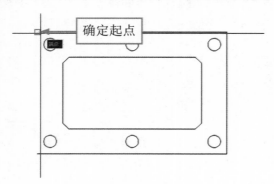

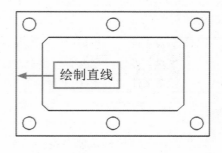

图 5-19 确定线段的起始点　　　　　　　　图 5-20 绘制一条长度为 100 的直线

5.2.2　创建射线

　　射线是只有起点和方向但没有终点的直线，即射线为一端固定而另一端无限延伸的直线。射线一般作为辅助线，绘制完射线后，按【Esc】键，即可退出绘制状态。

	素材文件	光盘 \ 素材 \ 第 5 章 \ 箭头 .dwg
	效果文件	光盘 \ 效果 \ 第 5 章 \ 箭头 .dwg
	视频文件	光盘 \ 视频 \ 第 5 章 \5.2.2 创建射线 .mp4

实战　箭头

步骤　01　单击"菜单浏览器"按钮，在弹出的菜单列表中单击"打开"|"图形"命令，打开

一幅素材图形，如图 5-21 所示。

步骤 02 单击"功能区"选项板中的"默认"选项卡，在"绘图"面板上单击中间的下拉按钮，在展开的面板上单击"射线"按钮 ✎，如图 5-22 所示。

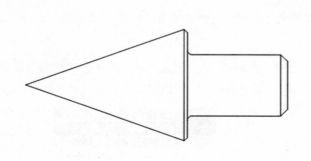

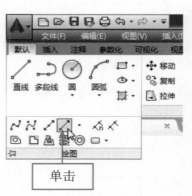

单击

图 5-21 打开一幅素材图形　　　　图 5-22 单击"射线"按钮

步骤 03 根据命令行提示进行操作，在绘图区中合适的端点上单击鼠标左键，确定射线的起始点，如图 5-23 所示。

步骤 04 向右引导光标，在绘图区中的合适位置上单击鼠标左键，按【Enter】键确认，即可绘制一条射线，效果如图 5-24 所示，绘制完成后，按【Esc】键，即可退出绘制状态。

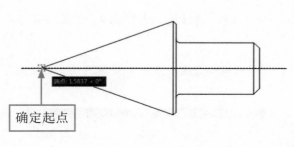

确定起点

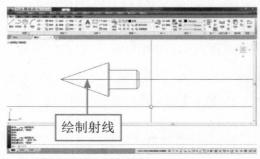

绘制射线

图 5-23 确定线段的起始点　　　　图 5-24 绘制一条射线

 专家指点

　　用户还可以通过以下两种方法，调用"射线"命令：

　　✳ 命令 1：在命令行中输入 RAY（射线）命令，并按【Enter】键确认。

　　✳ 命令 2：显示菜单栏，单击"绘图"|"射线"命令。

　　执行以上任意一种方法，均可调用"射线"命令。

5.2.3　创建构造线

　　构造线是一条没有起点和终点的无限延伸的直线，它通常会被用作辅助绘图线。构造线具有普通 AutoCAD 图形对象的各项属性，如图层、颜色、线型等，还可以通过修改变成射线和直线。

	素材文件	光盘 \ 素材 \ 第 5 章 \ 螺丝 .dwg
	效果文件	光盘 \ 效果 \ 第 5 章 \ 螺丝 .dwg
	视频文件	光盘 \ 视频 \ 第 5 章 \5.2.3 创建构造线 .mp4

实战 螺丝

步骤 01 单击 "菜单浏览器" 按钮，在弹出的菜单列表中单击 "打开" | "图形" 命令，打开一幅素材图形，如图 5-25 所示。

步骤 02 单击 "功能区" 选项板中的 "默认" 选项卡，在 "绘图" 面板中单击中间的下拉按钮，在展开的面板上单击 "构造线" 按钮 ✍，如图 5-26 所示。

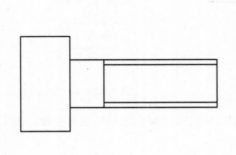

图 5-25 打开一幅素材图形 　　　　　图 5-26 单击 "构造线" 按钮

步骤 03 根据命令行提示进行操作，在命令行中输入 H，按【Enter】键确认，捕捉绘图区中合适的点作为构造线通过点，如图 5-27 所示。

步骤 04 单击鼠标左键，按【Enter】键确认，即可绘制构造线，效果如图 5-28 所示，绘制完成后，按【Esc】键，即可退出绘制状态。

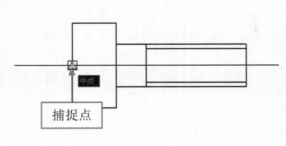

图 5-27 捕捉合适点 　　　　　图 5-28 绘制构造线

 专家指点

用户还可以通过以下 3 种方法，调用 "构造线" 命令：

✳ 命令 1：在命令行中输入 XLINE 命令，并按【Enter】键确认。

✳ 命令 2：在命令行中输入 XL 命令，并按【Enter】键确认。

＊ 命令 3：显示菜单栏，单击"绘图"|"构造线"命令。

执行以上任意一种方法，均可调用"构造线"命令。

5.3 弧型对象的创建

圆弧类对象主要包括圆、圆弧和椭圆，它的绘制方法相对线型对象的绘制方法要复杂些，但方法也比较多。本节主要介绍创建弧型对象的方法。

5.3.1 创建圆

圆是简单的二维图形，圆的绘制在 AutoCAD 中使用非常频繁，可以用来表示柱、轴、孔等特征。在绘图过程中，圆是使用最多的基本图形元素之一。

	素材文件	光盘 \ 素材 \ 第 5 章 \ 花键 .dwg
	效果文件	光盘 \ 效果 \ 第 5 章 \ 花键 .dwg
	视频文件	光盘 \ 视频 \ 第 5 章 \5.3.1 创建圆 .mp4

实战 花键

步骤 01 单击"菜单浏览器"按钮，在弹出的菜单列表中单击"打开"|"图形"命令，打开一幅素材图形，如图 5-29 所示。

步骤 02 单击"功能区"选项板中的"默认"选项卡，在"绘图"面板上单击"圆心，半径"按钮◎，如图 5-30 所示。

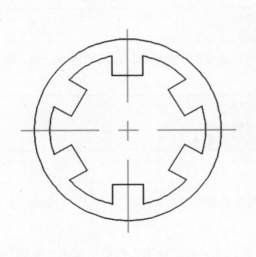

图 5-29 打开一幅素材图形

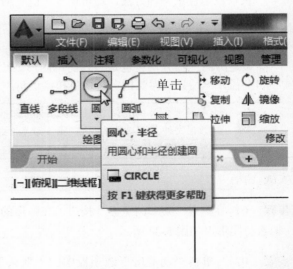

图 5-30 单击"圆心，半径"按钮

步骤 03 根据命令行提示进行操作，在绘图区中合适的圆心点上单击鼠标左键，确定圆心点，如图 5-31 所示。

步骤 04 输入半径值 50，并按【Enter】键确认，即可绘制一个半径为 50 的圆，效果如图 5-32 所示。

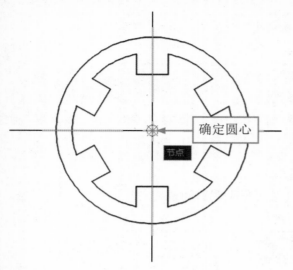

确定圆心

节点

图 5-31 确定圆心点

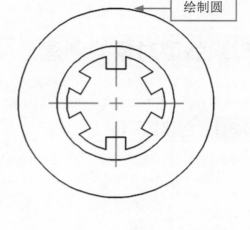

绘制圆

图 5-32 绘制一个半径为 50 的圆

专家指点

用户还可以通过以下 3 种方法，调用"圆"命令：

＊ 命令 1：在命令行中输入 CIRCLE 命令，并按【Enter】键确认。

＊ 命令 2：在命令行中输入 C 命令，并按【Enter】键确认。

＊ 命令 3：显示菜单栏，单击"绘图"|"圆"|"圆心，半径"命令。

执行以上任意一种方法，均可调用"圆"命令。

5.3.2 创建圆弧

圆弧是圆的一部分，它也是一种简单图形。绘制圆弧与绘制圆相比，相对要困难一些，除了圆心和半径外，圆弧还需要指定起始角和终止角。

素材文件	光盘 \ 素材 \ 第 5 章 \ 曲柄 .dwg
效果文件	光盘 \ 效果 \ 第 5 章 \ 曲柄 .dwg
视频文件	光盘 \ 视频 \ 第 5 章 \5.3.2 创建圆弧 .mp4

实战 曲柄

步骤 01 单击"菜单浏览器"按钮，在弹出的菜单列表中单击"打开"|"图形"命令，打开一幅素材图形，如图 5-33 所示。

步骤 02 单击"功能区"选项板中的"默认"选项卡，在"绘图"面板上单击"圆弧"按钮，如图 5-34 所示。

专家指点

在"绘图"面板上，单击"三点"右侧的下拉按钮，在弹出的列表框中单击"起点，圆心，端点"按钮，即可通过指定圆弧的起点、圆心和端点绘制圆弧。

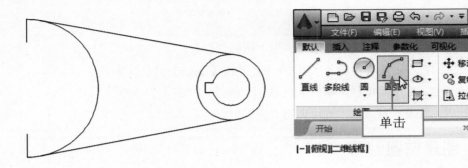

图 5-33 打开一幅素材图形   图 5-34 单击"圆弧"按钮

步骤 03 根据命令行提示进行操作，在绘图区中合适的端点上，单击鼠标左键，确定圆弧的
起始位置，如图 5-35 所示。

步骤 04 向右下方引导光标，输入 20，按【Enter】键确认，即可确定圆弧第二点，如图 5-36
所示。

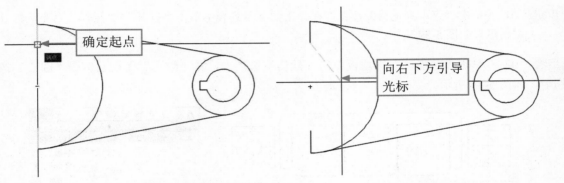

图 5-35 确定圆弧的起始位置   图 5-36 向右下方引导光标

步骤 05 将鼠标指针移至绘图区中另一个合适的端点上，确定圆弧的终点位置，如图 5-37
所示。

步骤 06 单击鼠标左键，即可绘制圆弧，效果如图 5-38 所示。

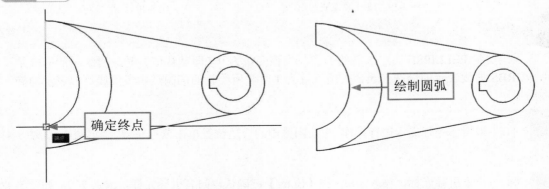

图 5-37 确定圆弧的终点位置   图 5-38 绘制圆弧

专家指点

用户还可以通过以下两种方法，调用"圆弧"命令：

* 命令 1：在命令行中输入 ARC 命令，并按【Enter】键确认。

* 命令 2：显示菜单栏，单击"绘图"|"圆弧"|"三点"命令。

执行以上任意一种方法，均可调用"圆弧"命令。

5.3.3　创建椭圆

在 AutoCAD 2016 中，椭圆由定义其长度和宽度的两条轴决定，较长的轴称长轴，较短的轴称短轴。

素材文件	光盘 \ 素材 \ 第 5 章 \ 茶几 .dwg
效果文件	光盘 \ 效果 \ 第 5 章 \ 茶几 .dwg
视频文件	光盘 \ 视频 \ 第 5 章 \5.3.3 创建椭圆 .mp4

实战　茶几

步骤　**01**　单击"菜单浏览器"按钮，在弹出的菜单列表中单击"打开"|"图形"命令，打开一幅素材图形，如图 5-39 所示。

步骤　**02**　单击"功能区"选项板中的"默认"选项卡，在"绘图"面板上单击"圆心"按钮，如图 5-40 所示。

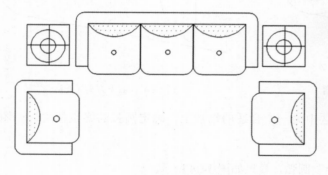

图 5-39 打开一幅素材图形

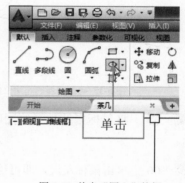

图 5-40 单击"圆心"按钮

 专家指点

系统变量 PELLIPSE 决定椭圆的类型。当该变量为 0（即默认值）时，所绘制的椭圆是由 NURBS 曲线表示的椭圆；当该变量设置为 1 时，所绘制的椭圆是由多段线近似表示的椭圆图形。

步骤　**03**　根据命令行提示进行操作，在绘图区中的合适位置单击鼠标左键，确定圆心，如图 5-41 所示。

步骤　**04**　向下引导光标，输入 300，按【Enter】键确认，向右引导光标，输入 700，如图 5-42 所示，按【Enter】键确认。

步骤 **05** 执行操作后，即可绘制一个椭圆，效果如图 5-43 所示。

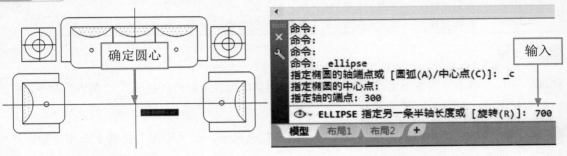

图 5-41 确定圆心   图 5-42 输入 700

步骤 **06** 参照与上同样的操作方法，在绘图区中的合适位置再绘制一个椭圆，效果如图 5-44 所示。

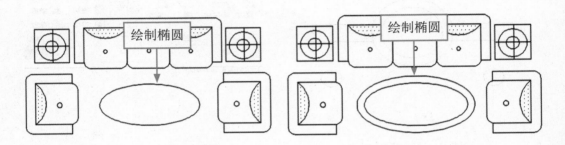

图 5-43 绘制一个椭圆   图 5-44 再绘制一个椭圆

 专家指点

用户还可以通过以下 3 种方法，调用"椭圆"命令：

✳ 命令 1：在命令行中输入 ELLIPSE 命令，并按【Enter】键确认。

✳ 命令 2：在命令行中输入 EL 命令，并按【Enter】键确认。

✳ 命令 3：显示菜单栏，单击"绘图"|"椭圆"|"圆心"命令。

执行以上任意一种方法，均可调用"椭圆"命令。

5.4 多边形对象的创建

在绘图过程中，多边形的使用频率较高，主要包括矩形、正多边形等。矩形和正多边形是绘图中常用的一种简单图形，它们都具有共同的特点，即不论它们从外观上看有几条边，实质上都是一条多段线。本节主要介绍创建矩形和正多边形的方法。

5.4.1 创建矩形

矩形是绘制平面图形时常用的简单图形，也是构成复杂图形的基本图形元素，在各种图形中都可作为组成元素。

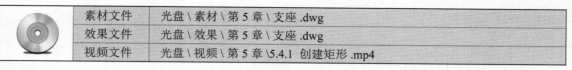

素材文件	光盘\素材\第5章\支座.dwg
效果文件	光盘\效果\第5章\支座.dwg
视频文件	光盘\视频\第5章\5.4.1 创建矩形.mp4

实战 支座

步骤 01 单击"菜单浏览器"按钮，在弹出的菜单列表中单击"打开"|"图形"命令，打开一幅素材图形，如图 5-45 所示。

步骤 02 单击"功能区"选项板中的"默认"选项卡，在"绘图"面板上单击"矩形"按钮□，如图 5-46 所示。

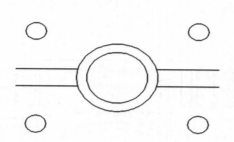

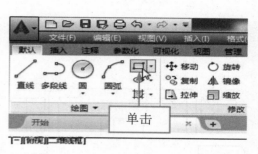

图 5-45 打开一幅素材图形　　　　　　　　　图 5-46 单击"矩形"按钮

步骤 03 在命令行中输入角点坐标（1461，1298），按【Enter】键确认，再次输入角点坐标（@200，145），如图 5-47 所示，按【Enter】键确认。

步骤 04 执行操作后，即可绘制矩形，效果如图 5-48 所示。

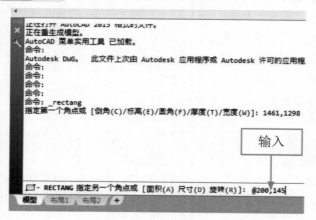

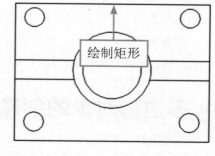

图 5-47 在命令行中输入角点坐标　　　　　　　　　图 5-48 绘制矩形

 专家指点

用户还可以通过以下 3 种方法，调用"矩形"命令：

> ✳ 命令 1：在命令行中输入 RECTANGLE 命令，并按【Enter】键确认。
>
> ✳ 命令 2：在命令行中输入 REC 命令，并按【Enter】键确认。
>
> ✳ 命令 3：显示菜单栏，单击"绘图"|"矩形"命令。
>
> 执行以上任意一种方法，均可调用"矩形"命令。

5.4.2 创建正多边形

正多边形是绘图中常用的一种简单图形，可以使用其外接圆与内切圆来进行绘制，并规定可以绘制边数为 3 ~ 1024 的正多边形，默认情况下，正多边形的边数为 4。

素材文件	光盘 \ 素材 \ 第 5 章 \ 开槽螺母 .dwg	
效果文件	光盘 \ 效果 \ 第 5 章 \ 开槽螺母 .dwg	
视频文件	光盘 \ 视频 \ 第 5 章 \5.4.2 创建正多边形 .mp4	

实战 开槽螺母

步骤 01 单击"菜单浏览器"按钮，在弹出的菜单列表中单击"打开"|"图形"命令，打开一幅素材图形，如图 5-49 所示。

步骤 02 在"功能区"选项板中的"默认"选项卡中，单击"绘图"面板中"矩形"右侧的下拉按钮，在弹出的下拉列表中单击"多边形"按钮⬠，如图 5-50 所示。

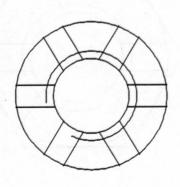

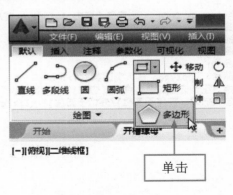

图 5-49 打开一幅素材图形   图 5-50 单击"多边形"按钮

步骤 03 根据命令行提示，在命令行中输入 6，如图 5-51 所示，按【Enter】键确认。

步骤 04 在绘图区中的圆心点上，单击鼠标左键，确定正多边形的中心点位置，根据命令行提示进行操作，输入 C（外切于圆），如图 5-52 所示，按【Enter】键确认。

专家指点

　　用户还可以通过以下 3 种方法，调用"正多边形"命令：

　　✳ 命令 1：在命令行中输入 POLYGON 命令，并按【Enter】键确认。

> ❋ 命令 2：在命令行中输入 POL 命令，并按【Enter】键确认。
>
> ❋ 命令 3：显示菜单栏，单击"绘图"|"正多边形"命令。
>
> 执行以上任意一种方法，均可调用"正多边形"命令。

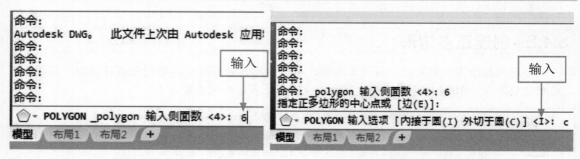

图 5-51 输入多边形边数 6   图 5-52 输入 C（外切于圆）

步骤 **05** 在命令行中输入 10，指定正多边形的半径大小，如图 5-53 所示。

步骤 **06** 按【Enter】键确认，即可绘制正多边形，效果如图 5-54 所示。

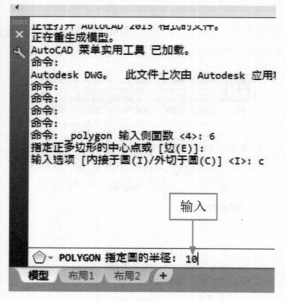

图 5-53 输入 10

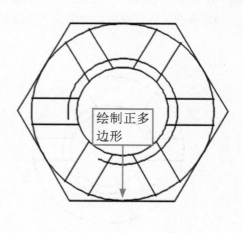

图 5-54 绘制正多边形

5.5 多线对象的创建

多线是由多条平行线组成的组合对象，平行线之间的间距和数目是可以设置的。多线常用于绘制建筑图中的墙体、电子线路图等平行线对象。

5.5.1 创建多线

多线包含 1～16 条称为元素的平行线，多线中的平行线可以具有不同的颜色和线型，多线可作为一个单一的实体进行编辑。

素材文件	光盘 \ 素材 \ 第 5 章 \ 室内图 .dwg
效果文件	光盘 \ 效果 \ 第 5 章 \ 室内图 .dwg
视频文件	光盘 \ 视频 \ 第 5 章 \5.5.1 创建多线 .mp4

实战 室内图

步骤 01 单击"菜单浏览器"按钮，在弹出的菜单列表中单击"打开"|"图形"命令，打开一幅素材图形，如图 5-55 所示。

步骤 02 在命令行中输入 MLINE（多线）命令，按【Enter】键确认，根据命令行提示进行操作，输入 s，如图 5-56 所示，按【Enter】键确认。

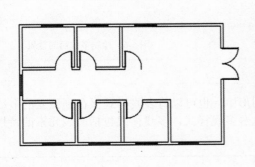

图 5-55 打开一幅素材图形

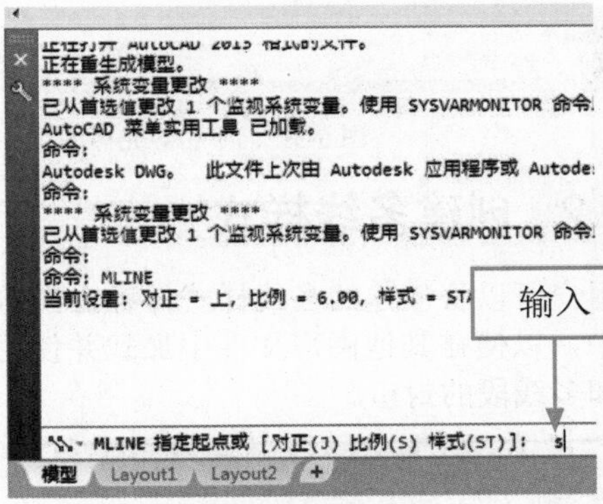

图 5-56 输入 S

步骤 03 在命令行中输入 6，指定多线比例，如图 5-57 所示，按【Enter】键确认。

步骤 04 在绘图区中的合适位置，单击鼠标左键，确定起始点，如图 5-58 所示。

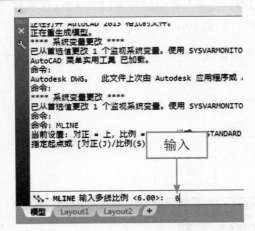

图 5-57 在命令行中输入 6

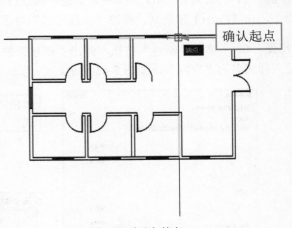

图 5-58 确认起始点

👨‍🎓 **专家指点**

除了运用 MLINE（多线）命令创建多线外，用户还可以输入快捷命令 ML（多线），或单击"绘图"|"多线"命令，调用"多线"命令。

步骤 05 　向下引导光标，输入数值 99，如图 5-59 所示，按【Enter】键确认。

步骤 06 　向左引导光标，输入数值 64，按【Enter】键确认，即可绘制多线，绘制完成后，按【Esc】键，即可退出绘制状态，效果如图 5-60 所示。

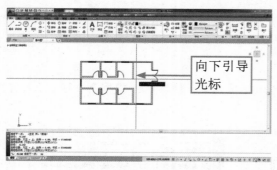

图 5-59 向下引导光标 　　　　　　　　　　　　　　　图 5-60 绘制多线后的效果

5.5.2 创建多线样式

　　用户可以将创建的多线样式保存在当前图形中，也可以将多线样式保存到独立的多线样式库文件中，以便在其他图形文件中加载并使用这些多线样式。多线样式包括多线元素的特性、背景颜色和多线段的封口。

素材文件	无
效果文件	无
视频文件	光盘 \ 视频 \ 第 5 章 \5.5.2 创建多线样式 .mp4

实战 创建多线样式

步骤 01 　在 AutoCAD 2016 中，新建一幅空白图形，在命令行中输入 MLSTYLE（多线样式）命令，按【Enter】键确认，弹出"多线样式"对话框，如图 5-61 所示。

步骤 02 　单击"新建"按钮，弹出"创建新的多线样式"对话框，在"新样式名"文本框中输入样式名为"室内"，如图 5-62 所示。

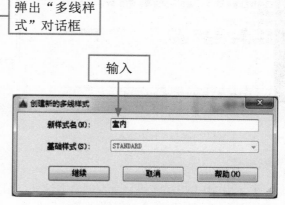

图 5-61 弹出"多线样式"对话框 　　　　　　　　图 5-62 输入样式名为"室内"

步骤 03 单击"继续"按钮，弹出"新建多线样式：室内"对话框，设置起点"角度"为80、端点"角度"为80，如图 5-63 所示。

步骤 04 设置完成后，单击"确定"按钮，返回到"多线样式"对话框，在"样式"列表框中将显示"室内"样式，如图 5-64 所示，单击"确定"按钮，即可创建多线样式。

图 5-63 设置"角度"数值

图 5-64 创建多线样式

5.5.3 编辑多线样式

在 AutoCAD 2016 中，多线编辑命令是一个专用于多线对象的编辑命令。下面介绍编辑多线样式的方法。

素材文件	光盘 \ 素材 \ 第 5 章 \ 灶台 .dwg
效果文件	光盘 \ 效果 \ 第 5 章 \ 灶台 .dwg
视频文件	光盘 \ 视频 \ 第 5 章 \5.5.3 编辑多线样式 .mp4

实战 灶台

步骤 01 单击"菜单浏览器"按钮，在弹出的菜单列表中单击"打开"|"图形"命令，打开一幅素材图形，如图 5-65 所示。

步骤 02 在命令行中输入 MLEDIT（编辑多线）命令，按【Enter】键确认，弹出"多线编辑工具"对话框，选择"角点结合"选项，如图 5-66 所示。

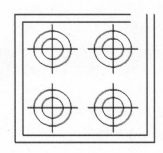

图 5-65 打开一幅素材图形

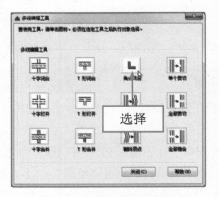

图 5-66 选择"角点结合"选项

> **步骤** **03** 在绘图区中拾取多线为编辑对象，如图 5-67 所示。

> **步骤** **04** 执行操作后，按【Enter】键确认，即可编辑多线，效果如图 5-68 所示。

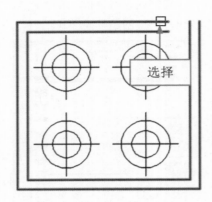
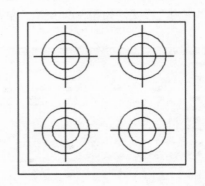

图 5-67 选择需要编辑的多线对象   图 5-68 编辑多线后的效果

5.6 其他图形的创建与编辑

在 AutoCAD 2016 中，用户还可以根据需要创建其他图形对象，如多段线、样条曲线以及修订云线等。

5.6.1 创建多段线

多段线是由等宽或不等宽的直线或圆弧等多条线段构成的特殊线段，这些线段所构成的图形是一个整体，并可对其进行编辑。

	素材文件	光盘 \ 素材 \ 第 5 章 \ 支架 .dwg
	效果文件	光盘 \ 效果 \ 第 5 章 \ 支架 .dwg
	视频文件	光盘 \ 视频 \ 第 5 章 \5.6.1 创建多段线 .mp4

实战 支架

> **步骤** **01** 单击"菜单浏览器"按钮，在弹出的菜单列表中单击"打开"|"图形"命令，如图 5-69 所示。

> **步骤** **02** 执行操作后，打开一幅素材图形，如图 5-70 所示。

专家指点

用户还可以通过以下 3 种方法，调用"多段线"命令：

* 在命令行中输入 PLINE（多段线）命令，并按【Enter】键确认。

* 在命令行中输入 PL（多段线）命令，并按【Enter】键确认。

* 显示菜单栏，单击"绘图"|"多段线"命令。

执行以上任意一种方法，均可调用"多段线"命令。

图 5-69 单击"打开"|"图形"命令

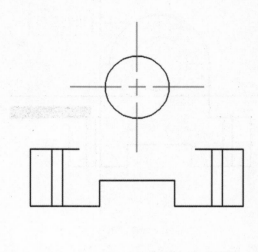

图 5-70 打开一幅素材图形

步骤 03 单击"功能区"选项板中的"默认"选项卡,在"绘图"面板上单击"多段线"按钮,如图 5-71 所示。

步骤 04 根据命令行提示进行操作,指定起点,如图 5-72 所示。

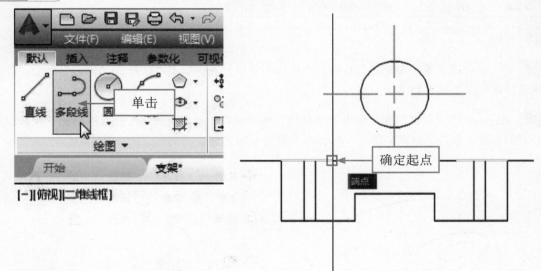

图 5-71 单击"多段线"按钮

图 5-72 指定起点

步骤 05 单击鼠标左键,向上引导光标,在命令行中输入 24,按【Enter】键确认,再向右引导光标,在命令行中输入 A(圆弧),并按【Enter】键确认,输入 44 并确认,绘制圆弧,如图 5-73 所示。

步骤 06 再向下引导光标,在命令行中输入 L,并按【Enter】键确认,输入长度值为 24 并确认,完成多段线的绘制,如图 5-74 所示。

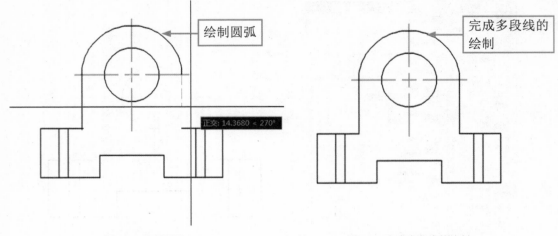

图 5-73 绘制圆弧　　　　　　　　　　　　　图 5-74 完成多段线的绘制

5.6.2　编辑多段线

在 AutoCAD 2016 中，使用 PEDIT 命令可以编辑多段线。二维多段线、三维多段线、矩形、正多边形和三维多边形网格都是多段线的变形，均可使用该命令进行编辑。

	素材文件	光盘 \ 素材 \ 第 5 章 \ 鼠标 .dwg
	效果文件	光盘 \ 效果 \ 第 5 章 \ 鼠标 .dwg
	视频文件	光盘 \ 视频 \ 第 5 章 \5.6.2 编辑多段线 .mp4

实战　鼠标

步骤　01　单击"菜单浏览器"按钮，在弹出的菜单列表中单击"打开"|"图形"命令，打开一幅素材图形，如图 5-75 所示。

步骤　02　在"功能区"选项板中的"默认"选项卡中，单击"修改"面板中间的下拉按钮，在展开的面板上单击"编辑多段线"按钮，如图 5-76 所示。

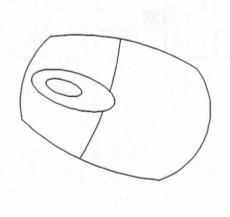

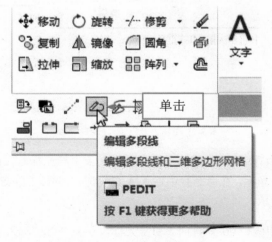

图 5-75 打开一幅素材图形　　　　　　　　图 5-76 单击"编辑多段线"按钮

步骤 03 根据命令行提示进行操作，在绘图区选择多段线为编辑对象，如图 5-77 所示。

步骤 04 单击鼠标左键，在绘图区中输入 W，按【Enter】键确认，输入数值 3，连按两次【Enter】键确认，即可编辑多段线，效果如图 5-78 所示。

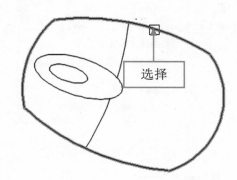

图 5-77 选择多段线为编辑对象

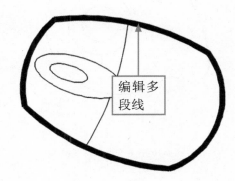

图 5-78 编辑多段线

 专家指点

用户还可以通过以下 3 种方法，调用"编辑多段线"命令：

＊ 在命令行中输入 PEDIT（编辑多段线）命令，并按【Enter】键确认。

＊ 在命令行中输入 PE（编辑多段线）命令，并按【Enter】键确认。

＊ 显示菜单栏，单击"修改"|"对象"|"多段线"命令。

执行以上任意一种方法，均可调用"编辑多段线"命令。

5.6.3 合并为多段线

在 AutoCAD 2016 中，用户可根据需要将直线、圆弧或多段线连接到指定的非闭合多面线上，将其进行合并操作。

素材文件	光盘 \ 素材 \ 第 5 章 \ 偏心轮 .dwg
效果文件	光盘 \ 效果 \ 第 5 章 \ 偏心轮 .dwg
视频文件	光盘 \ 视频 \ 第 5 章 \5.6.3 合并为多段线 .mp4

实战 偏心轮

步骤 01 单击"菜单浏览器"按钮，在弹出的菜单列表中单击"打开"|"图形"命令，打开一幅素材图形，如图 5-79 所示。

步骤 02 在"功能区"选项板中的"默认"选项卡中，单击"修改"面板中间的下拉按钮，在展开的面板上单击"编辑多段线"按钮 ，如图 5-80 所示。

步骤 03 根据命令行提示进行操作，在绘图区中选择相应的多段线为合并对象，如图 5-81 所示。

步骤 04 在命令行中输入 J（合并），按【Enter】键确认，如图 5-82 所示。

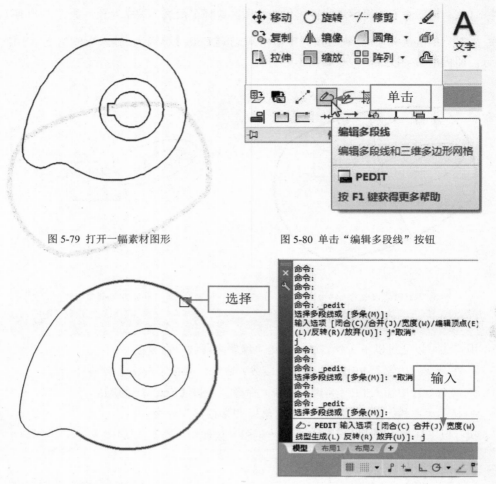

图 5-79 打开一幅素材图形

图 5-80 单击"编辑多段线"按钮

图 5-81 选择相应线段为合并对象

图 5-82 输入 J（合并）

步骤 05 在绘图区中依次选择需要合并的多段线，如图 5-83 所示。

步骤 06 执行操作后，连按两次【Enter】键确认，即可合并为多段线，效果如图 5-84 所示。

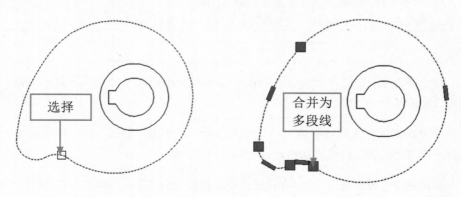

图 5-83 选择需要合并的多段线

图 5-84 合并为多段线

5.6.4 创建样条曲线

样条曲线是通过拟合数据点绘制而成的光滑曲线。它可以是二维曲线，也可以是三维曲线。样条曲线的形状主要由数据点、拟合点与控制点组合，其中数据点在绘制样条时由用户指定，拟合点和控制点由系统自动产生，它们主要用于编辑样条曲线。

素材文件	光盘 \ 素材 \ 第 5 章 \ 零件 .dwg
效果文件	光盘 \ 效果 \ 第 5 章 \ 零件 .dwg
视频文件	光盘 \ 视频 \ 第 5 章 \5.6.4 创建样条曲线 .mp4

实战 零件

步骤 01 单击"菜单浏览器"按钮，在弹出的菜单列表中单击"打开"|"图形"命令，打开一幅素材图形，如图 5-85 所示。

步骤 02 在"功能区"选项板中的"默认"选项卡中，单击"绘图"面板中间的下拉按钮，在弹出的面板上单击"样条曲线拟合"按钮 ，如图 5-86 所示。

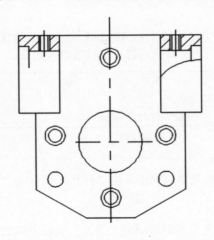

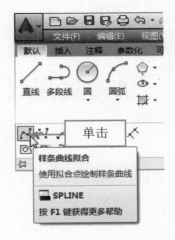

图 5-85 打开一幅素材图形   图 5-86 单击"样条曲线拟合"按钮

步骤 03 根据命令行提示进行操作，在绘图区中的合适位置上单击鼠标左键，确定起点，如图 5-87 所示。

步骤 04 依次在绘图区合适的位置确定其它点，并按【Enter】键确认，即可绘制一条样条曲线，如图 5-88 所示。

 专家指点

用户还可以通过以下 3 种方法，调用"样条曲线"命令：

* 在命令行中输入 SPLINE（样条曲线）命令，并按【Enter】键确认。

* 在命令行中输入 SPL（样条曲线）命令，并按【Enter】键确认。

* 显示菜单栏，单击"绘图"|"样条曲线"命令。

执行以上任意一种方法，均可调用"样条曲线"命令。

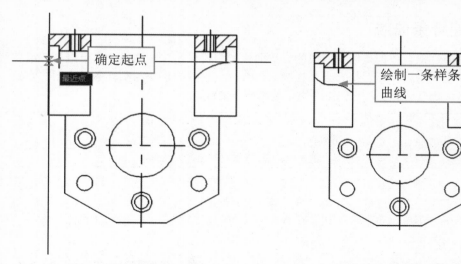

图 5-87 确定样条曲线的起点　　　　　　　　　图 5-88 绘制一条样条曲线

5.6.5　编辑样条曲线

　　在 AutoCAD 2016 中，用户可以通过 SPLINEDIT 命令对由 SPLINE 命令绘制的样条曲线进行编辑。编辑样条曲线命令是一个单对象编辑命令，一次只能编辑一个样条曲线对象。

	素材文件	光盘 \ 素材 \ 第 5 章 \ 钢琴 .dwg
	效果文件	光盘 \ 效果 \ 第 5 章 \ 钢琴 .dwg
	视频文件	光盘 \ 视频 \ 第 5 章 \5.6.5 编辑样条曲线 .mp4

实战 钢琴

步骤 01　单击"菜单浏览器"按钮，在弹出的菜单列表中单击"打开"|"图形"命令，打开一幅素材图形，如图 5-89 所示。

步骤 02　在"功能区"选项板中的"默认"选项卡中，单击"修改"面板中间的下拉按钮，在展开的面板上单击"编辑样条曲线"按钮，，如图 5-90 所示。

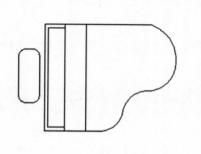

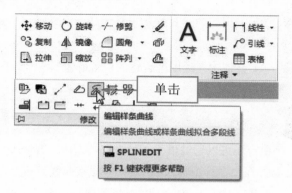

图 5-89 打开一幅素材图形　　　　　　　图 5-90 单击"编辑样条曲线"按钮

步骤 03　在绘图区中选择需要编辑的样条曲线，如图 5-91 所示。

步骤 04 在命令行中输入 P（转换为多段线），如图 5-92 所示，按【Enter】键确认。

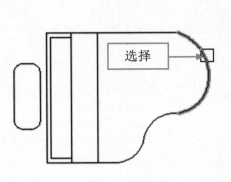

图 5-91 选择需要编辑的样条曲线

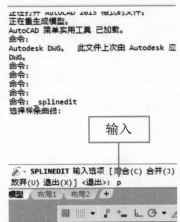

图 5-92 输入 P（转换为多段线）

步骤 05 根据命令行提示，输入"指定精度"为 10，如图 5-93 所示。

步骤 06 按【Enter】键确认，即可将样条曲线转换为多段线，在多段线上单击鼠标左键即可查看效果，如图 5-94 所示。

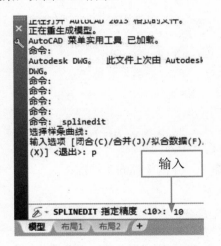

图 5-93 输入"指定精度"为 10

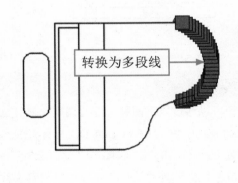

图 5-94 查看效果

 专家指点

用户还可以通过以下 2 种方法，调用"编辑样条曲线"命令：

＊ 命令 1：在命令行中输入 SPLINEDIT（编辑样条曲线）命令，按【Enter】键确认。

＊ 命令 2：显示菜单栏，单击"修改"|"对象"|"样条曲线"命令。

执行以上任意一种方法，均可调用"编辑样条曲线"命令。

5.6.6 创建修订云线

修订云线的形状类似云朵，主要用于突出显示图纸中已修改的部分，它包括多个控制点和最大弧长、最小弧长等。

素材文件	光盘 \ 素材 \ 第 5 章 \ 盆栽 .dwg
效果文件	光盘 \ 效果 \ 第 5 章 \ 盆栽 .dwg
视频文件	光盘 \ 视频 \ 第 5 章 \5.6.6 创建修订云线 .mp4

实战 盆栽

步骤 **01** 单击"菜单浏览器"按钮，在弹出的菜单列表中单击"打开"|"图形"命令，打开一幅素材图形，如图 5-95 所示。

步骤 **02** 在"功能区"选项板中的"默认"选项卡中，单击"绘图"面板中间的下拉按钮，在展开的面板上单击"修订云线"按钮，如图 5-96 所示。

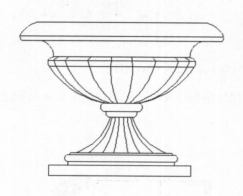

图 5-95 打开一幅素材图形

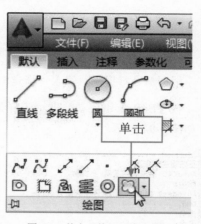

图 5-96 单击"修订云线"按钮

专家指点

用户还可以通过以下两种方法，调用"修订云线"命令：

✻ 在命令行中输入 REVCLOUD（修订云线）命令，并按【Enter】键确认。

✻ 显示菜单栏，单击"绘图"|"修订云线"命令。

执行以上任意一种方法，均可调用"修订云线"命令。

步骤 **03** 根据命令行提示进行操作，在命令行中输入 A，如图 5-97 所示，并按【Enter】键确认。

步骤 **04** 输入 50，指定最小弧长，如图 5-98 所示，并按【Enter】键确认。

图 5-97 在命令行中输入 A

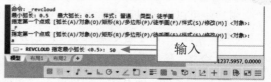

图 5-98 指定最小弧长

步骤 **05** 输入 100，指定最大弧长，如图 5-99 所示，并按【Enter】键确认。

步骤 **06** 将鼠标移至绘图区中的合适位置，单击鼠标左键，确定起点，向右上方引导鼠标并拖曳，即可绘制修订云线，效果如图 5-100 所示。

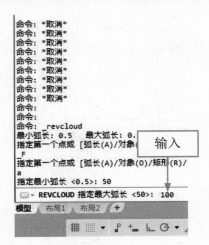

图 5-99 指定最大弧长

图 5-100 绘制修订云线

5.6.7 创建区域覆盖对象

区域覆盖可以在现有的对象上生成一个空白区域，用于添加注释或详细的屏蔽信息。该区域与区域覆盖边框进行绑定，可以打开此区域进行编辑，也可以关闭此区域进行打印。

	素材文件	光盘 \ 素材 \ 第 5 章 \ 道路 .dwg
	效果文件	光盘 \ 效果 \ 第 5 章 \ 道路 .dwg
	视频文件	光盘 \ 视频 \ 第 5 章 \5.6.7 创建区域覆盖对象 .mp4

实战 道路

步骤 01 单击"菜单浏览器"按钮，在弹出的菜单列表中单击"打开"|"图形"命令，打开一幅素材图形，如图 5-101 所示。

步骤 02 在"功能区"选项板中的"默认"选项卡中，单击"绘图"面板中间的下拉按钮，在展开的面板上单击"区域覆盖"按钮，如图 5-102 所示。

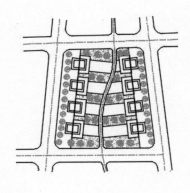

图 5-101 打开一幅素材图形

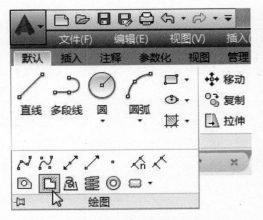

图 5-102 单击"区域覆盖"按钮

步骤 03 根据命令行提示进行操作，在绘图区中指定需要覆盖区域的边界点，依次单击鼠标左键，如图 5-103 所示。

步骤 04 按【Enter】键确认，即可绘制区域覆盖对象，如图 5-104 所示。

图 5-103 指定覆盖区域

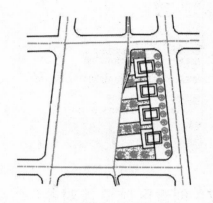

图 5-104 绘制区域覆盖对象

专家指点

用户可以通过以下方法，调用"区域覆盖"命令：

❋ 按钮法：单击"绘图"面板中间的下拉按钮，在展开的面板上单击"区域覆盖"按钮。

❋ 单击菜单栏中的"绘图"｜"区域覆盖"命令。

❋ 输入 WIPEOUT 命令。

执行以上任意一种方法，均可调用"区域覆盖"命令。

二维图形的编辑

学习提示

　　在 AutoCAD 2016 中，单纯地使用绘图命令或绘图工具只能绘制一些基本的图形对象，为了绘制复杂图形，很多情况下都必须借助图形编辑命令。AutoCAD 2016 提供了丰富的图形编辑命令，使用这些命令，可以修改已有图形。本章主要介绍编辑二维图形等内容。

本章案例导航

- 实战——人体模特
- 实战——四脚桌椅
- 实战——机械图纸
- 实战——手柄模型
- 实战——方形餐桌
- 实战——支撑轴
- 实战——电话机
- 实战——办公桌
- 实战——法兰盘
- 实战——洗脸盆

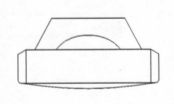

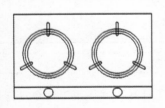

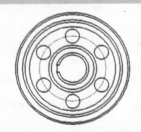

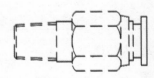

6.1 对象的选择

在 AutoCAD 2016 中编辑图形之前，首先需要选择编辑的对象。AutoCAD 用虚线亮显所选的对象，这些对象就构成了选择集。选择集可以包含单个对象，也可以包含复杂的对象编组。本节主要介绍选择对象的各种操作方法。

6.1.1 点选对象

在 AutoCAD 2016 中，选择对象的方法很多，下面介绍点选对象的操作方法。

素材文件	光盘 \ 素材 \ 第 6 章 \ 支撑轴 .dwg	
效果文件	无	
视频文件	光盘 \ 视频 \ 第 6 章 \6.1.1 点选对象 .mp4	

实战 支撑轴

步骤 01 单击"菜单浏览器"按钮，在弹出的菜单列表中单击"打开"|"图形"命令，打开一幅素材图形，如图 6-1 所示。

步骤 02 在命令行中输入 SELECT（选择对象）命令，并按【Enter】键确认，根据命令行提示进行操作，在绘图区中相应的图形上，单击鼠标左键，即可点选图形，使其呈虚线状显示，如图 6-2 所示。

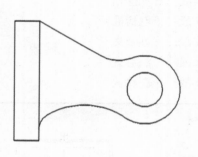

图 6-1 打开一幅素材图形　　　　　　图 6-2 点选图形

6.1.2 框选对象

在 AutoCAD 2016 中，用户可以框选对象。

素材文件	光盘 \ 素材 \ 第 6 章 \ 人体模特 .dwg	
效果文件	无	
视频文件	光盘 \ 视频 \ 第 6 章 \6.1.2 框选对象 .mp4	

实战 人体模特

步骤 01 单击"菜单浏览器"按钮，在弹出的菜单列表中单击"打开"|"图形"命令，打开一幅素材图形，如图 6-3 所示。

步骤 02 在命令行中输入 SELECT（选择对象）命令，按【Enter】键确认，在命令提示行中输入"？"（加载应用程序），如图 6-4 所示，并按【Enter】键确认。

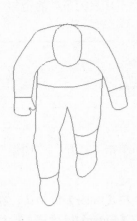

图 6-3 打开一幅素材图形

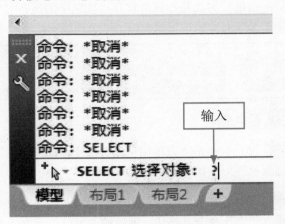

图 6-4 输入"？"（加载应用程序）

步骤 03 此时在命令窗口中显示多种可执行的操作，输入 BOX（框），如图 6-5 所示，并按【Enter】键确认。

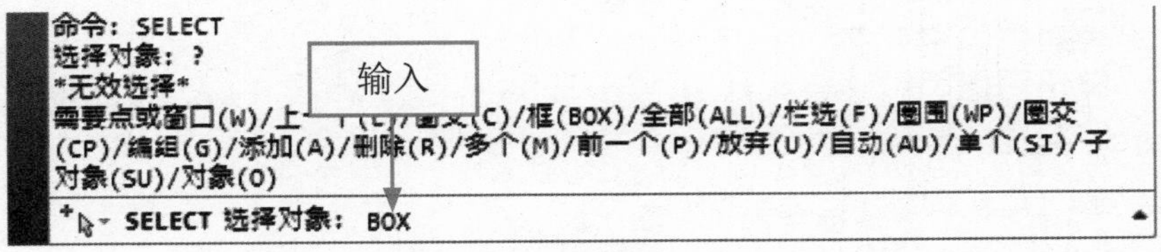

图 6-5 输入 BOX（框）

步骤 04 在绘图区中合适位置单击鼠标左键，指定第一角点，拖曳鼠标，如图 6-6 所示。

步骤 05 在目标位置单击鼠标左键，即可框选图形，效果如图 6-7 所示。

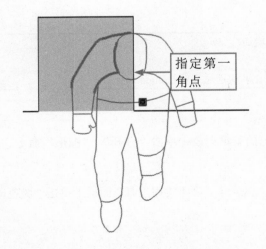

图 6-6 指定第一角点

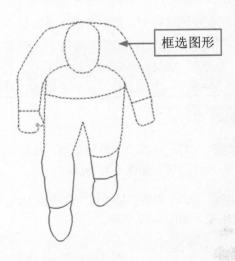

图 6-7 框选图形

6.1.3　全选对象

　　全部选择方式是指同时选择绘图区中的所有对象，但是并不代表无条件的全部选择，如绘图区中的某些对象被锁定或者位于冻结图层中，则不可以使用全部选择方式。

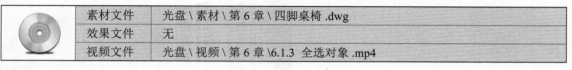

素材文件	光盘 \ 素材 \ 第 6 章 \ 四脚桌椅 .dwg
效果文件	无
视频文件	光盘 \ 视频 \ 第 6 章 \6.1.3　全选对象 .mp4

实战　四脚桌椅

> **步骤　01**　单击"菜单浏览器"按钮，在弹出的菜单列表中单击"打开"|"图形"命令，打开一幅素材图形，如图 6-8 所示。

> **步骤　02**　在命令行中输入 SELECT（选择对象）命令，并按【Enter】键确认，在命令提示行中输入"？"命令并确认，继续输入 ALL（全部）命令，并按【Enter】键确认，执行操作后，即可全选图形对象，效果如图 6-9 所示。

图 6-8　打开一幅素材图形

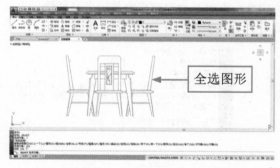

图 6-9　全选图形对象

6.1.4　快速选择对象

　　在绘图过程中，用户可以快速选择对象。

素材文件	光盘 \ 素材 \ 第 6 章 \ 电话机 .dwg
效果文件	无
视频文件	光盘 \ 视频 \ 第 6 章 \6.1.4　快速选择对象 .mp4

实战　电话机

> **步骤　01**　单击"菜单浏览器"按钮，在弹出的菜单列表中单击"打开"|"图形"命令，打开一幅素材图形，如图 6-10 所示。

> **步骤　02**　单击"功能区"选项板中的"默认"选项卡，在"实用工具"面板上单击"快速选择"按钮 ，如图 6-11 所示。

　专家指点

　　在"快速选择"对话框中，各主要选项的含义如下：

＊ 应用到：表示对象的选择范围，在 AutoCAD 2016 中，有"整个图形"或"当前选择"两个子条件。

＊ 对象类型：指以对象为过滤条件，由"所有图元"、"多段线"、"直线"和"图案填充"4 种类别可以选择。

＊ 特性：指图形的特性参数，如"颜色"、"图层"等参数。

＊ 运算符：在某些特性中，控制过滤范围的运算符，特性不同，运算符也不同。

＊ 值：过滤范围的特性值，AutoCAD 中的"值"有 10 个。

＊ "如何应用"选项区：选中"包括在新选择集中"单选按钮，则由满足过滤条件的对象构成选择集；选中"排除在新选择集之外"单选按钮，则由不满足过滤条件的对象构成选择集。

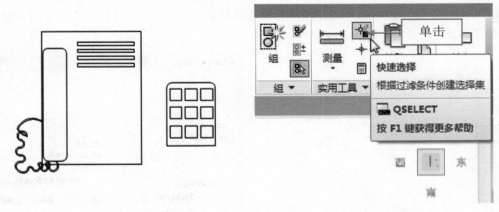

图 6-10 打开一幅素材图形　　　　　　　　　图 6-11 单击"快速选择"按钮

步骤 03　弹出"快速选择"对话框，在"特性"列表框中选择"颜色"选项，在"值"列表框中选择"黑"选项，如图 6-12 所示。

步骤 04　单击"确定"按钮，即可快速地选择图形，效果如图 6-13 所示。

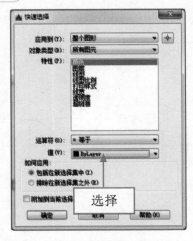

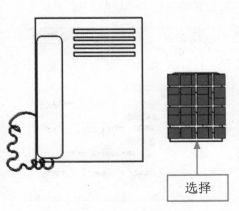

图 6-12 选择"黑"选项　　　　　　　　　图 6-13 快速地选择图形

6.1.5 过滤选择对象

在 AutoCAD 2016 中，如果需要在复杂的图形中选择某个指定对象，可以采用过滤选择集进行选择。

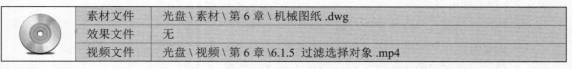

素材文件	光盘 \ 素材 \ 第 6 章 \ 机械图纸 .dwg	
效果文件	无	
视频文件	光盘 \ 视频 \ 第 6 章 \6.1.5 过滤选择对象 .mp4	

实战 机械图纸

步骤 01 单击"菜单浏览器"按钮，在弹出的菜单列表中单击"打开"|"图形"命令，打开一幅素材图形，如图 6-14 所示。

步骤 02 在命令行中输入 FILTER（过滤选择对象）命令，并按【Enter】键确认，弹出"对象选择过滤器"对话框，如图 6-15 所示。

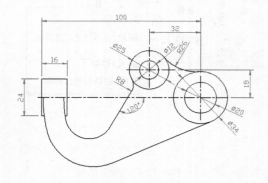

图 6-14 打开一幅素材图形

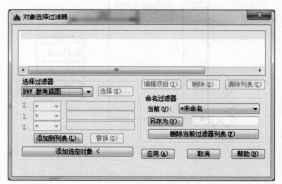

图 6-15 弹出"对象选择过滤器"对话框

步骤 03 在"选择过滤器"选项区中的下拉列表框中选择"标注"选项，并单击"添加到列表"按钮，将其添加到过滤器的列表中，如图 6-16 所示。

步骤 04 设置完成后，单击"应用"按钮，在绘图区选择所有图形为编辑对象，这时系统过滤满足条件的对象并将其选中，如图 6-17 所示。

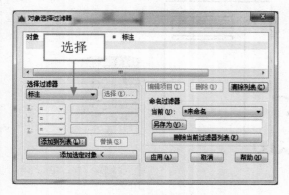

图 6-16 添加到过滤器的列表中

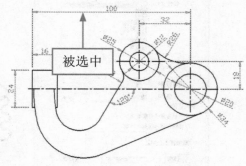

图 6-17 系统过滤满足条件的对象并将其选中

专家指点

　　在"对象选择过滤器"对话框中，各主要选项的含义如下：

　　＊ "选择过滤器"选项区：用于设置选择过滤器的类型。该选项区主要包括"选择过滤器"下拉列表框，X、Y、Z下拉列表框，"添加到列表"按钮，"替换"按钮和"添加选定对象"按钮。

　　＊ "编辑项目"按钮：单击该按钮，可以编辑过滤器列表框中选择的选项。

　　＊ "删除"按钮：单击该按钮，可以删除过滤器列表框中选择的选项。

　　＊ "命名过滤器"选项区：选择已命名的过滤器。该选项区主要包括"当前"下拉列表框、"另存为"按钮和"删除当前过滤器列表"按钮。

6.2 对象的编组

　　编组是保存的对象集，可以根据需要同时选择和编辑这些对象，也可以分别进行。编组提供了以组为单位操作图形元素的简单方法，可以快速创建编组并使用默认名称。用户可以通过添加或删除对象来更改编组的部件。

6.2.1 创建编组对象

　　在 AutoCAD 2016 中，将多个对象创建编组，更加易于管理。

素材文件	光盘 \ 素材 \ 第 6 章 \ 办公桌 .dwg	
效果文件	光盘 \ 效果 \ 第 6 章 \ 办公桌 .dwg	
视频文件	光盘 \ 视频 \ 第 6 章 \6.2.1 创建编组对象 .mp4	

实战 办公桌

步骤 01 单击"菜单浏览器"按钮，在弹出的菜单列表中单击"打开"|"图形"命令，打开一幅素材图形，如图 6-18 所示。

步骤 02 在命令行中输入 GROUP（编组）命令，并按【Enter】键进行确认，根据命令行提示，输入 N(名称) 选项，按【Enter】键确认，再根据命令行提示，输入编组名为"沙发"，如图 6-19 所示。

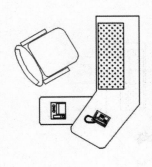

图 6-18 打开一幅素材图形

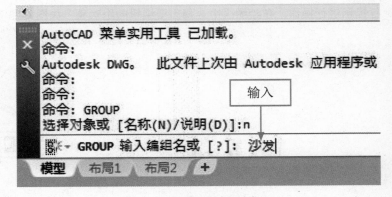

图 6-19 输入编组名为"沙发"

专家指点

在命令行中输入 G，并按【Enter】键确认，也能执行"编组"命令。

步骤 03 按【Enter】键确认，在绘图区中选择需要编组的对象，如图 6-20 所示。

步骤 04 按【Enter】键确认，即可编组图形，在已编组的图形上，单击鼠标左键，此时已编组的图形将为一个整体对象，效果如图 6-21 所示。

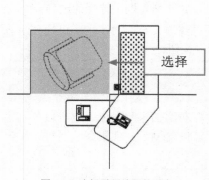

图 6-20 选择需要编组的对象

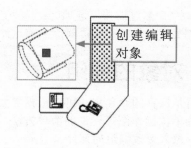

图 6-21 编组图形

6.2.2 编辑编组对象

用户可以使用多种方式修改编组，包括更改其成员资格、修改其特性、修改编组的名称和说明以及从图形中将其删除。

素材文件	光盘 \ 素材 \ 第 6 章 \ 办公桌编组 .dwg	
效果文件	光盘 \ 效果 \ 第 6 章 \ 办公桌编组 .dwg	
视频文件	光盘 \ 视频 \ 第 6 章 \6.2.2 编辑编组对象 .mp4	

实战 办公桌编组

步骤 01 单击"菜单浏览器"按钮，在弹出的菜单列表中单击"打开"|"图形"命令，打开一幅素材图形，如图 6-22 所示。

步骤 02 在命令行中输入 GROUPEDIT（编辑编组）命令，并按【Enter】键确认，根据命令行提示进行操作，在绘图区中选择需要编辑的组对象，如图 6-23 所示。

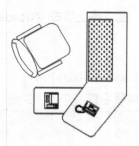

图 6-22 打开一幅素材图形

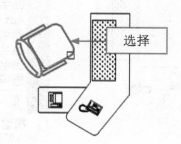

图 6-23 选择组对象

步骤 03 选择组对象后，在命令行中输入 A（添加对象），如图 6-24 所示，并按【Enter】键确认。

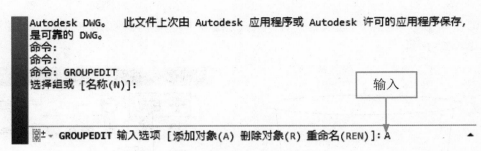

图 6-24 输入 A（添加对象）

步骤 04 根据命令行提示，在绘图区中选择需要添加的对象，如图 6-25 所示。

步骤 05 按【Enter】键确认，即可将图形添加到"沙发"编组对象中，在已编组的图形上，单击鼠标左键，此时已编组的图形将为一个整体对象，效果如图 6-26 所示。

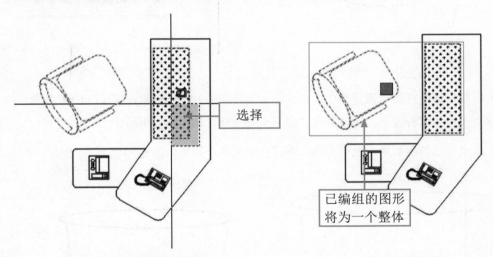

图 6-25 选择需要添加的对象   图 6-26 查看效果

6.3 对象的移动

在绘制图形时，若绘制的图形位置错误，可以对图形进行移动操作。移动图形仅仅是位置上的平移，图形的方向和大小并不会改变。本节主要介绍移动对象的各种操作方法。

6.3.1 通过两点移动对象

在 AutoCAD 2016 中，通过两点移动对象是最简单的操作方法。

	素材文件	光盘 \ 素材 \ 第 6 章 \ 水杯 .dwg
	效果文件	光盘 \ 效果 \ 第 6 章 \ 水杯 .dwg
	视频文件	光盘 \ 视频 \ 第 6 章 \6.3.1 通过两点移动对象 .mp4

实战 水杯

步骤 01 单击"菜单浏览器"按钮，在弹出的菜单列表中单击"打开"|"图形"命令，打开一幅素材图形，如图 6-27 所示。

步骤 02 单击"功能区"选项板中的"默认"选项卡，在"修改"面板上单击"移动"按钮✛，如图 6-28 所示。

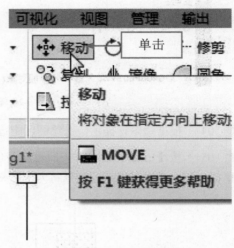

图 6-27 打开一幅素材图形　　　　　　　　　　图 6-28 单击"移动"按钮

步骤 03 根据命令行提示进行操作，在绘图区选择椭圆为移动对象，按【Enter】键确认，在椭圆的端点上单击鼠标左键，确定基点，向下引导光标，如图 6-29 所示。

步骤 04 至合适位置后单击鼠标左键，即可移动对象，效果如图 6-30 所示。

图 6-29 向下引导光标　　　　　　　　　　图 6-30 移动对象

6.3.2 通过位移移动对象

在 AutoCAD 2016 中，用户可以通过位移移动对象。

素材文件	光盘 \ 素材 \ 第 6 章 \ 卡座 .dwg
效果文件	光盘 \ 效果 \ 第 6 章 \ 卡座 .dwg
视频文件	光盘 \ 视频 \ 第 6 章 \6.3.2 通过位移移动对象 .mp4

实战 卡座

步骤 01 单击"菜单浏览器"按钮，在弹出的菜单列表中单击"打开"|"图形"命令，打开一幅素材图形，如图 6-31 所示。

步骤 02 在命令行中输入 MOVE（移动）命令，并按【Enter】键确认，在绘图区中选择右侧的对象为移动对象，如图 6-32 所示。

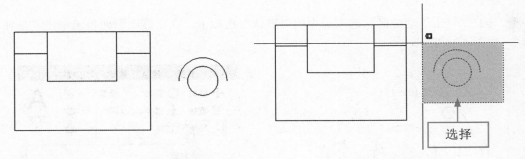

图 6-31 打开一幅素材图形　　　　图 6-32 选择移动对象

步骤 03 按【Enter】键确认，选择图形的圆心，单击鼠标左键，如图 6-33 所示，确定移动基点。

步骤 04 根据命令行提示进行操作，向左引导光标，在命令行中输入 80，按【Enter】键确认，即可通过位移移动图形对象，如图 6-34 所示。

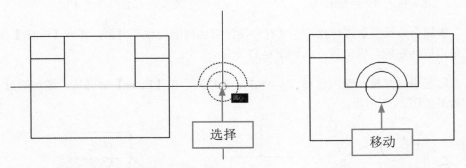

图 6-33 在圆心点上单击鼠标左键　　　　图 6-34 移动图形对象

专家指点

通过以下 3 种方法，可以调用"移动"命令：

＊命令 1：在命令行中输入 MOVE（移动）命令，并按【Enter】键确认。

＊命令 2：在命令行中输入 M（移动）命令，并按【Enter】键确认。

＊命令 3：显示菜单栏，单击"修改"|"移动"命令。

执行以上任意一种方法，均可调用"移动"命令。

6.3.3 通过拉伸移动对象

在 AutoCAD 2016 中，用户可以通过拉伸来移动对象。

素材文件	光盘 \ 素材 \ 第 6 章 \ 法兰盘 .dwg	
效果文件	光盘 \ 效果 \ 第 6 章 \ 法兰盘 .dwg	
视频文件	光盘 \ 视频 \ 第 6 章 \6.3.3 通过拉伸移动对象 .mp4	

实战 法兰盘

步骤 01 单击"菜单浏览器"按钮，在弹出的菜单列表中单击"打开"|"图形"命令，打开一幅素材图形，如图 6-35 所示。

步骤 02 单击"功能区"选项板中的"默认"选项卡，在"修改"面板上单击"拉伸"按钮，如图 6-36 所示。

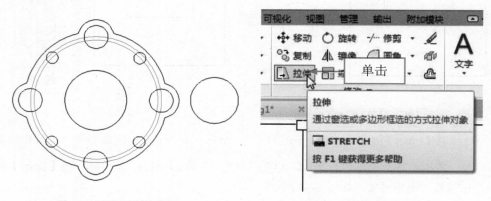

图 6-35 打开一幅素材图形

图 6-36 单击"拉伸"按钮

步骤 03 根据命令行提示进行操作，选择绘图区右侧圆形为移动对象，并按【Enter】键确认，在圆心点上单击鼠标左键，确定基点，如图 6-37 所示。

步骤 04 向左引导光标，输入位移（@-99.7，-0.43），按【Enter】键确认，即可通过拉伸来移动对象，效果如图 6-38 所示。

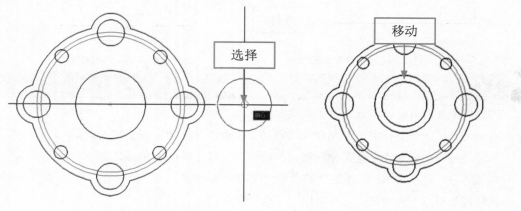

图 6-37 在圆心点上确定基点

图 6-38 移动对象

专家指点

通过以下两种方法，也可以调用"拉伸"命令：

＊ 命令 1：在命令行中输入 STRETCH（拉伸）命令，并按【Enter】键确认。

＊ 命令 2：显示菜单栏，单击"修改"|"拉伸"命令。

执行以上任意一种方法，均可调用"拉伸"命令。

6.4 对象的复制

在 AutoCAD 2016 中，提供了复制图形对象的命令，可以让用户轻松地对图形对象进行不同方式的复制操作。如果只需简单地复制一个图形对象时，可以使用"复制"命令；如果还有特殊的要求，则可以使用"镜像"、"阵列"和"偏移"等命令来实现复制。

6.4.1 复制对象

在 AutoCAD 2016 中，使用复制命令可以一次复制出一个或多个相同的对象，使复制更加方便、快捷。下面介绍复制对象的操作方法。

素材文件	光盘 \ 素材 \ 第 6 章 \ 煤气灶 .dwg
效果文件	光盘 \ 效果 \ 第 6 章 \ 煤气灶 .dwg
视频文件	光盘 \ 视频 \ 第 6 章 \6.4.1 复制对象 .mp4

实战 煤气灶

步骤 01 单击"菜单浏览器"按钮，在弹出的菜单列表中单击"打开"|"图形"命令，打开一幅素材图形，如图 6-39 所示。

步骤 02 单击"功能区"选项板中的"默认"选项卡，在"修改"面板上单击"复制"按钮，如图 6-40 所示。

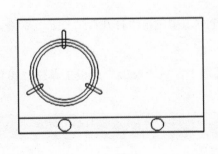

图 6-39 打开一幅素材图形

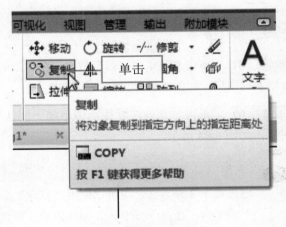

图 6-40 单击"复制"按钮

步骤 03 根据命令行提示进行操作，在绘图区选择相应的图形为复制对象，如图 6-41 所示，并按【Enter】键确认。

步骤 04 指定一点为基点，向右引导光标，移至合适位置后单击鼠标左键，并按【Enter】键确认，即可复制图形对象，效果如图 6-42 所示。

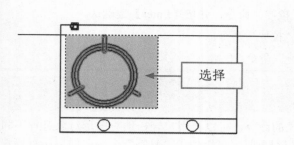

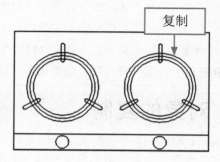

图 6-41 选择相应的图形为复制对象　　　　　　图 6-42 复制图形对象

 专家指点

通过以下 3 种方法，也可以调用"复制"命令：

＊ 命令 1：在命令行中输入 COPY（复制）命令，并按【Enter】键确认。

＊ 命令 2：在命令行中输入 CO（复制）命令，并按【Enter】键确认。

＊ 命令 3：显示菜单栏，单击"修改"|"复制"命令。

执行以上任意一种方法，均可调用"复制"命令。

6.4.2　镜像对象

"镜像"命令可以生成与所选对象相对称的图形，在镜像图形时需要指出对称轴线，轴线是任意方向的，所选对象将根据该轴线进行对称，并且可选择删除或保留源对象。

	素材文件	光盘 \ 素材 \ 第 6 章 \ 电脑显示器 .dwg
	效果文件	光盘 \ 效果 \ 第 6 章 \ 电脑显示器 .dwg
	视频文件	光盘 \ 视频 \ 第 6 章 \6.4.2　镜像对象 .mp4

实战 电脑显示器

步骤 01 单击"菜单浏览器"按钮，在弹出的菜单列表中单击"打开"|"图形"命令，打开一幅素材图形，如图 6-43 所示。

步骤 02 单击"功能区"选项板中的"默认"选项卡，在"修改"面板上单击"镜像"按钮，如图 6-44 所示。

 专家指点

通过以下 3 种方法，也可以调用"镜像"命令：

＊ 命令 1：在命令行中输入 MIRROR（镜像）命令，并按【Enter】键确认。

＊ 命令 2：在命令行中输入 MI（镜像）命令，并按【Enter】键确认。

＊ 命令 3：显示菜单栏，单击"修改"|"镜像"命令。

执行以上任意一种方法，均可调用"镜像"命令。

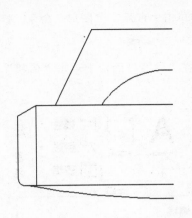

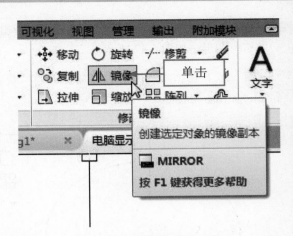

图 6-43 打开一幅素材图形　　　　　　　　图 6-44 单击"镜像"按钮

　根据命令行提示进行操作，在绘图区中选择需要镜像的图形对象，如图 6-45 所示，并按【Enter】键确认。

　捕捉图形上方直线右侧的端点为镜像线起点，单击鼠标左键，向下引导光标，至合适位置后单击鼠标左键，并按【Enter】键确认，即可镜像图形对象，效果如图 6-46 所示。

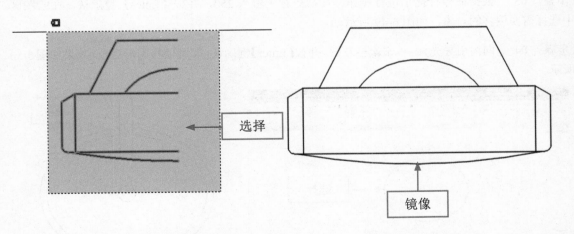

图 6-45 选择需要镜像的图形对象　　　　　　图 6-46 镜像图形对象

6.4.3　偏移对象

在 AutoCAD 2016 中，使用"偏移"命令可以根据指定的距离或通过点，创建一个与所选对象平行的图形；被偏移的对象可以是直线、圆、圆弧和样条曲线等对象。下面介绍偏移对象的操作方法。

	素材文件	光盘 \ 素材 \ 第 6 章 \ 洗脸盆 .dwg
	效果文件	光盘 \ 效果 \ 第 6 章 \ 洗脸盆 .dwg
	视频文件	光盘 \ 视频 \ 第 6 章 \6.4.3 偏移对象 .mp4

实战 洗脸盆

步骤 **01** 单击"菜单浏览器"按钮，在弹出的菜单列表中单击"打开"|"图形"命令，打开一幅素材图形，如图 6-47 所示。

步骤 **02** 单击"功能区"选项板中的"默认"选项卡，在"修改"面板上单击"偏移"按钮🔳，如图 6-48 所示。

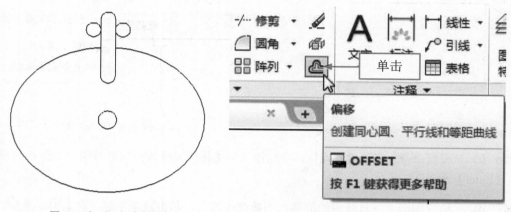

图 6-47 打开一幅素材图形　　　　　　　图 6-48 单击"偏移"按钮

步骤 **03** 根据命令行提示进行操作，在命令行中输入 250，并按【Enter】键确认，在绘图区中选择需要偏移的对象，如图 6-49 所示。

步骤 **04** 向内引导光标，单击鼠标左键，并按【Enter】键确认，即可偏移图形对象，效果如图 6-50 所示。

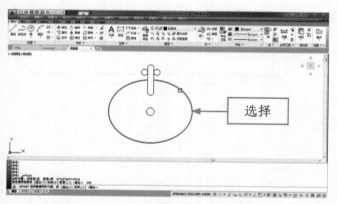

图 6-49 选择需要偏移的对象

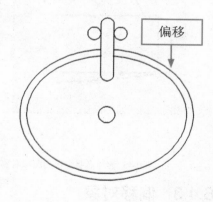

图 6-50 偏移图形对象

专家指点

通过以下 3 种方法，也可以调用"偏移"命令：

✳ 命令 1：在命令行中输入 OFFSET（偏移）命令，并按【Enter】键确认。

✳ 命令 2：在命令行中输入 O（偏移）命令，并按【Enter】键确认。

✳ 命令 3：显示菜单栏，单击"修改"|"偏移"命令。

执行以上任意一种方法，均可调用"偏移"命令。

6.4.4 环形阵列对象

环形阵列是指对图形对象进行阵列复制后，图形呈环形分布。下面介绍环形阵列对象的操作方法。

素材文件	光盘 \ 素材 \ 第 6 章 \ 环形阵列 .dwg
效果文件	光盘 \ 效果 \ 第 6 章 \ 环形阵列 .dwg
视频文件	光盘 \ 视频 \ 第 6 章 \6.4.4 环形阵列对象 .mp4

实战 环形阵列

步骤 01 单击"菜单浏览器"按钮，在弹出的菜单列表中单击"打开"|"图形"命令，打开一幅素材图形，如图 6-51 所示。

步骤 02 单击"功能区"选项板中的"默认"选项卡，在"修改"面板上单击"阵列"下拉按钮，选择"环形阵列"选项，如图 6-52 所示。

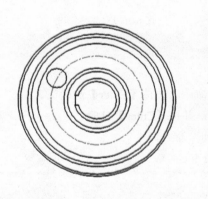

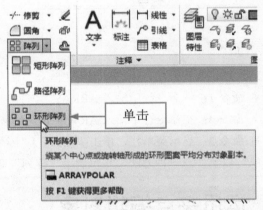

图 6-51 打开一幅素材图形 　　　　　　　图 6-52 单击"环形阵列"按钮

步骤 03 在绘图区中拾取合适的圆为阵列对象，如图 6-53 所示，并按【Enter】键确认。

步骤 04 根据命令行提示，在大圆圆心上单击鼠标左键，确定其为阵列中心点，如图 6-54 所示。

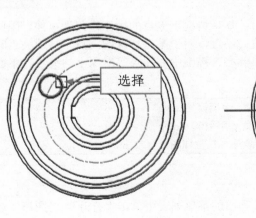

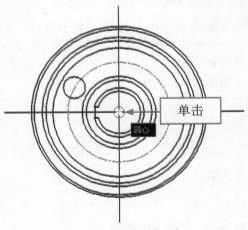

图 6-53 选择阵列对象 　　　　　　　　　图 6-54 确定阵列中心点

步骤 05 在弹出的"阵列创建"选项卡中，设置"项目数"为 6、"填充"为 360°，如图 6-55 所示。

步骤 06 按【Enter】键确认，即可阵列图形，效果如图 6-56 所示。

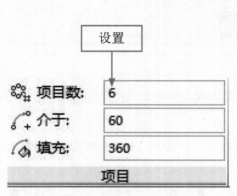

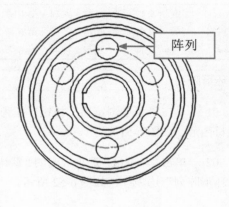

图 6-55 设置各选项　　　　　　　　　　　　图 6-56 环形阵列图形

专家指点

通过以下 3 种方法，也可以调用"阵列"命令：

✳ 命令 1：在命令行中输入 ARRAY（阵列）命令，并按【Enter】键确认。

✳ 命令 2：在命令行中输入 AR（阵列）命令，并按【Enter】键确认。

✳ 命令 3：显示菜单栏，单击"修改"|"阵列"命令。

执行以上任意一种方法，均可调用"阵列"命令。

6.5 运用夹点编辑对象

在 AutoCAD 2016 中，夹点功能也是一种集成的编辑模式，使用该功能可方便快捷地进行编辑操作，使用夹点可以对对象进行移动、缩放、拉伸、旋转及镜像等操作。

6.5.1 拉伸图形对象

编辑图形的过程中，当用户激活夹点后，默认情况下夹点的操作模式为拉伸。因此通过移动选择的夹点，可将图形对象拉伸到新的位置。不过，对于某些特殊的夹点，移动夹点时图形对象并不会被拉伸，如文字、图块、直线中点、圆心、椭圆中心和点等对象上的夹点。下面介绍使用夹点拉伸图形对象的操作方法。

素材文件	光盘 \ 素材 \ 第 6 章 \ 手柄模型 .dwg
效果文件	光盘 \ 效果 \ 第 6 章 \ 手柄模型 .dwg
视频文件	光盘 \ 视频 \ 第 6 章 \6.5.1 拉伸图形对象 .mp4

实战 手柄模型

步骤 01 单击"菜单浏览器"按钮，在弹出的菜单列表中单击"打开"|"图形"命令，打开一幅素材图形，如图 6-57 所示。

步骤 **02** 选择最右侧的矩形为拉伸对象，使其呈夹点选择状态，如图 6-58 所示。

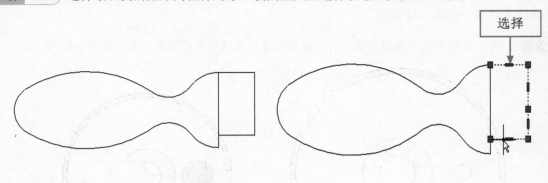

图 6-57 打开一幅素材图形　　　　　　　图 6-58 使其呈夹点选择状态

步骤 **03** 根据命令行提示进行操作，按住【Shift】键的同时，选择矩形最上方的三个夹点，使其呈红色显示，如图 6-59 所示。

步骤 **04** 在矩形最上方的左侧端点图形上，单击鼠标左键，然后向下引导光标，至合适位置后，单击鼠标左键，按【Esc】键退出，即可拉伸图形，效果如图 6-60 所示。

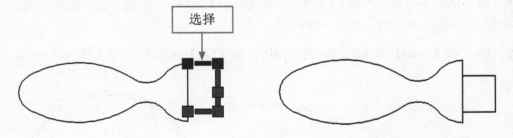

图 6-59 使夹点呈红色显示　　　　　　　图 6-60 拉伸图形

专家指点

通过夹点拉伸图形时，用户可以打开极轴追踪功能，使拉伸的图形更加精确。

6.5.2 旋转图形对象

旋转图形对象可以把图形对象绕基点进行旋转，还可以进行多次旋转复制。下面介绍通过夹点旋转图形对象的方法。

	素材文件	光盘 \ 素材 \ 第 6 章 \ 挡圈 .dwg
	效果文件	光盘 \ 效果 \ 第 6 章 \ 挡圈 .dwg
	视频文件	光盘 \ 视频 \ 第 6 章 \6.5.2 旋转图形对象 .mp4

实战 挡圈

步骤 **01** 单击"菜单浏览器"按钮，在弹出的菜单列表中单击"打开"|"图形"命令，打开一幅素材图形，如图 6-61 所示。

步骤 **02** 在绘图区中选择需要旋转的图形对象，使其呈夹点选择状态，如图 6-62 所示。

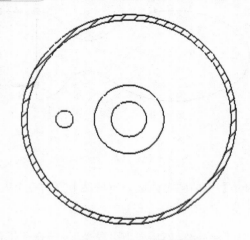

图 6-61 打开一幅素材图形

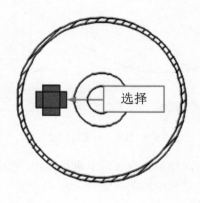

图 6-62 选择需要旋转的图形对象

步骤 **03** 在命令行中输入 RO（旋转），按【Enter】键确认，在绘图区中的圆心点上，单击鼠标左键，继续输入角度 90，如图 6-63 所示。

步骤 **04** 按【Enter】键确认，即可旋转图形，按【Esc】键退出，效果如图 6-64 所示。

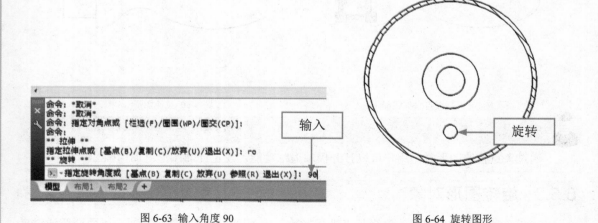

图 6-63 输入角度 90

图 6-64 旋转图形

6.5.3 缩放图形对象

在 AutoCAD 2016 中，用户还可以通过夹点对图形进行缩放操作。

	素材文件	光盘 \ 素材 \ 第 6 章 \ 方形餐桌 .dwg
	效果文件	光盘 \ 效果 \ 第 6 章 \ 方形餐桌 .dwg
	视频文件	光盘 \ 视频 \ 第 6 章 \6.5.3 缩放图形对象 .mp4

实战 方形餐桌

步骤 01 单击"菜单浏览器"按钮，在弹出的菜单列表中单击"打开"|"图形"命令，打开一幅素材图形，如图 6-65 所示。

步骤 02 在绘图区中选择需要缩放的图形对象，使其呈夹点选择状态，如图 6-66 所示。

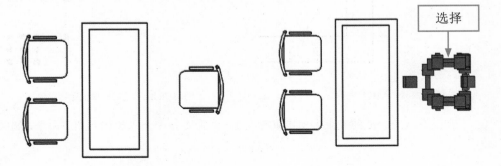

图 6-65 打开一幅素材图形   图 6-66 选择需要缩放的图形对象

步骤 03 在图形的任意一夹点上单击鼠标左键，在命令行中输入 SC（缩放），并按【Enter】键确认，继续输入 1.5，如图 6-67 所示。

步骤 04 按【Enter】键确认，即可缩放图形对象，按【Esc】键退出，效果如图 6-68 所示。

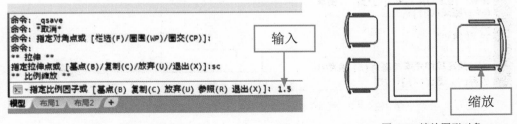

图 6-67 输入 1.5   图 6-68 缩放图形对象

6.5.4 镜像图形对象

在 AutoCAD 2016 中，用户可以通过夹点对图形对象进行镜像操作。

素材文件	光盘 \ 素材 \ 第 6 章 \ 支架 .dwg
效果文件	光盘 \ 效果 \ 第 6 章 \ 支架 .dwg
视频文件	光盘 \ 视频 \ 第 6 章 \6.5.4 镜像图形对象 .mp4

实战 支架

步骤 01 单击"菜单浏览器"按钮，在弹出的菜单列表中单击"打开"|"图形"命令，打开一幅素材图形，如图 6-69 所示。

步骤 02 在绘图区中选择需要镜像的图形对象，使其呈夹点选择状态，如图 6-70 所示。

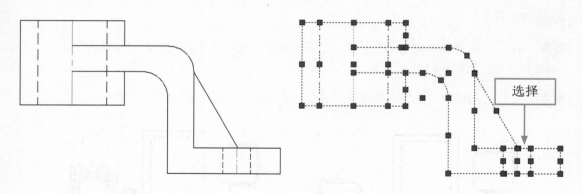

图 6-69 打开一幅素材图形　　　　　　　　　图 6-70 选择需要镜像的图形对象

步骤 **03** 在绘图区中合适的夹点上单击鼠标左键，在命令行中输入 MI（镜像）命令，如图 6-71 所示。

步骤 **04** 按【Enter】键确认，在绘图区中合适位置单击鼠标左键，即可镜像图形对象，按【Esc】键退出，效果如图 6-72 所示。

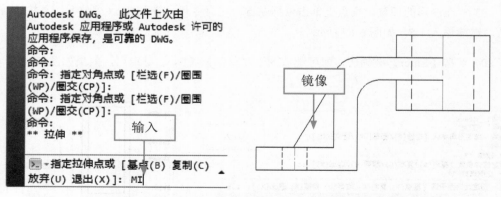

图 6-71 在命令行中输入 MI（镜像）　　　　　图 6-72 镜像图形对象

6.6 对象的修改

在绘图过程中，常常需要对图形对象进行修改。在 AutoCAD 2016 中，可以使用"延伸"、"拉长"、"拉伸"以及"修剪"等命令对图形进行修改操作。

6.6.1 延伸对象

"延伸"命令用于将直线、圆弧或多线段等的端点延伸到指定的边界，这些边界可以是直线、圆弧和多线段。

	素材文件	光盘＼素材＼第 6 章＼窗户 .dwg
	效果文件	光盘＼效果＼第 6 章＼窗户 .dwg
	视频文件	光盘＼视频＼第 6 章＼6.6.1 延伸对象 .mp4

实战 窗户

步骤 **01** 单击"菜单浏览器"按钮，在弹出的菜单列表中单击"打开"|"图形"命令，打开一幅素材图形，如图 6-73 所示。

步骤 **02** 单击"功能区"选项板中的"默认"选项卡，在"修改"面板上单击"修剪"右侧的下拉按钮，在弹出的列表框中单击"延伸"按钮-/，如图 6-74 所示。

图 6-73 打开一幅素材图形

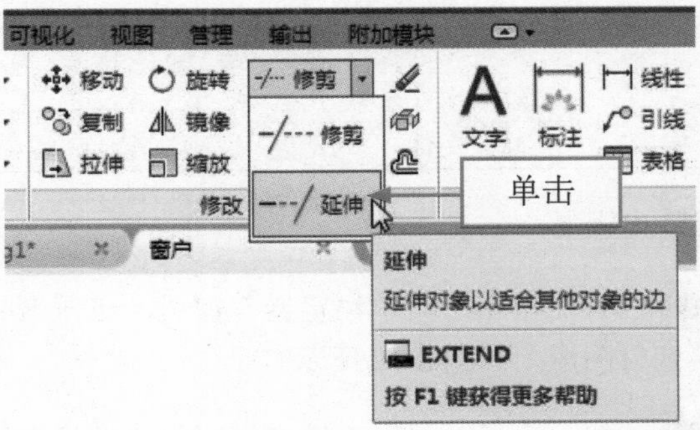

图 6-74 单击"延伸"按钮

步骤 **03** 根据命令行提示进行操作，在绘图区中选择图形最下方的直线为延伸对象，并按【Enter】键确认，继续选择图形左右两侧的直线为要延伸的对象，如图 6-75 所示。

步骤 **04** 按【Enter】键确认，即可完成图形对象的延伸，如图 6-76 所示。

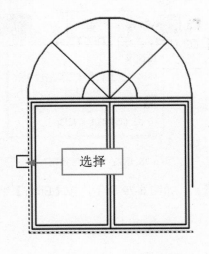

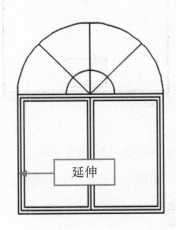

图 6-75 选择要延伸的对象

图 6-76 延伸图形

 专家指点

通过以下 3 种方法，也可以调用"延伸"命令：

＊ 命令 1：在命令行中输入 EXTEND（延伸）命令，并按【Enter】键确认。

　　＊ 命令 2：在命令行中输入 EX（延伸）命令，并按【Enter】键确认。

　　＊ 命令 3：显示菜单栏，单击"修改"|"延伸"命令。

　　执行以上任意一种方法，均可调用"延伸"命令。

6.6.2　拉长对象

　　"拉长"命令用于改变圆弧的角度，或改变非封闭图形的长度，包括直线、圆弧、非闭合多段线、椭圆弧和非封闭样条曲线。下面介绍拉长对象的操作方法。

素材文件	光盘 \ 素材 \ 第 6 章 \ 电饭煲 .dwg	
效果文件	光盘 \ 效果 \ 第 6 章 \ 电饭煲 .dwg	
视频文件	光盘 \ 视频 \ 第 6 章 \6.6.2 拉长对象 .mp4	

实战　电饭煲

步骤　01　单击"菜单浏览器"按钮，在弹出的菜单列表中单击"打开"|"图形"命令，打开一幅素材图形，如图 6-77 所示。

步骤　02　在"功能区"选项板中的"默认"选项卡中，单击"修改"面板中间的下拉按钮，在展开的面板上单击"拉长"按钮，如图 6-78 所示。

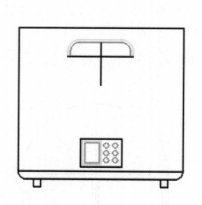

图 6-77　打开一幅素材图形

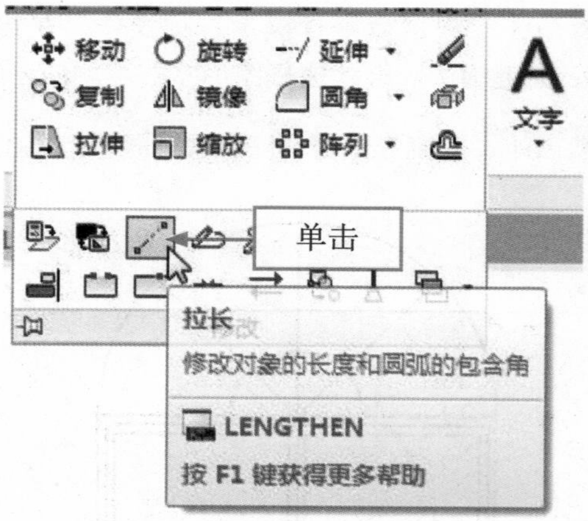

图 6-78　单击"拉长"按钮

步骤　03　根据命令行提示进行操作，输入 DE（增量），如图 6-79 所示，按【Enter】键确认。

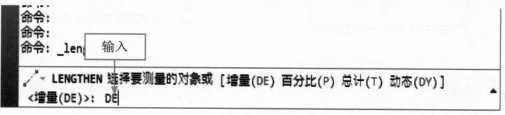

图 6-79　输入 DE（增量）

步骤　04　继续输入长度 90，如图 6-80 所示，并按【Enter】键确认。

命令：*取消*
命令：*取消*
命令：*取消*
命令：
命令：
命令：_lengthen

输入

选择要测量的对象或 [增量(DE)/百分比(P)/总计(T)/动态(DY)] <增量(DE)>: DE

LENGTHEN 输入长度增量或 [角度(A)] <0.0000>: 90

图 6-80 输入长度 90

步骤 05 在线段左侧单击鼠标左键，即可拉长图形对象，如图 6-81 所示。

步骤 06 在线段右侧继续单击鼠标左键，可再次拉长图形对象，按【Enter】键确认，即可完成图形对象的拉伸，效果如图 6-82 所示。

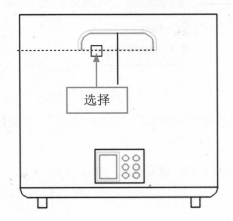
选择

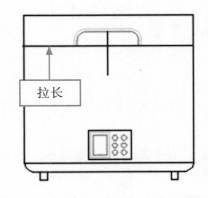
拉长

图 6-81 拉长图形对象　　　　　　　图 6-82 完成图形对象的拉伸

专家指点

通过以下 3 种方法，也可以调用"拉长"命令：

＊ 命令 1：在命令行中输入 LENGTHEN（拉长）命令，并按【Enter】键确认。

＊ 命令 2：在命令行中输入 LEN（拉长）命令，并按【Enter】键确认。

＊ 命令 3：显示菜单栏，单击"修改"|"拉长"命令。

执行以上任意一种方法，均可调用"拉长"命令。

6.6.3 拉伸对象

使用"拉伸"命令可以对选择的图形按规定的方向和角度拉伸或缩短，以改变图形的形状。下面介绍拉伸图形对象的操作方法。

素材文件	光盘 \ 素材 \ 第 6 章 \ 悬臂支座 .dwg
效果文件	光盘 \ 效果 \ 第 6 章 \ 悬臂支座 .dwg
视频文件	光盘 \ 视频 \ 第 6 章 \6.6.3 拉伸对象 .mp4

实战	悬臂支座

步骤 01 单击"菜单浏览器"按钮，在弹出的菜单列表中单击"打开" | "图形"命令，打开一幅素材图形，如图 6-83 所示。

步骤 02 单击"功能区"选项板中的"默认"选项卡，在"修改"面板上单击"拉伸"按钮，如图 6-84 所示。

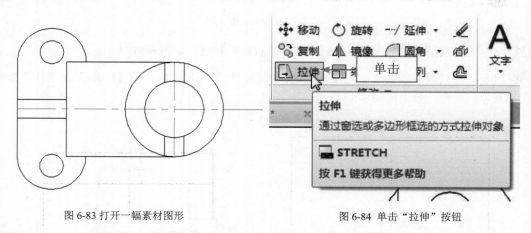

图 6-83 打开一幅素材图形　　　　　图 6-84 单击"拉伸"按钮

步骤 03 根据命令行提示进行操作，在绘图区中选择相应的图形，如图 6-85 所示，并按【Enter】键确认。

步骤 04 在绘图区中最右侧圆形的边界上单击鼠标左键，确定基点，如图 6-86 所示。

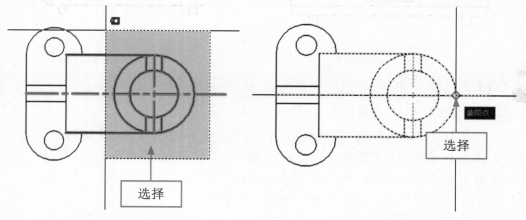

图 6-85 选择相应的图形　　　　　图 6-86 确定基点

步骤 05 向右引导光标，在命令行中输入 20，如图 6-87 所示，并按【Enter】键确认。

步骤 06 执行操作后，即可拉伸图形对象，效果如图 6-88 所示。

 专家指点

通过以下 3 种方法，也可以调用"拉伸"命令：

> ✳ 命令 1：在命令行中输入 STRETCH（拉伸）命令，并按【Enter】键确认。
>
> ✳ 命令 2：在命令行中输入 S（拉伸）命令，并按【Enter】键确认。
>
> ✳ 命令 3：显示菜单栏，单击"修改"|"拉伸"命令。
>
> 执行以上任意一种方法，均可调用"拉伸"命令。

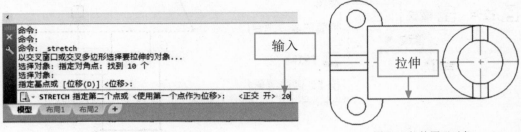

图 6-87 在命令行中输入 20　　　　　　　图 6-88 拉伸图形对象

6.6.4 修剪对象

"修剪"命令主要用于修剪直线、圆、圆弧以及多段线等图形对象穿过修剪边的部分。

	素材文件	光盘 \ 素材 \ 第 6 章 \ 台灯 .dwg
	效果文件	光盘 \ 效果 \ 第 6 章 \ 台灯 .dwg
	视频文件	光盘 \ 视频 \ 第 6 章 \6.6.4 修剪对象 .mp4

实战 台灯

步骤 **01** 单击"菜单浏览器"按钮，在弹出的菜单列表中单击"打开"|"图形"命令，如图 6-89 所示。

步骤 **02** 执行操作后，打开一幅素材图形，如图 6-90 所示。

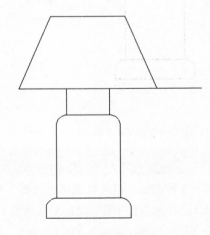

图 6-89 单击"打开"|"图形"命令　　　　　图 6-90 打开一幅素材图形

步骤 **03** 单击"功能区"选项板中的"默认"选项卡，在"修改"面板上单击"修剪"按钮 ⁄，如图 6-91 所示。

步骤 04 根据命令行提示进行操作，在绘图区中选择相应的图形为修剪对象，如图 6-92 所示，并按【Enter】键确认。

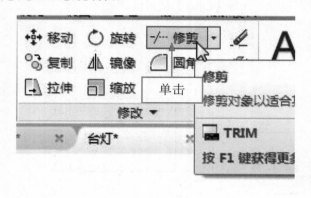

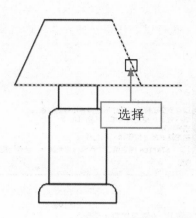

图 6-91 单击"修剪"按钮　　　　图 6-92 选择相应的图形为修剪对象

步骤 05 根据命令行提示，选择需要修剪的对象，如图 6-93 所示。

步骤 06 执行操作后，按【Enter】键确认，即可快速修剪图形对象，如图 6-94 所示。

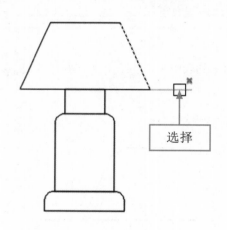

图 6-93 选择要修剪的对象　　　　图 6-94 快速修剪图形对象

专家指点

通过以下 3 种方法，也可以调用"修剪"命令：

✳ 命令 1：在命令行中输入 TRIM（修剪）命令，并按【Enter】键确认。

✳ 命令 2：在命令行中输入 TR（修剪）命令，并按【Enter】键确认。

✳ 命令 3：显示菜单栏，单击"修改"|"修剪"命令。

执行以上任意一种方法，均可调用"修剪"命令。

6.6.5 按照比例因子缩放对象

在 AutoCAD 2016 中，用户可以按照比例因子缩放图形对象。

素材文件	光盘 \ 素材 \ 第 6 章 \ 扇叶 .dwg	
效果文件	光盘 \ 效果 \ 第 6 章 \ 扇叶 .dwg	
视频文件	光盘 \ 视频 \ 第 6 章 \6.6.5 按照比例因子缩放对象 .mp4	

实战 扇叶

步骤 01 单击"菜单浏览器"按钮，在弹出的菜单列表中单击"打开"|"图形"命令，打开一幅素材图形，如图 6-95 所示。

步骤 02 单击"功能区"选项板中的"默认"选项卡，在"修改"面板上单击"缩放"按钮，如图 6-96 所示。

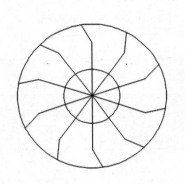

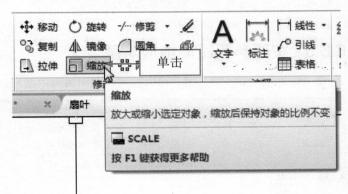

图 6-95 打开一幅素材图形

图 6-96 单击"缩放"按钮

步骤 03 根据命令行提示进行操作，在绘图区中选择需要缩放的对象，如图 6-97 所示。

步骤 04 按【Enter】键确认，在图形合适的位置上，单击鼠标左键，确定基点，如图 6-98 所示。

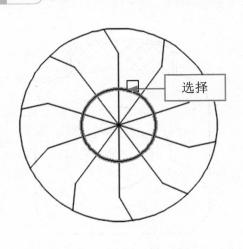

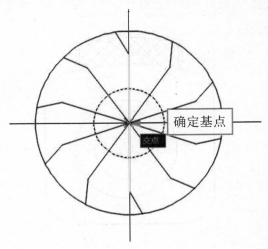

图 6-97 选择需要缩放的对象

图 6-98 确定基点

步骤 05　在命令行中输入 2，如图 6-99 所示，并按【Enter】键确认。

步骤 06　执行操作后，即可按比例缩放图形对象，效果如图 6-100 所示。

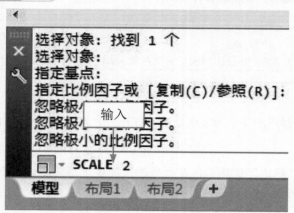

图 6-99 在命令行中输入 2

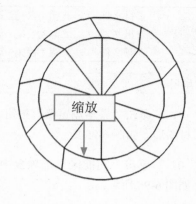

图 6-100 按比例缩放图形对象

6.6.6　按照参照距离缩放对象

在 AutoCAD 2016 中，用户可以按照参照距离缩放图形对象。

	素材文件	光盘 \ 素材 \ 第 6 章 \ 饮水机 .dwg
	效果文件	光盘 \ 效果 \ 第 6 章 \ 饮水机 .dwg
	视频文件	光盘 \ 视频 \ 第 6 章 \6.6.6 按照参照距离缩放对象 .mp4

实战 饮水机

步骤 01　单击"菜单浏览器"按钮，在弹出的菜单列表中单击"打开"|"图形"命令，打开一幅素材图形，如图 6-101 所示。

步骤 02　单击"功能区"选项板中的"默认"选项卡，在"修改"面板上单击"缩放"按钮 ，根据命令行提示进行操作，在绘图区中选择圆为缩放对象，如图 6-102 所示。

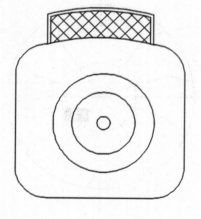

图 6-101 打开一幅素材图形

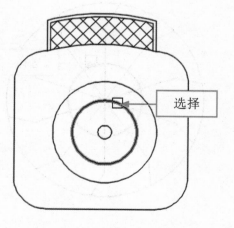

图 6-102 选择圆为缩放对象

步骤 03 按【Enter】键确认，在绘图区中的圆心点上单击鼠标左键，确定基点，如图 6-103 所示。

步骤 04 根据命令行提示进行操作，输入 r（参照），按【Enter】键确认，如图 6-104 所示。

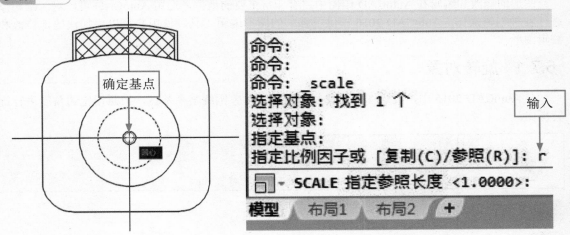

图 6-103 确定基点

图 6-104 输入 R（参照）

步骤 05 在命令行中输入 1，指定参照长度，并按【Enter】键确认，再在命令行中输入 2，指定新的长度，如图 6-105 所示，并按【Enter】键确认。

步骤 06 执行操作后，即可对圆进行缩放操作，效果如图 6-106 所示。

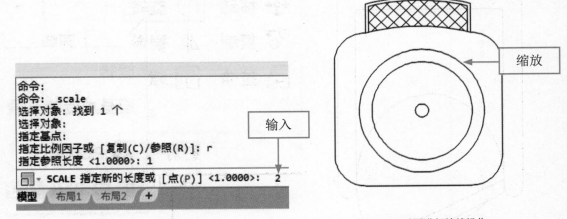

图 6-105 在命令行中输入 2

图 6-106 对圆进行缩放操作

专家指点

通过以下 3 种方法，也可以调用"缩放"命令：

＊ 命令 1：在命令行中输入 SCALE（缩放）命令，并按【Enter】键确认。

＊ 命令 2：在命令行中输入 SC（缩放）命令，并按【Enter】键确认。

＊ 命令 3：显示菜单栏，单击"修改"|"缩放"命令。

执行以上任意一种方法，均可调用"缩放"命令。

6.7 对象的编辑

图形的修改和编辑在 AutoCAD 绘图中占有非常重要的地位，运用 AutoCAD 可以对二维对象进行各种编辑操作。AutoCAD 2016 提供了强大的图形编辑工具，使用户可以更加快捷地修改和编辑图形。

6.7.1 旋转对象

在 AutoCAD 2016 中，旋转图形对象是指将图形对象围绕某个基点，按照指定的角度进行旋转操作。

	素材文件	光盘 \ 素材 \ 第 6 章 \ 射灯 .dwg
	效果文件	光盘 \ 效果 \ 第 6 章 \ 射灯 .dwg
	视频文件	光盘 \ 视频 \ 第 6 章 \6.7.1 旋转对象 .mp4

实战 射灯

步骤 01 单击"菜单浏览器"按钮，在弹出的菜单列表中单击"打开"|"图形"命令，打开一幅素材图形，如图 6-107 所示。

步骤 02 单击"功能区"选项板中的"默认"选项卡，在"修改"面板上单击"旋转"按钮◎，如图 6-108 所示。

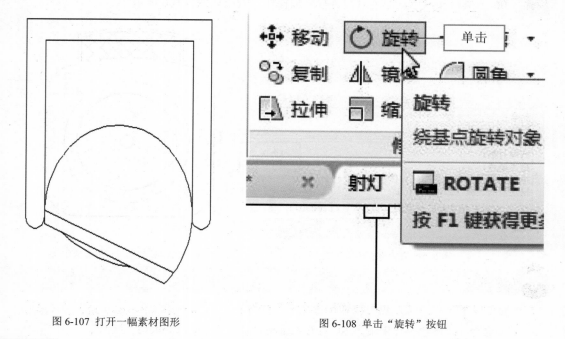

图 6-107 打开一幅素材图形　　　　　　图 6-108 单击"旋转"按钮

步骤 03 根据命令行提示进行操作，在绘图区中选择需要旋转的图形对象，如图 6-109 所示，并按【Enter】键确认。

步骤 04 在绘图区中合适的端点上单击鼠标左键，确定基点，如图 6-110 所示。

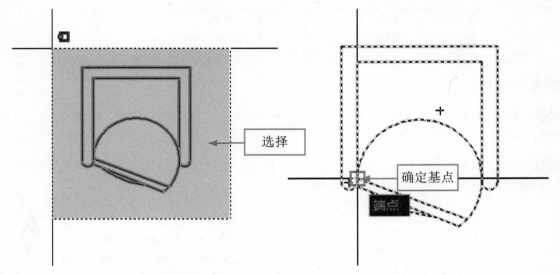

图 6-109 选择需要旋转的图形对象　　　　　　　图 6-110 确定基点

步骤 05 根据命令行提示进行操作，输入 90，如图 6-111 所示，并按【Enter】键确认。

步骤 06 执行操作后，即可旋转图形对象，效果如图 6-112 所示。

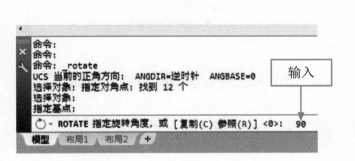

图 6-111 在命令行中输入 90　　　　　　　　图 6-112 旋转图形对象

专家指点

通过以下 3 种方法，也可以调用"旋转"命令：

＊ 命令 1：在命令行中输入 ROTATE（旋转）命令，并按【Enter】键确认。

＊ 命令 2：在命令行中输入 RO（旋转）命令，并按【Enter】键确认。

＊ 命令 3：显示菜单栏，单击"修改"|"旋转"命令。

执行以上任意一种方法，均可调用"旋转"命令。

6.7.2 对齐对象

在 AutoCAD 2016 中，用户可根据需要对齐图形对象。

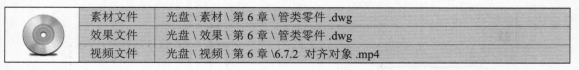

素材文件	光盘 \ 素材 \ 第 6 章 \ 管类零件 .dwg
效果文件	光盘 \ 效果 \ 第 6 章 \ 管类零件 .dwg
视频文件	光盘 \ 视频 \ 第 6 章 \6.7.2 对齐对象 .mp4

实战	管类零件

步骤 01 单击"菜单浏览器"按钮，在弹出的菜单列表中单击"打开"|"图形"命令，打开一幅素材图形，如图 6-113 所示。

步骤 02 单击"功能区"选项板中的"默认"选项卡，在"修改"面板上单击中间的下拉按钮，在展开的面板上单击"对齐"按钮■，如图 6-114 所示。

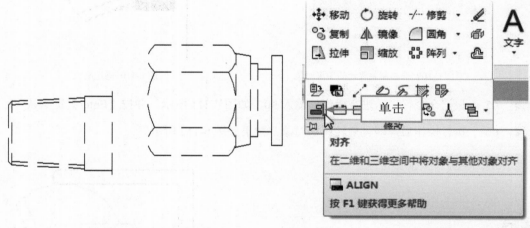

图 6-113 打开一幅素材图形　　　　　　　　　　图 6-114 单击"对齐"按钮

步骤 03 根据命令行提示进行操作，在绘图区中选择需要对齐的图形对象，如图 6-115 所示，并按【Enter】键确认。

步骤 04 在左侧图形中合适的点上，单击鼠标左键，如图 6-116 所示，确定第一源点。

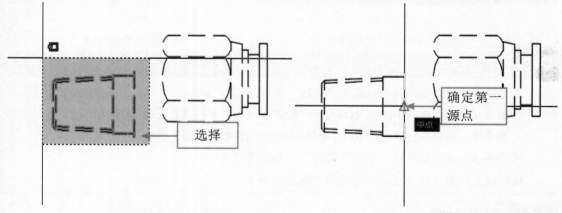

图 6-115 选择需要对齐的图形对象　　　　　　　图 6-116 确定第一源点

步骤 05 在右侧图形中合适的点上，单击鼠标左键，如图 6-117 所示，确定目标点。

步骤 06 执行操作后，按【Enter】键确认，即可对齐图形对象，效果如图 6-118 所示。

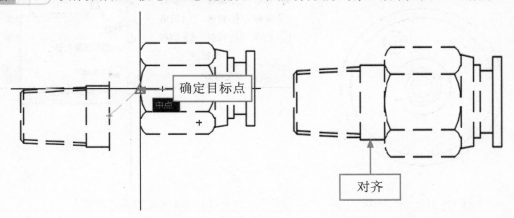

确定目标点

中点

对齐

图 6-117 确定目标点　　　　　　　　　图 6-118 对齐图形对象

 专家指点

通过以下两种方法，也可以调用"对齐"命令：

＊ 命令 1：在命令行中输入 ALIGN（对齐）命令，并按【Enter】键确认。

＊ 命令 2：显示菜单栏，单击"修改"|"对齐"命令。

执行以上任意一种方法，均可调用"对齐"命令。

6.7.3　删除对象

在 AutoCAD 2016 中，删除图形是一个常用的操作，当不需要使用某个图形时，可将其删除。

素材文件	光盘 \ 素材 \ 第 6 章 \ 装配模型 .dwg
效果文件	光盘 \ 效果 \ 第 6 章 \ 装配模型 .dwg
视频文件	光盘 \ 视频 \ 第 6 章 \6.7.3 删除对象 .mp4

实战 装配模型

步骤 01 单击"菜单浏览器"按钮，在弹出的菜单列表中单击"打开"|"图形"命令，打开一幅素材图形，如图 6-119 所示。

步骤 02 单击"功能区"选项板中的"默认"选项卡，在"修改"面板上单击"删除"按钮，如图 6-120 所示。

 专家指点

通过以下 3 种方法，也可以调用"删除"命令：

＊ 命令 1：在命令行中输入 ERASE（删除）命令，并按【Enter】键确认。

＊ 命令 2：在命令行中输入 E（删除）命令，并按【Enter】键确认。

＊ 命令 3：显示菜单栏，单击"修改"|"删除"命令。

执行以上任意一种方法，均可调用"删除"命令。

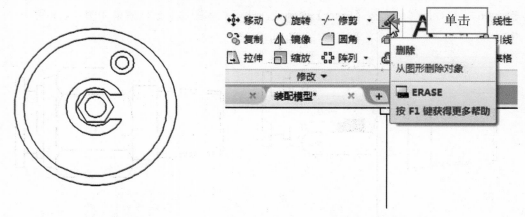

图 6-119 打开一幅素材图形　　　　　　　　　　图 6-120 单击"删除"按钮

步骤 03 根据命令行提示进行操作，在绘图区中选择圆形为删除对象，如图 6-121 所示，并按【Enter】键确认。

步骤 04 执行操作后，即可删除图形对象，效果如图 6-122 所示。

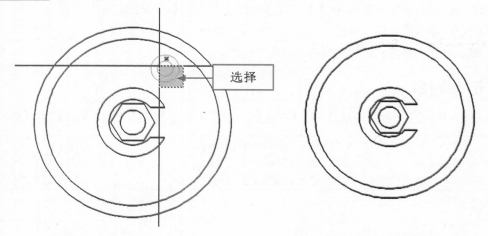

图 6-121 选择圆形为删除对象　　　　　　　　　图 6-122 删除图形对象

6.7.4　分解对象

分解图形是指将多线段分解成一系列组成该多线段的直线与圆弧，将图块分解成组成该图块的各对象，将一个尺寸标分解成线段、箭头和尺寸文字，将填充图案分解成组成该图案的各对象等。

	素材文件	光盘 \ 素材 \ 第 6 章 \ 衣柜 .dwg
	效果文件	光盘 \ 效果 \ 第 6 章 \ 衣柜 .dwg
	视频文件	光盘 \ 视频 \ 第 6 章 \6.7.4 分解对象 .mp4

实战 衣柜

步骤 01 单击"菜单浏览器"按钮，在弹出的菜单列表中单击"打开"|"图形"命令，打开一幅素材图形，如图 6-123 所示。

单击"功能区"选项板中的"默认"选项卡，在"修改"面板上单击"分解"按钮，如图 6-124 所示。

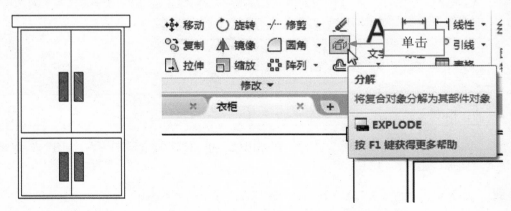

图 6-123 打开一幅素材图形　　　　　　　　　　图 6-124 单击"分解"按钮

步骤 03　根据命令行提示进行操作，在绘图区中选择需要分解的图形对象，如图 6-125 所示，并按【Enter】键确认。

步骤 04　执行操作后，即可分解图形对象，效果如图 6-126 所示。

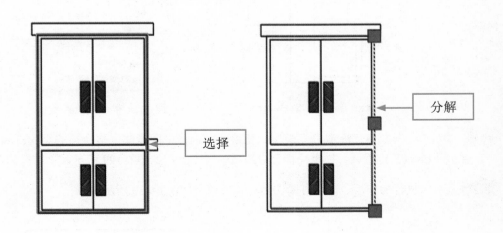

图 6-125 选择需要分解的图形对象　　　　　　　图 6-126 分解图形对象

专家指点

通过以下 3 种方法，也可以调用"分解"命令：

＊ 命令 1：在命令行中输入 EXPLODE（分解）命令，并按【Enter】键确认。

＊ 命令 2：在命令行中输入命令 X（分解），并按【Enter】键确认。

＊ 命令 3：显示菜单栏，单击"修改"|"分解"命令。

执行以上任意一种方法，均可调用"分解"命令。

6.7.5 打断对象

在 AutoCAD 2016 中，打断图形对象是指删除图形对象上的某一部分或将图形对象分成两部分。下面介绍打断图形对象的操作方法。

素材文件	光盘 \ 素材 \ 第 6 章 \ 油杯模型 .dwg	
效果文件	光盘 \ 效果 \ 第 6 章 \ 油杯模型 .dwg	
视频文件	光盘 \ 视频 \ 第 6 章 \6.7.5 打断对象 .mp4	

实战 油杯模型

步骤 01 单击"菜单浏览器"按钮，在弹出的菜单列表中单击"打开"|"图形"命令，打开一幅素材图形，如图 6-127 所示。

步骤 02 单击"功能区"选项板中的"默认"选项卡，在"修改"面板上单击中间的下拉按钮，在展开的面板上单击"打断"按钮，如图 6-128 所示。

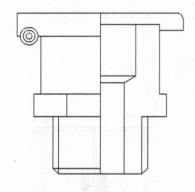

图 6-127 打开一幅素材图形

图 6-128 单击"打断"按钮

步骤 03 根据命令行提示进行操作，在绘图区选择中间直线上端合适的点为打断对象的第一点，并按【Enter】键确认，拖曳鼠标至直线另一端点上，如图 6-129 所示，单击鼠标左键。

步骤 04 执行操作后，即可打断图形对象，效果如图 6-130 所示。

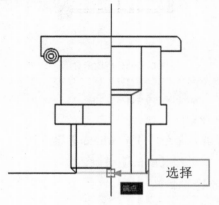

图 6-129 选择打断图形对象

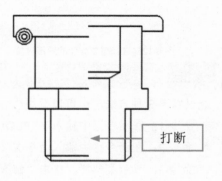

图 6-130 打断图形对象

专家指点

通过以下 3 种方法，也可以调用"打断"命令：

* 命令 1：在命令行中输入 BREAK（打断）命令，并按【Enter】键确认。

* 命令 2：在命令行中输入 BR（打断）命令，并按【Enter】键确认。

* 命令 3：显示菜单栏，单击"修改"|"打断"命令。

执行以上任意一种方法，均可调用"打断"命令。

6.7.6 合并对象

在 AutoCAD 2016 中，合并图形是将某一连续图形上的两个部分进行连接，如将某段圆弧闭合为一个整圆。

素材文件	光盘 \ 素材 \ 第 6 章 \ 槽轮 .dwg
效果文件	光盘 \ 效果 \ 第 6 章 \ 槽轮 .dwg
视频文件	光盘 \ 视频 \ 第 6 章 \6.7.6 合并对象 .mp4

实战 槽轮

步骤 01 单击"菜单浏览器"按钮，在弹出的菜单列表中单击"打开"|"图形"命令，打开一幅素材图形，如图 6-131 所示。

步骤 02 单击"功能区"选项板中的"默认"选项卡，在"修改"面板上单击中间的下拉按钮，在展开的面板上单击"合并"按钮，如图 6-132 所示。

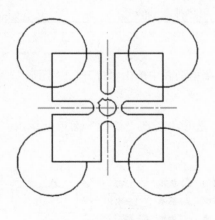

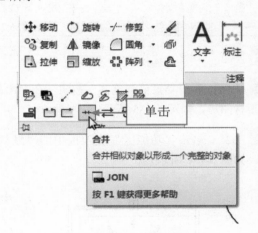

图 6-131 打开一幅素材图形　　　　图 6-132 单击"合并"按钮

专家指点

通过以下两种方法，也可以调用"合并"命令：

* 命令 1：在命令行中输入 JOIN（合并）命令，并按【Enter】键确认。

* 命令 2：显示菜单栏，单击"修改"|"合并"命令。

执行以上任意一种方法，均可调用"合并"命令。

步骤 03 根据命令行提示进行操作，在绘图区中选择被打断的圆弧为合并对象，并按【Enter】键确认，如图 6-133 所示。

步骤 04 在命令行中输入 L（闭合）命令，并按【Enter】键确认，执行操作后，即可合并图形对象，效果如图 6-134 所示。

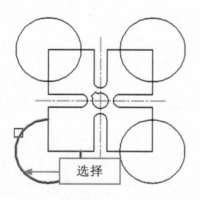

图 6-133 选择被打断的圆弧为合并对象

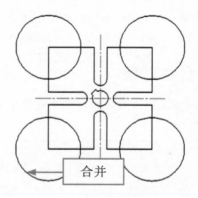

图 6-134 合并图形对象

6.7.7 倒角对象

在 AutoCAD 2016 中，倒角是指在两段非平行的线状图形间绘制一个斜角，斜角大小由"倒角"命令所指定的倒角距离确定。

素材文件	光盘 \ 素材 \ 第 6 章 \ 时钟 .dwg
效果文件	光盘 \ 效果 \ 第 6 章 \ 时钟 .dwg
视频文件	光盘 \ 视频 \ 第 6 章 \6.7.7 倒角对象 .mp4

实战 时钟

步骤 01 单击"菜单浏览器"按钮，在弹出的菜单列表中单击"打开"|"图形"命令，打开一幅素材图形，如图 6-135 所示。

步骤 02 单击"功能区"选项板中的"默认"选项卡，在"修改"面板上单击"倒角"按钮，如图 6-136 所示。

图 6-135 打开一幅素材图形

图 6-136 单击"倒角"按钮

步骤 03 根据命令行提示进行操作，在命令行中输入 D（距离），如图 6-137 所示，并按【Enter】键确认。

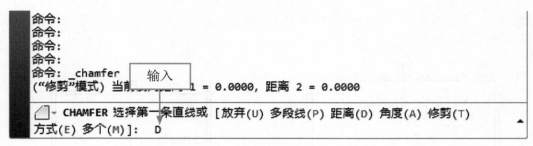

图 6-137 在命令行中输入 D（距离）

步骤 04 输入 45，指定第一个倒角距离，如图 6-138 所示。

图 6-138 输入 45

步骤 05 输入 45，指定第二个倒角距离，如图 6-139 所示，按【Enter】键确认。

图 6-139 输入 45

 专家指点

  通过以下 3 种方法，也可以调用"倒角"命令：

  ＊ 命令 1：在命令行中输入 CHAMFER（倒角）命令，并按【Enter】键确认。

  ＊ 命令 2：在命令行中输入 CHA（倒角）命令，并按【Enter】键确认。

  ＊ 命令 3：显示菜单栏，单击"修改"|"倒角"命令。

  执行以上任意一种方法，均可调用"倒角"命令。

步骤 06 在绘图区中选择需要倒角的第一条直线，按【Enter】键确认，再选择需要倒角的第二条直线，如图 6-140 所示。

步骤 07 执行操作后，即可对图形对象进行倒角操作，用同样的方法，对图形中其它需要倒角处理的对象进行倒角处理，如图 6-141 所示。

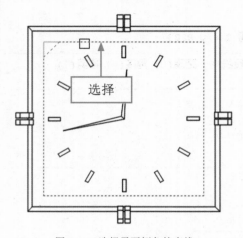

图 6-140 选择需要倒角的直线

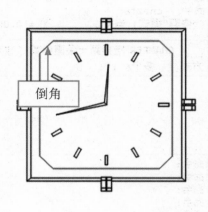

图 6-141 图形对象进行倒角操作

6.7.8 圆角对象

在 AutoCAD 2016 中，"圆角"命令用于在两个对象或多段线之间形成圆角，圆角处理的图形对象可以相交，也可以不相交，还可以平行，圆角处理的图形对象可以是圆弧、圆、椭圆、直线、多段线、射线、样条曲线和构造线等。

素材文件	光盘 \ 素材 \ 第 6 章 \ 垫片 .dwg
效果文件	光盘 \ 效果 \ 第 6 章 \ 垫片 .dwg
视频文件	光盘 \ 视频 \ 第 6 章 \6.7.8 圆角对象 .mp4

实战 垫片

步骤 01 单击"菜单浏览器"按钮，在弹出的菜单列表中单击"打开"|"图形"命令，打开一幅素材图形，如图 6-142 所示。

步骤 02 单击"功能区"选项板中的"默认"选项卡，在"修改"面板上单击"倒角"按钮右侧的下拉按钮，在弹出的列表框中单击"圆角"按钮，如图 6-143 所示。

 专家指点

通过以下 3 种方法，也可以调用"圆角"命令：

﹡ 命令 1：在命令行中输入 FILLET（圆角）命令，并按【Enter】键确认。

﹡ 命令 2：在命令行中输入 F（圆角）命令，并按【Enter】键确认。

﹡ 命令 3：显示菜单栏，单击"修改"|"圆角"命令。

执行以上任意一种方法，均可调用"圆角"命令。

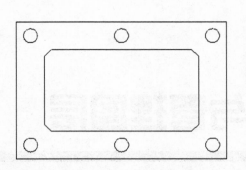

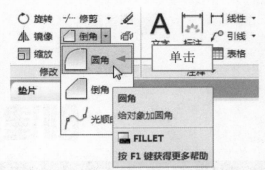

图 6-142 打开一幅素材图形 　　　　　　　　图 6-143 单击"圆角"按钮

步骤 **03** 根据命令行提示进行操作，在命令行中输入 R（半径），如图 6-144 所示，并按【Enter】键确认。

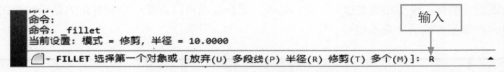

图 6-144 在命令行中输入 R（半径）

步骤 **04** 在命令行中指定圆角半径为 10，如图 6-145 所示，并按【Enter】键确认。

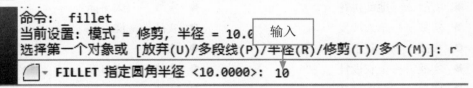

图 6-145 指定圆角半径为 10

步骤 **05** 继续输入 P（多段线），按【Enter】键确认，在绘图区中选择需要倒圆角的多段线，如图 6-146 所示。

步骤 **06** 执行操作后，即可对多段线进行倒圆角操作，效果如图 6-147 所示。

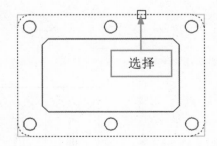

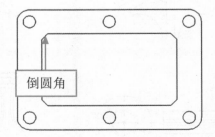

图 6-146 选择需要倒圆角的多段线 　　　　　　図 6-147 对多段线进行倒圆角操作

创建与管理图层

学习提示

　　图层是用户组织和管理图形的强有力的工具，在 AutoCAD 2016 中，所有图形对象都有图层、颜色、线型和线宽这 4 个基本属性。用户从而可以方便地控制对象的显示和编辑，提高绘制图形的效率和准确性。

本章案例导航

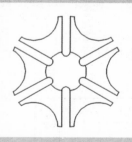
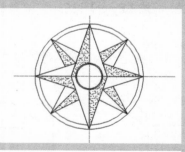
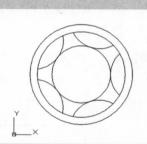
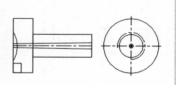

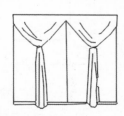

7.1 图层的创建与设置

在机械及建筑等工程制图中，图形中主要包括基准线、轮廓线、虚线、剖面线、尺寸标注以及文字说明等元素。如果使用图层来管理这些元素，不仅能使图形的各种信息清晰、有序，便于观察，而且也会给图形的编辑、修改和输出带来很大的方便。本节主要介绍创建与设置图层的操作方法。

7.1.1 创建图层

图层是 AutoCAD 2016 提供的一个管理图形对象的工具，用户可以通过图层来对图形对象、文字和标注等元素进行归类处理。下面介绍创建图层的操作方法。

	素材文件	光盘 \ 素材 \ 第 7 章 \ 床平面 .dwg
	效果文件	光盘 \ 效果 \ 第 7 章 \ 床平面 .dwg
	视频文件	光盘 \ 视频 \ 第 7 章 \7.1.1 创建图层 .mp4

实战 床平面

步骤 **01** 单击"菜单浏览器"按钮，在弹出的菜单列表中单击"打开" | "图形"命令，打开一幅素材图形，如图 7-1 所示。

步骤 **02** 单击"功能区"选项板中的"默认"选项卡，在"图层"面板上单击"图层特性"按钮，如图 7-2 所示。

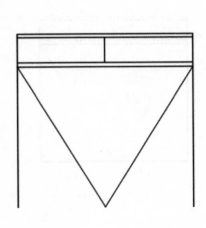

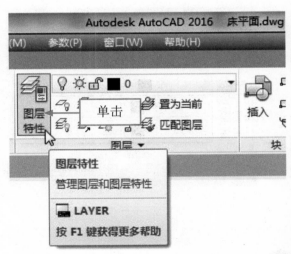

图 7-1 打开一幅素材图形   图 7-2 单击"图层特性"按钮

步骤 **03** 弹出"图层特性管理器"面板，单击"新建图层"按钮，如图 7-3 所示。

步骤 **04** 在面板右侧的列表框中，将自动新建一个图层，其默认名为"图层 1"，如图 7-4 所示。

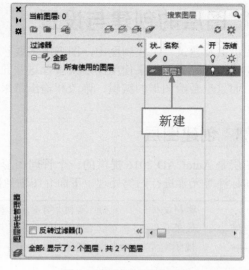

图 7-3 单击"新建图层"按钮

图 7-4 默认名为"图层 1"

步骤 05 单击"关闭"按钮，关闭该面板，单击"功能区"选项板中的"默认"选项卡，在"图层"面板上单击"图层"右侧的下拉按钮，在弹出的列表框中选择"图层 1"选项，如图 7-5 所示。

步骤 06 在命令行中输入 LINE（直线）命令，并按【Enter】键确认，根据命令行提示进行操作，在绘图区中绘制一条直线，效果如图 7-6 所示，所绘制的直线在图层 1 中。

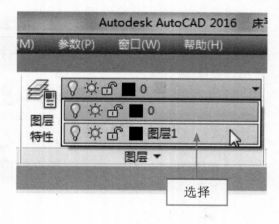

图 7-5 选择"图层 1"选项

图 7-6 绘制一条直线

 专家指点

通过以下 4 种方法，可以调用"图层"命令：

✳ 按钮：单击"功能区"选项板中的"视图"选项卡，在"选项板"面板上单击"图层特性"按钮 。

✳ 命令 1：在命令行中输入 LAYER（图层）命令，并按【Enter】键确认。

✳ 命令 2：在命令行中输入 LA（图层）命令，并按【Enter】键确认。

* 命令 3：显示菜单栏，单击"格式"|"图层"命令。

执行以上任意一种方法，均可调用"图层"命令。

7.1.2 重命名图层

在 AutoCAD 2016 中，新建图层后，用户可随时对图层进行重命名操作。

素材文件	光盘 \ 效果 \ 第 7 章 \ 重命名图层 .dwg
效果文件	光盘 \ 效果 \ 第 7 章 \ 重命名图层 .dwg
视频文件	光盘 \ 视频 \ 第 7 章 \7.1.2 重命名图层 .mp4

实战 重命名图层

步骤 01 以上一个效果文件为例，单击"功能区"选项板中的"默认"选项卡，在"图层"面板上单击"图层特性"按钮，弹出"图层特性管理器"面板，在"名称"列表框中的"图层 1"上单击鼠标右键，在弹出的快捷菜单中选择"重命名图层"选项，如图 7-7 所示。

步骤 02 在其中将"图层 1"重命名为"直线"，并按【Enter】键确认，即可重命名图层，如图 7-8 所示。

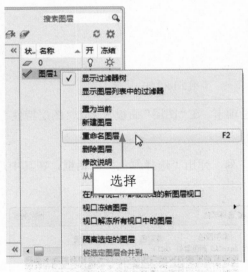

图 7-7 选择"重命名图层"选项

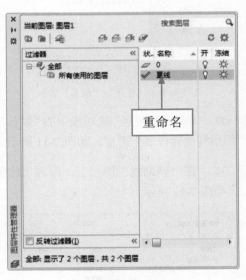

图 7-8 重命名图层

专家指点

打开"图层特性管理器"面板，在"名称"列表框中需要重命名的图层名称上，单击鼠标左键，使其呈可编辑状态，也可以对图层进行重命名操作。

7.1.3 设置图层颜色

在绘图过程中，为了区分不同的对象，通常将图层设置为不同的颜色；在 AutoCAD 2016 中，提供了 7 种标准颜色，即红色、黄色、绿色、青色、蓝色、紫色和白色，用户可根据需要选择相应的颜色。

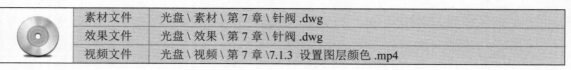

	素材文件	光盘 \ 素材 \ 第 7 章 \ 针阀 .dwg
	效果文件	光盘 \ 效果 \ 第 7 章 \ 针阀 .dwg
	视频文件	光盘 \ 视频 \ 第 7 章 \7.1.3 设置图层颜色 .mp4

实战 针阀

步骤 01 单击"菜单浏览器"按钮，在弹出的菜单列表中单击"打开"|"图形"命令，如图 7-9 所示。

步骤 02 执行操作后，打开一幅素材图形，如图 7-10 所示。

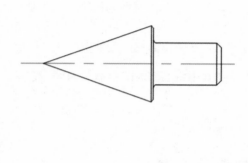

图 7-9 单击"打开"|"图形"命令 　　　　　 图 7-10 打开一幅素材图形

步骤 03 单击"功能区"选项板中的"默认"选项卡，在"图层"面板上单击"图层特性"按钮，弹出"图层特性管理器"面板，如图 7-11 所示。

步骤 04 在"辅助线"图层上，单击"颜色"列，弹出"选择颜色"对话框，在其中选择紫色 202，如图 7-12 所示。

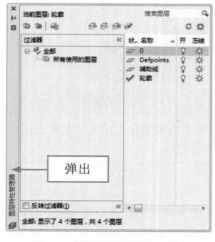

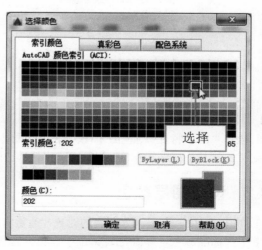

图 7-11 "图层特性管理器"面板 　　　　　 图 7-12 选择紫色 202

步骤 05 单击"确定"按钮，返回"图层特性管理器"面板，即可查看设置的图层颜色，如图 7-13 所示。

步骤 06 关闭"图层特性管理器"面板，返回绘图窗口，在其中可以查看已更改的线条颜色效果，如图 7-14 所示。

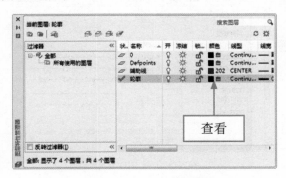

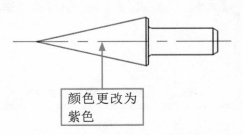

图 7-13 查看设置的图层颜色　　　　　　　　图 7-14 查看已更改的线条颜色效果

7.1.4　设置图层线型样式

图层线型是指在图层中绘图时所使用的线型，每一个图层都有相应的线型。例如，线中的"全局比例因子"参数需要与图形比例匹配，以便在图纸正确地反映该线型。

素材文件	光盘 \ 素材 \ 第 7 章 \ 地面拼花 .dwg
效果文件	光盘 \ 效果 \ 第 7 章 \ 地面拼花 .dwg
视频文件	光盘 \ 视频 \ 第 7 章 \7.1.4 设置图层线型样式 .mp4

实战 地面拼花

步骤 01 单击"菜单浏览器"按钮，在弹出的菜单列表中单击"打开"|"图形"命令，打开一幅素材图形，如图 7-15 所示。

步骤 02 单击"功能区"选项板中的"默认"选项卡，在"图层"面板上单击"图层特性"按钮，弹出"图层特性管理器"面板，如图 7-16 所示。

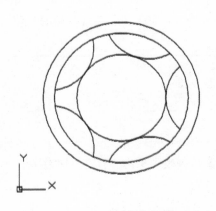

图 7-15 打开一幅素材图形　　　　　　　　图 7-16 "图层特性管理器"面板

步骤 03 在图形中圆所在图层上，单击"线型"列，弹出"选择线型"对话框，如图 7-17 所示。

步骤 04 单击"加载"按钮，弹出"加载或重载线型"对话框，在"可用线型"下拉列表框中选择相应选项，如图 7-18 所示。

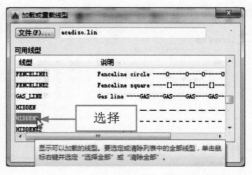

图 7-17 弹出"选择线型"对话框　　　　　图 7-18 选择 HIDDEN2 选项

步骤 05 单击"确定"按钮，返回"选择线型"对话框，在"线型"列表框中选择对应选项，如图 7-19 所示。

步骤 06 单击"确定"按钮，返回绘图窗口，即可查看图层线型样式，如图 7-20 所示。

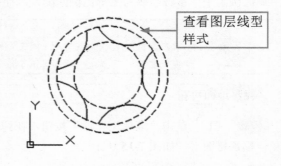

图 7-19 选择 HIDDEN2 选项　　　　　　图 7-20 查看图层线型样式

7.1.5 设置图层线型比例

在 AutoCAD 2016 中，可以设置图形中的线型比例，从而改变非连续线型的外观。下面介绍设置图层线型比例的操作方法。

	素材文件	光盘 \ 素材 \ 第 7 章 \ 单人沙发 .dwg
	效果文件	光盘 \ 效果 \ 第 7 章 \ 单人沙发 .dwg
	视频文件	光盘 \ 视频 \ 第 7 章 \7.1.5 设置图层线型比例 .mp4

实战 单人沙发

步骤 01 单击"菜单浏览器"按钮，在弹出的菜单列表中单击"打开"|"图形"命令，打开一幅素材图形，如图 7-21 所示。

步骤 02 显示菜单栏，单击"格式"|"线型"命令，如图 7-22 所示。

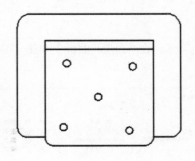

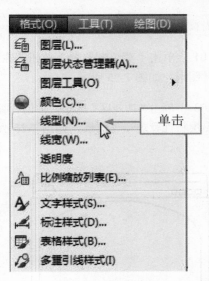

图 7-21 打开一幅素材图形　　　　　图 7-22 单击"线型"命令

专家指点

在命令行中输入 LINETYPE（线型）命令，按【Enter】键确认，也可以弹出"线型管理器"对话框。

步骤 03　弹出"线型管理器"对话框，单击"显示细节"按钮，在对话框下方设置"全局比例因子"为 5，如图 7-23 所示。

步骤 04　设置完成后，单击"确定"按钮，即可设置图层的线型比例，如图 7-24 所示。

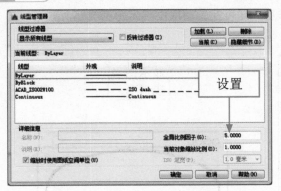

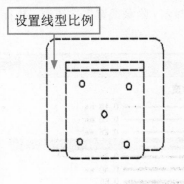

图 7-23 设置"全局比例因子"为 5　　　　图 7-24 设置图层的线型比例

7.1.6 设置图层线宽

在 AutoCAD 2016 中，通常在对图层进行颜色和线型设置后，还需对图层的线宽进行设置，这样可以在打印时不再设置线宽。

	素材文件	光盘 \ 素材 \ 第 7 章 \ 洗衣机 .dwg
	效果文件	光盘 \ 效果 \ 第 7 章 \ 洗衣机 .dwg
	视频文件	光盘 \ 视频 \ 第 7 章 \7.1.6 设置图层线宽 .mp4

实战	洗衣机

步骤 01 单击"菜单浏览器"按钮，在弹出的菜单列表中单击"打开"|"图形"命令，打开一幅素材图形，如图 7-25 所示。

步骤 02 单击"功能区"选项板中的"默认"选项卡，在"图层"面板上单击"图层特性"按钮，弹出"图层特性管理器"面板，如图 7-26 所示。

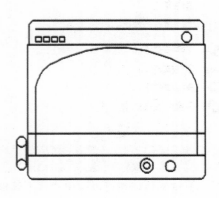

图 7-25 打开一幅素材图形

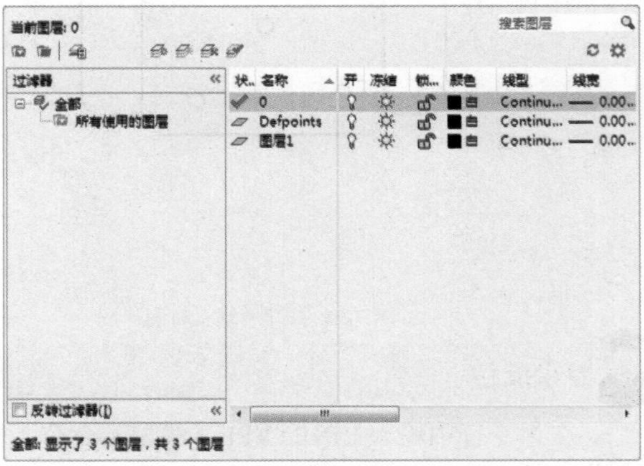

图 7-26 "图层特性管理器"面板

步骤 03 在"图层 1"图层上单击"线宽"列，弹出"线宽"对话框，在"线宽"下拉列表中选择 0.30mm 选项，如图 7-27 所示。

步骤 04 单击"确定"按钮，返回"图层特性管理器"面板，单击"关闭"按钮，在状态栏上单击"显示 / 隐藏线宽"按钮，执行操作后，即可在绘图区中显示图层线宽，效果如图 7-28 所示。

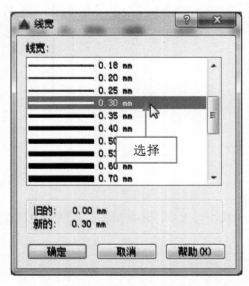

图 7-27 选择 0.30mm 选项

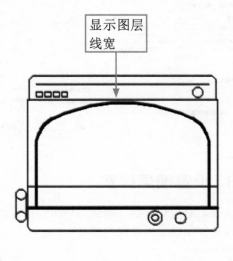

图 7-28 显示图层线宽

7.2 图层的管理

在 AutoCAD 2016 中，新建图层后，需要对其进行管理，如图层的冻结、锁定、删除、转换以及合并等。本节主要介绍管理图层的各种操作技巧。

7.2.1 冻结图层

冻结图层有利用减少系统重生成图形的时间，冻结的图层不参与重生成计算且不显示在绘图区中，用户不能对其进行编辑。下面介绍冻结图层的操作方法。

	素材文件	光盘 \ 素材 \ 第 7 章 \ 回转器 .dwg
	效果文件	光盘 \ 效果 \ 第 7 章 \ 回转器 .dwg
	视频文件	光盘 \ 视频 \ 第 7 章 \7.2.1 冻结图层 .mp4

实战 回转器

步骤 01 单击"菜单浏览器"按钮，在弹出的菜单列表中单击"打开"|"图形"命令，打开一幅素材图形，如图 7-29 所示。

步骤 02 单击"功能区"选项板中的"默认"选项卡，在"图层"面板上单击"图层特性"按钮，弹出"图层特性管理器"面板，如图 7-30 所示。

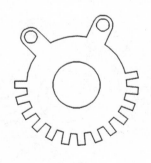

图 7-29 打开一幅素材图形

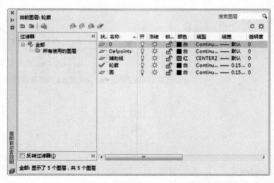

图 7-30 弹出"图层特性管理器"面板

步骤 03 单击"圆"图层上的"冻结"图标☼，使其呈冻结状态❄，如图 7-31 所示。

步骤 04 执行操作后，即可冻结图层，如图 7-32 所示。

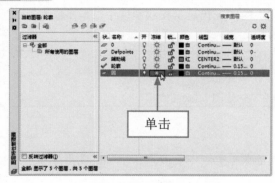

图 7-31 使其呈锁定状态

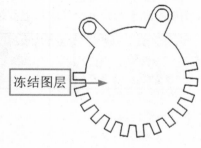

图 7-32 冻结图层

专家指点

在 AutoCAD 2016 中，如果用户绘制的图形较大且需要重生成图形时，即可使用图层的冻结功能，将不需要重生成的图层进行冻结；完成重生成后，可使用解冻功能将其解冻，恢复为原来的状态。注意，当前图层不能被冻结。

7.2.2　解冻图层

在 AutoCAD 2016 中，用户可根据需要将图层进行解冻操作。

素材文件	光盘 \ 素材 \ 第 7 章 \ 解冻图层 .dwg
效果文件	光盘 \ 效果 \ 第 7 章 \ 解冻图层 .dwg
视频文件	光盘 \ 视频 \ 第 7 章 \7.2.2 解冻图层 .mp4

实战　解冻图层

步骤 **01** 以上一个效果文件为例，单击"功能区"选项板中的"默认"选项卡，在"图层"面板上单击"图层特性"按钮，弹出"图层特性管理器"面板，单击"圆"图层上的"冻结"图标，如图 7-33 所示。

步骤 **02** 执行操作，即可解冻图层，如图 7-34 所示。

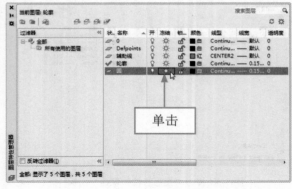
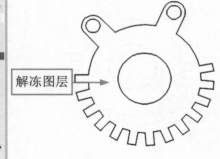

图 7-33　单击"冻结"图标　　　　　　　　图 7-34　解冻图层

7.2.3　锁定图层

在 AutoCAD 2016 中，图层被锁定后，该图层的图形仍显示在绘图区中，但不能对其进行编辑操作，锁定图层有利于对较复杂的图形进行编辑。

素材文件	光盘 \ 素材 \ 第 7 章 \ 拼花平面 .dwg
效果文件	光盘 \ 效果 \ 第 7 章 \ 拼花平面 .dwg
视频文件	光盘 \ 视频 \ 第 7 章 \7.2.3 锁定图层 .mp4

实战　拼花平面

步骤 **01** 单击"菜单浏览器"按钮，在弹出的菜单列表中单击"打开"|"图形"命令，打开一幅素材图形，如图 7-35 所示。

步骤 02 单击"功能区"选项板中的"默认"选项卡，在"图层"面板上单击"图层特性"按钮，弹出"图层特性管理器"面板，如图 7-36 所示。

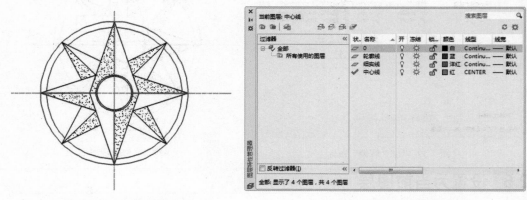

图 7-35 打开一幅素材图形　　　　　　　图 7-36 弹出"图层特性管理器"面板

步骤 03 单击"轮廓线"图层对应的"锁定"图标 🔓，使其呈锁定状态 🔒，如图 7-37 所示。

步骤 04 执行操作后，即可锁定图层，锁定后的图层颜色将以灰色显示，如图 7-38 所示。

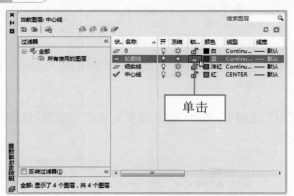

图 7-37 锁定图层　　　　　　　　　图 7-38 被锁定的图层颜色以灰色显示

7.2.4 解锁图层

在 AutoCAD 2016 中，用户可根据需要对图层进行解锁操作。

	素材文件	光盘 \ 素材 \ 第 7 章 \ 解锁图层 .dwg
	效果文件	光盘 \ 效果 \ 第 7 章 \ 解锁图层 .dwg
	视频文件	光盘 \ 视频 \ 第 7 章 \7.2.4 解锁图层 .mp4

实战 解锁图层

步骤 01 以上一个效果文件为例，切换至"功能区"选项板中的"默认"选项卡，在"图层"面板上单击"图层特性"按钮，弹出"图层特性管理器"面板，单击"轮廓线"图层上的"解锁"图标，如图 7-39 所示。

步骤 02 执行操作，即可解锁图层，如图 7-40 所示。

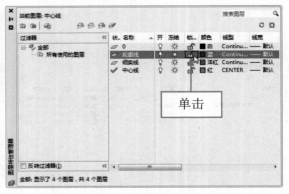

图 7-39 单击"解锁"图标

图 7-40 解锁图层

7.2.5 设置为当前图层

在 AutoCAD 2016 的某个图层上，绘制具有该图层特性的对象，应将该图层设置为当前图层。

素材文件	光盘 \ 素材 \ 第 7 章 \ 上衣设计 .dwg	
效果文件	光盘 \ 效果 \ 第 7 章 \ 上衣设计 .dwg	
视频文件	光盘 \ 视频 \ 第 7 章 \7.2.5 设置为当前图层 .mp4	

实战 上衣设计

步骤 **01** 单击"菜单浏览器"按钮，在弹出的菜单列表中单击"打开"|"图形"命令，打开一幅素材图形，如图 7-41 所示。

步骤 **02** 单击"功能区"选项板中的"默认"选项卡，在"图层"面板上单击"图层特性"按钮，弹出"图层特性管理器"面板，如图 7-42 所示。

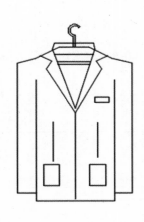

图 7-41 打开一幅素材图形

图 7-42 "图层特性管理器"面板

步骤 **03** 在"名称"列表框中选择"图层 1"图层，单击"置为当前"按钮，如图 7-43 所示。

步骤 **04** 执行操作后，即可将其置为当前图层，图层前将显示符号，如图 7-44 所示。

图 7-43 单击"置为当前"按钮

图 7-44 置为当前图层

 专家指点

在"图层 1"图层上，单击鼠标右键，在弹出的快捷菜单中选择"置为当前"选项，也可以将该图层置为当前图层。

7.2.6 删除图层

在 AutoCAD 2016 中，用户可将不需要使用的图层进行删除操作。

素材文件	光盘 \ 素材 \ 第 7 章 \ 圆形拼花 .dwg	
效果文件	光盘 \ 效果 \ 第 7 章 \ 圆形拼花 .dwg	
视频文件	光盘 \ 视频 \ 第 7 章 \7.2.6 删除图层 .mp4	

实战 圆形拼花

步骤 01 单击"菜单浏览器"按钮，在弹出的菜单列表中单击"打开"|"图形"命令，打开一幅素材图形，如图 7-45 所示。

步骤 02 切换至"功能区"选项板中的"默认"选项卡，单击"图层"面板中间的下三角按钮，在展开的面板中单击"删除"按钮 ，如图 7-46 所示。

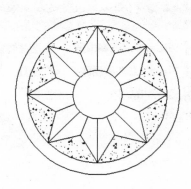

图 7-45 打开一幅素材图形

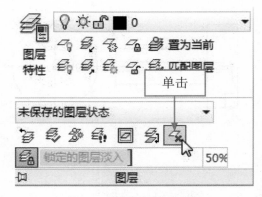

图 7-46 单击"删除"按钮

步骤 03 根据命令行提示进行操作，选择图形中的填充块作为编辑对象，如图 7-47 所示，单击鼠标左键，按【Enter】键确认。

步骤 04 输入 Y，按【Enter】键确认，执行操作后，即可删除图层，如图 7-48 所示。

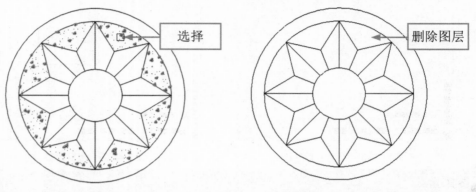

图 7-47 选择删除对象   图 7-48 删除图层

7.2.7 转换图层

在 AutoCAD 2016 中，使用"图层转换器"可以转换图层，实现图形的标准化和规范化。

素材文件	光盘 \ 素材 \ 第 7 章 \ 浇口套 .dwg	
效果文件	光盘 \ 效果 \ 第 7 章 \ 浇口套 .dwg	
视频文件	光盘 \ 视频 \ 第 7 章 \7.2.7 转换图层 .mp4	

实战 浇口套

步骤 01 单击"菜单浏览器"按钮，在弹出的菜单列表中单击"打开"|"图形"命令，打开一幅素材图形，如图 7-49 所示。

步骤 02 单击"功能区"选项板中的"管理"选项卡，在"CAD 标准"面板上单击"图层转换器"按钮，如图 7-50 所示。

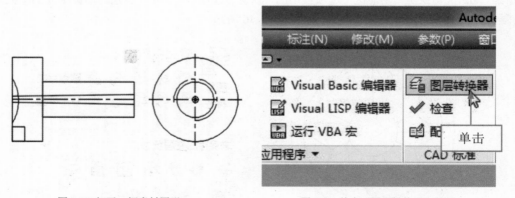

图 7-49 打开一幅素材图形   图 7-50 单击"图层转换器"按钮

步骤 03 弹出"图层转换器"对话框，单击"新建"按钮，如图 7-51 所示。

步骤 04 弹出"新图层"对话框，在其中设置"名称"为"浇口套"、"颜色"为红色、"线宽"为"默认"，如图 7-52 所示。

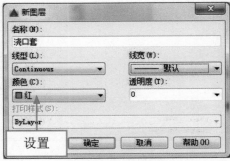

图 7-51 单击"新建"按钮　　　　　　图 7-52 设置相应参数

 专家指点

通过以下两种方法，也可以调用"图层转换器"命令：

* 命令 1：在命令行中输入 LAYTRANS（图层转换器）命令，并按【Enter】键确认。

* 命令 2：显示菜单栏，单击"工具"|"CAD 标准"|"图层转换器"命令。

执行以上任意一种方法，均可调用"图层转换器"命令。

步骤 05 单击"确定"按钮，返回"图层转换器"对话框，在"转换为"列表框中显示"浇口套"图层，如图 7-53 所示。

步骤 06 在"转换自"列表框中选择"图层 1"选项，在"转换为"列表框中选择"浇口套"选项，单击"映射"按钮，"图层 1"图层即可映射到"浇口套"图层中，如图 7-54 所示。

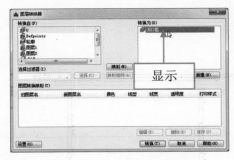
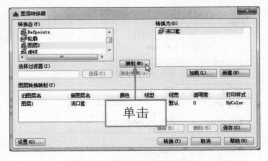

图 7-53 显示"浇口套"图层　　　　　　图 7-54 单击"映射"按钮

步骤 07 单击"保存"按钮，弹出"保存图层映射"对话框，在"文件名"文本框中输入"浇口套"，然后设置文件的保存路径，如图 7-55 所示。

步骤 08 单击"保存"按钮，返回"图层转换器"对话框，单击"转换"按钮，即可转换图层，效果如图 7-56 所示。

 专家指点

在"保存图层映射"对话框中，单击"文件类型"右侧的下拉按钮，在弹出的列表框中可选择文件的保存类型。

图 7-55 设置文件的保存路径

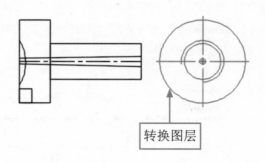

图 7-56 转换图层

7.2.8 合并图层

在 AutoCAD 2016 中，用户可根据需要将图层进行合并操作。

	素材文件	光盘 \ 素材 \ 第 7 章 \ 餐桌椅立面图 .dwg
	效果文件	光盘 \ 效果 \ 第 7 章 \ 餐桌椅立面图 .dwg
	视频文件	光盘 \ 视频 \ 第 7 章 \7.2.8 合并图层 .mp4

实战 餐桌椅立面图

步骤 01 单击"菜单浏览器"按钮，在弹出的菜单列表中单击"打开"|"图形"命令，如图 7-57 所示。

步骤 02 执行操作后，打开一幅素材图形，如图 7-58 所示。

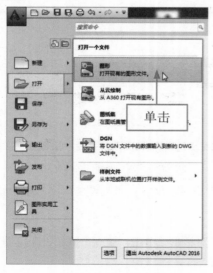

图 7-57 单击"打开"|"图形"命令

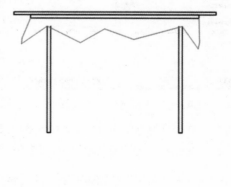

图 7-58 打开一幅素材图形

步骤 03 在"功能区"选项板中的"默认"选项卡中，单击"图层"面板中间的下拉按钮，在展开的面板上单击"合并"按钮，如图 7-59 所示。

步骤 04 根据命令行提示进行操作，任意选择一条线段为编辑对象，如图 7-60 所示，并按【Enter】键确认。

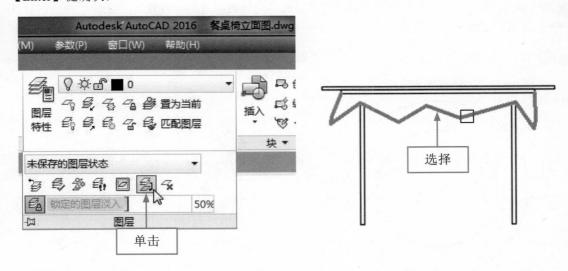

图 7-59 单击"合并"按钮   图 7-60 选择一条线段

步骤 05 然后在绘图区中选择需要合并的图层，如图 7-61 所示。

步骤 06 在命令行中输入 Y，此时，在命令窗口中将提示用户已经合并图层，效果如图 7-62 所示。

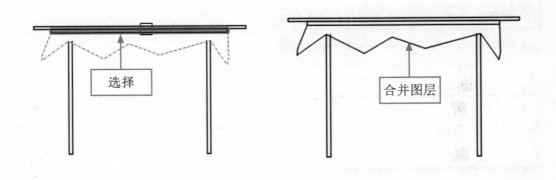

图 7-61 选择需要合并的图层   图 7-62 合并图层

7.2.9 改变对象所在图层

在 AutoCAD 2016 中，用户可根据需要改变对象所在的图层。

	素材文件	光盘 \ 素材 \ 第 7 章 \ 止动圈 .dwg
	效果文件	光盘 \ 效果 \ 第 7 章 \ 止动圈 .dwg
	视频文件	光盘 \ 视频 \ 第 7 章 \7.2.9 改变对象所在图层 .mp4

| 实战 | 止动圈 |

步骤 01 单击"菜单浏览器"按钮，在弹出的菜单列表中单击"打开"|"图形"命令，打开一幅素材图形，如图 7-63 所示。

步骤 02 在绘图区中选择圆为编辑对象，如图 7-64 所示。

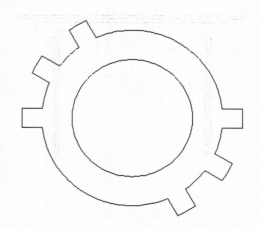

图 7-63 打开一幅素材图形

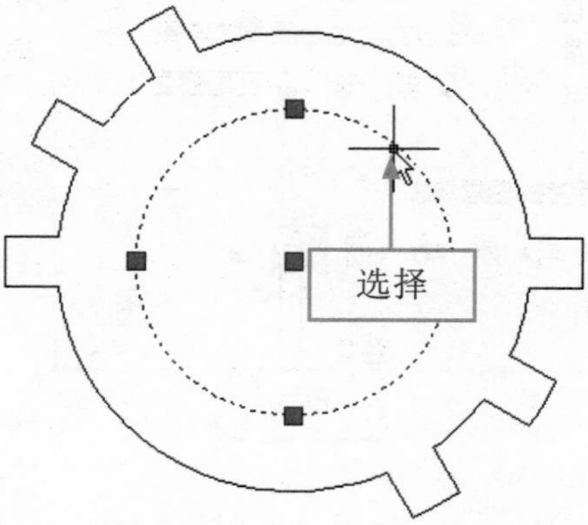

图 7-64 选择圆为编辑对象

步骤 03 单击"功能区"选项板中的"默认"选项卡，单击"图层"面板上的"图层"右侧的下拉按钮，在弹出的列表框中选择"圆"选项，如图 7-65 所示。

步骤 04 执行操作后，按【Esc】键退出，即可改变对象所在的图层，如图 7-66 所示。

图 7-65 选择"圆"选项

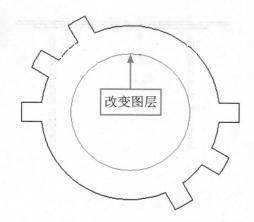

图 7-66 改变对象所在的图层

7.3 图层工具的使用

　　在 AutoCAD 2016 中，使用图层工具可以用来编辑图层，如显示图层状态、隐藏图层状态、图层漫游和图层匹配等。本节主要介绍使用图层工具编辑图层的方法。

7.3.1　显示图层

在 AutoCAD 2016 中，用户可根据需要将隐藏的图层进行显示操作。

	素材文件	光盘 \ 素材 \ 第 7 章 \ 酒具 .dwg
	效果文件	光盘 \ 效果 \ 第 7 章 \ 酒具 .dwg
	视频文件	光盘 \ 视频 \ 第 7 章 \7.3.1 显示图层 .mp4

实战 酒具

步骤 01 单击"菜单浏览器"按钮，在弹出的菜单列表中单击"打开"|"图形"命令，打开一幅素材图形，如图 7-67 所示。

步骤 02 单击"功能区"选项板中的"默认"选项卡，在"图层"面板上单击"图层特性"按钮，如图 7-68 所示。

图 7-67 打开一幅素材图形

图 7-68 单击"图层特性"按钮

步骤 03 弹出"图层特性管理器"面板，单击"酒杯"图层上的"开"图标，如图 7-69 所示。

步骤 04 执行操作后，在绘图区中即可显示"酒杯"图层，如图 7-70 所示。

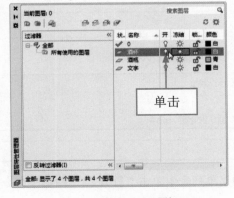

图 7-69 单击"开"图标

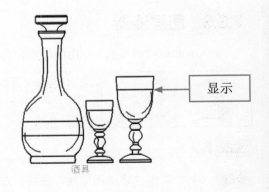

图 7-70 显示"酒杯"图层

7.3.2　隐藏图层

在 AutoCAD 2016 的绘图区中，用户可将暂时不需要的图层进行隐藏操作。

	素材文件	光盘\素材\第 7 章\隐藏图层 .dwg
	效果文件	光盘\效果\第 7 章\隐藏图层 .dwg
	视频文件	光盘\视频\第 7 章\7.3.2 隐藏图层 .mp4

实战 隐藏图层

步骤 01 以上一个效果图形为例，单击"功能区"选项板中的"默认"选项卡，在"图层"面板上单击"图层特性"按钮，弹出"图层特性管理器"面板，单击"酒杯"图层上的"开"图标，如图 7-71 所示。

步骤 02 执行上述操作后，绘图区即可隐藏该图层，效果如图 7-72 所示。

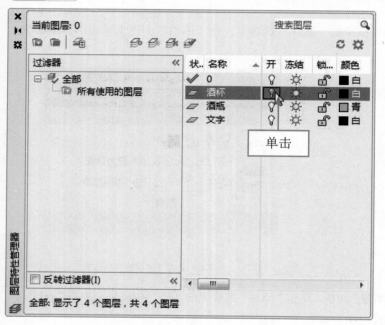

图 7-71 单击"关"图标

图 7-72 隐藏该图层

7.3.3 图层漫游

在 AutoCAD 2016 中，使用图层漫游功能可以更改当前图层状态。

	素材文件	光盘\素材\第 7 章\拔叉轮 .dwg
	效果文件	无
	视频文件	光盘\视频\第 7 章\7.3.3 图层漫游 .mp4

实战 拔叉轮

步骤 01 单击"菜单浏览器"按钮，在弹出的菜单列表中单击"打开"|"图形"命令，打开一幅素材图形，如图 7-73 所示。

步骤 02 在命令行中输入 LAYWALK（图层漫游）命令，如图 7-74 所示。

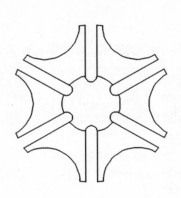

图 7-73 打开一幅素材图形　　　　　　　　图 7-74 输入 LAYWALK 命令

步骤 **03** 按【Enter】键确认，弹出"图层漫游"对话框，其中显示了图层数量，图层列表框中显示了所有图层名称，并且这些图层名都处于选中状态，如图 7-75 所示。

步骤 **04** 单击"选择对象及其图层"按钮，如图 7-76 所示。

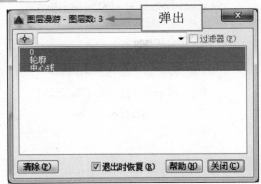

图 7-75 弹出"图层漫游"对话框　　　　　　图 7-76 单击"选择对象及其图层"按钮

步骤 **05** 执行操作后，返回绘图区，选择相应图层对象，如图 7-77 所示。

步骤 **06** 按【Enter】键确认，返回"图层漫游"对话框，其中显示了刚选中的图形所在的图层，如图 7-78 所示。

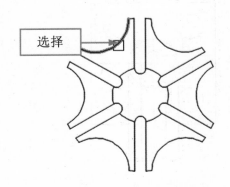

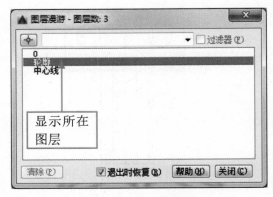

图 7-77 选择相应图层对象　　　　　　　　图 7-78 显示选择的图层

7.3.4 图层匹配

在 AutoCAD 2016 中，图层匹配是指更改选定对象所在的图层，以使其匹配目标图层。

	素材文件	光盘 \ 素材 \ 第 7 章 \ 支座 .dwg
	效果文件	光盘 \ 效果 \ 第 7 章 \ 支座 .dwg
	视频文件	光盘 \ 视频 \ 第 7 章 \7.3.4 图层匹配 .mp4

实战 支座

步骤 01 单击"菜单浏览器"按钮，在弹出的菜单列表中单击"打开"|"图形"命令，打开一幅素材图形，如图 7-79 所示。

步骤 02 在"功能区"选项板中的"默认"选项卡中，单击"图层"面板上的"匹配图层"按钮，如图 7-80 所示。

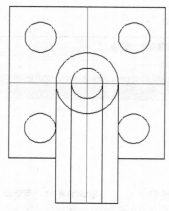
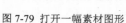

图 7-79 打开一幅素材图形

图 7-80 单击"匹配图层"按钮

步骤 03 根据命令行提示进行操作，在绘图区中选择需要更改的图形，如图 7-81 所示。

步骤 04 按【Enter】键确认，然后选择目标图层上的对象，如图 7-82 所示。

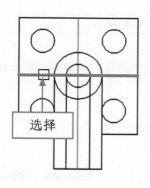

图 7-81 选择需要更改的图形

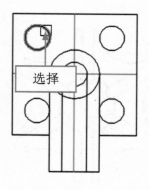

图 7-82 选择目标图层上的对象

步骤 05 执行操作后，在命令行中将提示图形已匹配到相应图层，如图 7-83 所示。

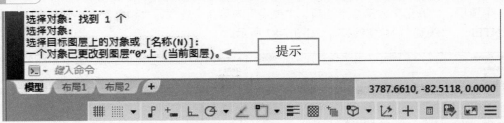

图 7-83 提示图形已匹配到相应图层

7.4 图层过滤器的设置

在 AutoCAD 2016 中绘制图形时，如果图形中包含大量图层，可在"图层特性管理器"对话框中，对图层进行过滤操作。本节主要介绍设置图层过滤器的操作方法。

7.4.1 设置过滤条件

在 AutoCAD 2016 中，过滤图层之前首先需要设置图层过滤条件。

	素材文件	光盘 \ 素材 \ 第 7 章 \ 导套 .dwg
	效果文件	光盘 \ 效果 \ 第 7 章 \ 导套 .dwg
	视频文件	光盘 \ 视频 \ 第 7 章 \7.4.1 设置过滤条件 .mp4

实战 导套

步骤 01 单击"菜单浏览器"按钮，在弹出的菜单列表中单击"打开"|"图形"命令，打开一幅素材图形，如图 7-84 所示。

步骤 02 单击"功能区"选项板中的"默认"选项卡，在"图层"面板上单击"图层特性"按钮，弹出"图层特性管理器"面板，单击"新建特性过滤器"按钮，如图 7-85 所示。

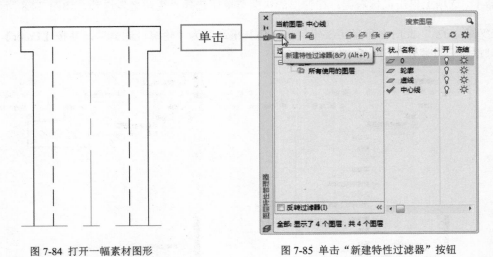

图 7-84 打开一幅素材图形　　　　图 7-85 单击"新建特性过滤器"按钮

步骤 03 弹出"图层过滤器特性"对话框，如图 7-86 所示。

步骤 **04** 在"过滤自定义"列表框中设置"状态"为第 1 个选项、"名称"为"中心线"、"开"为第 1 个选项、"冻结"为第 2 个选项、"锁定"为第 3 个选项、"颜色"为"蓝色"、"线型"为 CENTER、"线宽"为"默认"，如图 7-87 所示。

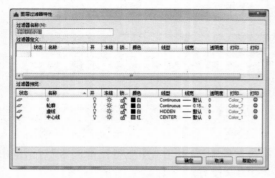

图 7-86 "图层过滤器特性"对话框

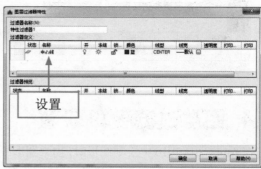

图 7-87 设置相应参数

步骤 **05** 设置完成后，单击"确定"按钮，完成设置过滤条件。

7.4.2 重命名图层过滤器

在 AutoCAD 2016 中，用户还可以根据需要重命名图层过滤器。

素材文件	光盘 \ 素材 \ 第 7 章 \ 重命名图层过滤器 .dwg
效果文件	光盘 \ 效果 \ 第 7 章 \ 重命名图层过滤器 .dwg
视频文件	光盘 \ 视频 \ 第 7 章 \7.4.2 重命名图层过滤器 .mp4

实战 重命名图层过滤器

步骤 **01** 在上一个效果图中，单击"功能区"选项板中的"默认"选项卡，在"图层"面板上单击"图层特性"按钮，弹出"图层特性管理器"面板，在"过滤器"列表框中的"特性过滤器 1"选项上单击鼠标右键，在弹出的快捷菜单中选择"重命名"选项，如图 7-88 所示。

步骤 **02** 此时名称呈可编辑状态，将其重命名为"轮廓过滤器"，并按【Enter】键确认，即可重命名过滤器图层，如图 7-89 所示。

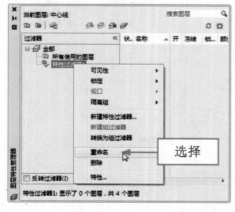

图 7-88 选择"重命名"选项

图 7-89 重命名过滤器图层

7.5 保存和恢复图层状态

图层设置包括图层状态和图层特性的设置，其中图层状态包括图层是否打开、冻结、锁定、打印和在新视口中自动冻结。图层特性包括颜色、线型、线宽和打印样式。用户可以选择要保存的图层状态和图层特性。例如，可以选择只保存图形中图层的"冻结与解冻"设置，忽略所有其他设置。恢复图层状态时，除了每个图层的冻结或解冻设置以外，其他设置仍保持当前设置。本节主要介绍保存、恢复图层状态的操作方法。

7.5.1 保存图层状态

在 AutoCAD 2016 中，图层状态的保存及调用都可以在"图层状态管理器"对话框中进行操作。

	素材文件	光盘 \ 素材 \ 第 7 章 \ 窗帘 .dwg
	效果文件	光盘 \ 效果 \ 第 7 章 \ 窗帘 .dwg
	视频文件	光盘 \ 视频 \ 第 7 章 \7.5.1 保存图层状态 .mp4

实战 窗帘

步骤 01 单击"菜单浏览器"按钮，在弹出的菜单列表中单击"打开"|"图形"命令，打开一幅素材图形，如图 7-90 所示。

步骤 02 在命令行中输入 LAYERSTATE（图层状态管理器）命令，如图 7-91 所示。

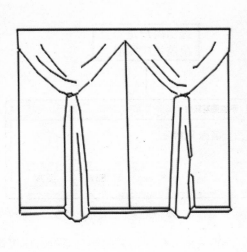

图 7-90 打开一幅素材图形

图 7-91 输入 LAYERSTATE 命令

步骤 03 按【Enter】键确认，弹出"图层状态管理器"对话框，单击"新建"按钮，如图 7-92 所示。

步骤 04 弹出"要保存的新图层状态"对话框，在"新图层状态名"文本框中输入"轮廓"，如图 7-93 所示，设置新图层名称。

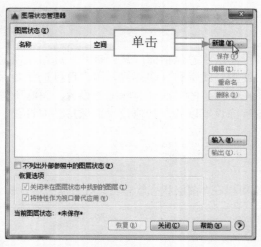

图 7-92 单击"新建"按钮

图 7-93 设置新图层名称

步骤 05 单击"确定"按钮，返回"图层状态管理器"对话框，其中显示了新建的图层状态，如图 7-94 所示。

步骤 06 单击"保存"按钮，弹出"图层"信息提示框，提示用户是否要覆盖相应图层，如图 7-95 所示。

图 7-94 显示了新建的图层状态

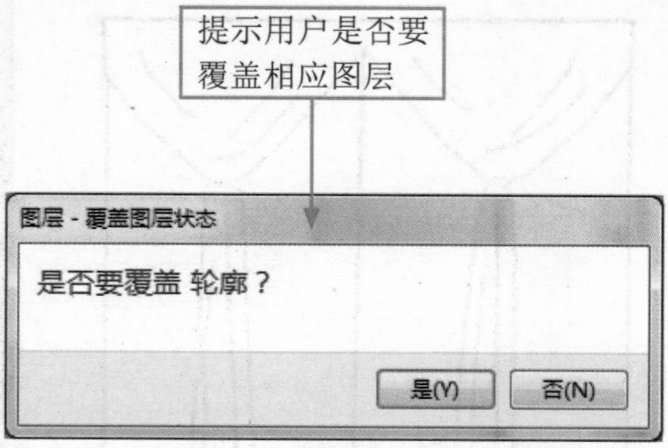

图 7-95 提示用户是否要覆盖相应图层

步骤 07 单击"是"按钮，关闭信息提示框，单击"关闭"按钮，关闭该对话框，即可保存图层状态。

7.5.2 恢复图层状态

在 AutoCAD 2016 中，如果改变了图层的显示等状态，还可以恢复以前保存的图层设置。

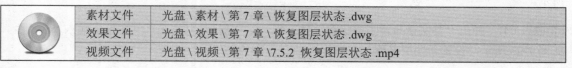

	素材文件	光盘 \ 素材 \ 第 7 章 \ 恢复图层状态 .dwg
	效果文件	光盘 \ 效果 \ 第 7 章 \ 恢复图层状态 .dwg
	视频文件	光盘 \ 视频 \ 第 7 章 \7.5.2 恢复图层状态 .mp4

实战 恢复图层状态

步骤 01 打开上一个效果图形，在命令行中输入 LAYERSTATE（图层状态管理器）命令，并按【Enter】键确认，弹出"图层状态管理器"对话框，在"图层状态"列表框中选择"轮廓"选项，如图 7-96 所示。

步骤 02 单击"恢复"按钮，即可将选中的图层状态恢复到当前图层中，如图 7-97 所示。

图 7-96 选择"轮廓"选项

图 7-97 恢复图层状态

创建面域与填充图案

学习提示

　　在 AutoCAD 2016 中绘制图形时，可以把需要重复绘制的图形创建成面域，并根据需要为面域创建属性，在需要时直接插入这些面域，从而提高绘图效率。图案填充的应用也非常的广泛。本章主要介绍创建面域和填充图案的操作方法。

本章案例导航

- 实战——盖形螺母
- 实战——开槽螺母
- 实战——单头扳手
- 实战——方形餐桌
- 实战——轴键槽

- 实战——垫圈
- 实战——墙灯
- 实战——螺栓
- 实战——地砖
- 实战——灯具

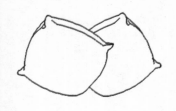

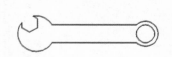

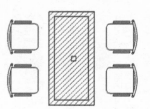

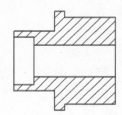

8.1 面域的创建

面域是由封闭区域形成的二维实体对象，其边界可以由直线、多段线、圆、圆弧、椭圆等图形对象组成。本节主要介绍创建面域的多种操作方法。

8.1.1 使用"面域"命令创建面域

在 AutoCAD 2016 中，用户可以使用"面域"命令创建面域。

	素材文件	光盘 \ 素材 \ 第 8 章 \ 垫圈 .dwg
	效果文件	光盘 \ 效果 \ 第 8 章 \ 垫圈 .dwg
	视频文件	光盘 \ 视频 \ 第 8 章 \8.1.1 使用"面域"命令创建面域 .mp4

实战 垫圈

步骤 01 单击"菜单浏览器"按钮，在弹出的菜单列表中单击"打开"|"图形"命令，打开一幅素材图形，如图 8-1 所示。

步骤 02 在"功能区"选项板的"默认"选项卡中，单击"绘图"面板中间的下拉按钮，在展开的面板上单击"面域"按钮，如图 8-2 所示。

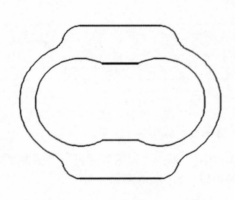

图 8-1 打开一幅素材图形

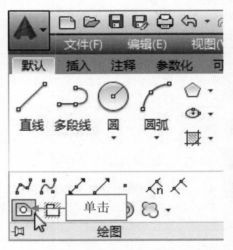

图 8-2 单击"面域"按钮

专家指点

通过以下 3 种方法，也可以调用"面域"命令：

✳ 命令 1：在命令行中输入 REGION（面域）命令，并按【Enter】键确认。

✳ 命令 2：在命令行中输入 REG（面域）命令，并按【Enter】键确认。

✳ 命令 3：显示菜单栏，单击"绘图"|"面域"命令。

执行以上任意一种方法，均可调用"面域"命令。

步骤 03 根据命令行提示进行操作，在绘图区中选择全部图形为需要进行编辑的图形对象，如图 8-3 所示。

步骤 04 执行操作后，按【Enter】键确认，即可创建面域，如图 8-4 所示。

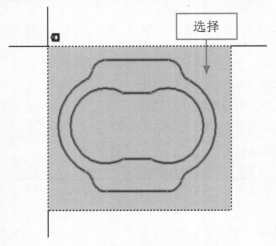

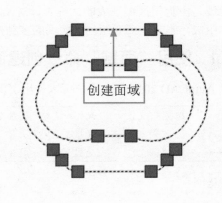

图 8-3 选择需要进行编辑的图形对象　　　　　　　图 8-4 创建面域

8.1.2 使用"边界"命令创建面域

在 AutoCAD 2016 中，使用"边界"命令既可以由任意一个闭合区域创建一个多段线的边界，也可以创建一个面域。与"面域"命令不同，使用"边界"命令不需要考虑对象是共用一个端点，还是出现了自相交。

素材文件	光盘 \ 素材 \ 第 8 章 \ 墙灯 .dwg
效果文件	光盘 \ 效果 \ 第 8 章 \ 墙灯 .dwg
视频文件	光盘 \ 视频 \ 第 8 章 \8.1.2 使用"边界"命令创建面域 .mp4

实战 墙灯

步骤 01 按【Ctrl + O】组合键，打开一幅素材图形，如图 8-5 所示。

步骤 02 在"功能区"选项板的"默认"选项卡中，单击"绘图"面板中"图案填充"按钮右边的下拉按钮，在展开的面板上单击"边界"按钮，如图 8-6 所示。

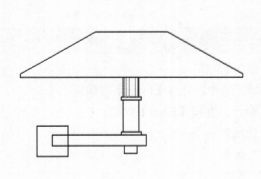

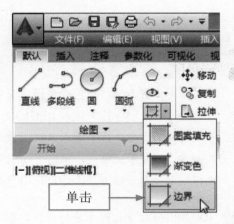

图 8-5 打开一幅素材图形　　　　　　　图 8-6 单击"边界"按钮

步骤 03 弹出"边界创建"对话框,在"对象类型"列表框中选择"面域"选项,单击"拾取点"按钮,如图 8-7 所示。

步骤 04 根据命令行提示进行操作,在绘图区中,选择需要进行编辑的图形对象,如图 8-8 所示。

图 8-7 单击"拾取点"按钮

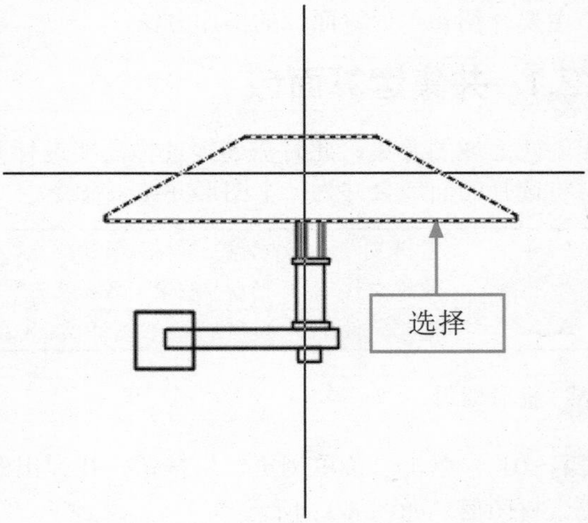

图 8-8 选择需要编辑的图形对象

步骤 05 按【Enter】键确认,即可运用"边界"命令创建面域,如图 8-9 所示。

步骤 06 命令窗口中,将提示用户已经创建一个面域,如图 8-10 所示。

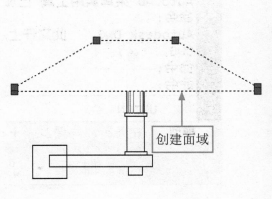

图 8-9 运用"边界"命令创建面域

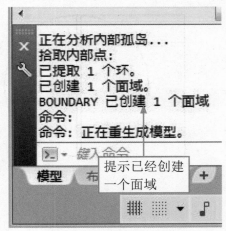

图 8-10 命令窗口提示信息

专家指点

通过以下 3 种方法,也可以调用"边界"命令:

* 命令 1:在命令行中输入 BOUNDARY(边界)命令,并按【Enter】键确认。

* 命令 2:在命令行中输入 BO(边界)命令,并按【Enter】键确认。

* 命令 3:显示菜单栏,单击"绘图"|"边界"命令。

执行以上任意一种方法,均可调用"边界"命令。

8.2 使用布尔运算面域

布尔运算是数学上的一种逻辑运算，在 AutoCAD 2016 中绘制图形时，使用布尔运算可以提高绘图效率，尤其是在绘制比较复杂的图形时。布尔运算包括"并集"、"差集"及"交集"3 种。本节主要介绍布尔运算面域的操作方法。

8.2.1 并集运算面域

创建面域的并集，此时需连续选择需要进行并集操作的面域对象，直到按【Enter】键确认，方可将选择的面域合并为一个图形并结束命令。

素材文件	光盘 \ 素材 \ 第 8 章 \ 盖形螺母 .dwg
效果文件	光盘 \ 效果 \ 第 8 章 \ 盖形螺母 .dwg
视频文件	光盘 \ 视频 \ 第 8 章 \8.2.1 并集运算面域 .mp4

实战 盖形螺母

步骤 01 单击"菜单浏览器"按钮，在弹出的菜单列表中单击"打开"|"图形"命令，打开一幅素材图形，如图 8-11 所示。

步骤 02 在命令行中输入 UNION（并集）命令，如图 8-12 所示，并按【Enter】键确认。

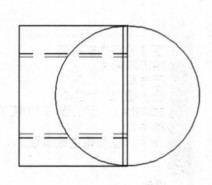

图 8-11 打开一幅素材图形　　　图 8-12 在命令行中输入 UNION

专家指点

通过以下两种方法，也可以调用"并集"命令：

＊ 命令 1：在命令行中输入 UNI（并集）命令，并按【Enter】键确认。

＊ 命令 2：显示菜单栏，单击"修改"|"实体编辑"|"并集"命令。

执行以上任意一种方法，均可调用"并集"命令。

步骤 03 根据命令行提示进行操作，在绘图区中选择圆形和矩形为编辑对象，如图 8-13 所示。

步骤 **04** 按【Enter】键确认，即可并集运算面域，效果如图 8-14 所示。

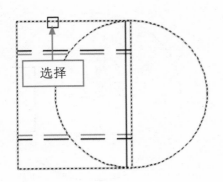

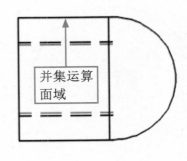

图 8-13 选择圆形和矩形为编辑对象　　　　图 8-14 并集运算面域

8.2.2 差集运算面域

在 AutoCAD 2016 中，创建面域的差集是指使从一个面域中减去另一个面域。

素材文件	光盘 \ 素材 \ 第 8 章 \ 轴键槽 .dwg	
效果文件	光盘 \ 效果 \ 第 8 章 \ 轴键槽 .dwg	
视频文件	光盘 \ 视频 \ 第 8 章 \8.2.2 差集运算面域 .mp4	

实战 轴键槽

步骤 **01** 单击"菜单浏览器"按钮，在弹出的菜单列表中单击"打开"|"图形"命令，打开一幅素材图形，如图 8-15 所示。

步骤 **02** 在命令行中输入 SUBTRACT（差集）命令，并按【Enter】键确认，根据命令行提示进行操作，在绘图区中选择圆为编辑对象，如图 8-16 所示。

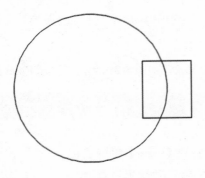

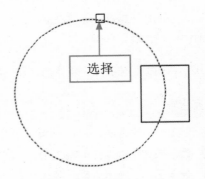

图 8-15 打开一幅素材图形　　　　图 8-16 选择圆为编辑对象

步骤 **03** 按【Enter】键确认，在绘图区中选择矩形为编辑对象，如图 8-17 所示。

步骤 **04** 按【Enter】键确认，即可差集运算面域，效果如图 8-18 所示。

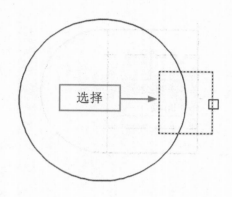

图 8-17 选择矩形为编辑对象

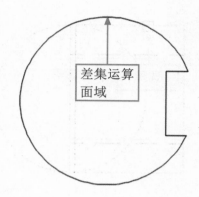

图 8-18 差集运算面域

 专家指点

通过以下两种方法，也可以调用"差集"命令：

❋ 命令 1：在命令行中输入 SU（差集）命令，并按【Enter】键确认。

❋ 命令 2：显示菜单栏，单击"修改" |"实体编辑" |"差集"命令。

执行以上任意一种方法，均可调用"差集"命令。

8.2.3 交集运算面域

在 AutoCAD 2016 中，创建多个面域的交集是指各个面域的公共部分，同时选择两个或两个以上面域对象，然后按【Enter】键即可对面域进行交集计算。

素材文件	光盘 \ 素材 \ 第 8 章 \ 螺栓 .dwg
效果文件	光盘 \ 效果 \ 第 8 章 \ 螺栓 .dwg
视频文件	光盘 \ 视频 \ 第 8 章 \8.2.3 交集运算面域 .mp4

实战 螺栓

步骤 **01** 单击"菜单浏览器"按钮，在弹出的菜单列表中单击"打开" |"图形"命令，打开一幅素材图形，如图 8-19 所示。

步骤 **02** 在命令提示行中输入 INTERSECT（交集）命令，如图 8-20 所示，并按【Enter】键确认。

 专家指点

通过以下 2 种方法，也可以调用"交集"命令：

❋ 命令 1：在命令行中输入 IN（交集）命令，并按【Enter】键确认。

❋ 命令 2：显示菜单栏，单击"修改" |"实体编辑" |"交集"命令。

执行以上任意一种方法，均可调用"交集"命令。

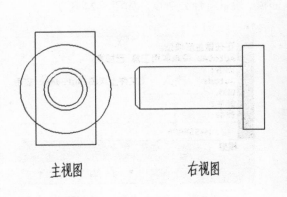

图 8-19 打开一幅素材图形

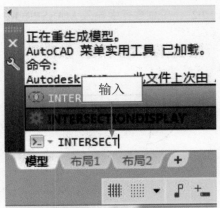

图 8-20 在命令行中输入 INTERSECT

步骤 03 根据命令行提示进行操作，在绘图区中选择圆形和矩形为编辑的对象，如图 8-21 所示。

步骤 04 按【Enter】键确认，即可交集运算面域，效果如图 8-22 所示。

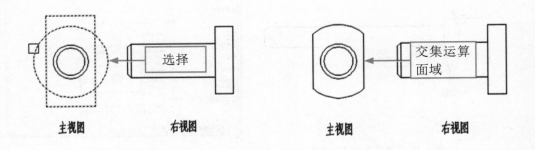

图 8-21 选择圆形和矩形为编辑对象　　　　　图 8-22 交集运算面域

8.2.4 提取面域数据

从表面上看，面域和一般的封闭线框没有区别，就像是一张没有厚度的纸。实际上，面域就是二维实体模型，它不但包含边的信息，还包含边界内的信息。可以利用这些信息计算工程属性，如面积、材质、惯性等。

	素材文件	光盘 \ 素材 \ 第 8 章 \ 起钉锤 .dwg
	效果文件	光盘 \ 效果 \ 第 8 章 \ 起钉锤 .mpr
	视频文件	光盘 \ 视频 \ 第 8 章 \8.2.4 提取面域数据 .mp4

实战 起钉锤

步骤 01 单击"菜单浏览器"按钮，在弹出的菜单列表中单击"打开" | "图形"命令，打开一副素材图形，如图 8-23 所示。

步骤 **02** 在命令行中输入 MASSPROP（面域 / 质量特性）命令，如图 8-24 所示。

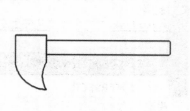

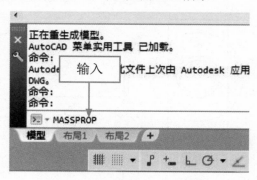

图 8-23 打开素材图形

图 8-24 在命令行中输入 MASSPROP

步骤 **03** 按【Enter】键确认，根据命令行提示进行操作，在绘图区中选择需要编辑的面域，如图 8-25 所示。

步骤 **04** 按【Enter】键确认，弹出 AutoCAD 文本窗口，在窗口下方输入 Y，如图 8-26 所示。

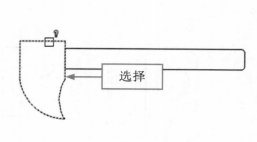

图 8-25 选择需要编辑的面域

图 8-26 在窗口下方输入 Y

步骤 **05** 按【Enter】键确认，弹出"创建质量与面积特性文件"对话框，单击"保存"按钮，如图 8-27 所示。

步骤 **06** 执行操作后，即可保存面域数据，查看提取的面域数据，如图 8-28 所示。

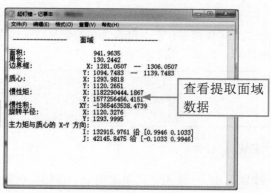

图 8-27 单击"保存"按钮

图 8-28 查看提取面域数据

8.3 图案的填充

在绘图过程中，经常需要将选定的某种图案填充到一个封闭的区域内，这就是图案填充，如机械绘图中的剖切面、建筑绘图中的地板图案等。使用图案填充可以表示不同的零件或者材料。例如：建筑绘图中常用不同的图案填充来表现建筑表面的装饰纹理和颜色。本节主要介绍创建图案填充的各种操作方法。

8.3.1 选择图案类型

在 AutoCAD 2016 中，为了满足各行各业的需要设置了许多填充图案，默认情况下填充的图案是 ANGLE 图案，用户还可以自定义选取其他填充图案。

素材文件	光盘 \ 素材 \ 第 8 章 \ 转阀剖视图 .dwg
效果文件	无
视频文件	光盘 \ 视频 \ 第 8 章 \8.3.1 选择图案类型 .mp4

实战 转阀剖视图

步骤 01 单击"菜单浏览器"按钮，在弹出的菜单列表中单击"打开"|"图形"命令，打开一幅素材图形，如图 8-29 所示。

步骤 02 单击"功能区"选项板中的"默认"选项卡，在"绘图"面板上单击"图案填充"按钮，如图 8-30 所示。

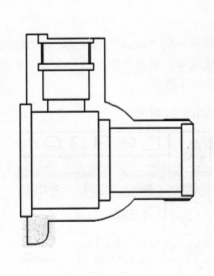

图 8-29 打开一幅素材图形

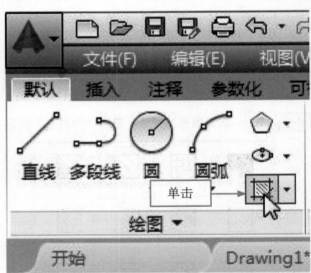

图 8-30 单击"图案填充"按钮

步骤 03 弹出"图案填充创建"选项卡，如图 8-31 所示。

步骤 04 单击"图案填充图案"下方的下拉按钮，在弹出的列表框中选择 ANSI32 选项，如图 8-32 所示，单击鼠标左键，即可选择图案类型。

图 8-31 "图案填充创建"选项卡

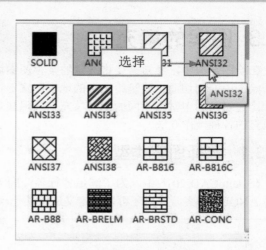

图 8-32 选择"ANSI32"选项

8.3.2 创建填充图案

在 AutoCAD 2016 中，填充边界的内部区域即为填充区域。填充区域可以通过拾取封闭区域中的一点或拾取封闭对象两种方法来指定。下面介绍填充图案的操作方法。

素材文件	光盘 \ 素材 \ 第 8 章 \ 转阀剖视图 .dwg
效果文件	光盘 \ 效果 \ 第 8 章 \ 创建填充图案 .dwg
视频文件	光盘 \ 视频 \ 第 8 章 \8.3.2 创建填充图案 .mp4

实战 创建填充图案

步骤 **01** 在上一个素材图形中，单击"功能区"选项板中的"默认"选项卡，在"绘图"面板上单击"图案填充"按钮，弹出"图案填充创建"选项卡，单击"图案填充图案"下方的下拉按钮，在弹出的下拉列表框中选择 ANSI31 选项，如图 8-33 所示。

步骤 **02** 选择填充图案后，单击"拾取点"按钮，如图 8-34 所示。

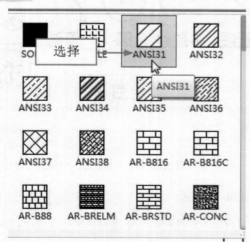

图 8-33 选择 ANSI31 选项

图 8-34 单击"拾取点"按钮

步骤 03 执行操作后，在绘图区拾取需要填充的区域，如图 8-35 所示。

步骤 04 完成对象拾取后，按【Enter】键确认，即可为图形填充图案，效果如图 8-36 所示。

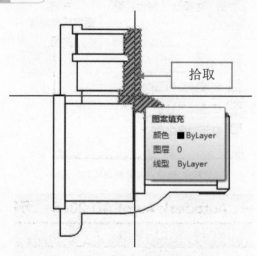

拾取

图案填充
颜色 ■ ByLayer
图层 0
线型 ByLayer

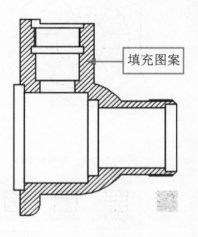

填充图案

图 8-35 拾取填充区域　　　　　　　　　　　图 8-36 为图形填充图案

8.3.3 使用孤岛填充

在 AutoCAD 2016 中进行图案填充时，通常将位于一个已定义好的填充区域内的封闭区域称为孤岛。下面介绍使用孤岛填充图形的操作方法。

素材文件	光盘 \ 素材 \ 第 8 章 \ 开槽螺母 .dwg
效果文件	光盘 \ 效果 \ 第 8 章 \ 开槽螺母 .dwg
视频文件	光盘 \ 视频 \ 第 8 章 \8.3.3 使用孤岛填充 .mp4

实战 开槽螺母

步骤 01 单击"菜单浏览器"按钮，在弹出的菜单列表中单击"打开"|"图形"命令，打开一幅素材图形，如图 8-37 所示。

步骤 02 单击"功能区"选项板中的"默认"选项卡，在"绘图"面板上单击"图案填充"按钮，弹出"图案填充创建"选项卡，单击"选项"面板的下拉按钮，展开对话框，选择"普通孤岛检测"选项，如图 8-38 所示。

 专家指点

通过以下两种方法，也可以调用"图案填充"命令：

＊ 命令 1：在命令行中输入 BHATCH（图案填充）命令，按【Enter】键确认。

＊ 命令 2：单击"绘图"|"图案填充"命令。

执行以上任意一种方法，均可调用"图案填充"命令。

步骤 03 单击"图案填充图案"下方的下拉按钮，选择 ANSI36 选项，如图 8-39 所示。

步骤 04 设置图案填充比例为 0.2，如图 8-40 所示。

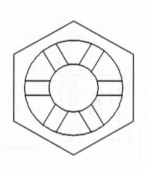

图 8-37 打开一幅素材图形

图 8-38 选中"普通孤岛检测"选项

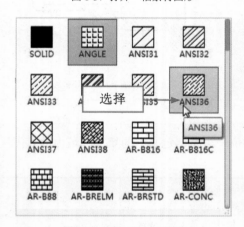

图 8-39 选择 ANSI36 选项

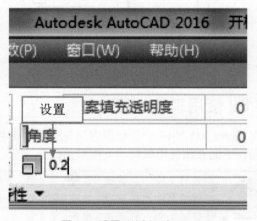

图 8-40 设置"比例"为 0.2

步骤 05 单击"拾取点"按钮,在绘图区中的合适位置,选择需要填充图案的图形对象,如图8-41 所示。

步骤 06 按【Enter】键确认,即可使用孤岛填充图案,效果如图8-42所示。

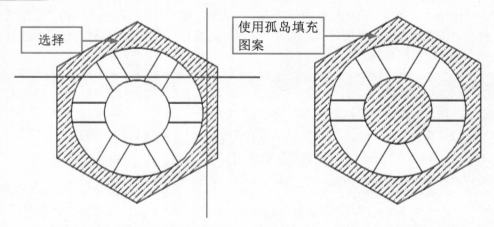

图 8-41 选择需要填充图案的图形对象   图 8-42 使用孤岛填充图案

8.3.4 使用渐变色填充

在"图案填充和渐变色"对话框的"渐变色"选项卡中，用户可以创建单色或双色渐变色，并对图案进行填充。

素材文件	光盘 \ 素材 \ 第 8 章 \ 单头扳手 .dwg	
效果文件	光盘 \ 效果 \ 第 8 章 \ 单头扳手 .dwg	
视频文件	光盘 \ 视频 \ 第 8 章 \8.3.4 使用渐变色填充 .mp4	

实战 单头扳手

步骤 01 单击"菜单浏览器"按钮，在弹出的菜单列表中单击"打开"|"图形"命令，打开一幅素材图形，如图 8-43 所示。

步骤 02 单击"功能区"选项板中的"默认"选项卡，在"绘图"面板上单击"图案填充"按钮，弹出"图案填充创建"选项卡，单击"图案"右侧的下拉按钮，选择"渐变色"选项，如图 8-44 所示。

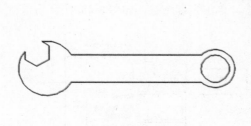

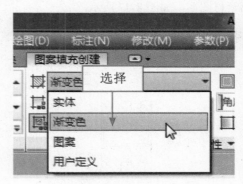

图 8-43 打开一幅素材图形   图 8-44 选择"渐变色"选项

步骤 03 设置"渐变色 1"为"洋红"、"渐变色 2"为"黄"，如图 8-45 所示。

步骤 04 单击"拾取点"按钮，在绘图区中选择需要填充渐变色的图形对象，按【Enter】键确认，即可运用渐变色填充图案，如图 8-46 所示。

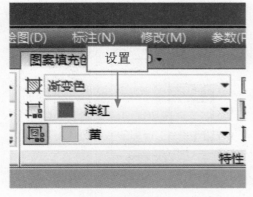

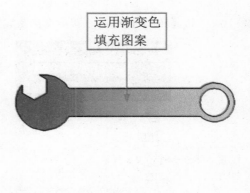

图 8-45 设置渐变色   图 8-46 运用渐变色填充图案

8.4 图案特性的设置

在 AutoCAD 2016 中，为图形填充图案后，如果对填充效果不满意，还可以通过图案填充编辑命令对其进行编辑。编辑内容包括图案比例、图案样例、图案角度和分解图案等。

8.4.1 设置图案比例

在 AutoCAD 2016 中，用户可根据需要设置图案的比例大小。

	素材文件	光盘\素材\第 8 章\阀盖剖视图 .dwg
	效果文件	光盘\效果\第 8 章\阀盖剖视图 .dwg
	视频文件	光盘\视频\第 8 章\8.4.1 设置图案比例 .mp4

实战 阀盖剖视图

步骤 01 单击"菜单浏览器"按钮，在弹出的菜单列表中单击"打开"|"图形"命令，打开一幅素材图形，如图 8-47 所示。

步骤 02 在绘图区中需要编辑的图形区域上，单击鼠标左键，如图 8-48 所示。

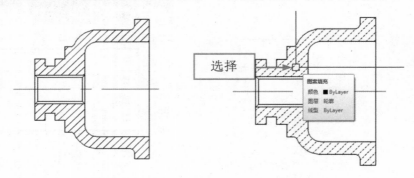

图 8-47 打开一幅素材图形　　　　图 8-48 选择需要编辑的图形

步骤 03 执行操作后，弹出"图案填充编辑器"选项卡，在"填充图案比例"文本框中输入 0.5，如图 8-49 所示。

步骤 04 按【Esc】键退出，即可设置图案的比例，效果如图 8-50 所示。

图 8-49 设置"比例"为 0.5　　　　图 8-50 设置图案的比例

8.4.2　设置图案样例

在 AutoCAD 2016 中，用户可根据需要设置图案样例。

素材文件	光盘 \ 素材 \ 第 8 章 \ 盘盖剖视图 .dwg
效果文件	光盘 \ 效果 \ 第 8 章 \ 盘盖剖视图 .dwg
视频文件	光盘 \ 视频 \ 第 8 章 \8.4.2 设置图案样例 .mp4

实战 盘盖剖视图

步骤 01 单击"菜单浏览器"按钮，在弹出的菜单列表中单击"打开"|"图形"命令，打开一幅素材图形，如图 8-51 所示。

步骤 02 在绘图区中需要编辑的图形区域上，单击鼠标左键，如图 8-52 所示。

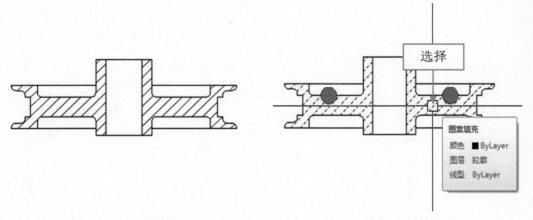

图 8-51 打开一幅素材图形　　　　　　　　图 8-52 选择需要编辑的区域

步骤 03 弹出"图案填充编辑器"选项卡，单击"图案填充图案"下方的下拉按钮，选择 ANSI37 选项，如图 8-53 所示。

步骤 04 返回绘图区，按【Esc】键退出，即可设置图案样例，效果如图 8-54 所示。

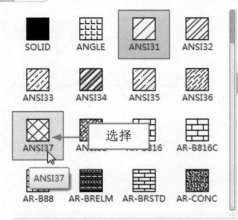

图 8-53 选择 ANSI37 选项

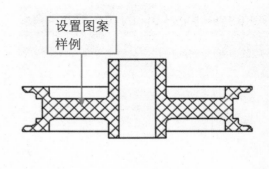

图 8-54 设置图案样例

8.4.3　设置图案角度

在 AutoCAD 2016 中，用户可根据需要设置图案角度。

	素材文件	光盘 \ 素材 \ 第 8 章 \ 轴套轴测剖视图 .dwg
	效果文件	光盘 \ 效果 \ 第 8 章 \ 轴套轴测剖视图 .dwg
	视频文件	光盘 \ 视频 \ 第 8 章 \8.4.3 设置图案角度 .mp4

实战　轴套轴测剖视图

步骤　01　单击"菜单浏览器"按钮，在弹出的菜单列表中单击"打开"|"图形"命令，打开一幅素材图形，如图 8-55 所示。

步骤　02　在绘图区中需要编辑的图形区域上，单击鼠标左键，如图 8-56 所示。

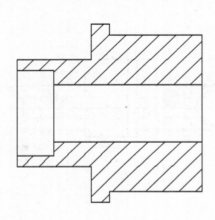

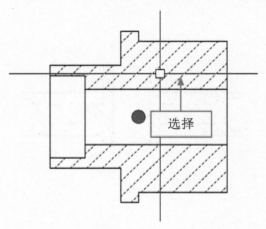

图 8-55　打开一幅素材图形

图 8-56　选择需要编辑的图形

步骤　03　执行操作后，弹出"图案填充编辑器"选项卡，在"角度"文本框中输入 90，如图 8-57 所示。

步骤　04　按【Enter】键确认，即可设置图案的填充角度，效果如图 8-58 所示。

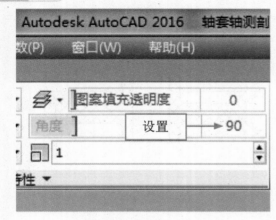

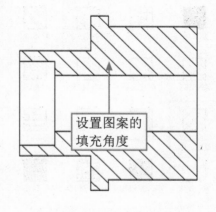

图 8-57　设置"角度"为 90

图 8-58　设置图案的填充角度

8.4.4 修剪填充图案

在 AutoCAD 2016 中，通过"修剪"命令可以像修剪其他对象一样对填充图案进行修剪。

素材文件	光盘 \ 素材 \ 第 8 章 \ 方形餐桌 .dwg
效果文件	光盘 \ 效果 \ 第 8 章 \ 方形餐桌 .dwg
视频文件	光盘 \ 视频 \ 第 8 章 \8.4.4 修剪填充图案 .mp4

实战　方形餐桌

步骤　01　单击"菜单浏览器"按钮，在弹出的菜单列表中单击"打开"|"图形"命令，打开一幅素材图形，如图 8-59 所示。

步骤　02　单击"功能区"选项板中的"默认"选项卡，在"修改"面板上单击"修剪"按钮，如图 8-60 所示。

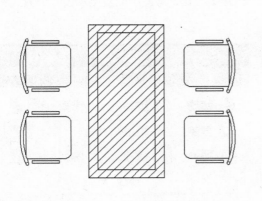

图 8-59 打开一幅素材图形

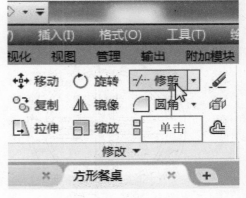

图 8-60 单击"修剪"按钮

步骤　03　根据命令行提示进行操作，在绘图区中选择需要进行修剪的图形对象，如图 8-61 所示。

步骤　04　按【Enter】键确认，单击矩形内的填充图案，再次按【Enter】键确认，即可修改填充的图案，效果如图 8-62 所示。

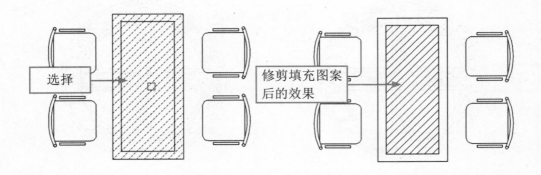

图 8-61 选择需要进行修剪的图形对象　　　　　图 8-62 修剪填充图案后的效果

8.4.5 分解填充图案

在 AutoCAD 2016 中，图案是一种特殊的块，称为"匿名"块，无论形状多么复杂，它都是一个单独的对象。可以执行"分解"命令，来分解一个已存在的关联图案。图案被分解后，它将不再是一个单一的对象，而是一组组成图案的线条。

	素材文件	光盘 \ 素材 \ 第 8 章 \ 地砖 .dwg
	效果文件	光盘 \ 效果 \ 第 8 章 \ 地砖 .dwg
	视频文件	光盘 \ 视频 \ 第 8 章 \8.4.5 分解填充图案 .mp4

实战	地砖

步骤 **01** 单击"菜单浏览器"按钮，在弹出的菜单列表中单击"打开"|"图形"命令，打开一幅素材图形，如图 8-63 所示。

步骤 **02** 单击"功能区"选项板中的"默认"选项卡，在"修改"面板上单击"分解"按钮，如图 8-64 所示。

图 8-63 打开一幅素材图形　　　　　　　图 8-64 单击"分解"按钮

步骤 **03** 根据命令行提示进行操作，选择绘图区的填充图案为分解对象，如图 8-65 所示。

步骤 **04** 按【Enter】键确认，即可分解图案，效果如图 8-66 所示。

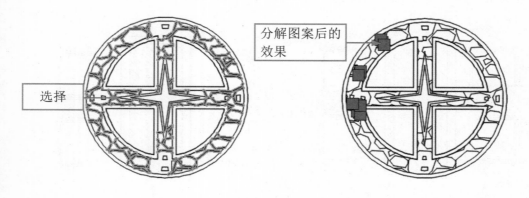

图 8-65 选择填充图案为分解对象　　　　　　图 8-66 分解图案后的效果

8.5 控制图案填充显示

在 AutoCAD 2016 中，当用户创建图案填充后，还可以根据需要控制图案填充对象的显示状态。

8.5.1 使用 FILL 命令变量控制填充

在 AutoCAD 2016 中，用户可以使用 FILL 命令变量控制填充对象。

	素材文件	光盘 \ 素材 \ 第 8 章 \ 灯具 .dwg
	效果文件	光盘 \ 效果 \ 第 8 章 \ 灯具 .dwg
	视频文件	光盘 \ 视频 \ 第 8 章 \8.5.1 使用 FILL 命令变量控制填充 .mp4

实战 灯具

步骤 01 单击"菜单浏览器"按钮，在弹出的菜单列表中单击"打开"|"图形"命令，打开一幅素材图形，如图 8-67 所示。

步骤 02 在命令行中输入 FILL（填充模式）命令，如图 8-68 所示，按【Enter】键确认操作。

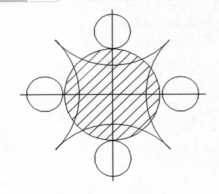

图 8-67 打开一幅素材图形

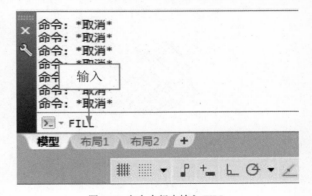

图 8-68 在命令行中输入 FILL

步骤 03 输入 off（关）命令，如图 8-69 所示，并按【Enter】键确认。

步骤 04 输入 REGEN（重生成）命令，并按【Enter】键确认，执行操作后，即可控制图形填充显示，如图 8-70 所示。

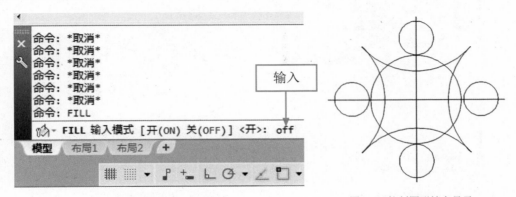

图 8-69 输入 OFF（关）命令

图 8-70 控制图形填充显示

8.5.2 使用图层控制填充

在 AutoCAD 2016 中，用户可以使用图层控制填充。使用图层功能，可将图案单独放在一个图层上。当不需要显示该图案填充时，将图案所在图层关闭或者冻结即可。

	素材文件	光盘 \ 素材 \ 第 8 章 \ 抱枕 .dwg
	效果文件	光盘 \ 效果 \ 第 8 章 \ 抱枕 .dwg
	视频文件	光盘 \ 视频 \ 第 8 章 \8.5.2 使用图层控制填充 .mp4

实战 抱枕

步骤 01 单击"菜单浏览器"按钮，在弹出的菜单列表中单击"打开"|"图形"命令，打开一幅素材图形，如图 8-71 所示。

步骤 02 单击"功能区"选项板中的"默认"选项卡，在"图层"面板上单击"图层特性"按钮，如图 8-72 所示。

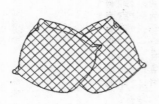

图 8-71 打开一幅素材图形　　　　　　图 8-72 单击"图层特性"按钮

步骤 03 弹出"图层特性管理器"面板，在"填充图案"图层上，单击"开"图标 💡，如图 8-73 所示。

步骤 04 执行操作后，即可运用图层控制填充，效果如图 8-74 所示。

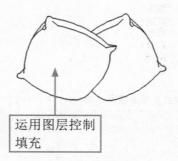

图 8-73 单击"开"图标　　　　　　图 8-74 运用图层控制填充

查询与管理外部参照

学习提示

　　在 AutoCAD 2016 中绘制图形时，查询是一项很重要的功能，它能计算对象之间的距离和角度，还能计算复杂图形的面积。外部参照是将已有的图形文件，以参照的形式插入到当前图形中。本章主要介绍查询与管理外部参照的操作方法。

本章案例导航

- 实战——沙发组合
- 实战——椅子立面
- 实战——组合音响
- 实战——个性沙发
- 实战——家庭影院

- 实战——拱顶石
- 实战——毛巾架
- 实战——办公椅
- 实战——飞镖盘
- 实战——客厅

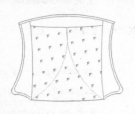

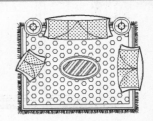
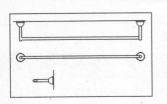

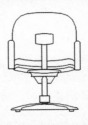

9.1 对象几何信息的查询

在 AutoCAD 2016 中创建图形对象时，系统不仅在屏幕上绘制该图形对象，同时还建立了关于该对象的一组数据，并将它们保存到图形数据库中。这些数据不仅包含图形对象的图层、颜色和线型等信息，而且还包含对象的 X、Y、Z 坐标值等属性。当用户需要从各种图形对象获取各种信息时，通过查询图形对象，可以从这些数据中获取大量有用的信息。

9.1.1 查询时间

在 AutoCAD 2016 中，"查询时间"命令主要用来查询图形的创建日期和时间统计信息、图形的编辑时间、最后一次修改时间和系统当前时间等信息。

素材文件	光盘 \ 素材 \ 第 9 章 \ 拱顶石 .dwg
效果文件	无
视频文件	光盘 \ 视频 \ 第 9 章 \9.1.1 查询时间 .mp4

实战 拱顶石

步骤 01 单击"菜单浏览器"按钮，在弹出的菜单列表中单击"打开"|"图形"命令，打开一幅素材图形，如图 9-1 所示。

步骤 02 在命令行中输入 TIME（时间）命令，并按【Enter】键确认，执行操作后，即可打开 AutoCAD 文本窗口，即可在文本窗口中查看到查询的时间信息，如图 9-2 所示。

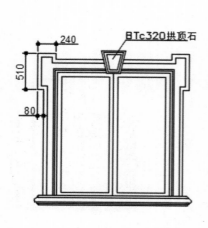

图 9-1 打开一幅素材图形

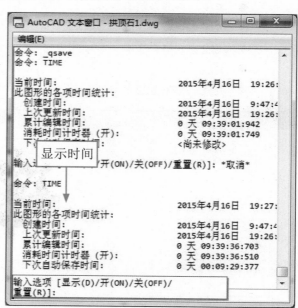

图 9-2 查看查询的时间信息

专家指点

显示菜单栏，单击"工具"|"查询"|"时间"命令，也可以打开 AutoCAD 文本窗口。

9.1.2　查询面积和周长

在 AutoCAD 2016 中，使用 MEASUREGEOM（测量）命令可以查询面积和周长。

	素材文件	光盘 \ 素材 \ 第 9 章 \ 沙发组合 .dwg
	效果文件	无
	视频文件	光盘 \ 视频 \ 第 9 章 \9.1.2　查询面积和周长 .mp4

实战 沙发组合

步骤 01　单击"菜单浏览器"按钮，在弹出的菜单列表中单击"打开"|"图形"命令，打开一幅素材图形，如图 9-3 所示。

步骤 02　在命令行中输入 MEASUREGEOM（测量）命令，并按【Enter】键确认，根据命令行提示进行操作，在命令行中输入 ar（面积），并按【Enter】键确认，如图 9-4 所示。

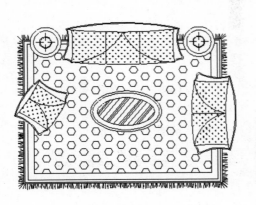

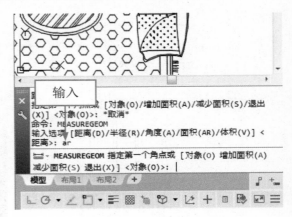

图 9-3　打开一幅素材图形

图 9-4　输入 ar（面积）

步骤 03　在绘图区中的 4 个端点上，单击鼠标左键，确定需要查询的面积，如图 9-5 所示。

步骤 04　按【Enter】键确认，即可在绘图区中查看到查询图形对象面积的信息，如图 9-6 所示。

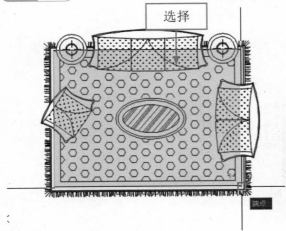

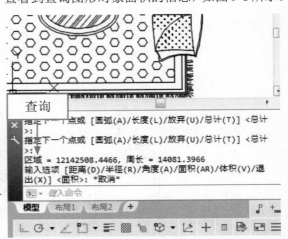

图 9-5　确定需要查询的面积

图 9-6　查询图形对象面积的信息

专家指点

用户还可以通过以下两种方法，调用"查询面积"命令：

＊ 命令 1：在命令行中输入 MEA（测量）命令，并按【Enter】键确认。

＊ 命令 2：显示菜单栏，单击"工具"|"查询"|"面积"命令。

9.1.3 查询点坐标

在 AutoCAD 2016 中，"查询点坐标"命令主要用于查询指定点的坐标，这在基于某个对象绘制另一个对象时较为常用。下面介绍查询点坐标的操作方法。

	素材文件	光盘 \ 素材 \ 第 9 章 \ 椅子立面 .dwg
	效果文件	无
	视频文件	光盘 \ 视频 \ 第 9 章 \9.1.3 查询点坐标 .mp4

实战 椅子立面

步骤 **01** 单击"菜单浏览器"按钮，在弹出的菜单列表中单击"打开"|"图形"命令，打开一幅素材图形，如图 9-7 所示。

步骤 **02** 在命令行中输入 ID（坐标点）命令，并按【Enter】键确认，如图 9-8 所示。

图 9-7 打开一幅素材图形

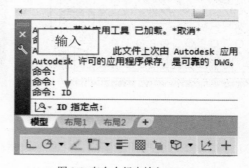

图 9-8 在命令行中输入 ID

步骤 **03** 在绘图区中需要查询点坐标的位置上，单击鼠标左键，如图 9-9 所示。

步骤 **04** 执行操作后，即可在命令行上方的文本窗口中查看到查询点坐标的信息，如图 9-10 所示。

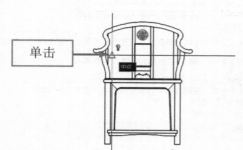

图 9-9 单击需要查询的点坐标位置

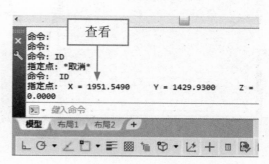

图 9-10 查看点坐标的信息

专家指点

　　显示菜单栏，单击"工具"|"查询"|"点坐标"命令，也可以调用"点坐标"命令。

9.1.4 查询质量特性

　　在 AutoCAD 2016 中，通过"查询质量特性"命令，可以查询所选对象（实体或面域）的质量、体积、边界框、惯性矩、惯性积和旋转半径等特征。

素材文件	光盘 \ 素材 \ 第 9 章 \ 毛巾架 .dwg
效果文件	无
视频文件	光盘 \ 视频 \ 第 9 章 \9.1.4 查询质量特性 .mp4

实战　毛巾架

步骤 01　单击"菜单浏览器"按钮，在弹出的菜单列表中单击"打开"|"图形"命令，打开一幅素材图形，如图 9-11 所示。

步骤 02　在命令行中输入 MASSPROP（质量特性）命令，并按【Enter】键确认，如图 9-12 所示。

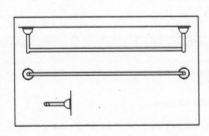

图 9-11 打开一幅素材图形

图 9-12 在命令行输入 MASSPROP

步骤 03　根据命令行提示进行操作，在绘图区选择所有图形为查询对象，如图 9-13 所示。

步骤 04　按【Enter】键确认，打开 AutoCAD 文本窗口，即可在文本窗口中查看到查询质量特性的信息，如图 9-14 所示。

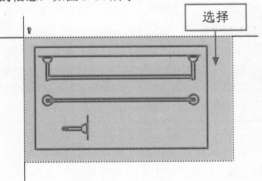

图 9-13 选择所有图形为查询对象

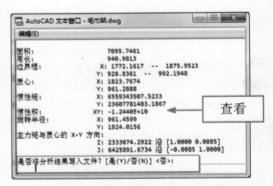

图 9-14 查看图形质量特性的信息

专家指点

　　显示菜单栏，单击"工具"|"查询"|"面域/质量特性"命令，也可以调用"质量特性"命令进行相应操作。

9.1.5　查询对象状态

　　在 AutoCAD 2016 中，使用"查询状态"命令可以查询到当前图形中对象的数目和当前空间中各种对象的类型等信息。

素材文件	光盘 \ 素材 \ 第 9 章 \ 办公椅 .dwg
效果文件	无
视频文件	光盘 \ 视频 \ 第 9 章 \9.1.5 查询对象状态 .mp4

实战　办公椅

步骤　01　单击"菜单浏览器"按钮，在弹出的菜单列表中单击"打开"|"图形"命令，打开一幅素材图形，如图 9-15 所示。

步骤　02　在命令行中输入 STATUS（状态）命令，并按【Enter】键确认，打开 AutoCAD 文本窗口，即可在文本窗口中查看到查询对象状态的信息，如图 9-16 所示。

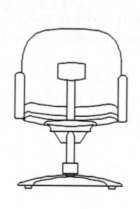

图 9-15　打开一幅素材图形

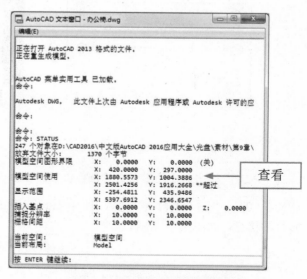

图 9-16　查看对象状态的信息

 专家指点

　　显示菜单栏，单击"工具"|"查询"|"状态"命令，也可以调用"状态"命令。

9.1.6　查询系统变量

　　在 AutoCAD 2016 中，系统变量可以实现许多功能。例如，AREA 记录了最后一次查询的面积，SNAPMODE 用户记录捕捉的状态，DWGNAME 用于保存当前文件的名称。系统变量通常存于配置文件中，其他的变量一部分存于图形文件中，另一部分不储存。下面介绍查询系统变量的操作方法。

素材文件	光盘\素材\第9章\组合音响.dwg
效果文件	无
视频文件	光盘\视频\第9章\9.1.6 查询系统变量.mp4

实战 组合音响

步骤 01 单击"菜单浏览器"按钮，在弹出的菜单列表中单击"打开"|"图形"命令，打开一幅素材图形，如图 9-17 所示。

步骤 02 在命令行中输入 SETVAR（设置变量）命令，按【Enter】键确认，如图 9-18 所示。

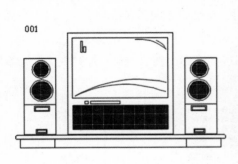

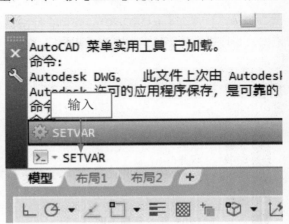

图 9-17 打开一幅素材图形

图 9-18 输入 SETVAR（设置变量）

步骤 03 根据命令行提示进行操作，输入"？"，按两次【Enter】键确认，弹出 AutoCAD 文本窗口，如图 9-19 所示。

步骤 04 每按一次【Enter】键确认，即可查询不同的系统变量，如图 9-20 所示。

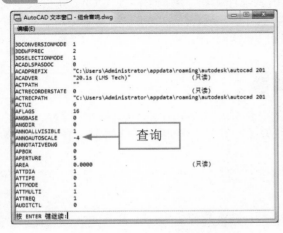

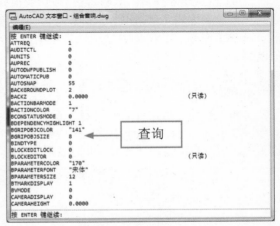

图 9-19 弹出 AutoCAD 文本窗口

图 9-20 查询不同的变量信息

显示菜单栏，单击"工具"|"查询"|"设置变量"命令，也可调用"系统变量"命令。

9.1.7　设置系统变量

　　在 AutoCAD 2016 中，用户可根据需要设置系统变量。

	素材文件	无
	效果文件	无
	视频文件	光盘 \ 视频 \ 第 9 章 \9.1.7 设置系统变量 .mp4

实战 设置系统变量

步骤 01 启动 AutoCAD 2016，在命令行中输入 SETVAR（设置变量）命令，并按【Enter】键确认，根据命令行提示进行操作，输入 ZOOMFACTOR（整数）命令，然后按【Enter】键确认，如图 9-21 所示。

步骤 02 输入 100，并按【Enter】键确认，绘图区的图形比例的变化程序将变大，命令提示窗口中将显示已修改的系统变量值，如图 9-22 所示。

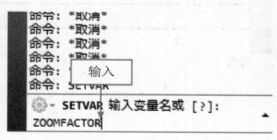

图 9-21　输入 ZOOMFACTOR 命令　　　　　　图 9-22　显示已修改的系统变量值

9.2　CAL 命令的使用

　　在 AutoCAD 2016 中，CAL 是一种功能很强的三维计算器，用户可以使用 CAL 完成数学表达式和矢量表达式（包括点、矢量和数值的组合）的计算，这样用户就可以不需要使用桌面计算器了。CAL 包含了标准的数学函数，还包括了一组专门用于计算点、矢量和 AutoCAD 几何图形的函数。

9.2.1　使用 CAL 作为点、矢量计算器

　　点和矢量的使用都可以使用两个或 3 个实数的组合来表示（平面空间使用两个实数，三维空间使用 3 个实数）。点用于定义空间中的位置，而矢量用于定义空间的方向和位移。在 CAL 计算过程中，用户也可以在计算表达式时使用点坐标。

	素材文件	光盘 \ 素材 \ 第 9 章 \ 飞镖盘 .dwg
	效果文件	无
	视频文件	光盘 \ 视频 \ 第 9 章 \9.2.1 使用 CAL 作为点、矢量计算器 .mp4

实战 飞镖盘

步骤 01 单击"菜单浏览器"按钮,在弹出的菜单列表中单击"打开"|"图形"命令,打开一幅素材图形,如图 9-23 所示。

步骤 02 在命令行中输入 ID(点坐标)命令,并按【Enter】键确认,根据命令行提示进行操作,在绘图区中左象限点上单击鼠标左键,如图 9-24 所示。

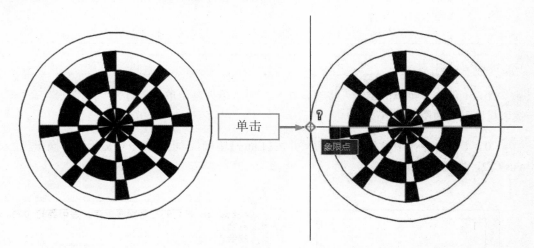

图 9-23 打开一幅素材图形　　　　　　图 9-24 在左象限点上单击鼠标左键

步骤 03 执行操作后,命令窗口中即可显示查询到的坐标值,如图 9-25 所示。

步骤 04 按【Enter】键确认,在绘图区中右象限点上,单击鼠标左键,执行操作后,命令窗口中即可显示查询到的坐标值,如图 9-26 所示。

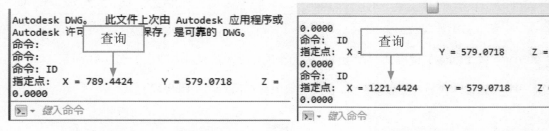

图 9-25 显示查询到的坐标值　　　　　　图 9-26 显示查询到的坐标值

步骤 05 在命令行中输入 CAL 命令,并按【Enter】键确认,输入([789,579] + [1221,579])/2,如图 9-27 所示。

步骤 06 按【Enter】键确认,即可使用 CAL 作为点、矢量计算器,如图 9-28 所示。

图 9-27 在命令行中输入表达式　　　　　　图 9-28 使用 CAL 作为点、矢量计算器

9.2.2 在 CAL 命令中使用捕捉模式

在 AutoCAD 2016 中，AutoCAD 捕捉模式可以作为表达式的一部分，并且 AutoCAD 提示用户选择对象并返回相应点的坐标。在计算表达式中，使用捕捉模式可以简化对象坐标的输入。

	素材文件	光盘 \ 素材 \ 第 9 章 \ 液晶电视机 .dwg
	效果文件	无
	视频文件	光盘 \ 视频 \ 第 9 章 \9.2.2 在 CAL 命令中使用捕捉模式 .mp4

实战 液晶电视机

步骤 01 单击"菜单浏览器"按钮，在弹出的菜单列表中单击"打开"|"图形"命令，打开一幅素材图形，如图 9-29 所示。

步骤 02 在命令行中输入 CAL 命令，并按【Enter】键确认，根据命令行提示进行操作，输入（cur ＋ cur）/2，如图 9-30 所示。

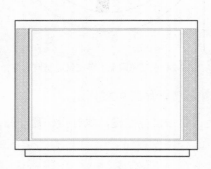

图 9-29 打开一幅素材图形

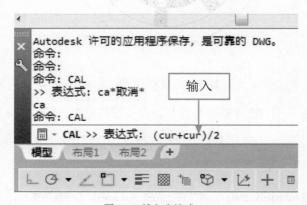

图 9-30 输入表达式

步骤 03 按【Enter】键确认，在绘图区的两个端点上单击鼠标左键，如图 9-31 所示。

步骤 04 执行操作后，即可在 CAL 命令中使用捕捉模式，如图 9-32 所示。

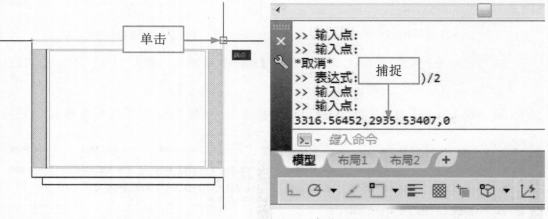

图 9-31 在两个端点上单击鼠标左键

图 9-32 在 CAL 命令中使用捕捉模式

9.3 外部参照的使用

外部参照是指一幅图形对另一幅图形的引用。在绘制图形时，如果一个图形文件需要参照其他图形或图像来绘制，而又不希望占用太多的存储空间，就可以使用 AutoCAD 的外部参照功能。本节主要介绍使用外部参照的操作方法。

9.3.1 附着 DWG 文件

在 AutoCAD 2016 中，通过"功能区"选项板可以快速地插入外部参照。

素材文件	光盘 \ 素材 \ 第 9 章 \ 个性沙发 .dwg
效果文件	光盘 \ 效果 \ 第 9 章 \ 个性沙发 .dwg
视频文件	光盘 \ 视频 \ 第 9 章 \9.3.1 附着 DWG 文件 .mp4

实战 个性沙发

步骤 01 单击"菜单浏览器"按钮，在弹出的菜单列表中单击"新建"|"图形"命令，新建一幅空白图形文件，单击"功能区"选项板中的"插入"选项卡，在"参照"面板上单击"附着"按钮，如图 9-33 所示。

步骤 02 弹出"选择参照文件"对话框，选择需要打开的图形文件，如图 9-34 所示。

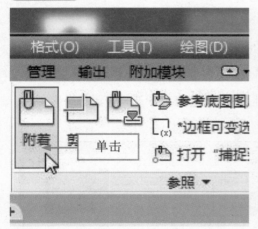

图 9-33 单击"附着"按钮

图 9-34 选择需要打开的图形文件

步骤 03 单击"打开"按钮，弹出"附着外部参照"对话框，在"参照类型"选项区中选中"附着型"单选按钮，在"插入点"选项区选中"在屏幕上指定"复选框，如图 9-35 所示。

步骤 04 单击"确定"按钮，在命令行中输入（100，100），并按【Enter】键确认，将图形插入到新建文件中，即可附着外部参照图形，如图 9-36 所示。

专家指点

单击快速访问工具栏右侧的下拉按钮，在弹出的列表框中选择"显示菜单栏"选项，显示菜单栏，然后单击"插入"|"DWG 参照"命令，也可以调用"DWG 参照"命令。

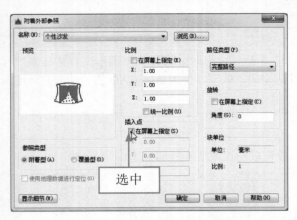

图 9-35 选中"在屏幕上指定"复选框

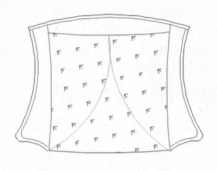

图 9-36 附着外部参照图形

9.3.2 附着图像参照

在 AutoCAD 2016 中，用户可以附着图像参照。

素材文件	光盘 \ 素材 \ 第 9 章 \ 客厅 .bmp
效果文件	光盘 \ 效果 \ 第 9 章 \ 客厅 .dwg
视频文件	光盘 \ 视频 \ 第 9 章 \9.3.2 附着图像参照 .mp4

实战 客厅

步骤 01　单击"菜单浏览器"按钮，在弹出的菜单列表中单击"新建"|"图形"命令，新建一幅空白图形文件，在命令行中输入 IMAGEATTACH（光栅图像参照）命令，如图 9-37 所示。

步骤 02　按【Enter】键确认，弹出"选择参照文件"对话框，在其中选择需要的图形文件，如图 9-38 所示。

图 9-37 输入 IMAGEATTACH 命令

图 9-38 选择需要的图形文件

步骤 03　单击"打开"按钮，弹出"附着图像"对话框，如图 9-39 所示。

步骤 04　单击"确定"按钮，根据命令行提示进行操作，输入（2000，500），按【Enter】键确认，如图 9-40 所示。

图 9-39 弹出"附着图像"对话框

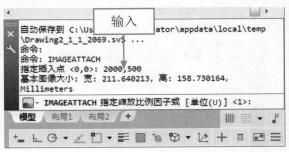

图 9-40 输入（2000，500）

步骤 05 再输入 10，如图 9-41 所示，按【Enter】键确认。

步骤 06 执行操作后，即可附着图像参照图像，效果如图 9-42 所示。

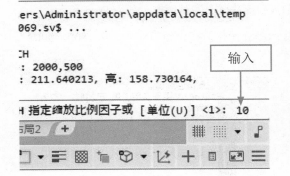

图 9-41 再输入 10

图 9-42 附着图像参照图像

专家指点

显示菜单栏，单击"插入"|"光栅图像参照"命令，也可调用"光栅图像参照"命令。

9.3.3 附着 DWF 参考底图

在 AutoCAD 2016 中，附着 DWF 参考底图与附着外部参照功能相似，DWF 格式文件是一种从 DWG 格式文件创建的高度压缩的文件格式。可以将 DWF 文件作为参考图附着到图形文件上，通过附着 DWF 文件，用户可以参照该文件而不增加图形文件的大小。另外，DWG 格式文件支持实时平移和缩放以及对图层的显示和命名视图显示的控制。

素材文件	光盘 \ 素材 \ 第 9 章 \ 家庭影院 .dwf
效果文件	光盘 \ 效果 \ 第 9 章 \ 家庭影院 .dwg
视频文件	光盘 \ 视频 \ 第 9 章 \9.3.3 附着 DWF 参考底图 .mp4

实战 家庭影院

步骤 01 启动 AutoCAD 2016，在命令行中输入 DWFATTACH（DWF 参考底图）命令，如图 9-43 所示。

步骤 02 按【Enter】键确认，弹出"选择参照文件"对话框，在其中选择需要的图形文件，如图 9-44 所示。

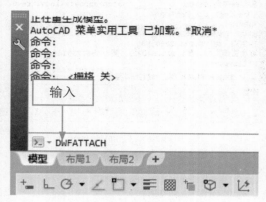

图 9-43 输入 DWFATTACH 命令　　　　　　　图 9-44 选择需要的图形文件

步骤 03 单击"打开"按钮，弹出"附着 DWF 参考底图"对话框，如图 9-45 所示。

步骤 04 单击"确定"按钮，根据命令行提示进行操作，在命令行中输入（1500，500），如图 9-46 所示，按【Enter】键确认。

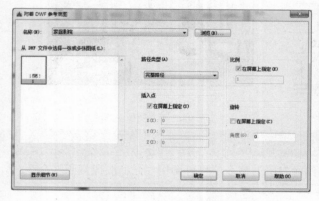

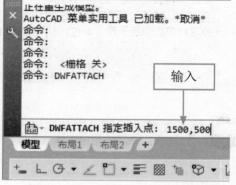

图 9-45 "附着 DWF 参考底图"对话框　　　　　图 9-46 在命令行中输入（1500，500）

步骤 05 再输入 0.4，如图 9-47 所示，按【Enter】键确认。

步骤 06 执行操作后，即可附着 DWF 参考底图，效果如图 9-48 所示。

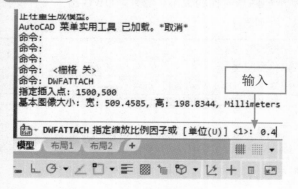

图 9-47 在命令行中输入 0.4　　　　　　　　图 9-48 附着 DWF 参考底图

显示菜单栏，单击"插入"|"DWF 参考底图"命令，也可以调用"DWF 参考底图"命令。

9.3.4 附着 DGN 文件

在 AutoCAD 2016 中，DGN 格式文件是 MicroStation 绘图软件生成的文件，该文件格式对精度、层数以及文件和单元的大小并不限制。下面介绍附着 DGN 文件的操作方法。

素材文件	光盘\素材\第 9 章\豪华双人床 .dgn	
效果文件	光盘\效果\第 9 章\豪华双人床 .dwg	
视频文件	光盘\视频\第 9 章\9.3.4 附着 DGN 文件 .mp4	

实战 豪华双人床

步骤 01 启动 AutoCAD 2016，在"功能区"选项板中，切换至"插入"选项卡，单击"参照"面板中的"外部参照"按钮，如图 9-49 所示。

步骤 02 弹出"外部参照"面板，单击"附着 DWG"右侧的下拉按钮，在弹出的下拉列表中，选择"附着 DGN"选项，如图 9-50 所示。

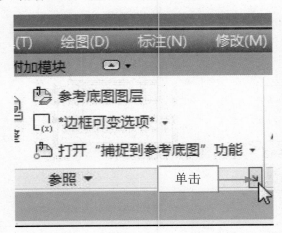

图 9-49 单击"外部参照"按钮

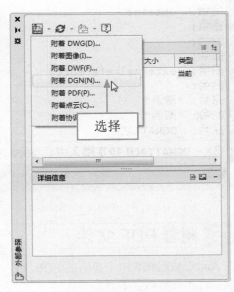

图 9-50 选择"附着 DGN"选项

显示菜单栏，单击"插入"|"DGN 参考底图"命令，也可以调用"DGN 参考底图"命令。

步骤 03 弹出"选择参照文件"对话框，选择需要附着的参照文件，单击"打开"按钮，如图 9-51 所示。

步骤 04 弹出"附着 DGN 参考底图"对话框，保持默认设置选项，如图 9-52 所示。

图 9-51 选择需要附着的参照文件　　　　　　图 9-52 "附着 DGN 参考底图"对话框

步骤 05 单击"确定"按钮，根据命令行提示进行操作，在命令行中输入（2000，500），如图 9-53 所示，按【Enter】键确认。

步骤 06 在命令行中继续输入 0.01，并按【Enter】键确认，即可附着 DGN 文件外部参照图形，如图 9-54 所示。

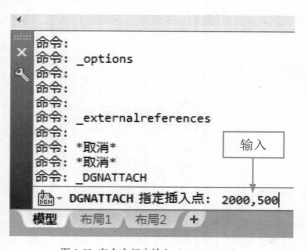

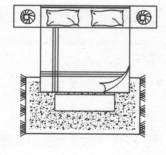

图 9-53 在命令行中输入（2000，500）　　　　图 9-54 附着 DGN 文件外部参照图形

9.3.5 附着 PDF 文件

在 AutoCAD 2016 中，多页的 PDF 文件一次可附着一页，PDF 文件中的超文本链接被转换为纯文字，且不支持数字签名。

	素材文件	光盘 \ 素材 \ 第 9 章 \ 音响 .pdf
	效果文件	光盘 \ 效果 \ 第 9 章 \ 音响 . dwg
	视频文件	光盘 \ 视频 \ 第 9 章 \9.3.5 附着 PDF 文件 .mp4

实战 音响

步骤 01 启动 AutoCAD 2016，在"功能区"选项板中，切换至"插入"选项卡，单击"参照"面板中的"外部参照"按钮 ，弹出"外部参照"面板，单击"附着 DWG"右侧的下拉按钮，在弹出的下拉列表中，选择"附着 PDF"选项，如图 9-55 所示。

步骤 **02** 弹出"选择参照文件"对话框，选择需要附着的参照文件，单击"打开"按钮，如图9-56所示。

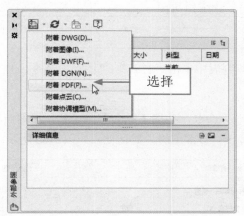

图 9-55 选择"附着 PDF"选项　　　　　图 9-56 选择需要附着的参照文件

步骤 **03** 弹出"附着 PDF 参考底图"对话框，保持默认设置选项，如图9-57所示。

步骤 **04** 单击"确定"按钮，根据命令行提示进行操作，在命令行中输入（0，0），按【Enter】键确认，输入 50 并按【Enter】键确认，即可附着 PDF 文件外部参照图形，如图9-58所示。

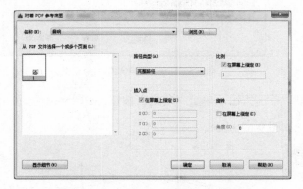

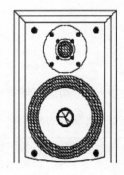

图 9-57 "附着 PDF 参考底图"对话框　　　　图 9-58 附着 PDF 文件外部参照图形

 专家指点

　　显示菜单栏，单击"插入"|"PDF 参考底图"命令，也可调用"PDF 参考底图"命令。

9.4 外部参照的管理

　　在 AutoCAD 2016 中，用户可以在"外部参照"选项板中对外部参照进行编辑和管理。本节主要介绍管理外部参照的操作方法。

9.4.1 编辑外部参照

　　在 AutoCAD 2016 中，可以使用"在位编辑参照"命令编辑当前图形中的外部参照，也可以重新定义当前图形中的块定义。

素材文件	光盘 \ 素材 \ 第 9 章 \ 编辑外部参照 .dwg	
效果文件	光盘 \ 效果 \ 第 9 章 \ 编辑外部参照 .dwg	
视频文件	光盘 \ 视频 \ 第 9 章 \9.4.1 编辑外部参照 .mp4	

实战 编辑外部参照

步骤 01 单击"菜单浏览器"按钮，在弹出的菜单列表中单击"打开" | "图形"命令，打开一幅素材图形，如图 9-59 所示。

步骤 02 在命令行中输入 REFEDIT（在位编辑参照）命令，并按【Enter】键确认，根据命令行提示进行操作，在绘图区的图形上单击鼠标左键，弹出"参照编辑"对话框，如图 9-60 所示。

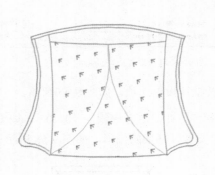

图 9-59 打开一幅素材图形

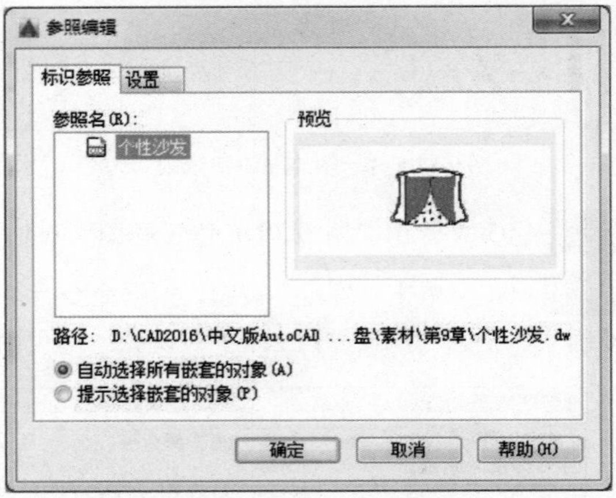

图 9-60 弹出"参照编辑"对话框

步骤 03 选中"自动选择所有嵌套的对象"单选按钮，单击"确定"按钮，如图 9-61 所示。

步骤 04 此时被选中的部分将高亮显示，如图 9-62 所示。

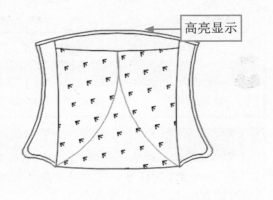

图 9-61 单击"确定"按钮

图 9-62 被选中的部分将高亮显示

步骤 05 在"功能区"选项板中将弹出"编辑参照"面板，在"编辑参照"面板上单击"保存修改"按钮，如图 9-63 所示。

步骤 06 弹出信息提示框，提示所有参照编辑都将被保存，如图 9-64 所示，单击"确定"按钮，即可保存编辑外部参照。

图 9-63 单击"保存修改"按钮

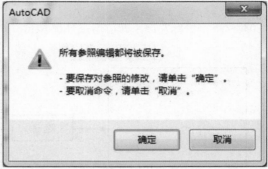

图 9-64 弹出信息提示框

9.4.2 剪裁外部参照

在 AutoCAD 2016 中，"剪裁"命令用于定义外部参照的剪裁边界、设置前后剪裁面，这样就可以只显示剪裁范围以内的外部参照对象（即将剪裁范围以外的外部参照从当前显示图形中裁掉）。

素材文件	光盘 \ 素材 \ 第 9 章 \ 盆景 .dwg
效果文件	光盘 \ 效果 \ 第 9 章 \ 盆景 .dwg
视频文件	光盘 \ 视频 \ 第 9 章 \9.4.2 剪裁外部参照 .mp4

实战 盆景

步骤 01 单击"菜单浏览器"按钮，在弹出的菜单列表中单击"打开"|"图形"命令，打开一幅素材图形，如图 9-65 所示。

步骤 02 单击"功能区"选项板中的"插入"选项卡，在"参照"面板上单击"剪裁"按钮 🗔，如图 9-66 所示。

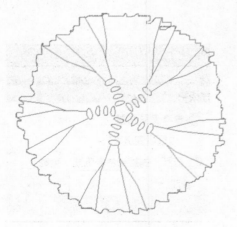

图 9-65 打开一幅素材图形

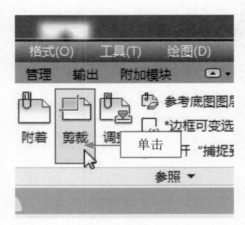

图 9-66 单击"剪裁"按钮

步骤 **03** 根据命令行提示进行操作，在绘图区中选择图形为编辑对象，连续按 3 次【Enter】键确认，在图形的左上方的合适位置单击鼠标左键，拖曳鼠标至右下方合适的端点上，如图 9-67 所示。

步骤 **04** 单击鼠标左键，即可剪裁外部参照，效果如图 9-68 所示。

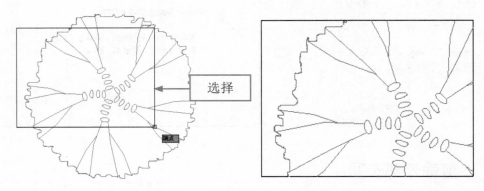

图 9-67 拖曳鼠标至合适的端点上　　　　　图 9-68 剪裁外部参照后的效果

9.4.3 拆离外部参照

在 AutoCAD 2016 中，当插入一个外部参照后，如果需要删除该外部参照，可以将其进行拆离操作。

	素材文件	光盘 \ 素材 \ 第 9 章 \ 盆景 .dwg
	效果文件	无
	视频文件	光盘 \ 视频 \ 第 9 章 \9.4.3 拆离外部参照 .mp4

实战 拆离外部参照

步骤 **01** 以上一个素材为例，单击"菜单浏览器"按钮，在弹出的菜单列表中单击"打开"|"图形"命令，打开素材图形，如图 9-69 所示。

步骤 **02** 单击"功能区"选项板中的"插入"选项卡，在"参照"面板上单击"参照"右侧的按钮，如图 9-70 所示。

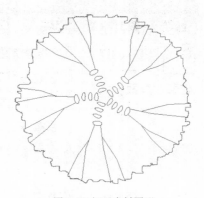

图 9-69 打开素材图形

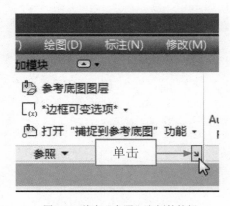

图 9-70 单击"参照"右侧的按钮

步骤 `03` 弹出"外部参照"面板，在"参照名"列表框中选择"盆景1"选项，单击鼠标右键，在弹出的快捷菜单中选择"拆离"选项，如图 9-71 所示。

步骤 `04` 执行操作后，在"参照名"列表框中将不显示"盆景1"选项，即可拆离外部参照，如图 9-72 所示。

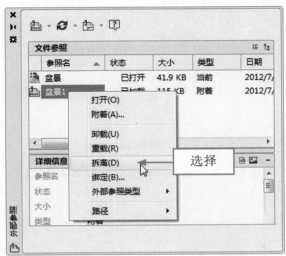
图 9-71 选择"拆离"选项

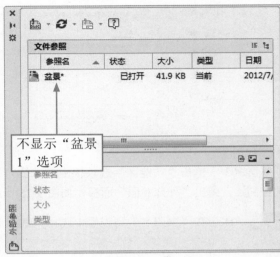
图 9-72 拆离外部参照

专家指点

在 AutoCAD 2016 中，用户可以用同样的方法，根据需要对外部参照进行重载、和绑定操作。

＊ 运用重载功能可以在任何时候都可以从外部参照进行卸载，同样可以一次选择多个外部参照文件，同时进行卸载。

＊ 使用绑定可以断开指定的外部参照与原图形文件的链接，并转换为块对象，成为当前图形的永久组成部分。

9.4.4 卸载外部参照

在 AutoCAD 2016 中，用户可根据需要对外部参照进行卸载操作。卸载与拆离不同，卸载并不删除外部参照的定义，而仅仅取消外部参照的图形显示（包括其所有副本）。

素材文件	光盘 \ 素材 \ 第 9 章 \ 纸扇平面图 .dwg	
效果文件	无	
视频文件	光盘 \ 视频 \ 第 9 章 \9.4.4 卸载外部参照 .mp4	

实战 纸扇平面图

步骤 `01` 单击"菜单浏览器"按钮，在弹出的菜单列表中单击"打开"|"图形"命令，如图 9-73 所示。

步骤 `02` 执行操作后，打开一幅素材图形，如图 9-74 所示。

图 9-73 单击"打开"命令 图 9-74 打开一幅素材图形

步骤 **03** 单击"功能区"选项板中的"插入"选项卡，在"参照"面板上单击"参照"右侧的按钮 ◥，弹出"外部参照"面板，如图 9-75 所示。

步骤 **04** 在"参照名"列表框中选择"纸扇平面图 1"选项，如图 9-76 所示。

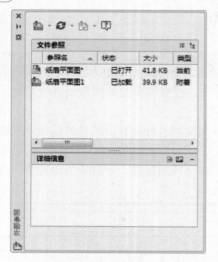

图 9-75 "外部参照"面板 图 9-76 选择"纸扇平面图 1"选项

步骤 **05** 单击鼠标右键，在弹出的快捷菜单中选择"卸载"选项，如图 9-77 所示。

步骤 **06** 执行操作后，在"参照名"列表框中选择"纸扇平面图 1"选项，"状态"显示"已卸载"，即可卸载外部参照，如图 9-78 所示。

专家指点

　　AutoCAD 2016 在打开一个附着有外部参照的图形文件时，将自动重载所有附着的外部参照，但是在编辑该文件的过程中则不能实时地反映原图形文件的改变。因此，利用重载功能可以在任何时候将卸载的外部参照进行重载，对指定的外部参照进行更新。

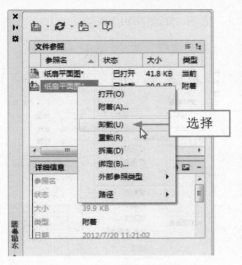

图 9-77 选择"卸载"选项

图 9-78 卸载外部参照

9.4.5 重载外部参照

在 AutoCAD 2016 中，运用重载功能可以在任何时候都能从外部参照进行卸载，同样可以一次选择多个外部参照文件，同时进行卸载。

素材文件	光盘 \ 素材 \ 第 9 章 \ 雨伞 .dwg
效果文件	无
视频文件	光盘 \ 视频 \ 第 9 章 \9.4.5 重载外部参照 .mp4

实战 雨伞

步骤 01 单击"菜单浏览器"按钮，在弹出的菜单列表中单击"打开" | "图形"命令，打开一幅素材图形，如图 9-79 所示。

步骤 02 单击"功能区"选项板中的"插入"选项卡，在"参照"面板上单击"参照"右侧的按钮 ✎，弹出"外部参照"面板，如图 9-80 所示。

图 9-79 打开一幅素材图形

图 9-80 "外部参照"面板

步骤 03 在"参照名"列表框中选择"雨伞 1"选项，如图 9-81 所示。

步骤 04 单击鼠标右键，在弹出的快捷菜单中选择"重载"选项，如图 9-82 所示。

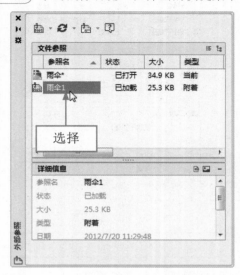

图 9-81 选择"雨伞 1"选项　　　　　图 9-82 选择"重载"选项

步骤 05 执行操作后，即可重载外部参照。

9.4.6　绑定外部参照

在 AutoCAD 2016 中，使用绑定可以断开指定的外部参照与原图形文件的链接，并转换为块对象，成为当前图形的永久组成部分。下面介绍绑定外部参照的操作方法。

素材文件	光盘 \ 素材 \ 第 9 章 \ 运动服 .dwg
效果文件	无
视频文件	光盘 \ 视频 \ 第 9 章 \9.4.6 绑定外部参照 .mp4

实战 运动服

步骤 01 单击"菜单浏览器"按钮，在弹出的菜单列表中单击"打开"|"图形"命令，打开一幅素材图形，如图 9-83 所示。

步骤 02 单击"功能区"选项板中的"插入"选项卡，在"参照"面板上单击"参照"右侧的按钮 ↘，弹出"外部参照"面板，在"参照名"列表框中选择"运动服 1"选项，单击鼠标右键，在弹出的快捷菜单中选择"绑定"选项，如图 9-84 所示。

专家指点

在弹出的"外部参照"对话框中，各主要选项的含义如下。

＊ "外部参照"选项区：列出当前附着在图形中的外部参照。

＊ "绑定定义"选项区：列出依赖外部参照的命名对象定义以绑定到宿主图形。

＊ "添加"按钮：将"外部参照"列表中，选定命名对象定义移动到"绑定定义"列表中。

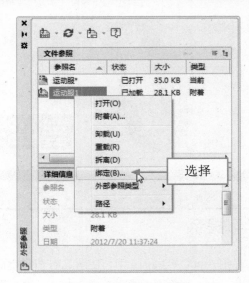

图 9-83 打开一幅素材图形   图 9-84 选择"绑定"选项

步骤 03 弹出"绑定外部参照"对话框，选中"绑定"单选按钮，如图 9-85 所示。

步骤 04 单击"确定"按钮，返回"外部参照"面板，即可绑定外部参照为块参照，此时在"外部参照"面板中将不显示外部参照文件，如图 9-86 所示。

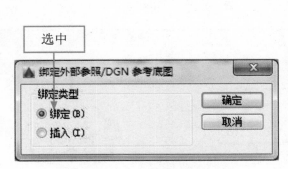

图 9-85 选中"绑定"单选按钮   图 9-86 不显示外部参照文件

管理图块与设计中心

学习提示

在 AutoCAD 2016 中，图块具有节省空间、便于修改和有利于设计后期的数据统计等特点，因此在绘图中得到广泛的应用。图块是由一个或多个对象组成的对象集合，常用于绘制复杂、重复的图形。本章主要介绍管理图块与设计中心的操作方法。

本章案例导航

- 实战——开口销钉
- 实战——圆形沙发
- 实战——餐桌平面
- 实战——沙发平面
- 实战——电话机
- 实战——煤气罐
- 实战——三角板
- 实战——圆形床
- 实战——定位套
- 实战——桌球台

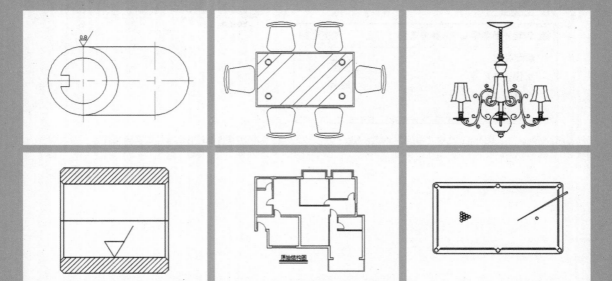

10.1 图块的创建

创建图块就是将已有的图形对象定义为图块的过程，可将一个或多个图形对象定义为一个图块。本节主要介绍创建图块的操作方法。

10.1.1 图块的特点

在 AutoCAD 2016 中，使用块可以提高绘图速度、节省存储空间、便于修改图形并能够为其添加属性。下面向用户介绍 AutoCAD 中图块的特点。

1. 提高绘图效率

在 AutoCAD 中绘图时，常常要绘制一些重复出现的图形。如果把这些图形做成块保存起来，绘制它们时就可以用插入块的方法实现，即把绘图变成了拼图，从而避免了大量的重复性工作，提高了绘图效率。

2. 节省存储空间

AutoCAD 要保存图中每一个对象的相关信息，如对象的类型、位置、图层、线型及颜色等，这些信息要占用存储空间。如果一幅图中包含有大量相同的图形，就会占据较大的磁盘空间。但如果把相同的图形事先定义成一个块，绘制它们时就可以直接把块插入到图中的各个相应位置。这样既满足了绘图要求，又可以节省磁盘空间。因为虽然在块的定义中包含了图形的全部对象，但系统只需要一次这样的定义。对块的每次插入，AutoCAD 仅需要记住这个块对象的有关信息（如块名、插入点坐标及插入比例等）。对于复杂但需多次绘制的图形，这一优点显示更为明显。

3. 便于修改图形

一张工程图纸往往需要多次修改。如在建筑设计中，旧的国家标准用虚线表示建筑剖面、新标准则用细实线表示。如果对旧图纸上的每一处按国家新标准修改，既费时又不方便。但如果原来剖面图是通过块的方法绘制的，那么只要简单地对块进行再定义，就可对图中的所有剖面进行修改。

4. 添加属性

许多块还要求有文字信息以进一步解释其用途。AutoCAD 允许用户为块创建这些文字属性，并可在插入的块中指定是否显示这些属性。此外，还可以从图中提取信息并将它们传送到数据库中。

10.1.2 创建内部图块

在 AutoCAD 2016 中，内部图块跟随定义它的图形文件一起保存，存储在图形文件的内部，因此只能在当前图形文件中调用，而不能在其他图形文件中调用。

	素材文件	光盘 \ 素材 \ 第 10 章 \ 电话机 .dwg
	效果文件	光盘 \ 效果 \ 第 10 章 \ 电话机 .dwg
	视频文件	光盘 \ 视频 \ 第 10 章 \10.1.2 创建内部图块 .mp4

实战	电话机

步骤 01 单击"菜单浏览器"按钮,在弹出的菜单列表中单击"打开"|"图形"命令,打开一幅素材图形,如图 10-1 所示。

步骤 02 单击"功能区"选项板中的"插入"选项卡,在"块定义"面板上单击"创建块"按钮◻,如图 10-2 所示。

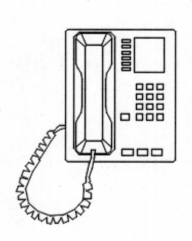

图 10-1 打开一幅素材图形　　　　　　　　图 10-2 单击"创建块"按钮

步骤 03 弹出"块定义"对话框,在其中设置"名称"为"电话机",如图 10-3 所示。

步骤 04 在"对象"选项区中单击"选择对象"按钮,在绘图区中选择需要创建为图块的图形对象,如图 10-4 所示。

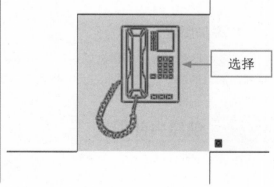

图 10-3 设置"名称"为"电话机"　　　　　　　　图 10-4 选择图形对象

步骤 05 按【Enter】键确认,弹出"块定义"对话框,单击"确定"按钮,如图 10-5 所示。

步骤 06 执行操作后,即可创建内部图块,如图 10-6 所示。

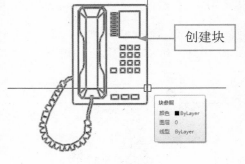

图 10-5 单击"确定"按钮　　　　　　　　　　图 10-6 创建内部图块

 专家指点

在 AutoCAD 2016 中，用户还可以通过以下 3 种方法，调用"创建"命令：

＊ 命令 1：在命令行中输入 BLOCK（创建块）命令，按【Enter】键确认。

＊ 命令 2：在命令行中输入 B（创建块）命令，按【Enter】键确认。

＊ 命令 3：显示菜单栏，单击"绘图"|"块"|"创建"命令。

10.1.3 创建外部图块

在 AutoCAD 2016，外部图块也称为外部图块文件，它以文件的形式保存在本地磁盘中，用户可根据需随时将外部图块调用到其他图形文件中。

素材文件	光盘 \ 素材 \ 第 10 章 \ 镜子 .dwg
效果文件	无
视频文件	光盘 \ 视频 \ 第 10 章 \10.1.3 创建外部图块 .mp4

实战 镜子

步骤 01 单击"菜单浏览器"按钮，在弹出的菜单列表中单击"打开"|"图形"命令，打开一幅素材图形，如图 10-7 所示。

步骤 02 在命令行中输入 WBLOCK（写块）命令，按【Enter】键确认，弹出"写块"对话框，在"对象"选项区中单击"选择对象"按钮，如图 10-8 所示。

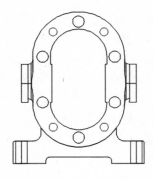

图 10-7 打开一幅素材图形　　　　　　　　　图 10-8 单击"选择对象"按钮

步骤 03 在绘图区中选择需要编辑的图形对象，如图 10-9 所示。

步骤 04 按【Enter】键确认，弹出"写块"对话框，在"目标"选项区中设置文件名和路径，如图 10-10 所示，单击"确定"按钮，即可完成外部图块的创建。

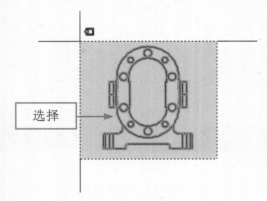

图 10-9 选择图形对象　　　　　　　　　图 10-10 完成外部图块的创建

10.2　图块的编辑

在 AutoCAD 2016 中，用户可根据需要对图块进行编辑，如插入单个图块、插入阵列图块、修改图块插入基点、分解图块以及重新定义图块等。

10.2.1　插入单个图块

在 AutoCAD 2016 中，插入图块是指将已定义的图块插入到当前的文件中。下面介绍插入单个图块的操作方法。

素材文件	光盘 \ 素材 \ 第 10 章 \ 开口销钉 .dwg
效果文件	光盘 \ 效果 \ 第 10 章 \ 开口销钉 .dwg
视频文件	光盘 \ 视频 \ 第 10 章 \10.2.1 插入单个图块 .mp4

实战 开口销钉

步骤 01 启动 AutoCAD 2016，单击"功能区"选项板中的"插入"选项卡，在"块"面板上单击"插入"按钮，如图 10-11 所示。

步骤 02 弹出"插入"对话框，取消选中"在屏幕上指定"复选框，设置 X 为 10、Y 为 10，如图 10-12 所示。

专家指点

在 AutoCAD 2016 中，用户还可以通过以下 3 种方法，调用"插入块"命令：

﹡ 命令 1：在命令行中输入 INSERT（插入）命令，按【Enter】键确认。

﹡ 命令 2：在命令行中输入 I（插入）命令，按【Enter】键确认。

﹡ 命令 3：显示菜单栏，单击"插入"|"块"命令。

执行以上任意一种操作，均可调用"插入块"命令。

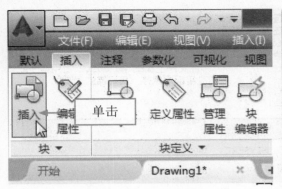

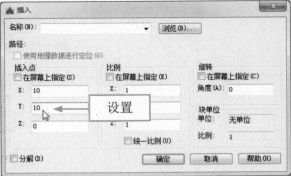

图 10-11 单击"插入"按钮　　　　　　　图 10-12 设置相关参数

> **步骤 03** 单击"浏览"按钮，弹出"选择图形文件"对话框，在其中选择需要插入的图形文件，如图 10-13 所示。

> **步骤 04** 单击"打开"按钮，返回"插入"对话框，单击"确定"按钮，即可插入单个图块，如图 10-14 所示。

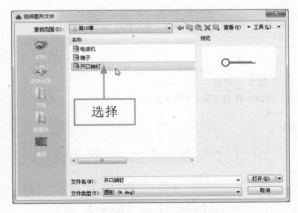

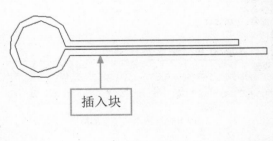

图 10-13 选择需要插入的图形文件　　　　　　图 10-14 插入单个图块

10.2.2 插入阵列图块

在 AutoCAD 2016 中，用户可根据需要插入阵列图块。

	素材文件	光盘 \ 素材 \ 第 10 章 \ 煤气罐 .dwg
	效果文件	光盘 \ 效果 \ 第 10 章 \ 煤气罐 .dwg
	视频文件	光盘 \ 视频 \ 第 10 章 \10.2.2 插入阵列图块 .mp4

实战 煤气罐

> **步骤 01** 单击"菜单浏览器"按钮，在弹出的菜单列表中单击"打开"|"图形"命令，打开一幅素材图形，如图 10-15 所示。

> **步骤 02** 在命令行中输入 MINSERT（阵列插入块）命令，如图 10-16 所示，并按【Enter】键确认。

图 10-15 打开一幅素材图 图 10-16 输入 MINSERT 命令

步骤 03 根据命令行提示进行操作，输入文字"矩形"，如图 10-17 所示，并按【Enter】键确认。

步骤 04 输入坐标值（0，0），指定插入点，如图 10-18 所示，并按【Enter】键确认。

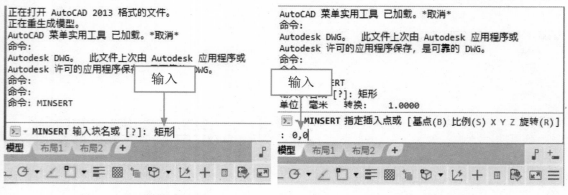

图 10-17 输入文字"矩形" 图 10-18 输入坐标值（0，0）

步骤 05 再次输入坐标值（0，0），指定插入点，如图 10-19 所示，按【Enter】键确认。

步骤 06 输入 1，指定 X 比例因子，指定对角点，如图 10-20 所示，按【Enter】键确认。

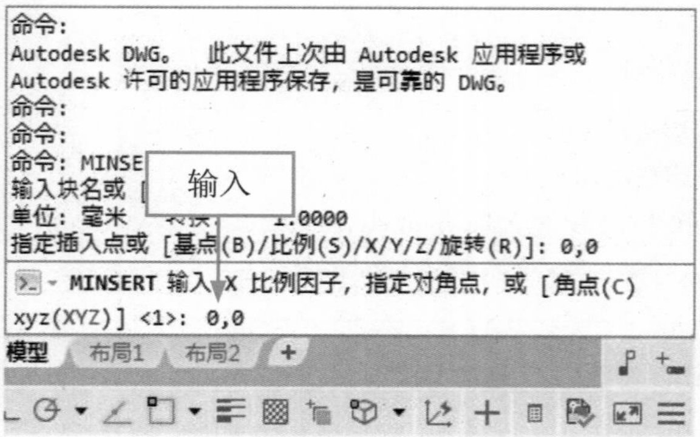

图 10-19 输入坐标值（0，0） 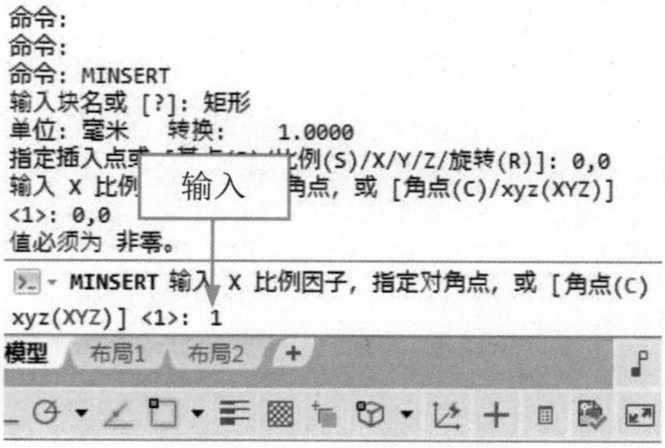 图 10-20 输入 1 指定 X 比例因子

步骤 07 继续输入 1，指定 Y 比例因子，如图 10-21 所示，并按【Enter】键确认。

步骤 08 输入 0，指定旋转角度，如图 10-22 所示，并按【Enter】键确认。

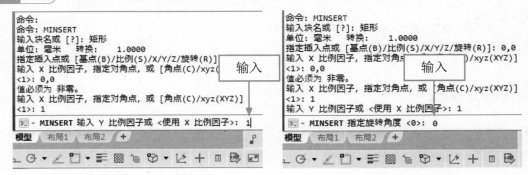

图 10-21 指定 Y 比例因子　　　　　　　　　图 10-22 指定旋转角度

步骤 09 输入 2，指定图块阵列行数，如图 10-23 所示，并按【Enter】键确认。

步骤 10 输入 1，指定图块阵列列数，如图 10-24 所示，并按【Enter】键确认。

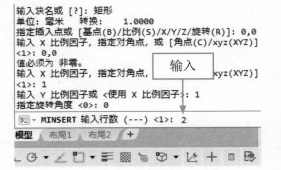

图 10-23 指定图块阵列行数

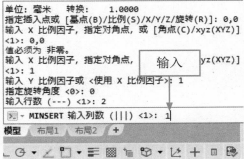

图 10-24 指定图块阵列列数

步骤 11 输入 3，指定阵列行间距，如图 10-25 所示，并按【Enter】键确认。

步骤 12 执行操作后，即可阵列图块，如图 10-26 所示。

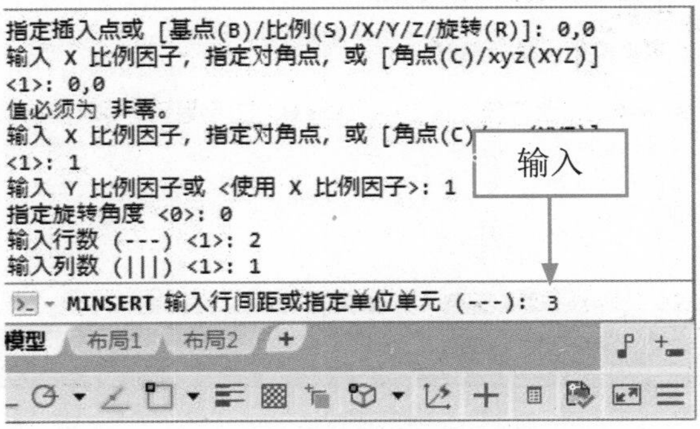

图 10-25 指定阵列行间距

图 10-26 阵列图块效果

步骤 13 在命令行中输入 MOVE（移动）命令，如图 10-27 所示，并按【Enter】键确认。

步骤 14 根据命令行提示进行操作，选择阵列图块为移动对象并确认，将其移动至合适位置后单击鼠标左键，即可移动图形，效果如图 10-28 所示。

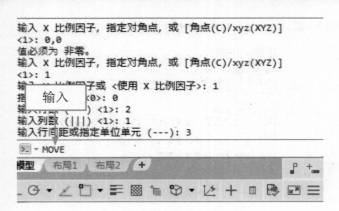

图 10-27 输入 MOVE（移动）命令　　　　　　　　图 10-28 插入阵列图块效果

10.2.3 修改图块插入基点

　　图块上的任意一点都可以作为该图块的基点，但为了绘图方便，需要根据图形的结构选择基点，一般选择在图块的对称中心、左下角或其他有特征的位置，该基点是图形插入过程中进行旋转或调整比例的基准点。

素材文件	光盘 \ 素材 \ 第 10 章 \ 三角板 .dwg
效果文件	光盘 \ 效果 \ 第 10 章 \ 三角板 .dwg
视频文件	光盘 \ 视频 \ 第 10 章 \10.2.3 修改图块插入基点 .mp4

实战 三角板

步骤 01 　打开一幅素材图形，在"功能区"选项板中的"插入"选项卡中单击"块定义"面板中间的下拉按钮，在展开的面板上单击"设置基点"按钮，如图 10-29 所示。

步骤 02 　根据命令行提示进行操作，在命令行中输入新的基点坐标值（100，100，0），如图 10-30 所示，按【Enter】键确认，即可修改图块插入基点。

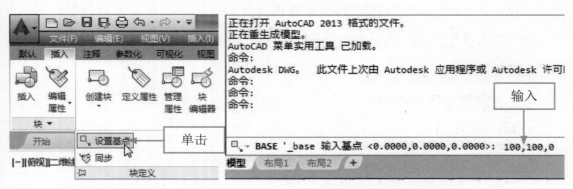

图 10-29 单击"设置基点"按钮　　　　　　　　图 10-30 修改图块插入基点

10.2.4 分解图块

　　在 AutoCAD 2016 中，由于插入的图块是一个整体，在需要对图块进行编辑时，必须先将其分解。下面介绍分解图块的操作方法。

素材文件	光盘 \ 素材 \ 第 10 章 \ 圆形床 .dwg
效果文件	光盘 \ 效果 \ 第 10 章 \ 圆形床 .dwg
视频文件	光盘 \ 视频 \ 第 10 章 \10.2.4 分解图块 .mp4

实战 圆形床

步骤 01 单击"菜单浏览器"按钮，在弹出的菜单列表中单击"打开"|"图形"命令，打开一幅素材图形，如图 10-31 所示。

步骤 02 单击"功能区"选项板中的"默认"选项卡，在"修改"面板上单击"分解"按钮，如图 10-32 所示。

图 10-31 打开一幅素材图形　　　　　　　　图 10-32 单击"分解"按钮

步骤 03 根据命令行提示，在绘图区中选择需要分解的图块对象，如图 10-33 所示。

步骤 04 按【Enter】键确认，即可分解图块，效果如图 10-34 所示。

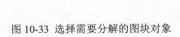

图 10-33 选择需要分解的图块对象　　　　　　图 10-34 分解图块对象

10.2.5 重新定义图块

在 AutoCAD 2016 中，如果在一个图形文件中多次重复插入一个图块，又需将所有相同的图块统一修改或改变成另一个标准，则可以运用图块的重新定义功能来实现。

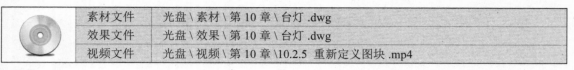

素材文件	光盘 \ 素材 \ 第 10 章 \ 台灯 .dwg
效果文件	光盘 \ 效果 \ 第 10 章 \ 台灯 .dwg
视频文件	光盘 \ 视频 \ 第 10 章 \10.2.5 重新定义图块 .mp4

实战 台灯

步骤 **01** 单击"菜单浏览器"按钮,在弹出的菜单列表中单击"打开"|"图形"命令,打开一幅素材图形,如图 10-35 所示。

步骤 **02** 单击"功能区"选项板中的"插入"选项卡,在"块定义"面板上单击"创建块"按钮,弹出"块定义"对话框,在"名称"文本框中输入"新圆",如图 10-36 所示。

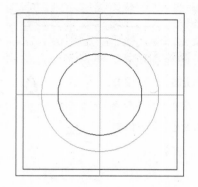

图 10-35 打开一幅素材图形

图 10-36 在文本框中输入"新圆"

步骤 **03** 单击"选择对象"按钮,根据命令行提示进行操作,在绘图区中选择圆为编辑对象,如图 10-37 所示。

步骤 **04** 按【Enter】键确认,弹出"块定义"对话框,单击"确定"按钮,如图 10-38 所示,即可重新定义图块。

图 10-37 选择圆为编辑对象

图 10-38 单击"确定"按钮

10.3 图块属性的创建与编辑

块属性是附属于块的非图形信息,是块的组成部分,是特定的可包含在块定义中的文字对象。

在定义一个块时，属性必须预先定义然后才能被选定，通常属性用于在块的插入过程中进行自动注释。本节主要介绍创建与编辑图块属性的操作方法。

10.3.1 创建带有属性的块

在 AutoCAD 2016 中，用户可根据需要创建带有属性的块。

素材文件	光盘 \ 素材 \ 第 10 章 \ 卡车 .dwg
效果文件	光盘 \ 效果 \ 第 10 章 \ 卡车 .dwg
视频文件	光盘 \ 视频 \ 第 10 章 \10.3.1 创建带有属性的块 .mp4

实战 卡车

步骤 01 单击"菜单浏览器"按钮，在弹出的菜单列表中单击"打开"|"图形"命令，打开一幅素材图形，如图 10-39 所示。

步骤 02 单击"功能区"选项板中的"插入"选项卡，在"块定义"面板上单击"定义属性"按钮，如图 10-40 所示。

图 10-39 打开一幅素材图形　　　　　　　　　图 10-40 单击"定义属性"按钮

 专家指点

在 AutoCAD 2016 中，用户还可以通过以下 3 种方法，调用"定义属性"命令：

＊ 命令 1：在命令行中输入 ATTDEF（定义属性）命令，按【Enter】键确认。

＊ 命令 2：在命令行中输入 ATT（定义属性）命令，按【Enter】键确认。

＊ 命令 3：显示菜单栏，单击"绘图"|"块"|"定义属性"命令。

执行以上任意一种操作，均可调用"定义属性"命令。

步骤 03 弹出"属性定义"对话框，在"标记"文本框中输入"卡车"，在"文字设置"选项区中单击"对正"下拉按钮，在弹出的列表框中选择"中间"选项，在"文字高度"数值框中输入 10，如图 10-41 所示。

步骤 04 单击"确定"按钮，根据命令行提示进行操作，输入（2321，1029），按【Enter】键确认，即可创建带有属性的块，效果如图 10-42 所示。

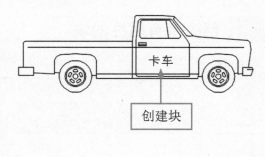

图 10-41 设置各参数值　　　　　　图 10-42 创建带有属性的块

10.3.2 插入带有属性的块

插入一个带有属性的块时，其插入方法与插入一个不带属性的块基本相同，只是在后面增加了属性输入提示。

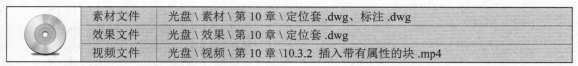

素材文件	光盘 \ 素材 \ 第 10 章 \ 定位套 .dwg、标注 .dwg
效果文件	光盘 \ 效果 \ 第 10 章 \ 定位套 .dwg
视频文件	光盘 \ 视频 \ 第 10 章 \10.3.2 插入带有属性的块 .mp4

实战 定位套

步骤 01 单击"菜单浏览器"按钮，在弹出的菜单列表中单击"打开" | "图形"命令，打开一幅素材图形，如图 10-43 所示。

步骤 02 单击"功能区"选项板中的"插入"选项卡，在"块"面板上单击"插入"下拉按钮，选择"更多选项"选项，弹出"插入"对话框，如图 10-44 所示。

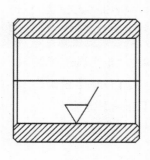

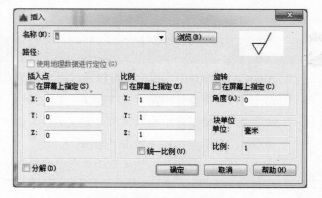

图 10-43 打开一幅素材图形　　　　　　图 10-44 弹出"插入"对话框

步骤 03 单击"浏览"按钮，弹出"选择图形文件"对话框，在其中选择需要插入的素材文件，如图 10-45 所示。

步骤 04 单击"打开"按钮，返回"插入"对话框，单击"确定"按钮，如图 10-46 所示。

图 10-45 选择需要插入的素材文件

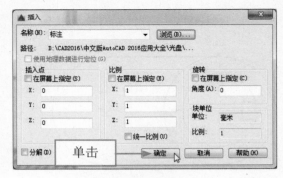

图 10-46 单击"确定"按钮

步骤 05 弹出"编辑属性"对话框，在文本框中输入"6.4"，如图 10-47 所示。

步骤 06 单击"确定"按钮，即可插入带有属性的块，调整其大小和位置，效果如图 10-48 所示。

图 10-47 输入"6.4"

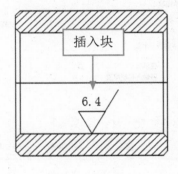

图 10-48 插入带有属性的块

10.3.3 编辑块的属性

在 AutoCAD 2016 中，块属性就像其他对象一样，用户可以对其进行编辑。

	素材文件	光盘 \ 素材 \ 第 10 章 \ 编辑块的属性 .dwg
	效果文件	光盘 \ 效果 \ 第 10 章 \ 编辑块的属性 .dwg
	视频文件	光盘 \ 视频 \ 第 10 章 \10.3.3 编辑块的属性 .mp4

实战 编辑块的属性

步骤 01 单击"菜单浏览器"按钮，在弹出的菜单列表中单击"打开"|"图形"命令，打开一幅素材图形，如图 10-49 所示。

步骤 02 在绘图区中的属性定义块上双击鼠标左键，如图 10-50 所示。

步骤 03 弹出"增强属性编辑器"对话框，切换至"属性"选项卡，将值修改为"0.8"，如图 10-51 所示。

步骤 04 设置完成后，单击"确定"按钮，即可编辑块的属性，如图 10-52 所示。

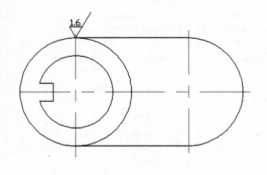

图 10-49 打开一幅素材图形

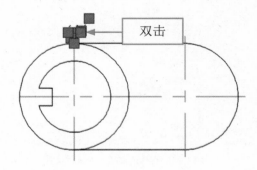

图 10-50 双击鼠标左键

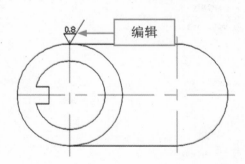

图 10-51 修改值

图 10-52 编辑块的属性

10.4 AutoCAD 设计中心的使用

在 AutoCAD 2016 中，AutoCAD 设计中心为用户提供了一个直观且高效的工具来管理图形设计资源。利用它可以访问图形、块、图案填充和其他图形内容，可以将原图形中的任何内容拖曳到当前图形中，还可以将图形、块和填充拖曳至工具面板上。原图可以位于用户的计算机、网络位置或网站上。另外，如果打开了多个图形，则可以通过设计中心，在图形之间复制和粘贴其他内容，如定义图层、布局和文字样式来简化绘图过程。

10.4.1 打开设计中心面板

在 AutoCAD 2016 中，打开"设计中心"面板的方法有很多种，下面向用户进行介绍。

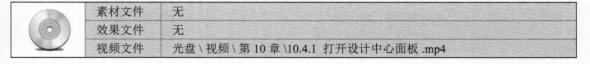

	素材文件	无
	效果文件	无
	视频文件	光盘 \ 视频 \ 第 10 章 \10.4.1 打开设计中心面板 .mp4

实战 打开设计中心面板

步骤 01 启动 AutoCAD 2016，单击"功能区"选项板中的"视图"选项卡，在"选项板"面板上单击"设计中心"按钮，如图 10-53 所示。

步骤 02 执行操作后，即可打开"设计中心"面板，如图 10-54 所示。

图 10-53 单击"设计中心"按钮

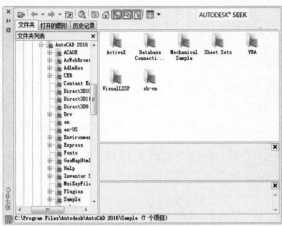

图 10-54 打开"设计中心"面板

专家指点

用户可以通过以下 4 种方法执行"设计中心"命令：

✳ 菜单栏：单击菜单栏中的"工具"｜"选项板"｜"设计中心"命令。

✳ 命令行：输入 ADCENTER 命令。

✳ 按钮法：在"功能区"选项板的"视图"选项卡中，单击"选项板"面板中"设计中心"按钮。

✳ 快捷键：按【Ctrl ＋ 2】组合键。

执行以上任意一种操作，均可打开"设计中心"面板。

10.4.2 AutoCAD 设计中心的功能

在 AutoCAD 2016 中，使用 AutoCAD 设计中心可以进行以下工作：

✳ 为频繁访问的图形、文件夹和 Web 站点创建快捷方式。

✳ 根据不同的查询条件在本地计算机和网络上查找图形文件，找到后可以将它们直接加载到绘图区或设计中心。

✳ 浏览不同的图形文件，包括当前的图形和 Web 站点上的图形库。

✳ 查看块、图层和其他图形文件的定义，并将这些图形定义插入到当前图形文件中。

✳ 通过控制显示方式来控制"设计中心"选项板的显示效果，还可以在选项板中显示与图形文件相关的描述信息和预览图像。

10.4.3 插入设计中心内容

通过 AutoCAD 设计中心，用户可以方便地在当前图形中插入图块、引用图像和外部参照，及在图形之间复制图层、图块、线型、文字样式、标注样式和用户定义的内容等。下面介绍通过"AutoCAD 设计中心"插入图块的方法。

素材文件	光盘 \ 素材 \ 第 10 章 \ 桌布 .dwg
效果文件	光盘 \ 效果 \ 第 10 章 \ 桌布 .dwg
视频文件	光盘 \ 视频 \ 第 10 章 \10.4.3 插入设计中心内容 .mp4

实战 桌布

步骤 01 单击"菜单浏览器"按钮，在弹出的菜单列表中单击"新建"|"图形"命令，新建一幅图形文件，单击"功能区"选项板中的"视图"选项卡，在"选项板"面板上单击"设计中心"按钮，打开"设计中心"面板，如图 10-55 所示。

步骤 02 在"文件夹列表"模型树中展开相应的选项，单击"桌布 .dwg"选项前的"+"号，展开该选项，如图 10-56 所示。

图 10-55 打开"设计中心"面板

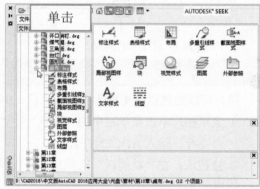

图 10-56 展开"桌布 .dwg"选项

步骤 03 在面板右侧的控制板中，选择"块"选项，单击鼠标右键，在弹出的快捷菜单中选择"浏览"选项，如图 10-57 所示。

步骤 04 打开"块"选项，在其中选择"桌布"选项，单击鼠标右键，在弹出的快捷菜单中选择"插入块"选项，如图 10-58 所示。

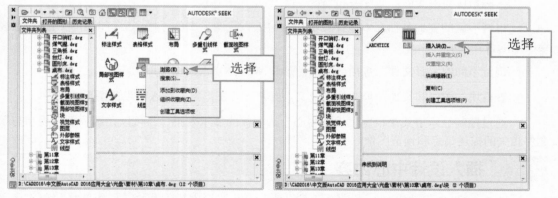

图 10-57 选择"浏览"选项　　　　　　　　　　　图 10-58 选择"插入块"选项

步骤 05 弹出"插入"对话框，在"插入点"选项区中取消选中"在屏幕上指定"复选框，设置 X 为 0、Y 为 0，如图 10-59 所示。

步骤 06 单击"确定"按钮，即可插入图块，效果如图 10-60 所示。

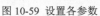

图 10-59 设置各参数

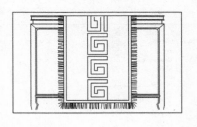

图 10-60 插入图块的效果

10.4.4 将图形加载到设计中心

在 AutoCAD 2016 中，用户还可以根据需要将图形加载到设计中心。

	素材文件	光盘 \ 素材 \ 第 10 章 \ 圆形沙发 .dwg
	效果文件	无
	视频文件	光盘 \ 视频 \ 第 10 章 \10.4.4 将图形加载到设计中心 .mp4

实战 圆形沙发

步骤 01 启动 AutoCAD 2016，单击"功能区"选项板中的"视图"选项卡，在"选项板"面板上单击"设计中心"按钮，如图 10-61 所示。

步骤 02 打开"设计中心"面板，单击"加载"按钮 ⬀，如图 10-62 所示。

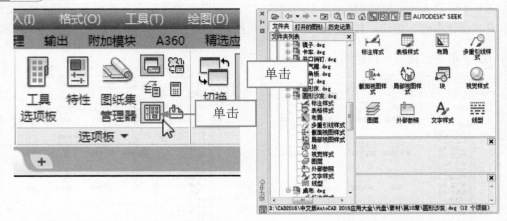

图 10-61 单击"设计中心"按钮

图 10-62 单击"加载"按钮

步骤 03 弹出"加载"对话框，在其中选择需要加载的图形文件，如图 10-63 所示。

步骤 04 单击"打开"按钮，即可将其加载到"设计中心"面板中，如图 10-64 所示。

 专家指点

　　AutoCAD 设计中心为用户提供了一个直观且高效的工具来管理图形设计资源。利用它可以访问图形、块、图案填充和其他图形内容，可以将原图形中的任何内容拖曳到当前图形中，还可以将图形、块和填充拖曳至工具面板上。

图 10-63 选择需要加载的图形文件　　　　图 10-64 加载到"设计中心"面板

10.4.5　查找对象

在 AutoCAD 2016 中，使用设计中心的查找功能，可以方便地查找出需要的文件。

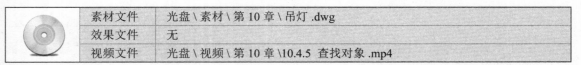

素材文件	光盘 \ 素材 \ 第 10 章 \ 吊灯 .dwg
效果文件	无
视频文件	光盘 \ 视频 \ 第 10 章 \10.4.5 查找对象 .mp4

实战 吊灯

步骤 01 启动 AutoCAD 2016，单击"功能区"选项板中的"视图"选项卡，在"选项板"面板上单击"设计中心"按钮，打开"设计中心"面板，如图 10-65 所示。

步骤 02 单击"搜索"按钮 🔍，如图 10-66 所示。

图 10-65 打开"设计中心"面板　　　　图 10-66 单击"搜索"按钮

步骤 03 弹出"搜索"对话框，在"搜索文字"文本框中输入文件的名称，在"搜索"下拉列表中选择包含要查找文件的驱动器，如图 10-67 所示。

步骤 **04** 单击"立即搜索"按钮，在下侧的列表框中即可显示搜索到的图形文件，如图 10-68 所示。

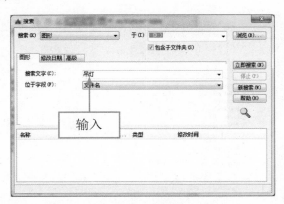

图 10-67 输入文件的名称

图 10-68 显示搜索到的图形文件

10.4.6 收藏对象

在 AutoCAD 2016 中，利用 AutoCAD 设计中心的收藏功能，可以将常用的文件收集在一起，以便以后使用。

素材文件	光盘 \ 素材 \ 第 10 章 \ 吊灯 .dwg
效果文件	无
视频文件	光盘 \ 视频 \ 第 10 章 \10.4.6 收藏对象 .mp4

实战 收藏对象

步骤 **01** 启动 AutoCAD 2016，单击"功能区"选项板中的"视图"选项卡，在"选项板"面板上单击"设计中心"按钮，打开"设计中心"面板，单击"收藏夹"按钮，如图 10-69 所示。

步骤 **02** 在"文件夹列表"模型树中，选择需要添加到收藏夹的素材图形，如图 10-70 所示。

图 10-69 单击"收藏夹"按钮

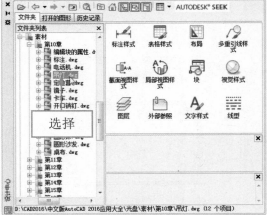

图 10-70 选择素材图形

步骤 **03** 单击鼠标右键，在弹出的快捷菜单中选择"添加到收藏夹"选项，如图 10-71 所示。

步骤 **04** 执行操作后，即可收藏图形对象，单击面板上方的"收藏夹"按钮，即可显示已收藏的素材图形，如图 10-72 所示。

图 10-71 选择"添加到收藏夹"选项　　　　图 10-72 收藏图形对象

10.4.7 预览对象

在 AutoCAD 2016 中，使用 AutoCAD 设计中心的预览功能，可以显示图形的预览效果。

素材文件	光盘 \ 素材 \ 第 10 章 \ 餐桌平面 .dwg
效果文件	无
视频文件	光盘 \ 视频 \ 第 10 章 \10.4.7 预览对象 .mp4

实战 餐桌平面

步骤 **01** 单击"菜单浏览器"按钮，在弹出的菜单列表中单击"打开" | "图形"命令，打开一幅素材图形，如图 10-73 所示。

步骤 **02** 单击"功能区"选项板中的"视图"选项卡，在"选项板"面板上单击"设计中心"按钮，打开"设计中心"面板，在"文件夹列表"模型树中选择素材文件夹中的第 10 章，如图 10-74 所示。

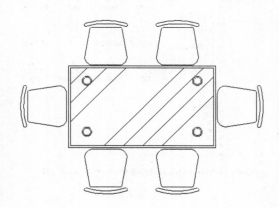

图 10-73 打开一幅素材图形　　　　图 10-74 选择第 10 章

步骤 03 在控制板中选择"餐桌平面 .dwg"选项，如图 10-75 所示。

步骤 04 单击面板上方的"预览"按钮，即可预览图形对象，如图 10-76 所示。

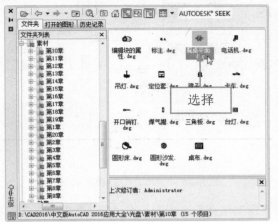

图 10-75 选择"餐桌平面"选项　　　　　　　　　　图 10-76 预览图形对象

10.5 工具选项板和 CAD 标准的使用

在 AutoCAD 2016 中，使用"工具选项板"选项板，可以存储、管理和查找常用的工具。使用设计中心，可以把存储在本地驱动器、网络或 Web 上的内容添加到工具选项板中。此外，也可以移动工具选项板到任意位置，使其不妨碍对绘图窗口的几何图形进行快速访问。绘制一个复杂图形时，如果所有绘图人员都遵循一个共同的标准，那么绘图时的协调工作将变得非常容易。本节主要介绍使用工具选项板和 CAD 标准的操作方法。

10.5.1 使用"工具"选项板填充图案

在 AutoCAD 2016 中，使用"工具"选项板可以存储、管理和查找常用的工具。下面向用户介绍使用"工具"选项板填充图案的操作方法。

	素材文件	光盘 \ 素材 \ 第 10 章 \ 沙发平面 .dwg
	效果文件	光盘 \ 效果 \ 第 10 章 \ 沙发平面 .dwg
	视频文件	光盘 \ 视频 \ 第 10 章 \10.5.1 使用"工具"选项板填充图案 .mp4

实战 沙发平面

步骤 01 单击"菜单浏览器"按钮，在弹出的菜单列表中单击"打开"|"图形"命令，打开一幅素材图形，如图 10-77 所示。

步骤 02 单击"功能区"选项板中的"视图"选项卡，在"选项板"面板上单击"工具选项板"按钮 ，如图 10-78 所示。

专家指点

"工具选项板"中包含多种功能，如图案填充、表格、命令工具样例、引线、绘图、修改、电力、土木工程等，合理使用相应工具。

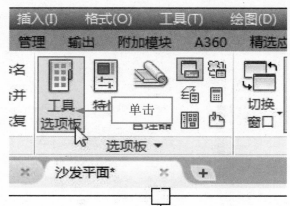

图 10-77 打开一幅素材图形 图 10-78 单击"工具选项板"按钮

步骤 **03** 弹出"工具选项板"面板，切换至"图案填充"选项卡，在"ISO 图案填充"选项区中选择相应选项，如图 10-79 所示。

步骤 **04** 根据命令行提示进行操作，在绘图区指定合适的插入点，单击鼠标左键确认，即可使用工具选项板填充图案，效果如图 10-80 所示。

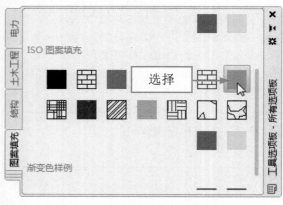

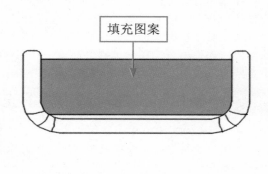

图 10-79 选择合适的选项 图 10-80 填充图案

10.5.2 创建 CAD 标准

在 AutoCAD 2016 中，CAD 标准是指为命名对象定义一个公共特性集。用户可以根据图形中使用的命名对象创建 CAD 标准，如图层、文本样式、线型和标注样式等。定义一个标准之后，可以使用样板文件的形式来存储这个标准，并且能够将一个标准文件和多个图形文件相关联，从而检查 CAD 图形文件是否与标准文件一致。

	素材文件	光盘 \ 素材 \ 第 10 章 \ 豪华双人床 .dwg
	效果文件	光盘 \ 效果 \ 第 10 章 \ 豪华双人床 .dwg
	视频文件	光盘 \ 视频 \ 第 10 章 \10.5.2 创建 CAD 标准 .mp4

实战 豪华双人床

步骤 **01** 单击"菜单浏览器"按钮,在弹出的菜单列表中单击"打开"|"图形"命令,打开一幅素材图形,如图 10-81 所示。

步骤 **02** 单击"菜单浏览器"按钮,在弹出的菜单列表中单击"另存为"|"图形"命令,如图 10-82 所示。

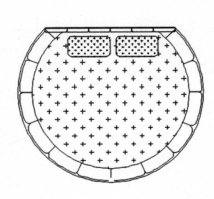

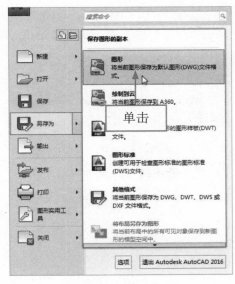

图 10-81 打开一幅素材图形　　　　　　　图 10-82 单击"另存为"|"图形"命令

步骤 **03** 弹出"图形另存为"对话框,在其中设置文件的保存位置及文件名称,单击"文件类型"下拉按钮,在弹出的列表框中选择"AutoCAD 图形标准(*.dws)"选项,如图 10-83 所示。

步骤 **04** 设置完成后,单击"保存"按钮,如图 10-84 所示,即可创建一个扩展名为 .dws 的标准文件。

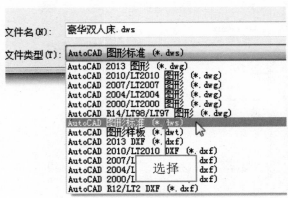

图 10-83 选择"AutoCAD 图形标准"选项　　　　图 10-84 创建标准文件

10.5.3 关联文件

下面介绍关联文件的操作方法。

素材文件	光盘 \ 素材 \ 第 10 章 \ 桌球台 .dwg、豪华双人床 .dws
效果文件	无
视频文件	光盘 \ 视频 \ 第 10 章 \10.5.3 关联文件 .mp4

实战 桌球台

步骤 **01** 打开一幅素材图形，单击"功能区"选项板中的"管理"选项卡，在"CAD 标准"面板上单击"配置"按钮，如图 10-85 所示。

步骤 **02** 弹出"配置标准"对话框，单击"添加标准文件"按钮，如图 10-86 所示。

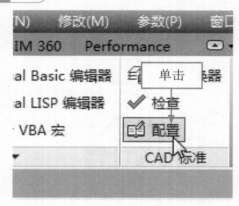

图 10-85 单击"配置"按钮　　　　　　图 10-86 单击"添加标准文件"按钮

步骤 **03** 弹出"选择标准文件"对话框，在其中用户可根据需要选择标准的图形文件，如图 10-87 所示。

步骤 **04** 单击"打开"按钮，返回"配置标准"对话框，在"与当前图形关联的标准文件"列表框中将显示关联文件，如图 10-88 所示。

图 10-87 选择标准的图形文件　　　　　　图 10-88 显示关联文件

步骤 **05** 单击"确定"按钮，即可保存关联文件。

10.5.4 检查图形

在 AutoCAD 2016 中，使用 CAD 标准文件可以检查图形文件是否与 CAD 标准文件有冲突，然后解决冲突。

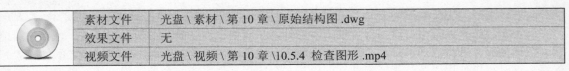

素材文件	光盘 \ 素材 \ 第 10 章 \ 原始结构图 .dwg
效果文件	无
视频文件	光盘 \ 视频 \ 第 10 章 \10.5.4 检查图形 .mp4

实战 原始结构图

步骤 **01** 单击"菜单浏览器"按钮，在弹出的菜单列表中单击"打开"|"图形"命令，打开一幅素材图形，如图 10-89 所示。

步骤 **02** 单击"功能区"选项板中的"管理"选项卡，在"CAD 标准"面板上单击"检查"按钮✔，如图 10-90 所示。

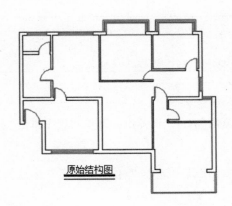

图 10-89 打开素材图形

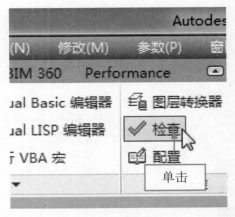

图 10-90 单击"检查"按钮

步骤 **03** 弹出"检查标准"对话框，单击"下一个"按钮，检查不同的图形问题，如图 10-91 所示。

步骤 **04** 检查完成后，弹出"检查标准 - 检查完成"对话框，即可查看检查图形结果，如图 10-92 所示。

图 10-91 单击"下一个"按钮

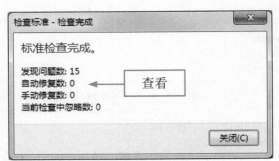

图 10-92 查看检查图形结果

10.6 图纸集的创建与编辑

　　用户在绘制和编辑图形时，通过控制图形的显示或快速移动到图形的不同区域，可以灵活地观察图形的整个效果或局部细节。但在大型的工程绘图中，单个的图纸不利于团体之间的交流和保存，这时可以使用"图纸集管理器"面板将多个图形文件组成一个图纸集，从而更加方便地管理图纸。

10.6.1 创建图纸集

　　在 AutoCAD 2016 中，图纸集是指将几个图形文件中的图纸有序集合，图纸是从图形文件中选定的布局。用户可以将图纸集作为一个单元进行管理、传递和归档。用户可以使用"创建图纸集"向导来创建图纸集。在向导中，既可以基于现有图形从头开始创建图纸集，也可以使用图纸集样例作为样板进行创建。

	素材文件	无
	效果文件	无
	视频文件	光盘 \ 视频 \ 第 10 章 \10.6.1 创建图纸集 .mp4

实战	创建图纸集

步骤 01　启动 AutoCAD 2016，单击"菜单浏览器"按钮，在弹出的菜单列表中单击"新建"|"图纸集"命令，如图 10-93 所示。

步骤 02　弹出"创建图纸集 - 开始"对话框，在其中选中"样例图纸集"单选按钮，如图 10-94 所示。

图 10-93 单击"图纸集"命令

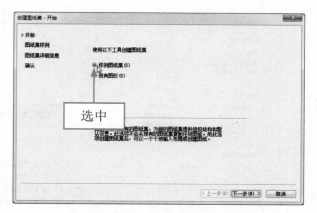

图 10-94 选中"样例图纸集"单选按钮

步骤 03　单击"下一步"按钮，进入"创建图纸集 - 图纸集样例"界面，在列表框中选择一个图纸集作为样例，如图 10-95 所示。

步骤 04 单击"下一步"按钮，进入"创建图纸集 - 图纸集详细信息"界面，在"新图纸集的名称"文本框中输入"设计图纸"，如图 10-96 所示。

图 10-95 选择一个图纸集作为样例　　　　　图 10-96 输入"设计图纸"

步骤 05 单击"下一步"按钮，进入"创建图纸集 - 确认"界面，在"图纸集预览"列表框中显示了创建图纸集的相关信息，如图 10-97 所示。

步骤 06 单击"完成"按钮，弹出"图纸管理器"面板，在"图纸"列表框中显示了新建的图纸集，即可创建图纸集，如图 10-98 所示。

图 10-97 显示了创建图纸集的相关信息　　　　图 10-98 创建图纸集

专家指点

在命令行中输入 NEWSHEETSET（图纸集）命令，并按【Enter】键确认，也可以调用"图纸集"命令。

10.6.2 编辑图纸集

在 AutoCAD 2016 中，完成图纸集的创建后，就可以创建和修改图纸了。"图纸集管理器"面板中有多个用于创建图纸和添加视图的选项，这些选项可以通过在选择的某个项目上单击鼠标右键，在弹出的快捷菜单中选择一个选项进行访问。下面介绍编辑图纸集的操作方法。

素材文件	无
效果文件	无
视频文件	光盘 \ 视频 \ 第 10 章 \10.6.2 编辑图纸集 .mp4

实战 编辑图纸集

步骤 01 单击"功能区"选项板中的"视图"选项卡，在"选项板"面板上单击"图纸集管理器"按钮，如图 10-99 所示。

步骤 02 弹出"图纸集管理器"面板，在"图纸"列表框中选择"设计图纸"选项，单击鼠标右键，在弹出的快捷菜单中选择"特性"选项，如图 10-100 所示。

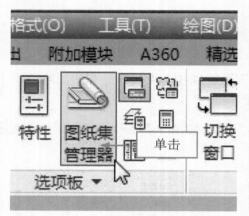

图 10-99 单击"图纸集管理器"按钮

图 10-100 选择"特性"选项

步骤 03 弹出"图纸集特性 - 设计图纸"对话框，在"名称"文本框中输入"设计图纸集"，如图 10-101 所示。

步骤 04 单击"确定"按钮，返回"图纸集管理器"面板，在"图纸"列表框中即可显示已更改名称的图纸集，如图 10-102 所示。

图 10-101 输入"设计图纸集"

图 10-102 显示已更改名称的图纸集

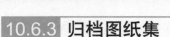

10.6.3 归档图纸集

在 AutoCAD 2016 中，用户还可以根据需要归档图纸集。

素材文件	无
效果文件	无
视频文件	光盘 \ 视频 \ 第 10 章 \10.6.3 归档图纸集 .mp4

实战 归档图纸集

步骤 01 在命令行中输入 ARCHIVE（归档图纸集）命令，如图 10-103 所示。

步骤 02 按【Enter】键确认，弹出"归档图纸集"对话框，单击"修改归档设置"按钮，如图 10-104 所示。

图 10-103 输入 ARCHIVE 命令

图 10-104 单击"修改归档设置"按钮

步骤 03 弹出"修改归档设置"对话框，选中"包含字体"复选框，单击"归档文件夹"按钮，如图 10-105 所示。

步骤 04 弹出"指定文件夹位置"对话框，在其中设置保存路径，如图 10-106 所示。

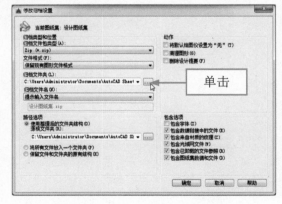

图 10-105 单击"归档文件夹"按钮

图 10-106 设置保存路径

步骤 05 　单击"打开"按钮，返回"修改归档设置"对话框，在"归档文件夹"下方将显示已更改的保存路径，如图 10-107 所示。

步骤 06 　单击"确定"按钮，返回"归档图纸集"对话框，单击"确定"按钮，弹出"指定 Zip 文件"对话框，设置保存路径，单击"保存"按钮，如图 10-108 所示。弹出"正在创建归档文件包"对话框，即可归档图纸集。

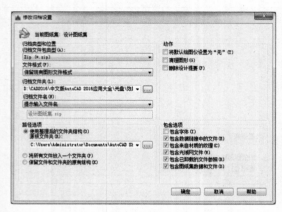

图 10-107　显示已更改的保存路径

图 10-108　单击"保存"按钮

文字的创建与设置

学习提示

　　在 AutoCAD 2016 中绘图时，除了要有图形外，还要有必要的图纸说明文字。文字常用于标注一些非图形信息，其中包括标题栏、明细栏和技术要求等。本章主要介绍创建与设置文字的各种操作方法。

本章案例导航

- 实战——玻璃酒柜
- 实战——床头背景
- 实战——灯箱广告
- 实战——技术要求
- 实战——洗衣机
- 实战——土建结构图
- 实战——阀盖剖视图
- 实战——转阀剖视图
- 实战——酒柜立面图
- 实战——半圆键

洗衣机

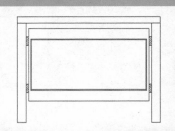

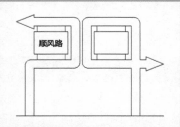

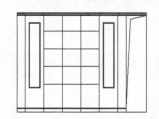

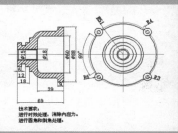

11.1 文字样式的创建和设置

在 AutoCAD 2016 中输入文字时，通常使用当前的文字样式，用户可以根据具体要求重新创建新的文字样式。文字样式包括字体、字型、高度、宽度因子、倾斜角度、方向等文字特征。本节主要介绍创建文字样式的操作方法。

11.1.1 创建文字样式

在进行文字标注前，应该先对文字样式进行设置，从而方便、快捷地对图形对象进行标注，得到统一、标准、美观的标注文字。下面介绍创建文字样式的操作方法。

素材文件	光盘 \ 素材 \ 第 11 章 \ 玻璃酒柜 .dwg
效果文件	光盘 \ 效果 \ 第 11 章 \ 玻璃酒柜 .dwg
视频文件	光盘 \ 视频 \ 第 11 章 \11.1.1 创建文字样式 .mp4

实战 玻璃酒柜

步骤 01 单击"菜单浏览器"按钮，在弹出的菜单列表中单击"打开"|"图形"命令，如图 11-1 所示。

步骤 02 执行操作后，打开一幅素材图形，如图 11-2 所示。

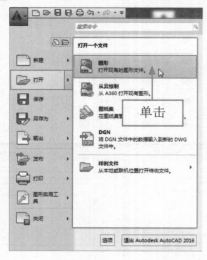
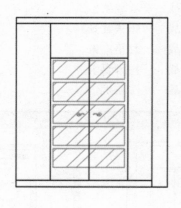

图 11-1 单击"打开"|"图形"命令　　　　　图 11-2 打开一幅素材图形

步骤 03 在"功能区"选项板中的"默认"选项卡中，单击"注释"面板中间的下拉按钮，在展开的面板上单击"文字样式"按钮 Ａ，如图 11-3 所示。

步骤 04 弹出"文字样式"对话框，单击"新建"按钮，如图 11-4 所示。

专家指点

用户还可以通过以下 3 种方法，调用"文字样式"命令：

＊ 命令 1：在命令行中输入 STYLE（文字样式）命令，并按【Enter】键确认。

* 命令2：在命令行中输入 ST（文字样式）命令，并按【Enter】键确认。
* 命令3：显示菜单栏，单击"格式"|"文字样式"命令。

执行以上任意一种方法，均可调用"文字样式"命令。

图 11-3 单击"文字样式"按钮　　　　　　　　　图 11-4 单击"新建"按钮

步骤 05 弹出"新建文字样式"对话框，在其中设置"样式名"为"标注样式"，如图 11-5 所示。

步骤 06 单击"确定"按钮，返回"文字样式"对话框，即可创建文字样式，在"样式"列表框中，将显示新建的文字样式，如图 11-6 所示。

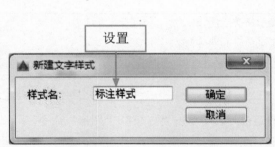

图 11-5 设置"样式名"为"标注样式"　　　　　　图 11-6 显示新建的文字样式

11.1.2 设置文字样式名

在 AutoCAD 2016 中，用户可根据需要在"文字样式"对话框中，设置文字的样式名称。

素材文件	光盘 \ 素材 \ 第 11 章 \ 设置文字样式名 .dwg
效果文件	光盘 \ 效果 \ 第 11 章 \ 设置文字样式名 .dwg
视频文件	光盘 \ 视频 \ 第 11 章 \11.1.2 设置文字样式名 .mp4

实战 设置文字样式名

步骤 01 以上一个效果图形为例，在"功能区"选项板中的"默认"选项卡中，单击"注释"面板中间的下拉按钮，在展开的面板上单击"文字样式"按钮 A，弹出"文件样式"对话框，在"样式"列表框中选择"标注样式"选项，单击鼠标右键，在弹出的快捷菜单中选择"重命名"选项，如图 11-7 所示。

步骤 02 将其重命名为"宋体样式",按【Enter】键确认,即可设置文字样式名,如图11-8所示。

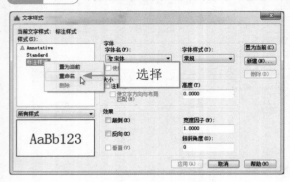

图11-7 选择"重命名"选项   图11-8 设置文字样式名

 专家指点

在"文字样式"对话框中,使用"重命名"命令不能重命名默认的 Standard 样式,也不能删除当前正在使用的文字样式和默认的 Standard 样式。

11.1.3 设置文字字体

在 AutoCAD 2016 中,用户可根据需要在"文字样式"对话框的"字体"选项区中,设置文字的字体类型。

素材文件	光盘 \ 素材 \ 第 11 章 \ 指示路牌立面 .dwg
效果文件	光盘 \ 效果 \ 第 11 章 \ 指示路牌立面 .dwg
视频文件	光盘 \ 视频 \ 第 11 章 \11.1.3 设置文字字体 .mp4

实战 指示路牌立面

步骤 01 单击"菜单浏览器"按钮,在弹出的菜单列表中单击"打开"|"图形"命令,打开一幅素材图形,如图11-9所示。

步骤 02 在命令行中输入 STYLE(文字样式)命令,并按【Enter】键确认,弹出"文字样式"对话框,在"样式"列表框中选择"文字样式"选项,如图11-10所示。

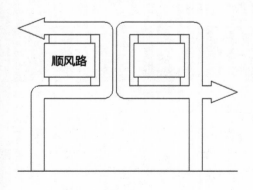

图11-9 打开一幅素材图形   图11-10 选择"文字样式"选项

步骤 **03** 在"字体"选项区中,单击"字体名"右侧的下拉按钮,在弹出的列表框中选择"微软雅黑"选项,如图 11-11 所示。

步骤 **04** 单击"应用"按钮,然后单击"置为当前"按钮,此时在"当前文字样式"右侧将显示"文字样式"为当前样式,如图 11-12 所示。

图 11-11 选择"微软雅黑"选项

图 11-12 单击"置为当前"按钮

步骤 **05** 单击"关闭"按钮,设置文字字体,在命令行中输入 DTEXT(单行文字)命令,如图 11-13 所示。

步骤 **06** 按【Enter】键确认,根据命令行提示进行操作,输入(1373,1215),如图 11-14 所示,并按【Enter】键确认。

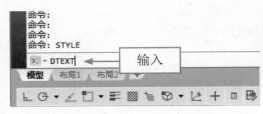

图 11-13 输入 DTEXT 命令

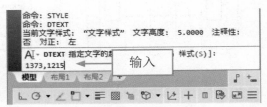
图 11-14 输入(1373,1215)

步骤 **07** 输入 5,指定文字高度,如图 11-15 所示,并连续按两次【Enter】键确认。

步骤 **08** 在绘图区中输入"安居路",按【Enter】键确认,再按【Esc】键退出,效果如图 11-16 所示。

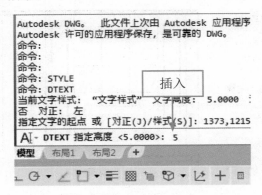
图 11-15 输入 5 指定文字高度

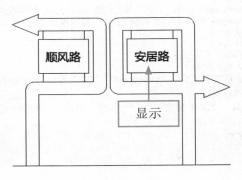
图 11-16 显示"安居路"

11.1.4 设置文字高度

在 AutoCAD 2016 中，用户还可以根据需要设置文字的高度。

素材文件	光盘 \ 素材 \ 第 11 章 \ 床头背景 .dwg
效果文件	光盘 \ 效果 \ 第 11 章 \ 床头背景 .dwg
视频文件	光盘 \ 视频 \ 第 11 章 \11.1.4 设置文字高度 .mp4

实战 床头背景

步骤 01 单击"菜单浏览器"按钮，在弹出的菜单列表中单击"打开"|"图形"命令，打开一幅素材图形，如图 11-17 所示。

步骤 02 在"功能区"选项板中的"默认"选项卡中，单击"注释"面板中间的下拉按钮，在展开的面板上单击"文字样式"按钮，弹出"文字样式"对话框，在"高度"文本框中输入150，如图 11-18 所示。

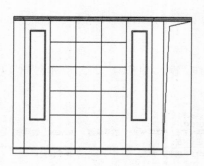

图 11-17 打开一幅素材图形

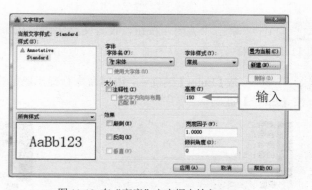

图 11-18 在"高度"文本框中输入 150

步骤 03 依次单击"应用"和"关闭"按钮，设置文字高度，在命令行中输入 DTEXT（单行文字）命令，按【Enter】键确认，在命令行中输入（2300，1400），如图 11-19 所示。

步骤 04 连按两次【Enter】键确认，输入"床头背景"，并按【Enter】键确认，按【Esc】键退出，效果如图 11-20 所示。

图 11-19 输入（2300，1400）

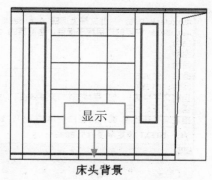

图 11-20 显示"床头背景"

11.1.5 设置文字效果

在"文字样式"对话框中的"效果"选项区中，用户可以设置文字的显示效果。

素材文件	光盘\素材\第 11 章\灯箱广告 .dwg
效果文件	光盘\效果\第 11 章\灯箱广告 .dwg
视频文件	光盘\视频\第 11 章\11.1.5 设置文字效果 .mp4

实战 灯箱广告

步骤 01 单击"菜单浏览器"按钮，在弹出的菜单列表中单击"打开"|"图形"命令，打开一幅素材图形，如图 11-21 所示。

步骤 02 在"功能区"选项板中的"默认"选项卡中，单击"注释"面板中间的下拉按钮，在展开的面板上单击"文字样式"按钮，弹出"文字样式"对话框，在"倾斜角度"文本框中输入 30，如图 11-22 所示。

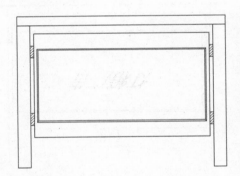

图 11-21 打开一幅素材图形

图 11-22 设置"倾斜角度"为 30

步骤 03 依次单击"应用"和"关闭"按钮，设置文字效果。在命令行中输入 DTEXT（单行文字）命令，并按【Enter】键确认，根据命令行提示进行操作，输入（1055，1726），如图 11-23 所示。

步骤 04 按【Enter】键确认，输入 10，按两次【Enter】键确认，在绘图区中输入文字"灯箱广告"，并确认，按【Esc】键退出，效果如图 11-24 所示。

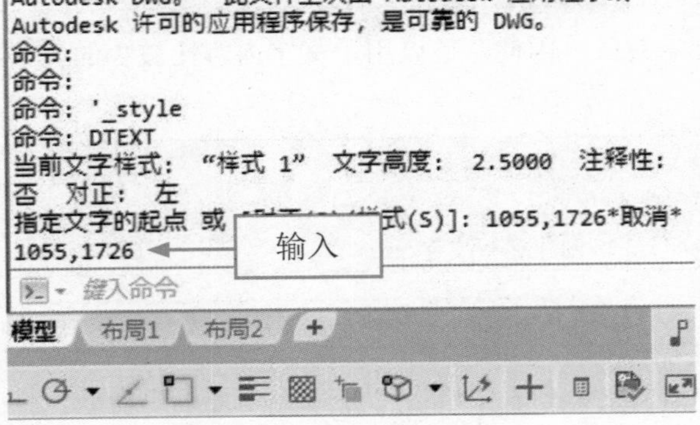

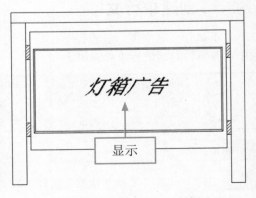

图 11-23 输入（1055，1726）

图 11-24 显示"灯箱广告"

11.1.6 预览与应用文字样式

在"文字样式"对话框的"预览"区域中，可以预览所选择或所设置的文字样式效果。

素材文件	光盘 \ 素材 \ 第 11 章 \ 预览与应用文字样式 .dwg
效果文件	光盘 \ 效果 \ 第 11 章 \ 预览与应用文字样式 .dwg
视频文件	光盘 \ 视频 \ 第 11 章 \11.1.6 预览与应用文字样式 .mp4

实战 预览与应用文字样式

步骤 01 以上一个效果图形为例，在"功能区"选项板中的"默认"选项卡中，单击"注释"面板中间的下拉按钮，在展开的面板上单击"文字样式"按钮，弹出"文字样式"对话框，选中"颠倒"复选框，如图 11-25 所示。

步骤 02 依次单击"应用"和"关闭"按钮，预览与应用文字样式，如图 11-26 所示。

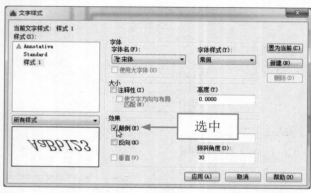

图 11-25 选中"颠倒"复选框　　　　图 11-26 预览与应用文字样式

11.2 文字的创建

在 AutoCAD 2016 中，用户可以创建两种性质的文字，分别是单行文字和多行文字。其中，单行文字常用于不需要使用多种字体的简短内容中；多行文字主要用于一些复杂的说明性文字中，用户可以为其中的不同文字设置不同的字体和大小，也可以方便地在文本中添加特殊符号等。

11.2.1 创建单行文字

对于单行文字来说，它的每一行是一个文字对象。因此，可以用于文字内容比较少的文字对象中，并可以对其进行单独编辑。

素材文件	光盘 \ 素材 \ 第 11 章 \ 洗衣机 .dwg
效果文件	光盘 \ 效果 \ 第 11 章 \ 洗衣机 .dwg
视频文件	光盘 \ 视频 \ 第 11 章 \11.2.1 创建单行文字 .mp4

实战 洗衣机

步骤 01 单击"菜单浏览器"按钮，在弹出的菜单列表中单击"打开"|"图形"命令，打开一幅素材图形，如图 11-27 所示。

步骤 **02** 单击"功能区"选项板中的"默认"选项卡，在"注释"面板上单击"文字"中间的下拉按钮，在弹出的列表框中单击"单行文字"按钮A，如图 11-28 所示。

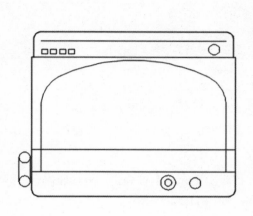

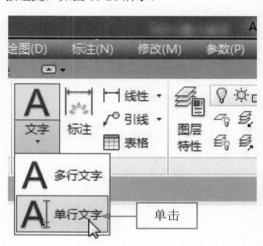

图 11-27 打开一幅素材图形　　　　　　　　　　图 11-28 单击"单行文字"按钮

步骤 **03** 根据命令行提示，在绘图区图形的下方指定文字的起点，输入文字的高度为 30，如图 11-29 所示，并按两次【Enter】键确认。

步骤 **04** 在绘图区中输入文字"洗衣机"，并按【Enter】键确认，按【Esc】键退出，创建单行文字，调整文字位置，效果如图 11-30 所示。

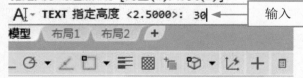

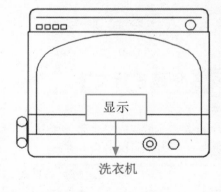

图 11-29 输入文字的高度为 30　　　　　　　　　图 11-30 显示"洗衣机"

 专家指点

用户还可以通过以下两种方法，调用"单行文字"命令：

＊ 命令 1：在命令行中输入 DTEXT（单行文字）命令，并按【Enter】键确认。

＊ 命令 2：显示菜单栏，单击"绘图"|"文字"|"单行文字"命令。

执行以上任意一种方法，均可调用"单行文字"命令。

11.2.2 查看单行文字样式

在 AutoCAD 2016 中，用户可以查看单行文字的样式。

素材文件	光盘 \ 素材 \ 第 11 章 \ 查看单行文字样式 .dwg	
效果文件	无	
视频文件	光盘 \ 视频 \ 第 11 章 \11.2.2 查看单行文字样式 .mp4	

实战 查看单行文字样式

步骤 01 以上一个效果图形为例，单击"功能区"选项板中的"默认"选项卡，在"注释"面板上单击"文字"中间的下拉按钮，在弹出的列表框中单击"单行文字"按钮**AI**，根据命令行提示进行操作，输入 s（样式），如图 11-31 所示。

步骤 02 按【Enter】键确认，输入"？"，并按两次【Enter】键确认，执行操作后，即弹出 AutoCAD 文本窗口，在其中可以查看单行文字样式，如图 11-32 所示。

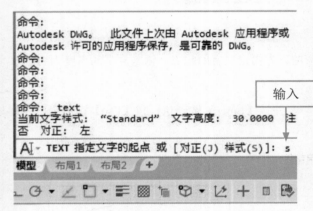

图 11-31 输入 S（样式）

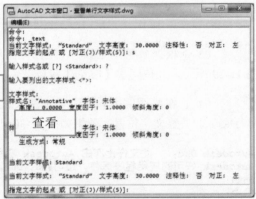

图 11-32 查看单行文字样式

11.2.3 创建多行文字

多行文字又称段落文本，是一种方便管理的文字对象，它可以由两行以上的文字组成，而且所有行的文字都是作为一个整体来处理，在机械设计中，使用"多行文字"命令创建较为复杂的文字说明，如图样的技术要求等。

素材文件	光盘 \ 素材 \ 第 11 章 \ 技术要求 .dwg	
效果文件	光盘 \ 效果 \ 第 11 章 \ 技术要求 .dwg	
视频文件	光盘 \ 视频 \ 第 11 章 \11.2.3 创建多行文字 .mp4	

实战 技术要求

步骤 01 单击"菜单浏览器"按钮，在弹出的菜单列表中单击"打开"|"图形"命令，打开一幅素材图形，如图 11-33 所示。

步骤 02 单击"功能区"选项板中的"默认"选项卡，在"注释"面板上单击"文字"中间的下拉按钮，在弹出的列表框中单击"多行文字"按钮**A**，如图 11-34 所示。

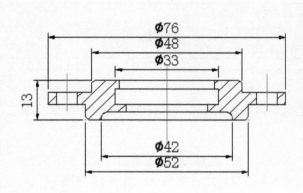

图 11-33 打开一幅素材图形

图 11-34 单击"多行文字"按钮

步骤 **03** 根据命令行提示进行操作，在绘图区的下方合适位置上单击鼠标左键，指定第一点，再在命令行中输入 h（高度），按【Enter】键确认，根据命令行提示，设置文字高度为 2.5，如图 11-40 所示，按【Enter】键确认，如图 11-35 所示。

步骤 **04** 根据命令行提示，在绘图区中单击鼠标左键指定对角点，弹出文本框，输入文字"技术要求"等文字，在绘图区的任意位置上单击鼠标左键，即可创建多行文字，效果如图 11-36 所示。

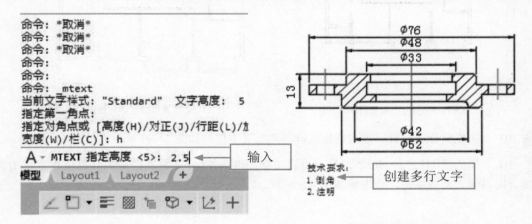

图 11-35 指定文字高度为 2.5　　　　　　　　　图 11-36 创建多行文字效果

专家指点

用户还可以通过以下 3 种方法，调用"多行文字"命令：

* 命令 1：在命令行中输入 MTEXT（多行文字）命令，并按【Enter】键确认。

* 命令 2：在命令行中输入 MT（多行文字）命令，按【Enter】键确认。

* 命令 3：显示菜单栏，单击"绘图"|"文字"|"多行文字"命令。

执行以上任意一种方法，均可调用"多行文字"命令。

11.2.4 输入特殊字符

在 AutoCAD 2016 中，输入文字的过程中，用户还可以输入特殊字符。

素材文件	光盘 \ 素材 \ 第 11 章 \ 土建结构图 .dwg
效果文件	光盘 \ 效果 \ 第 11 章 \ 土建结构图 .dwg
视频文件	光盘 \ 视频 \ 第 11 章 \11.2.4 输入特殊字符 .mp4

实战 土建结构图

步骤 **01** 单击"菜单浏览器"按钮，在弹出的菜单列表中单击"打开"|"图形"命令，打开一幅素材图形，如图 11-37 所示。

步骤 **02** 单击"功能区"选项板中的"默认"选项卡，在"注释"面板上单击"多行文字"按钮，根据命令行提示进行操作，在绘图区中的合适位置上单击鼠标左键并拖曳，如图 11-38 所示。

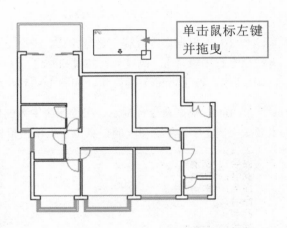

图 11-37 打开一幅素材图形   图 11-38 单击鼠标左键并拖曳

步骤 **03** 拖曳至合适位置后单击鼠标左键，弹出文本框，如图 11-39 所示。

步骤 **04** 输入"\U+2220=90%%D"，设置文字高度为 5.0，在绘图区中的任意位置上单击鼠标左键，即可输入特殊字符，效果如图 11-40 所示。

图 11-39 弹出文本框   图 11-40 输入相应字符

11.2.5 创建堆叠文字

在 AutoCAD 2016 中，使用堆叠文字可以创建一些特殊的字符，如分数。

素材文件	光盘 \ 素材 \ 第 11 章 \ 半圆键 .dwg
效果文件	光盘 \ 效果 \ 第 11 章 \ 半圆键 .dwg
视频文件	光盘 \ 视频 \ 第 11 章 \11.2.5 创建堆叠文字 .mp4

实战 半圆键

步骤 01 单击"菜单浏览器"按钮，在弹出的菜单列表中单击"打开" | "图形"命令，打开一幅素材图形，如图 11-41 所示。

步骤 02 单击"功能区"选项板中的"默认"选项卡，在"注释"面板上单击"多行文字"按钮，根据命令行提示进行操作，在绘图区中的合适位置上单击鼠标左键并拖曳，拖曳至合适位置后单击鼠标左键，弹出文本框，输入 2-%%C5＋0.2/0，设置文字高度为 1，如图 11-42 所示。

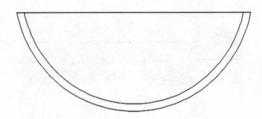

图 11-41 打开一幅素材图形

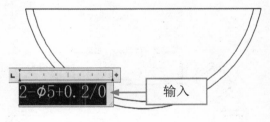

图 11-42 输入 2-%%C5＋0.2/0

步骤 03 选择输入的多行文字，单击鼠标右键，在弹出的快捷菜单中选择"堆叠"选项，如图 11-43 所示。

步骤 04 在绘图区中的任意位置上单击鼠标左键，即可创建堆叠文字，效果如图 11-44 所示。

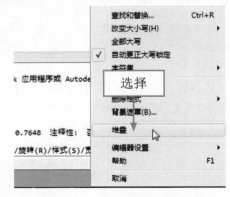

图 11-43 选择"堆叠"选项

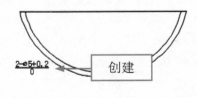

图 11-44 创建堆叠文字

11.3 单行文字的编辑

在 AutoCAD 2016 中，编辑单行文字包括编辑文本的内容、对正方式及缩放比例等。本节主要介绍编辑单行文字的操作方法。

11.3.1 编辑单行文字的缩放比例

在 AutoCAD 2016 中，用户可根据需要编辑单行文字的缩放比例。

素材文件	光盘 \ 素材 \ 第 11 章 \ 会议桌 .dwg
效果文件	光盘 \ 效果 \ 第 11 章 \ 会议桌 .dwg
视频文件	光盘 \ 视频 \ 第 11 章 \11.3.1 编辑单行文字的缩放比例 .mp4

实战 会议桌

步骤 01 单击"菜单浏览器"按钮，在弹出的菜单列表中单击"打开"|"图形"命令，打开一幅素材图形，如图 11-45 所示。

步骤 02 单击"功能区"选项板中的"注释"选项卡，在"文字"面板中单击中间的下拉按钮，在展开的面板上单击"缩放"按钮图，如图 11-46 所示。

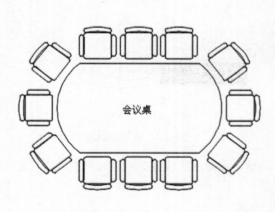

图 11-45 打开一幅素材图形   图 11-46 单击"缩放"按钮

专家指点

用户还可以通过以下两种方法，调用"缩放比例"命令：

✽ 命令 1：在命令行中输入 SCALETEXT（缩放比例）命令，并按【Enter】键确认。

✽ 命令 2：显示菜单栏，单击"修改"|"对象"|"文字"|"比例"命令。

执行以上任意一种方法，均可调用"缩放比例"命令。

步骤 03 根据命令行提示进行操作，在绘图区中选择单行文字对象，按【Enter】键确认，输入 tc（中上），如图 11-47 所示，并按【Enter】键确认。

步骤 04 输入 s（比例因子），如图 11-48 所示，并按【Enter】键确认。

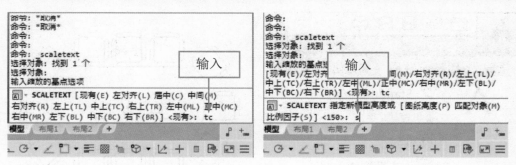

图 11-47 输入 TC（中上）　　　　　　　图 11-48 输入 S（比例因子）

步骤 05 输入 3，指定缩放比例，如图 11-49 所示，并按【Enter】键确认。

步骤 06 执行操作后，即可编辑单行文字的缩放比例，效果如图 11-50 所示。

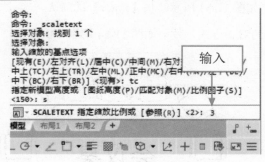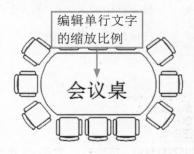

图 11-49 指定缩放比例　　　　　　　图 11-50 编辑单行文字的缩放比例

11.3.2 设置单行文字对正方式

在 AutoCAD 2016 中，用户可以通过命令行操作的方法，设置单行文字的对正方式。

素材文件	光盘 \ 素材 \ 第 11 章 \ 设置单行文字对正方式 .dwg
效果文件	光盘 \ 效果 \ 第 11 章 \ 设置单行文字对正方式 .dwg
视频文件	光盘 \ 视频 \ 第 11 章 \11.3.2 设置单行文字对正方式 .mp4

实战 设置单行文字对正方式

步骤 01 以上一个效果图形为例，在"功能区"选项板中的"注释"选项卡中，单击"对正"按钮，如图 11-51 所示。

步骤 02 根据命令行提示进行操作，在绘图区中选择需要编辑的单行文字对象，如图 11-52 所示，按【Enter】键确认。

 专家指点

　　用户还可以通过以下 2 种方法，调用"对正"命令：

　　＊ 命令：在命令行中输入 JUSTIFYTEXT（对正）命令，并按【Enter】键确认。

　　＊ 命令：显示菜单栏，单击"修改" | "对象" | "文字" | "对正"命令。

　　执行以上任意一种方法，均可调用"对正"命令。

图 11-51 单击"对正"按钮

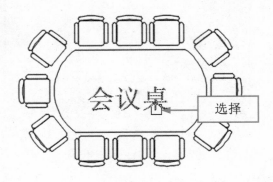

图 11-52 选择需要编辑的单行文字

步骤 **03** 在命令行中输入"f（布满）"，如图 11-53 所示，按【Enter】键确认。

步骤 **04** 执行操作后，即可编辑单行文字的对正方式，效果如图 11-54 所示。

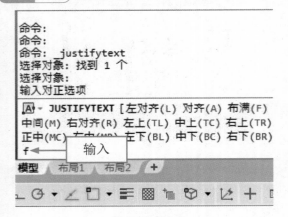

图 11-53 输入 f

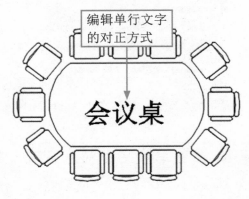

图 11-54 编辑单行文字的对正方式

11.4 多行文字的编辑

在 AutoCAD 2016 中，创建多行文本后，常常需要对其进行编辑，如查找指定文字、替换文字、修改多行文字对象宽度等。本节主要介绍编辑多行文字的操作方法。

11.4.1 使用数字标记

在 AutoCAD 2016 中，用户可以使用数字标记多行文字。

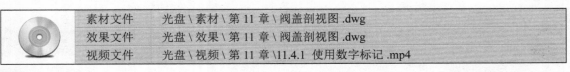

素材文件	光盘 \ 素材 \ 第 11 章 \ 阀盖剖视图 .dwg
效果文件	光盘 \ 效果 \ 第 11 章 \ 阀盖剖视图 .dwg
视频文件	光盘 \ 视频 \ 第 11 章 \11.4.1 使用数字标记 .mp4

实战 阀盖剖视图

步骤 **01** 单击"菜单浏览器"按钮，在弹出的菜单列表中单击"打开"|"图形"命令，打开一幅素材图形，如图 11-55 所示。

步骤 02 在绘图区中选择需要编辑的多行文字，单击鼠标右键，在弹出的快捷菜单中选择"编辑多行文字"选项，如图 11-56 所示。

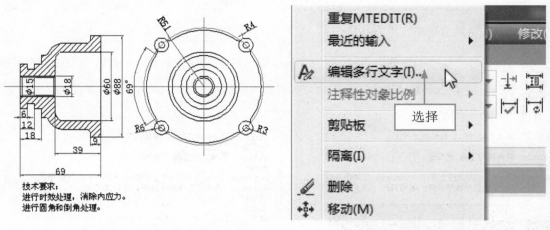

图 11-55 打开一幅素材图形　　　　　　　　　图 11-56 选择"编辑多行文字"选项

步骤 03 弹出文本框，选择需要编辑的部分文本内容，单击鼠标右键，在弹出的快捷菜单中选择"项目符号和列表"|"以数字标记"选项，如图 11-57 所示。

步骤 04 执行操作后，即可使用数字标记多行文字，效果如图 11-58 所示。

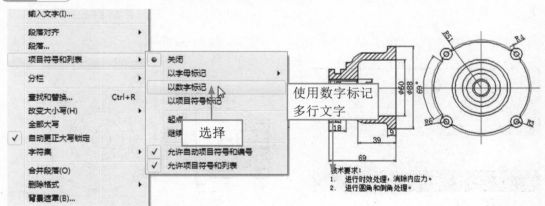

图 11-57 选择"以数字标记"选项　　　　　　图 11-58 使用数字标记多行文字

专家指点

用户还可以通过以下两种方法，调用"编辑多行文字"命令：

✳ 命令：在命令行中输入 MTEDIT（编辑多行文字）命令，并按【Enter】键确认。

✳ 按钮：在绘图区中选择多行文字，单击"文字"工具栏中的"编辑文字"按钮。

执行以上任意一种方法，均可调用"编辑多行文字"命令。

11.4.2 控制文字显示

在编辑多行文字的过程中，用户可以控制文字的显示状态。

	素材文件	光盘 \ 素材 \ 第 11 章 \ 控制文字显示状态 .dwg
	效果文件	光盘 \ 效果 \ 第 11 章 \ 控制文字显示状态 .dwg
	视频文件	光盘 \ 视频 \ 第 11 章 \11.4.2 控制文字显示 .mp4

实战 控制文字显示状态

步骤 01 以上一个效果图形为例，在命令行中输入 QTEXT（文本显示）命令，如图 11-59 所示。

步骤 02 按【Enter】键确认，根据命令行提示进行操作，输入 on（开），如图 11-60 所示，并按【Enter】键确认。

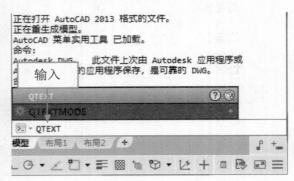

图 11-59 输入 QTEXT 命令　　　　　　　　　图 11-60 在命令行中输入 ON（开）

步骤 03 在命令行中输入 REGEN（重生成）命令，如图 11-61 所示，并按【Enter】键确认。

步骤 04 执行操作后，即可控制文字显示状态，效果如图 11-62 所示。

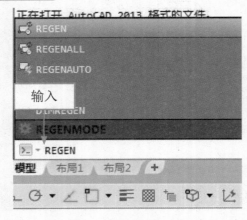

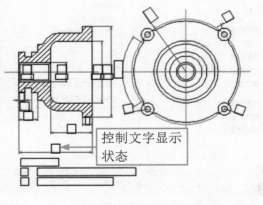

图 11-61 输入 REGEN 命令　　　　　　　　　图 11-62 控制文字显示状态

11.4.3 缩放多行文字

在 AutoCAD 2016 中，用户可以对多行文字进行缩放操作。

	素材文件	光盘 \ 素材 \ 第 11 章 \ 缩放多行文字 .dwg
	效果文件	光盘 \ 效果 \ 第 11 章 \ 缩放多行文字 .dwg
	视频文件	光盘 \ 视频 \ 第 11 章 \11.4.3 缩放多行文字 .mp4

实战 缩放多行文字

步骤 01 单击"菜单浏览器"按钮,在弹出的菜单列表中单击"打开"|"图形"命令,打开素材图形,如图 11-63 所示。

步骤 02 单击"功能区"选项板中的"注释"选项卡,在"文字"面板中单击中间的下拉按钮,在展开的面板上单击"缩放"按钮,如图 11-64 所示。

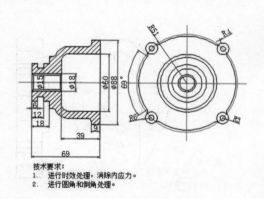

图 11-63 打开素材图形

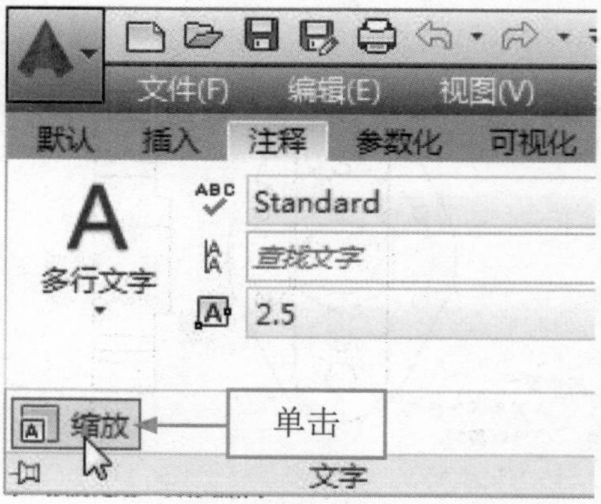

图 11-64 单击"缩放"按钮

步骤 03 根据命令行提示进行操作,在绘图区中选择需要编辑的多行文字对象,按【Enter】键确认,在命令行中输入"e(现有)",如图 11-65 所示,按【Enter】键确认。

步骤 04 在命令行中输入 6,指定新模型高度,并按【Enter】键确认,执行操作后,即可对多行文字进行缩放操作,效果如图 11-66 所示。

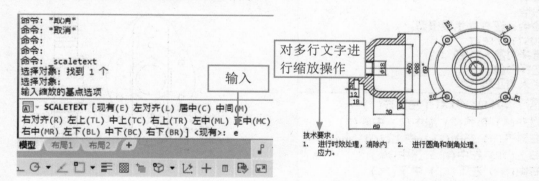

图 11-65 输入"E(现有)"

图 11-66 对多行文字进行缩放操作

11.4.4 对正多行文字

在编辑多行文字时,常常需要设置其对正方式,多行文字对象的对正同时控制文字对齐和文字走向。

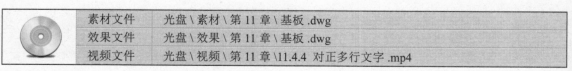

	素材文件	光盘\素材\第 11 章\基板 .dwg
	效果文件	光盘\效果\第 11 章\基板 .dwg
	视频文件	光盘\视频\第 11 章\11.4.4 对正多行文字 .mp4

实战 基板

步骤 01 单击"菜单浏览器"按钮，在弹出的菜单列表中单击"打开"|"图形"命令，打开一幅素材图形文件，如图 11-67 所示。

步骤 02 在命令行中输入 JUSTIFYTEXT（对正）命令，按【Enter】键确认，根据命令行提示进行操作，在绘图区中选择需要编辑的多行文字对象，如图 11-68 所示。

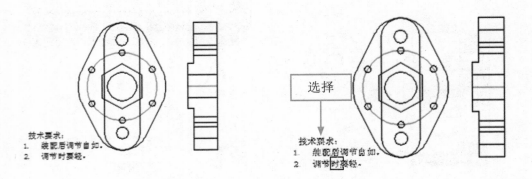

图 11-67 打开一幅素材图形文件　　　　图 11-68 选择需要编辑的多行文字

步骤 03 按【Enter】键确认，根据命令行提示进行操作，输入"R（右对齐）"，如图 11-69 所示。

步骤 04 执行操作后，即可对正多行文字，效果如图 11-70 所示。

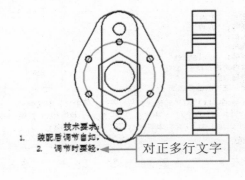

图 11-69 输入"R（右对齐）"　　　　图 11-70 对正多行文字的效果

11.4.5 格式化多行文字

在编辑多行文字时，用户可以对多行文字进行格式化操作。

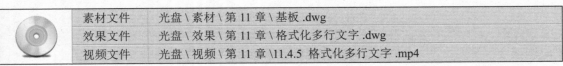

素材文件	光盘 \ 素材 \ 第 11 章 \ 基板 .dwg
效果文件	光盘 \ 效果 \ 第 11 章 \ 格式化多行文字 .dwg
视频文件	光盘 \ 视频 \ 第 11 章 \11.4.5 格式化多行文字 .mp4

实战 格式化多行文字

步骤 01 打开素材图形，双击鼠标左键，弹出文本框，在其中选择需要编辑的文字，如图 11-71 所示。

步骤 02 单击鼠标右键，在弹出的快捷菜单中选择"段落"选项，如图 11-72 所示。

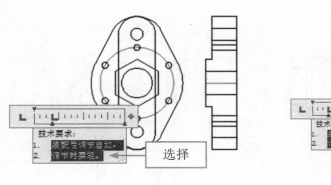

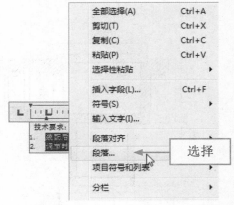

图 11-71 选择需要编辑的文字

图 11-72 选择"段落"选项

步骤 03 弹出"段落"对话框，在"第一行"文本框中输入 10，选中"段落行距"复选框，如图 11-73 所示。

步骤 04 设置完成后，单击"确定"按钮，在绘图区中的任意位置单击鼠标左键，即可格式化多行文字，效果如图 11-74 所示。

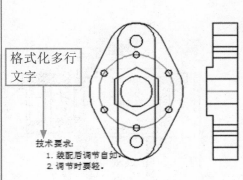

图 11-73 选中"段落行距"复选框

图 11-74 格式化多行文字

11.4.6 修改堆叠特性

在 AutoCAD 2016 中，创建堆叠文字后，可以修改其堆叠特性。

素材文件	光盘 \ 素材 \ 第 11 章 \ 转阀剖视图 .dwg
效果文件	光盘 \ 效果 \ 第 11 章 \ 转阀剖视图 .dwg
视频文件	光盘 \ 视频 \ 第 11 章 \11.4.6 修改堆叠特性 .mp4

步骤 01 单击"菜单浏览器"按钮，在弹出的菜单列表中单击"打开"|"图形"命令，打开一幅素材图形，如图 11-75 所示。

步骤 02 在绘图区中选择需要修改堆叠特性的多行文字，如图 11-76 所示。

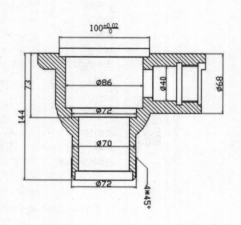

图 11-75 打开一幅素材图形　　　　　　　　　　　　图 11-76 选择文字

步骤 03 在该多行文字上，双击鼠标左键，弹出文本框，选择堆叠文字为编辑对象，如图 11-77 所示。

步骤 04 单击鼠标右键，在弹出的快捷菜单中选择"堆叠特性"选项，如图 11-78 所示。

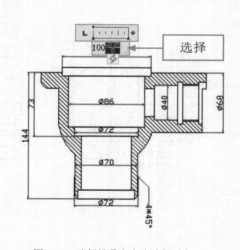

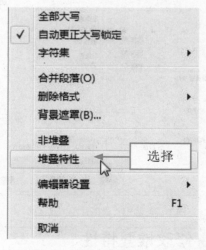

图 11-77 选择堆叠文字为编辑对象　　　　　　图 11-78 选择"堆叠特性"选项

步骤 05 弹出"堆叠特性"对话框，单击"样式"下拉按钮，在弹出的列表框中选择"1/2 分数（斜）"选项，如图 11-79 所示。

步骤 06 设置完成后，单击"确定"按钮，即可修改堆叠特性，效果如图 11-80 所示。

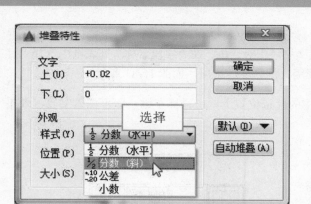

图 11-79 选择"1/2 分数（斜）"选项

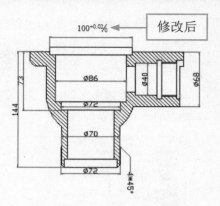

图 11-80 修改堆叠特性后的效果

11.5 字段的编辑

字段是在图形中，用于说明的可更新文字。它常用于在图形生命周期中可变化的文本中，修字段更新时，将显示最新的字段值。本节主要介绍在文字中使用字段的操作方法。

11.5.1 插入字段

在使用字段之前，首选需要插入一个字段，并根据字段的属性，设置相应格式。常用的字段有时间、页面设置、名称等。

素材文件	光盘 \ 素材 \ 第 11 章 \ 酒柜立面图 .dwg
效果文件	光盘 \ 效果 \ 第 11 章 \ 酒柜立面图 .dwg
视频文件	光盘 \ 视频 \ 第 11 章 \11.5.1 插入字段 .mp4

实战 酒柜立面图

步骤 01 单击"菜单浏览器"按钮，在弹出的菜单列表中单击"打开"|"图形"命令，打开一幅素材图形，如图 11-81 所示。

步骤 02 在绘图区中，选择需要编辑的多行文字，如图 11-82 所示。

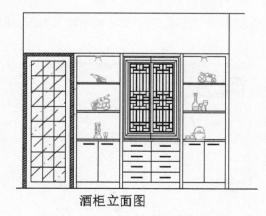

图 11-81 打开一幅素材图形

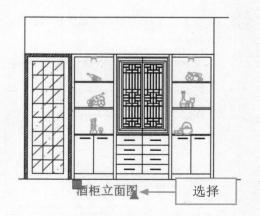

图 11-82 选择需要编辑的多行文字

> **步骤 03** 在该多行文字上双击鼠标左键，弹出文本框，选择文字内容，单击鼠标右键，在弹出的快捷菜单中选择"插入字段"选项，弹出"字段"对话框，在"字段名称"列表框中选择"打印比例"选项，在"格式"列表框中选择"使用比例名称"选项，如图 11-83 所示。

> **步骤 04** 单击"确定"按钮，在绘图区中的任意位置上单击鼠标左键，即可插入字段，效果如图 11-84 所示。

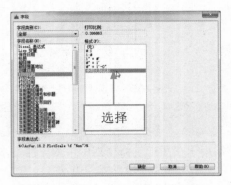

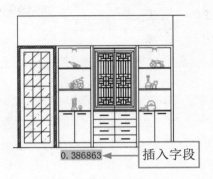

图 11-83 选择"使用比例名称"选项　　　　　　图 11-84 插入字段

11.5.2 超链接字段

在 AutoCAD 2016 中，使用超链接字段，可以将字段链接至任意指定超链接。此超链接的作用方式与附着到对象的超链接相同。将光标停留在文字上，即会显示超链接光标和说明该超链接的工具提示。

素材文件	光盘 \ 素材 \ 第 11 章 \ 超链接字段 .dwg
效果文件	光盘 \ 效果 \ 第 11 章 \ 超链接字段 .dwg
视频文件	光盘 \ 视频 \ 第 11 章 \11.5.2 超链接字段 .mp4

实战 超链接字段

> **步骤 01** 以上一个效果图形为例，在绘图区中的字段上双击鼠标左键，选择需要编辑的字段，双击鼠标左键，弹出"字段"对话框，如图 11-85 所示。

> **步骤 02** 在"字段类别"列表框中选择"已链接"选项，在"显示文字"文本框中输入"酒柜图"，如图 11-86 所示。

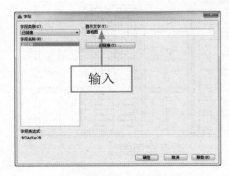

图 11-85 弹出"字段"对话框　　　　　　图 11-86 输入"酒柜图"

步骤 03 单击"超链接"按钮，弹出"编辑超链接"对话框，在"键入文件或 Web 页名称"文本框中输入"家具"，如图 11-87 所示。

步骤 04 单击"确定"按钮，返回"字段"对话框，单击"确定"按钮，在绘图区中的任意位置上单击鼠标左键，即可超链接字段，如图 11-88 所示。

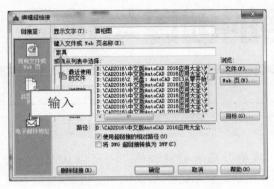

图 11-87 在文本框中输入"家具"

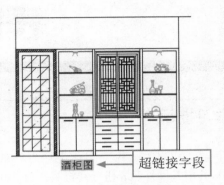

图 11-88 超链接字段效果

11.5.3 更新字段

字段更新时，将显示最新的值。在 AutoCAD 2016 中，可以单独更新字段，也可以在一个或多个选定文字对象中更新所有字段。

素材文件	光盘\素材\第 11 章\更新字段 .dwg
效果文件	光盘\效果\第 11 章\更新字段 .dwg
视频文件	光盘\视频\第 11 章\11.5.3 更新字段 .mp4

实战 更新字段

步骤 01 打开一幅素材图形，在绘图区的字段上双击鼠标左键，选择需要更新的字段，单击鼠标右键，在弹出的快捷菜单中选择"更新字段"选项，如图 11-89 所示。

步骤 02 在文本框中输入"酒柜立面图"，在绘图区中的任意位置上单击鼠标左键，即可更新字段，效果如图 11-90 所示。

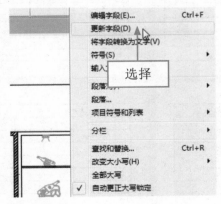

图 11-89 选择"更新字段"选项

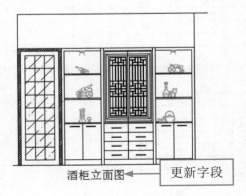

图 11-90 更新字段

12 表格的创建与设置

学习提示

　　在 AutoCAD 2016 中，用户可以使用"表格"命令创建表格，还可以从 Microsoft Excel 中直接复制表格，并将其作为 AutoCAD 表格对象粘贴到图形中，也可以从外部直接导入表格对象。本章主要介绍创建与设置表格的各种操作方法。

本章案例导航

- 实战——创建表格
- 实战——输入文本
- 实战——家居装饰
- 实战——图纸目录
- 实战——设置行高

- 实战——材料明细表
- 实战——材料分配表
- 实战——涡轮表格
- 实战——工程预算
- 实战——明细单

材料分配表

序号	名称	数量	备注
1	橱子	105	20株/平方米
2	百合	80	20株/平方米
3	玫瑰	55	30株/平方米
4	水仙	68	40株/平方米
合计			

套房部分工程预算

序号	项目名称	数量	单价	合价
1	地面磨砂吉样	200	15	3000
2	天花涂料	450	5	2250
3	卧室地板	350	25	8750
4	日光灯	20	20	400
5	空调插座	5	15	75

涡轮

涡杆类型		阿基米德
涡轮端面模数	m:	4
端面压力角	a	20°
螺旋线升角		5° 42' 38"
涡轮齿数	Z_2	19
螺旋线方向		右
齿形公差	f_{r2}	0.020

图纸目录

图别	图号	图纸名称	张数	图纸规格
建筑	1	建筑设计说明	1	A1
建筑	2	一层平面图	1	A1
建筑	3	二层平面图	1	A1
建筑	4	三层平面图	1	A1
建筑	5	四层平面图	1	A1

套房部分工程预算

序号	项目名称	数量	单价	合价
1	地面磨砂吉样	200	15	3000
2	天花涂料	450	5	2250
3	卧室地板	350	25	8750
4	日光灯	20	20	400
5	空调插座	5	15	75

套房部分工程预算

序号	项目名称	数量	单价	合价
1	地面磨砂吉样	200	15	3000
2	天花涂料	450	5	2250
3	卧室地板	350	25	8750
4	日光灯	20	20	400
5	空调插座	5	15	75

12.1 表格样式的创建与设置

在 AutoCAD 2016 中创建表格前，应先创建表格样式，并通过管理表格样式使样式更符合行业的需要。本节主要介绍创建和设置表格样式的操作方法。

12.1.1 创建表格样式

表格样式可以控制表格的外观，用于保证标准的字体、颜色、文本、高度和行距。用户可以使用默认的表格样式，也可以根据需要自定义表格样式。

素材文件	光盘 \ 素材 \ 第 12 章 \ 技术要求表格 .dwg
效果文件	无
视频文件	光盘 \ 视频 \ 第 12 章 \12.1.1 创建表格样式 .mp4

实战 技术要求表格

步骤 01 单击"菜单浏览器"按钮，在弹出的菜单列表中单击"打开"|"图形"命令，打开一幅素材图形，如图 12-1 所示。

步骤 02 在"功能区"选项板中的"默认"选项卡中，单击"注释"面板中间的下拉按钮，在展开的面板上单击"表格样式"按钮，如图 12-2 所示。

技术要求

序号	名称	数量	功率
1	功率		36Hz
2	振动频率		420V
3	额定电压		4:00:00
4	额定电流		1kW

图 12-1 打开一幅素材图形 图 12-2 单击"表格样式"按钮

专家指点

在 AutoCAD 2016 中，用户还可以通过以下两种方法，调用"表格样式"命令：

＊ 命令 1：在命令行中输入 TABLESTYLE（表格样式）命令，按【Enter】键确认。

＊ 命令 2：显示菜单栏，单击"格式"|"表格样式"命令。

执行以上任意一种操作，均可调用"表格样式"命令。

步骤 03 弹出"表格样式"对话框，单击"新建"按钮，如图 12-3 所示。

步骤 04 弹出"创建新的表格样式"对话框，在"新样式名"文本框中输入"技术要求"，如图 12-4 所示。

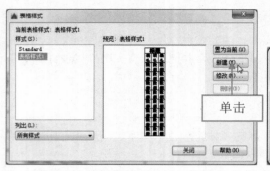

图 12-3 单击"新建"按钮　　　　　　　　　　图 12-4 在文本框中输入"技术要求"

步骤 05 单击"继续"按钮,弹出"新建表格样式:技术要求"对话框,单击"确定"按钮,如图 12-5 所示。

步骤 06 返回"表格样式"对话框,在"样式"列表框中将显示新建的表格样式,如图 12-6 所示。

图 12-5 单击"确定"按钮　　　　　　　　　图 12-6 显示新建的表格样式

12.1.2 设置表格样式

在 AutoCAD 2016 中,用户可以通过"表格样式"对话框来管理图形中的表格样式。

	素材文件	光盘 \ 素材 \ 第 12 章 \ 明细单 .dwg
	效果文件	光盘 \ 效果 \ 第 12 章 \ 明细单 .dwg
	视频文件	光盘 \ 视频 \ 第 12 章 \12.1.2 设置表格样式 .mp4

实战 明细单

步骤 01 单击"菜单浏览器"按钮,在弹出的菜单列表中单击"打开"|"图形"命令,打开一副素材图形文件,如图 12-7 所示。

步骤 02 在命令行中输入 TABLESTYLE(表格样式)命令,按【Enter】键确认,弹出"表格样式"对话框,在"样式"列表框中选择"明细单"选项,如图 12-8 所示。

步骤 03 单击"修改"按钮,弹出"修改表格样式:明细单"对话框,单击"填充颜色"右侧的下拉按钮,在弹出的列表框中选择"青"选项,如图 12-9 所示。

步骤 04 设置完成后,单击"确定"按钮,即可设置表格样式,如图 12-10 所示。

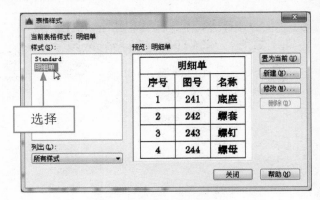

图 12-7 打开素材图形

图 12-8 选择"明细单"选项

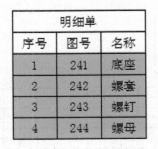

图 12-9 选择"青"选项

图 12-10 设置表格样式

12.2 表格的创建

在 AutoCAD 2016 中，可以直接插入表格对象，而不需要用单独的直线绘制组成表格，并且还可以对已经创建好的表格进行编辑。本节主要介绍创建表格的操作方法。

12.2.1 创建表格

在 AutoCAD 2016 中创建表格时，首先必须创建一个空表格，然后在表格单元中添加内容。下面介绍创建表格的操作方法。

	素材文件	无
	效果文件	光盘 \ 效果 \ 第 12 章 \ 创建表格 .dwg
	视频文件	光盘 \ 视频 \ 第 12 章 \12.2.1 创建表格 .mp4

实战 创建表格

步骤 01 启动 AutoCAD 2016，在"功能区"选项板的"默认"选项卡中，单击"注释"面板上的"表格"按钮▦，如图 12-11 所示。

步骤 02 弹出"插入表格"对话框，在"列和行设置"选项区中，设置"列数"为 10、"列宽"为 100、"数据行数"为 5、"行高"为 10，如图 12-12 所示。

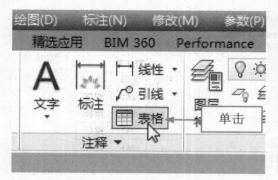

图 12-11 单击"表格"按钮

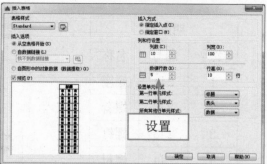

图 12-12 设置表格相应参数

步骤 03 单击"确定"按钮，在绘图区中的合适位置，单击鼠标左键，如图 12-13 所示。

步骤 04 执行操作后，按两次【Esc】键退出，即可创建表格，效果如图 12-14 所示。

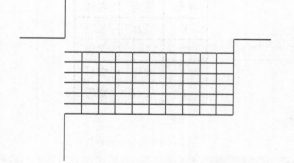

图 12-13 单击鼠标左键绘制表格

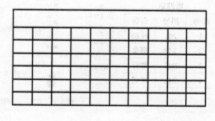

图 12-14 绘制表格

 专家指点

在 AutoCAD 2016 中，用户还可以通过以下两种方法，调用"表格"命令：

❋ 命令 1：在命令行中输入 TABLE（表格）命令，按【Enter】键确认。

❋ 命令 2：显示菜单栏，单击"绘图"|"表格"命令。

执行以上任意一种操作，均可调用"表格"命令。

12.2.2 输入文本

在 AutoCAD 2016 中，创建表格后，用户可根据需要在表格中输入相应文本内容。

素材文件	光盘 \ 素材 \ 第 12 章 \ 创建表格 .dwg
效果文件	光盘 \ 效果 \ 第 12 章 \ 输入文本 .dwg
视频文件	光盘 \ 视频 \ 第 12 章 \12.2.2 输入文本 .mp4

实战 输入文本

步骤 01 以上一个效果文件为例，在绘图区中选择需要输入文本的表格，如图 12-15 所示。

步骤 02 在该表格上双击鼠标左键，弹出"文字编辑器"选项卡，如图 12-16 所示。

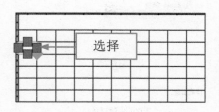

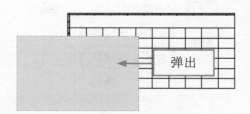

图 12-15 选择需要输入文本的表格　　　　　　　　图 12-16 弹出"文字编辑器"选项卡

步骤　03 设置文字高度为 30，在文本框中输入文字"表格"，如图 12-17 所示。

步骤　04 输入完成后，在绘图区的空白处单击鼠标左键，即可完成文本的输入，效果如图 12-18 所示。

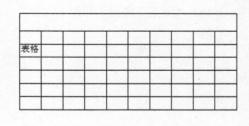

图 12-17 输入相应文字内容　　　　　　　　　　图 12-18 完成文本的输入

12.2.3 调用外部表格

在 AutoCAD 2016 中，用户可根据需要调用外部表格。

素材文件	光盘 \ 素材 \ 第 12 章 \ 家居装饰 .xls
效果文件	无
视频文件	光盘 \ 视频 \ 第 12 章 \12.2.3 调用外部表格 .mp4

实战 家居装饰

步骤　01 启动 AutoCAD 2016，单击"功能区"选项板中的"注释"选项卡，在"表格"面板上单击"链接数据"按钮，如图 12-19 所示。

步骤　02 弹出"数据链接管理器"对话框，在"链接"列表框中选择"创建新的 Excel 数据链接"选项，如图 12-20 所示。

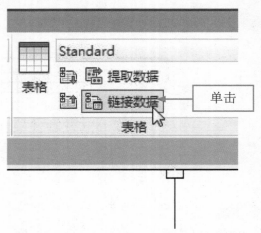

图 12-19 单击"数据链接"按钮　　　　　　　　　图 12-20 选择相应选项

步骤 03 弹出"输入数据链接名称"对话框，在"名称"文本框中输入"家居装饰"，如图 12-21 所示。

步骤 04 单击"确定"按钮，弹出"新建 Excel 数据链接：家居装饰"对话框，在"文件"选项区中单击"浏览"按钮，如图 12-22 所示。

图 12-21 在文本框中输入"家居装饰"　　　　　　　图 12-22 单击"浏览"按钮

步骤 05 弹出"另存为"对话框，在其中用户可根据需要选择相应的 Excel 链接文件，如图 12-23 所示。

步骤 06 单击"打开"按钮，返回"新建 Excel 数据链接：家居装饰"对话框，在对话框下方的"预览"窗口中，可以预览链接的 Excel 文件，如图 12-24 所示。

步骤 07 单击"确定"按钮，返回"数据链接管理器"对话框，在"链接"列表框中的"家居装饰"选项中单击鼠标右键，在弹出的快捷菜单中选择"打开 Excel 文件"选项，如图 12-25 所示。

步骤 08 执行操作后，即可调用外部表格，效果如图 12-26 所示。

图 12-23 选择相应的 Excel 链接文件

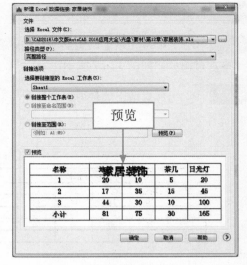

图 12-24 预览链接的 Excel 文件

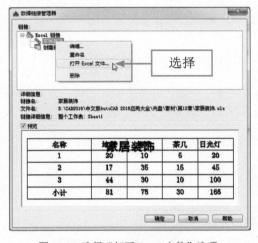

图 12-25 选择"打开 Excel 文件"选项

图 12-26 调用外部表格的效果

12.3 表格的管理

在 AutoCAD 2016 中，一般情况下，不可能一次就创建出完全符合要求的表格，此外，由于情形的变化，也需要对表格进行适当的修改，使其满足需求。本节主要介绍管理表格的各种操作方法，如调整列宽、设置行高、插入列以及插入行等。

12.3.1 合并单元格

在 AutoCAD 2016 中，合并单元格是指将多个单元格合并成一个单元格。下面介绍合并单元格的操作方法。

素材文件	光盘 \ 素材 \ 第 12 章 \ 材料明细表 .dwg
效果文件	光盘 \ 效果 \ 第 12 章 \ 材料明细表 .dwg
视频文件	光盘 \ 视频 \ 第 12 章 \12.3.1 合并单元格 .mp4

实战 材料明细表

步骤 01 单击“菜单浏览器”按钮，在弹出的菜单列表中单击“打开”|“图形”命令，打开一幅素材图形，如图 12-27 所示。

步骤 02 在表格中选择需要合并的单元格，如图 12-28 所示。

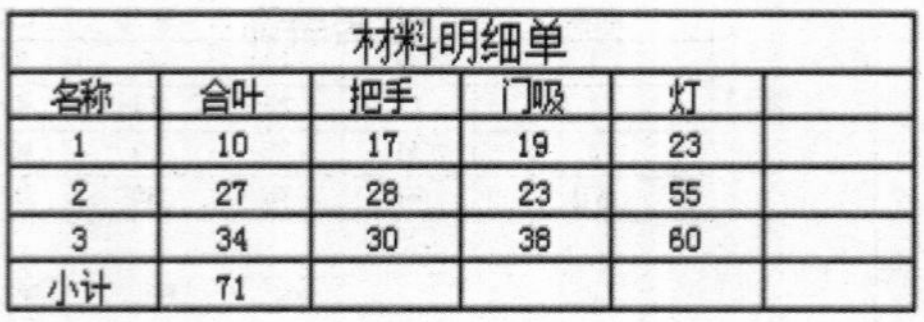

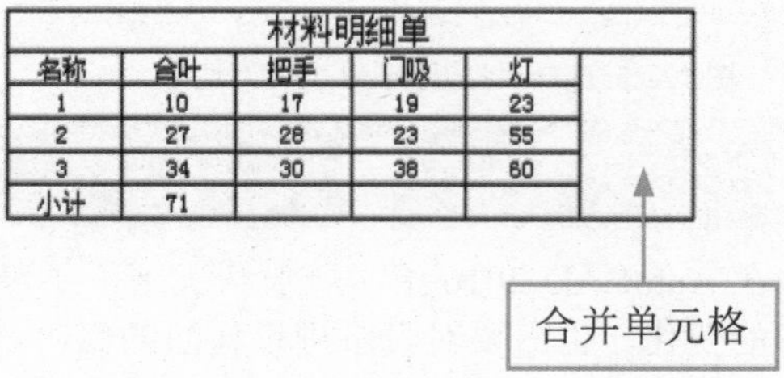

材料明细单					
名称	合叶	把手	门吸	灯	
1	10	17	19	23	
2	27	28	23	55	
3	34	30	38	60	
小计	71				

图 12-27 打开素材图形

图 12-28 选择需要合并的单元格

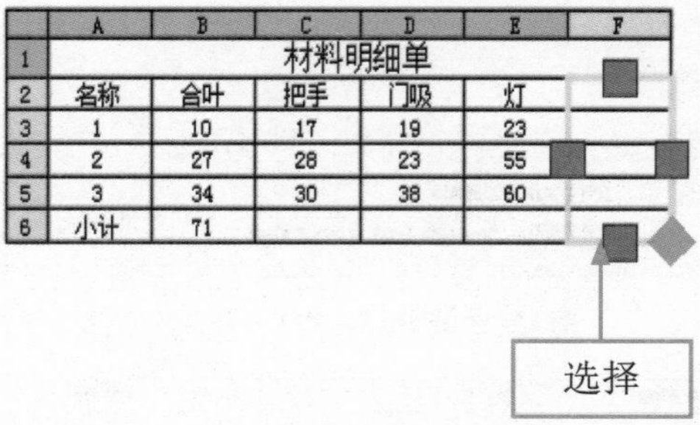

步骤 03 在“功能区”选项板中的“表格单元”选项卡中，单击“合并”面板上的“合并单元”下拉按钮，在弹出的列表框中选择“合并全部”选项，如图 12-29 所示。

步骤 04 执行操作后，即可合并单元格，效果如图 12-30 所示。

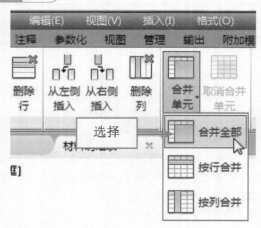

图 12-29 选择“合并全部”选项

材料明细单					
名称	合叶	把手	门吸	灯	
1	10	17	19	23	
2	27	28	23	55	
3	34	30	38	60	
小计	71				

图 12-30 合并单元格

12.3.2 调整列宽

一般情况下，AutoCAD 2016 会根据表格插入的数量自动调整列宽，用户也可以自定义表格的列宽，以满足不同的需求。

素材文件	光盘 \ 素材 \ 第 12 章 \ 图纸目录 .dwg
效果文件	光盘 \ 效果 \ 第 12 章 \ 图纸目录 .dwg
视频文件	光盘 \ 视频 \ 第 12 章 \12.3.2 调整列宽 .mp4

实战 图纸目录

步骤 01 单击"菜单浏览器"按钮,在弹出的菜单列表中单击"打开"|"图形"命令,打开一幅素材图形,如图 12-31 所示。

步骤 02 在绘图区中选择需要调整列宽的表格,如图 12-32 所示。

图 12-31 打开一幅素材图形    图 12-32 选择需要调整列宽的表格

步骤 03 在"功能区"选项板的"视图"选项卡中,单击"选项板"面板上的"特性"按钮,弹出"特性"面板,在"单元宽度"文本框中输入 150,如图 12-33 所示。

步骤 04 按【Enter】键确认,即可调整表格的列宽,效果如图 12-34 所示。

图 12-33 在文本框中输入 150    图 12-34 调整表格的列宽

 专家指点

在绘图区中选择需要调整列宽的表格,将鼠标移至表格右侧的控制点上,单击鼠标左键并向右拖曳,至合适位置后释放鼠标,也可以调整表格的列宽效果。

12.3.3 设置行高

一般情况下，AutoCAD 2016 会根据表格插入的数量自动调整列宽，用户也可以自定义表格的列宽，以满足不同的需求。

素材文件	光盘 \ 素材 \ 第 12 章 \ 设置行高 .dwg
效果文件	光盘 \ 效果 \ 第 12 章 \ 设置行高 .dwg
视频文件	光盘 \ 视频 \ 第 12 章 \12.3.3 设置行高 .mp4

实战 设置行高

步骤 01 单击"菜单浏览器"按钮，在弹出的菜单列表中单击"打开"|"图形"命令，打开一幅素材图形，如图 12-35 所示。

步骤 02 在绘图区中选择需要调整行高的表格，如图 12-36 所示。

图 12-35 打开一幅素材图形 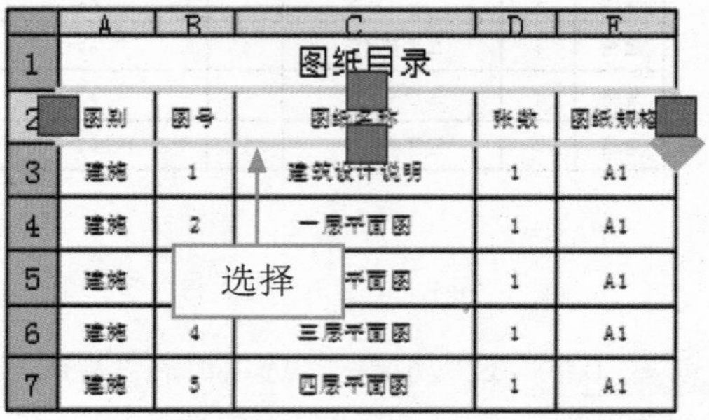　　　　　　　图 12-36 选择需要调整列宽的表格

步骤 03 在"功能区"选项板的"视图"选项卡中，单击"选项板"面板上的"特性"按钮，弹出"特性"面板，在"单元高度"文本框中输入 80，如图 12-37 所示。

步骤 04 按【Enter】键确认，即可设置表格的行高，效果如图 12-38 所示。

图 12-37 在文本框中输入 80 　　　　　　　图 12-38 设置表格的行高

12.3.4 插入列

使用表格时经常会出现列数不够用的情况,此时使用 AutoCAD 2016 提供的"插入列"命令,可以很方便地完成列的添加操作。下面介绍插入列的操作方法。

素材文件	光盘\素材\第 12 章\涡轮表格 .dwg
效果文件	光盘\效果\第 12 章\涡轮表格 .dwg
视频文件	光盘\视频\第 12 章\12.3.4 插入列 .mp4

实战 涡轮表格

步骤 01 单击"菜单浏览器"按钮,在弹出的菜单列表中单击"打开"|"图形"命令,打开一幅素材图形,如图 12-39 所示。

步骤 02 在表格中选择最右侧的单元格,如图 12-40 所示。

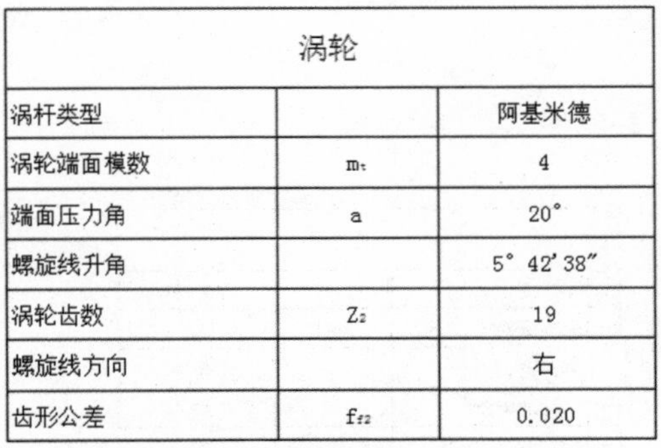

涡轮		
涡杆类型		阿基米德
涡轮端面模数	m_t	4
端面压力角	a	20°
螺旋线升角		5° 42′ 38″
涡轮齿数	Z_2	19
螺旋线方向		右
齿形公差	f_{t2}	0.020

图 12-39 打开一幅素材图形

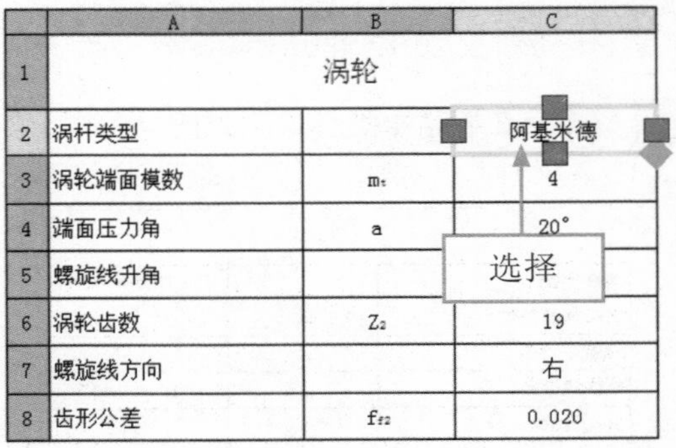

图 12-40 选择最右侧的单元格

步骤 03 在"功能区"选项板的"表格单元"选项卡中,单击"列"面板上的"从右侧插入"按钮,如图 12-41 所示。

步骤 04 执行操作后,即可在表格的右侧插入一列,效果如图 12-42 所示。

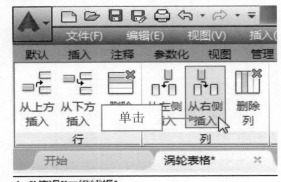

涡轮			
涡杆类型		阿基米德	
涡轮端面模数	m_t	4	
端面压力角	a	20°	
螺旋线升角		5° 42′ 38″	
涡轮齿数	Z_2	19	
螺旋线方向		右	
齿形公差	f_{t2}	0.020	

图 12-41 单击"从右侧插入"按钮

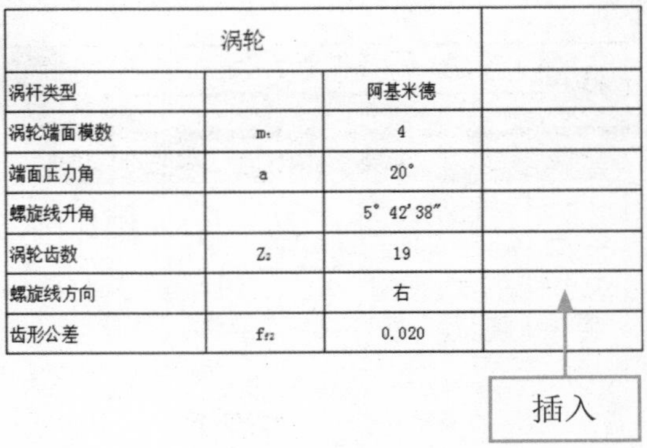

图 12-42 在表格的右侧插入一列

专家指点

在表格中选择最右侧的单元格，单击鼠标右键，在弹出的快捷菜单中选择"列"|"从右侧插入"选项，执行操作后，也可以在表格的右侧插入一列。

12.3.5 插入行

插入列的方法与插入行的方法基本类似，只要掌握了插入行的方法，插入列也非常简单。下面向用户介绍插入行的操作方法。

素材文件	光盘\素材\第 12 章\涡轮表格 .dwg
效果文件	光盘\效果\第 12 章\插入行 .dwg
视频文件	光盘\视频\第 12 章\12.3.5 插入行 .mp4

实战 插入行

步骤 01 单击"菜单浏览器"按钮，在弹出的菜单列表中单击"打开"|"图形"命令，打开一幅素材图形，如图 12-43 所示。

步骤 02 在表格中选择最下方的单元格，如图 12-44 所示。

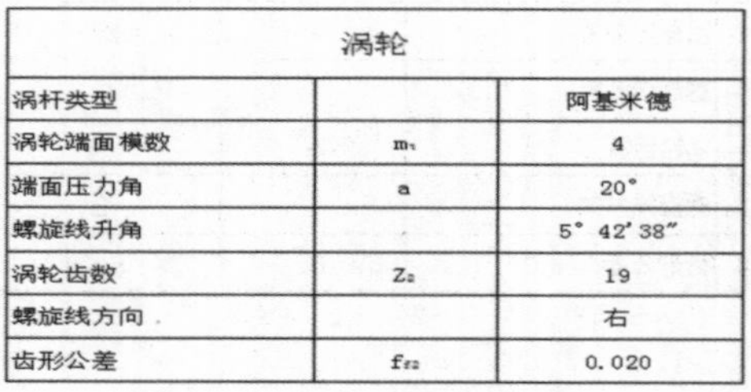

图 12-43 打开一幅素材图形

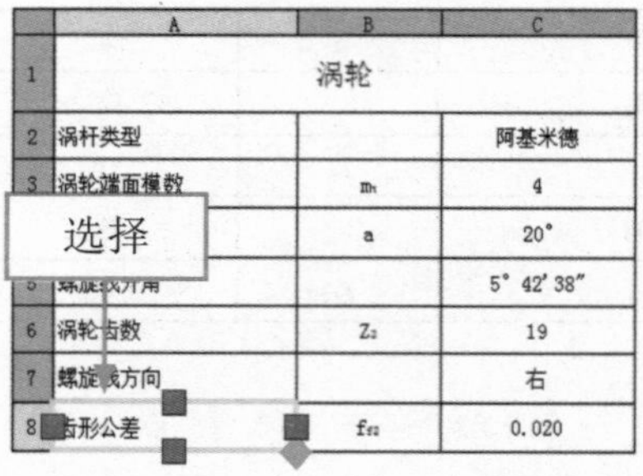

图 12-44 选择最下方的单元格

步骤 03 在"功能区"选项板的"表格单元"选项卡中，单击"行"面板上的"从下方插入"按钮，如图 12-45 所示。

步骤 04 执行操作后，即可在表格的下方插入一行，效果如图 12-46 所示。

图 12-45 单击"从下方插入"按钮

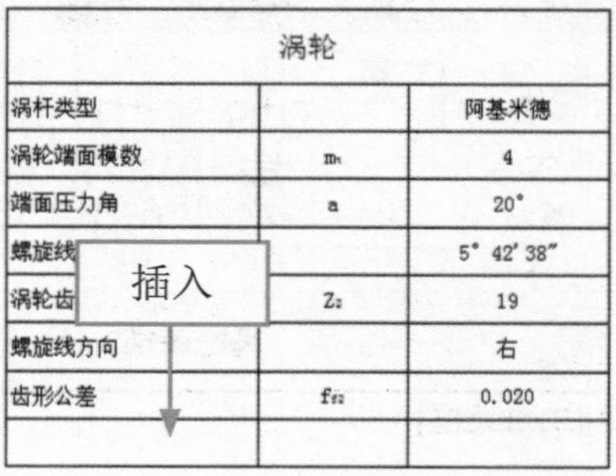

图 12-46 在表格的下方插入一列

专家指点

在表格中选择最下方的单元格，单击鼠标右键，在弹出的快捷菜单中选择“行”|“从下方插入”选项，执行操作后，也可以在表格的下方插入一行。

12.3.6 删除列

在工作表中的某些数据及其位置不再需要时，可以将其删除。下面向用户介绍删除列的操作方法。

素材文件	光盘 \ 素材 \ 第 12 章 \ 删除列 .dwg
效果文件	光盘 \ 效果 \ 第 12 章 \ 删除列 .dwg
视频文件	光盘 \ 视频 \ 第 12 章 \12.3.6 删除列 .mp4

实战 删除列

步骤 01 单击“菜单浏览器”按钮，在弹出的菜单列表中单击“打开”|“图形”命令，打开一幅素材图形，如图 12-47 所示。

步骤 02 在表格中选择最右侧的单元格，如图 12-48 所示。

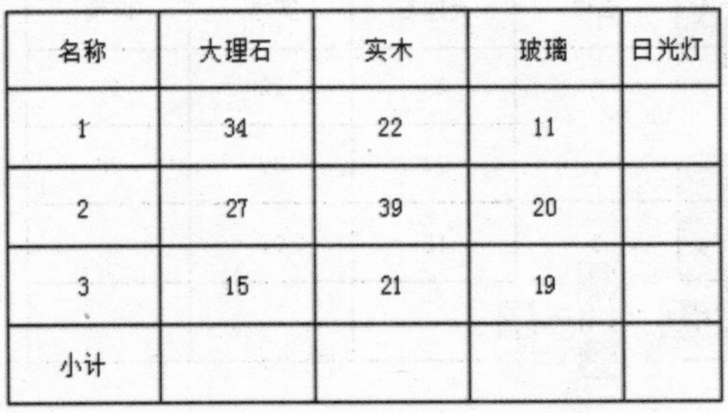

名称	大理石	实木	玻璃	日光灯
1	34	22	11	
2	27	39	20	
3	15	21	19	
小计				

图 12-47 打开一幅素材图形

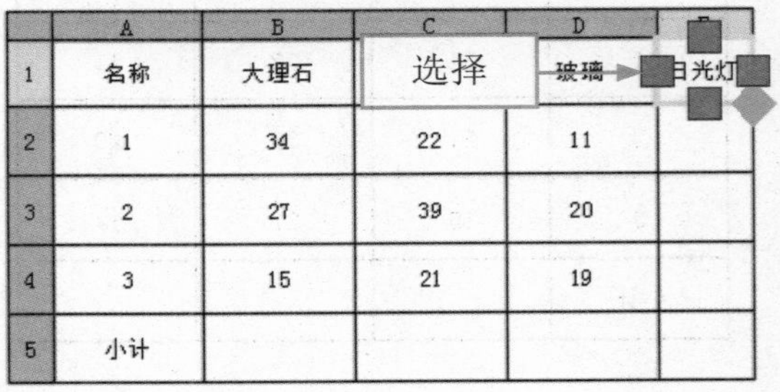

	A	B	C	D	E
1	名称	大理石	实木	玻璃	日光灯
2	1	34	22	11	
3	2	27	39	20	
4	3	15	21	19	
5	小计				

图 12-48 选择最右侧的单元格

步骤 03 在“功能区”选项板的“表格单元”选项卡中，单击“列”面板上的“删除列”按钮，如图 12-49 所示。

步骤 04 执行操作后，即可在表格的右侧删除一列，效果如图 12-50 所示。

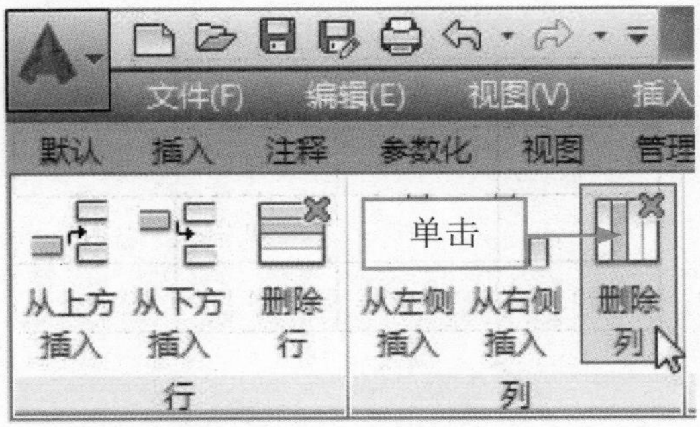

图 12-49 单击“删除列”按钮

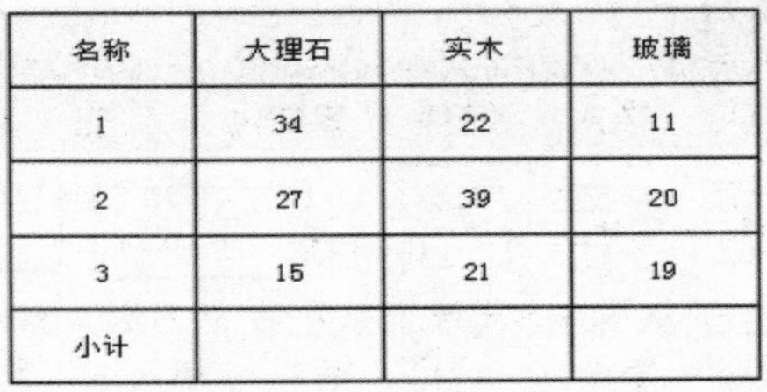

名称	大理石	实木	玻璃
1	34	22	11
2	27	39	20
3	15	21	19
小计			

图 12-50 在表格的右侧删除一列

专家指点

　　在表格中选择最右侧的单元格，单击鼠标右键，在弹出的快捷菜单中选择"列"|"删除"选项，执行操作后，也可以在表格的右侧删除一列。

12.3.7 删除行

　　用同样的方法，可以在工作表中删除行。下面向用户介绍删除行的操作方法。

素材文件	光盘 \ 素材 \ 第 12 章 \ 删除行 .dwg
效果文件	光盘 \ 效果 \ 第 12 章 \ 删除行 .dwg
视频文件	光盘 \ 视频 \ 第 12 章 \12.3.7 删除行 .mp4

实战 删除行

步骤 01 　单击"菜单浏览器"按钮，在弹出的菜单列表中单击"打开"|"图形"命令，打开一幅素材图形，如图 12-51 所示。

步骤 02 　在表格中选择最下方的单元格，如图 12-52 所示。

名称	大理石	实木	玻璃
1	34	22	11
2	27	39	20
3	15	21	19
小计			

图 12-51 打开一幅素材图形

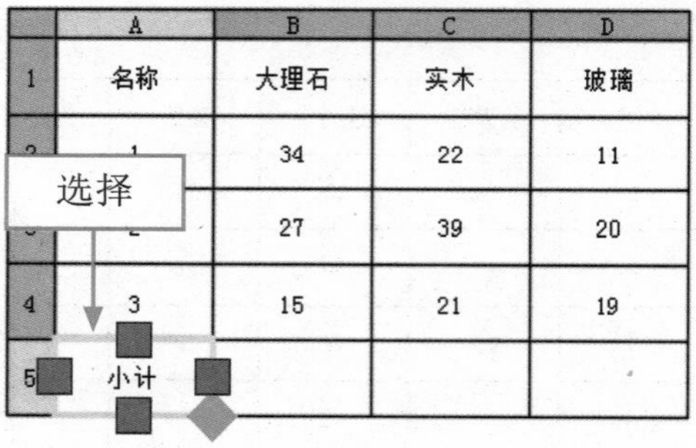

	A	B	C	D
1	名称	大理石	实木	玻璃
2	1	34	22	11
3	2	27	39	20
4	3	15	21	19
5	小计			

选择

图 12-52 选择最下方的单元格

步骤 03 　在"功能区"选项板的"表格单元"选项卡中，单击"行"面板上的"删除行"按钮，如图 12-53 所示。

步骤 04 　执行操作后，即可在表格的最下方删除一行，效果如图 12-54 所示。

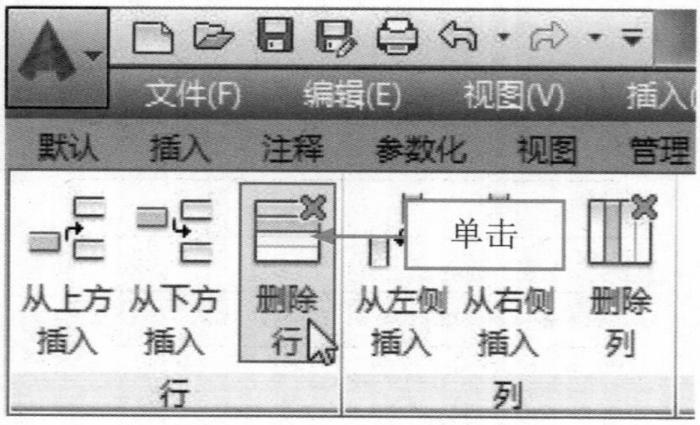

图 12-53 单击"删除行"按钮

名称	大理石	实木	玻璃
1	34	22	11
2	27	39	20
3	15	21	19

图 12-54 在表格的下方删除一行

在表格中选择最下方的单元格，单击鼠标右键，在弹出的快捷菜单中选择"行"|"删除"选项，执行操作后，也可以在表格的下方删除一行。

12.3.8 在表格中使用公式

在 AutoCAD 2016 的表格中，用户可以使用公式进行复杂的计算。

素材文件	光盘 \ 素材 \ 第 12 章 \ 材料分配表 .dwg
效果文件	光盘 \ 效果 \ 第 12 章 \ 材料分配表 .dwg
视频文件	光盘 \ 视频 \ 第 12 章 \12.3.8 在表格中使用公式 .mp4

实战 材料分配表

步骤 01 单击"菜单浏览器"按钮，在弹出的菜单列表中单击"打开"|"图形"命令，打开一幅素材图形，如图 12-55 所示。

步骤 02 在表格中选择右下方的单元格，如图 12-56 所示。

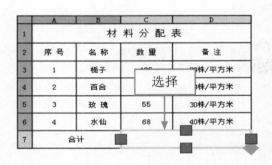

图 12-55 打开一幅素材图形　　　　　　　　　　图 12-56 选择右下方的单元格

步骤 03 在"功能区"选项板的"表格单元"选项卡中，单击"插入"面板上的"公式"按钮 fx，在弹出的列表框中选择"求和"选项，如图 12-57 所示。

步骤 04 根据命令行提示进行操作，在表格中的合适位置上单击鼠标左键并拖曳，选择"数量"列中需要求和的数值，如图 12-58 所示。

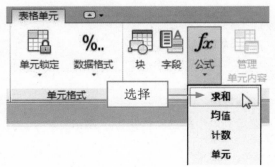

图 12-57 选择"求和"选项

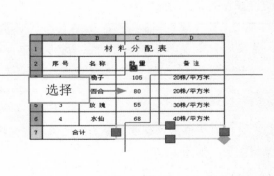

图 12-58 选择需要求和的数值

步骤 05 执行操作后，在表格中将显示需要求和的表格区域，如图 12-59 所示。

步骤 06 按【Enter】键确认，即可得出计算结果，效果如图 12-60 所示。

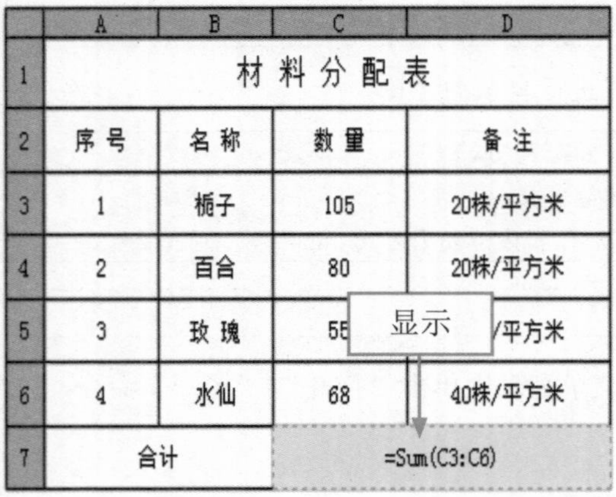

	A	B	C	D
1		材 料 分 配 表		
2	序 号	名 称	数 量	备 注
3	1	栀子	105	20株/平方米
4	2	百合	80	20株/平方米
5	3	玫 瑰	55	显示 /平方米
6	4	水仙	68	40株/平方米
7	合计		=Sum(C3:C6)	

材 料 分 配 表			
序 号	名 称	数 量	备 注
1	栀子	105	20株/平方米
2	百合	80	20株/平方米
3	玫 瑰	55	结果 /平方米
4	水仙	68	40株/平方米
合计			308

图 12-59 显示需要求和的表格区域   图 12-60 得出计算结果

专家指点

在表格中选择右下方的单元格，单击鼠标右键，在弹出的快捷菜单中选择"插入点"|"公式"|"方程式"选项，执行操作后，根据命令行提示进行操作，也可以在表格中使用公式进行计算。

12.4 表格的设置

创建并编辑表格后，用户还可以根据需要对表格进行格式化操作。AutoCAD 2016 提供了丰富的格式化功能，用户可以设置表格底纹、表格线宽、表格线型颜色以及表格线型样式等。

12.4.1 设置表格底纹

在 AutoCAD 2016 中，当表格中的底纹不能满足用户需求时，可以自定义表格底纹。下面介绍设置表格底纹的操作方法。

素材文件	光盘 \ 素材 \ 第 12 章 \ 设置表格底纹 .dwg
效果文件	光盘 \ 效果 \ 第 12 章 \ 设置表格底纹 .dwg
视频文件	光盘 \ 视频 \ 第 12 章 \12.4.1 设置表格底纹 .mp4

实战 设置表格底纹

步骤 01 单击"菜单浏览器"按钮，在弹出的菜单列表中单击"打开"|"图形"命令，打开素材图形，如图 12-61 所示。

步骤 02 选择需要设置底纹的表格，如图 12-62 所示。

	套房部分工程预算			
序 号	项目名称	数 量	单 价	合 价
1	地面铺仿古砖	200	15	3000
2	天花涂料	450	5	2250
3	走廊地板	350	25	8750
4	日光灯	20	20	400
5	空调插座	5	15	75

图 12-61 打开素材图形

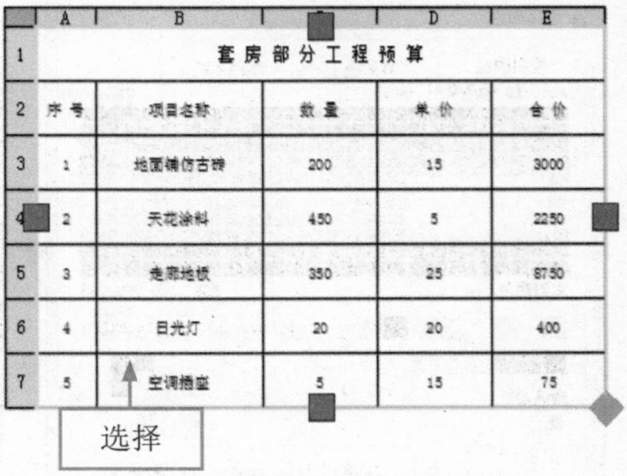

图 12-62 选择需要设置底纹的表格

步骤 **03** 单击"功能区"选项板中的"视图"选项卡,在"选项板"面板上单击"特性"按钮 ▤,如图 12-63 所示。

步骤 **04** 弹出"特性"面板,在"单元"选项区中单击"背景填充"右侧的下拉按钮,在弹出的下拉列表中选择"选择颜色"选项,如图 12-64 所示。

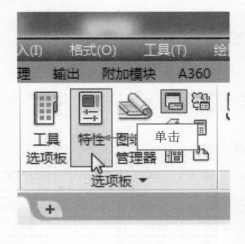

图 12-63 单击"特性"按钮

图 12-64 选择"选择颜色"选项

步骤 **05** 弹出"选择颜色"对话框,在"索引颜色"选项卡中选择"青色"为表格底纹,如图 12-65 所示。

步骤 **06** 设置完成后,单击"确定"按钮,即可设置表格底纹,效果如图 12-66 所示。

专家指点

在 AutoCAD 2016 中,选择需要设置底纹的表格,在"功能区"选项板的"表格单元"选项卡中,单击"单元样式"面板上的"表格单元背景色"按钮,在弹出的列表框中,用户可根据需要选择相应的底纹颜色。

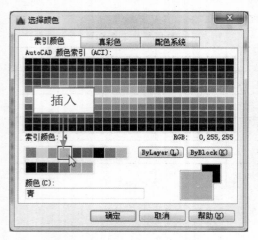

图 12-65 选择"青色"为表格底纹

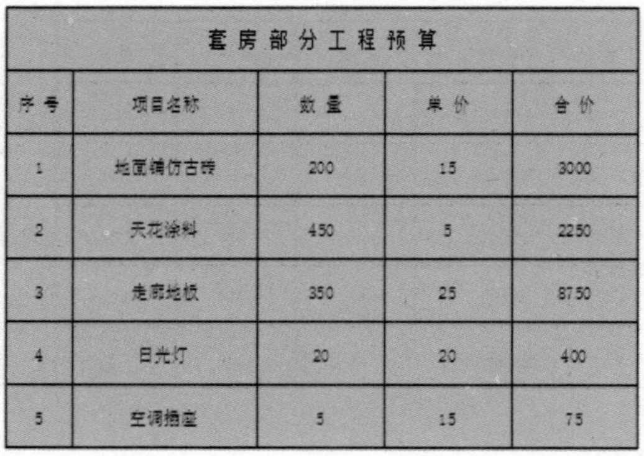

图 12-66 设置表格底纹

12.4.2 设置表格线宽

在 AutoCAD 2016 中，用户可以设置表格线宽效果。

	素材文件	光盘 \ 素材 \ 第 12 章 \ 设置表格线宽 .dwg
	效果文件	光盘 \ 效果 \ 第 12 章 \ 设置表格线宽 .dwg
	视频文件	光盘 \ 视频 \ 第 12 章 \12.4.2 设置表格线宽 .mp4

实战 设置表格线宽

步骤 01 单击"菜单浏览器"按钮，在弹出的菜单列表中单击"打开"|"图形"命令，打开一幅素材图形，如图 12-67 所示。

步骤 02 在绘图区中选择需要设置线宽的表格，如图 12-68 所示。

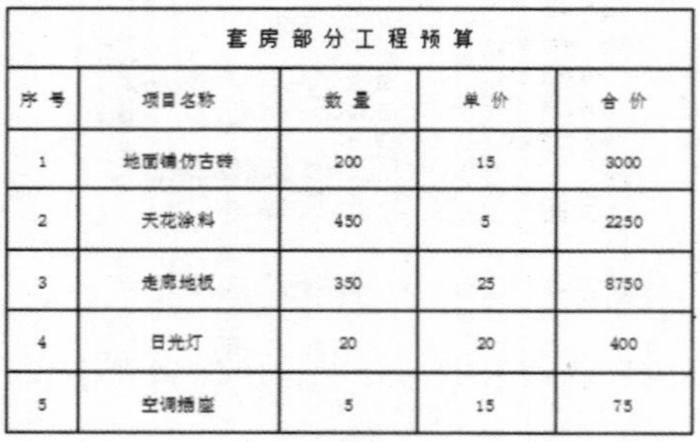

图 12-67 打开一幅素材图形

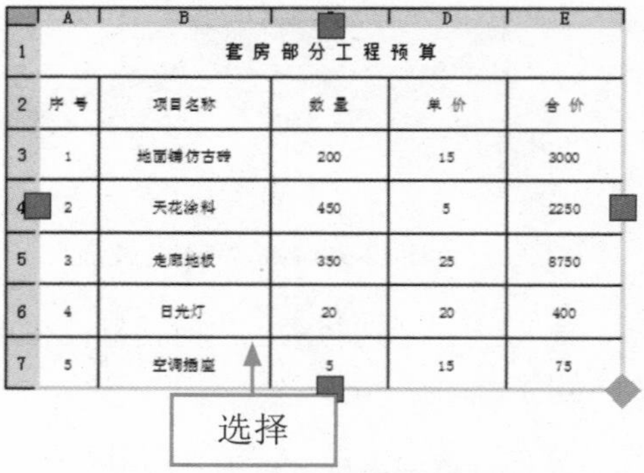

图 12-68 选择需要设置线宽的表格

步骤 03 在"功能区"选项板的"表格单元"选项卡中，单击"单元样式"面板上的"编辑边框"按钮，如图 12-69 所示。

步骤 04 弹出"单元边框特性"对话框，在"边框特性"选项区中选中"双线"复选框，如图 12-70 所示。

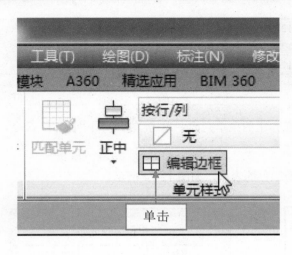

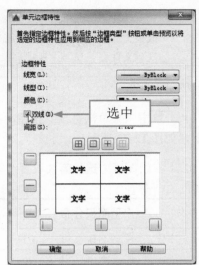

图 12-69 单击"编辑边框"按钮　　　　　　图 12-70 选中"双线"复选框

步骤 05 在下方预览窗口中的线型位置上，单击鼠标左键，使其呈双线显示状态，如图 12-71 所示。

步骤 06 设置完成后，单击"确定"按钮，即可设置表格线宽为双线，效果如图 12-72 所示。

套 房 部 分 工 程 预 算				
序 号	项目名称	数 量	单 价	合 价
1	地面铺仿古砖	200	15	3000
2	天花涂料	450	5	2250
3	实木地板	350	25	8750
4	日光灯	20	20	400
5	空调插座	5	15	75

图 12-71 使表格线宽呈双线显示　　　　　　图 12-72 设置表格线宽为双线的效果

专家指点

　　选中相应单元格后，单击"功能区"选项板中的"视图"选项卡，在"选项板"面板上单击"特性"按钮，在弹出的"特性"面板中也可以设置线宽和其他相关的属性，合理利用特性功能面板。

12.4.3 设置表格线型颜色

　　在 AutoCAD 2016 中，用户还可以根据需要设置表格的线型颜色。

素材文件	光盘 \ 素材 \ 第 12 章 \ 户型面积分布 .dwg
效果文件	光盘 \ 效果 \ 第 12 章 \ 户型面积分布 .dwg
视频文件	光盘 \ 视频 \ 第 12 章 \12.4.3 设置表格线型颜色 .mp4

实战 户型面积分布

步骤 01 单击“菜单浏览器”按钮，在弹出的菜单列表中单击“打开”|“图形”命令，打开素材图形，如图 12-73 所示。

步骤 02 在绘图区中选择需要设置线型颜色的表格，如图 12-74 所示。

户型面积分布		
序号	名称	面积
1	客厅	30
2	厨房	15
3	厕所	10
4	卧室	50

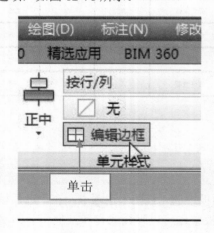

图 12-73 打开素材图形

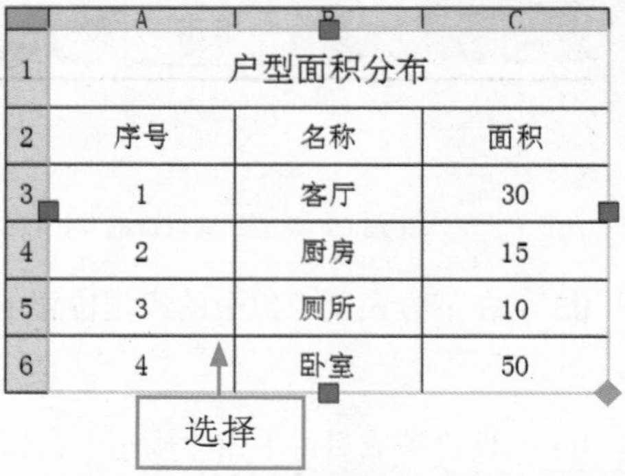

图 12-74 选择需要设置线型颜色的表格

步骤 03 在“功能区”选项板的“表格单元”选项卡中，单击“单元样式”面板上的“编辑边框”按钮⊞，如图 12-75 所示。

步骤 04 弹出“单元边框特性”对话框，单击“颜色”右侧的下拉按钮，在弹出的列表框中选择“蓝”选项，如图 12-76 所示。

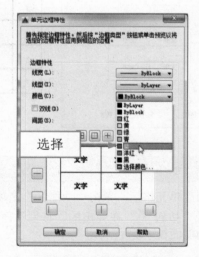

图 12-75 单击“编辑边框”按钮

图 12-76 选择“蓝”选项

步骤 05 在预览窗口周围，单击相应的边框按钮，使预览窗口中的线条呈蓝色显示，如图 12-77 所示。

步骤 06 设置完成后，单击“确定”按钮，即可设置表格线型的颜色，效果如图 12-78 所示。

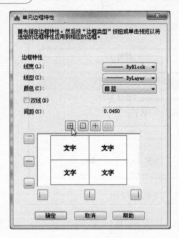

图 12-77 单击边框按钮

户型面积分布		
序号	名称	面积
1	客厅	30
2	厨房	15
3	厕所	10
4	卧室	50

图 12-78 设置表格线型的颜色

12.4.4 设置表格线型样式

在编辑表格的过程中，用户还可以设置表格的线型样式。

素材文件	光盘 \ 素材 \ 第 12 章 \ 工程预算 .dwg
效果文件	光盘 \ 效果 \ 第 12 章 \ 工程预算 .dwg
视频文件	光盘 \ 视频 \ 第 12 章 \12.4.4 设置表格线型样式 .mp4

实战 工程预算

步骤 01 单击“菜单浏览器”按钮，在弹出的菜单列表中单击“打开”|“图形”命令，打开一幅素材图形，如图 12-79 所示。

步骤 02 在绘图区中选择需要设置线型样式的表格，如图 12-80 所示。

套房部分工程预算				
序号	项目名称	数量	单价	合价
1	地面铺仿古砖	200	15	3000
2	天花涂料	450	5	2250
3	走廊地板	350	25	8750
4	日光灯	20	20	400
5	空调插座	5	15	75

图 12-79 打开一幅素材图形

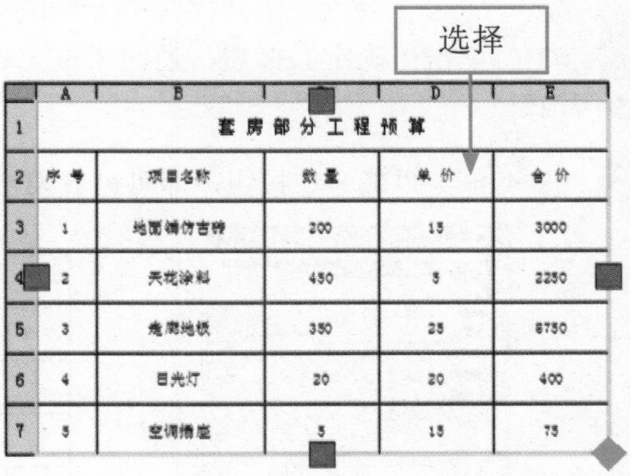

图 12-80 选择表格

步骤 03 在“功能区”选项板的“表格单元”选项卡中，单击“单元样式”面板上的“编辑边框”按钮田，弹出“单元边框特性”对话框，单击“线型”右侧的下拉按钮，在弹出的列表框中选择“其他”选项，如图 12-81 所示。

步骤 **04** 弹出"选择线型"对话框，单击"加载"按钮，如图 12-82 所示。

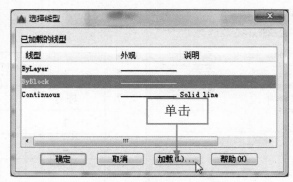

图 12-81 选择"其他"选项   图 12-82 单击"加载"按钮

步骤 **05** 弹出"加载或重载线型"对话框，在下拉列表框中选择第一个加载选项，如图 12-83 所示。

步骤 **06** 单击"确定"按钮，返回"选择线型"对话框，在其中选择相应线型，如图 12-84 所示。

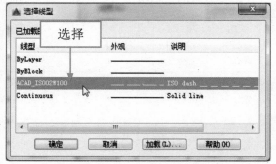

图 12-83 选择第一个加载选项   图 12-84 选择 ACAD_IS002W100 线型

步骤 **07** 单击"确定"按钮，返回"单元边框特性"对话框，单击"所有边框"按钮，如图 12-85 所示。

步骤 **08** 单击"确定"按钮，即可设置表格的线型样式，效果如图 12-86 所示。

图 12-85 单击"所有边框"按钮   图 12-86 设置表格的线型样式

13 创建编辑尺寸标注

学习提示

　　在 AutoCAD 2016 中，尺寸标注主要用于描述对象各组成部分的大小及相对位置关系，是实际生产中的重要依据，而尺寸标注在工程绘图中也是不可缺少的一个重要环节。使用尺寸标注，可以清晰地查看图形的真实尺寸。本章主要介绍创建与设置尺寸标注的操作方法。

本章案例导航

- 实战——电梯立面图
- 实战——柜子立面图
- 实战——标注样图
- 实战——基米螺丝
- 实战——悬臂支座

- 实战——地面拼花
- 实战——支撑块
- 实战——门框架
- 实战——零部件
- 实战——凸轮

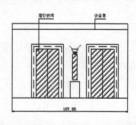

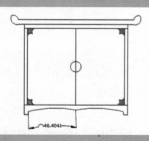

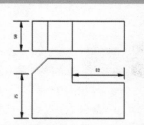

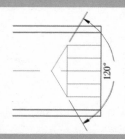

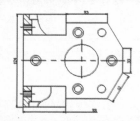

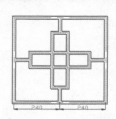

13.1 标注样式的创建与设置

标注样式是决定尺寸标注形式的尺寸变量设置集合，使用标注样式可以控制标注的格式和外观，建立严格的绘图标准，并且有利于对标注格式及用途进行修改。本节主要介绍创建与设置标注样式的操作方法。

13.1.1 创建标注样式

为了便于用户管理标注样式，AutoCAD 2016 提供了"标注样式管理器"对话框，在其中用户可以创建和修改标注样式。

素材文件	无
效果文件	无
视频文件	光盘 \ 视频 \ 第 13 章 \13.1.1 创建标注样式 .mp4

实战 创建标注

步骤 **01** 启动 AutoCAD 2016，单击"功能区"选项板中的"注释"选项卡，在"标注"面板上单击"标注、标注样式"按钮 ⣂，如图 13-1 所示。

步骤 **02** 弹出"标注样式管理器"对话框，单击"新建"按钮，如图 13-2 所示。

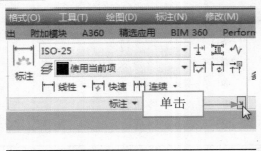

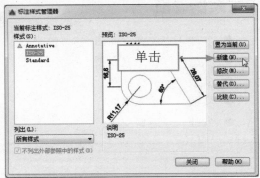

图 13-1 单击"标注、标注样式"按钮　　　　图 13-2 单击"新建"按钮

专家指点

在 AutoCAD 2016 中，用户还可以通过以下 3 种方法，调用"标注样式"命令：

＊ 命令 1：在命令行中输入 DIMSTYLE（标注样式）命令，按【Enter】键确认。

＊ 命令 2：在命令行中输入 D（标注样式）命令，按【Enter】键确认。

＊ 命令 3：显示菜单栏，单击"格式"|"标注样式"命令。

执行以上任意一种操作，均可调用"标注样式"命令。

步骤 **03** 弹出"创建新标注样式"对话框，在"新样式名"文本框中输入"设计标注"，如图 13-3 所示。

步骤 **04** 单击"继续"按钮，弹出"新建标注样式：设计标注"对话框，单击"确定"按钮，如图 13-4 所示。

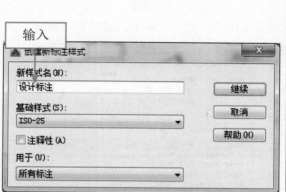

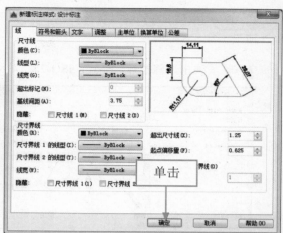

图 13-3 输入"设计标注"

图 13-4 单击"确定"按钮

> 步骤 **05** 返回"标注样式管理器"对话框，单击"置为当前"按钮，即可创建标注样式。

13.1.2 设置标注尺寸线

在 AutoCAD 2016 中，用户可根据需要设置尺寸线和尺寸界线的格式和单位。

素材文件	光盘 \ 素材 \ 第 13 章 \ 凸轮 .dwg	
效果文件	光盘 \ 效果 \ 第 13 章 \ 凸轮 .dwg	
视频文件	光盘 \ 视频 \ 第 13 章 \13.1.2 设置标注尺寸线 .mp4	

实战 凸轮

> 步骤 **01** 单击"菜单浏览器"按钮，在弹出的菜单列表中单击"打开"|"图形"命令，打开一幅素材图形，如图 13-5 所示。

> 步骤 **02** 在命令行中输入 DIMSTYLE（标注样式）命令，如图 13-6 所示。

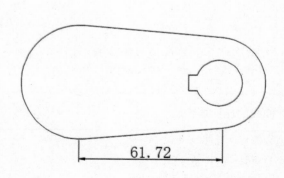

图 13-5 打开一幅素材图形

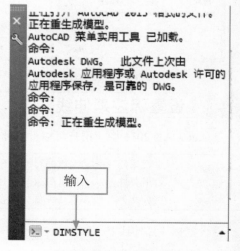

图 13-6 输入 DIMSTYLE 命令

步骤 **03** 按【Enter】键确认，弹出"标注样式管理器"对话框，单击"修改"按钮，如图 13-7 所示。

步骤 **04** 弹出"修改标注样式：ISO-25"对话框，切换至"线"选项卡，如图 13-8 所示。

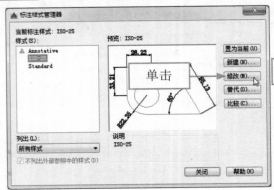

图 13-7 单击"修改"按钮

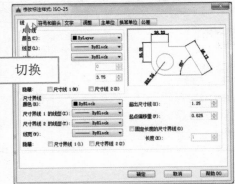

图 13-8 切换至"线"选项卡

步骤 **05** 单击"尺寸线"选项区中"颜色"右侧的下拉按钮，在弹出的列表框中选择"洋红"选项，如图 13-9 所示。

步骤 **06** 依次单击"确定"和"关闭"按钮，即可设置标注尺寸线，效果如图 13-10 所示。

图 13-9 选择"洋红"选项

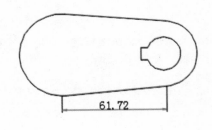

图 13-10 设置标注尺寸线

13.1.3 设置标注延伸线

在 AutoCAD 2016 中，用户可以设置标注延伸线的相应属性。

	素材文件	光盘 \ 素材 \ 第 13 章 \ 设置标注延伸线 .dwg
	效果文件	光盘 \ 效果 \ 第 13 章 \ 设置标注延伸线 .dwg
	视频文件	光盘 \ 视频 \ 第 13 章 \13.1.3 设置标注延伸线 .mp4

实战 设置标注延伸线

步骤 **01** 单击"菜单浏览器"按钮，在弹出的菜单列表中单击"打开"|"图形"命令，打开

一幅素材图形，如图 13-11 所示。

步骤 02　输入 DIMSTYLE（标注样式）命令并确认，打开"标注样式管理器"对话框，单击"修改"按钮，如图 13-12 所示。

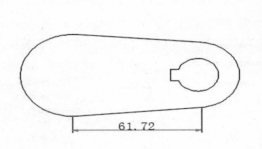

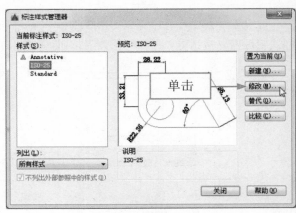

图 13-11　打开一幅素材图形　　　　　　　　　　图 13-12　单击"修改"按钮

步骤 03　弹出"修改标注样式：ISO-25"对话框，在"尺寸界线"选项区中，单击"颜色"右侧的下拉按钮，弹出列表框，选择"洋红"选项，如图 13-13 所示。

步骤 04　依次单击"确定"和"关闭"按钮，即可设置标注延伸线，如图 13-14 所示。

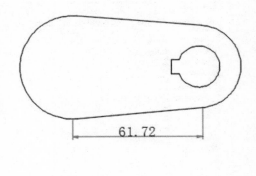

图 13-13　选择"洋红"选项　　　　　　　　　　图 13-14　设置标注延伸线

13.1.4　设置标注文字

在"修改标注样式"对话框中，单击"文字"选项卡，可以设置文字外观、文字位置和文字的对齐方式等属性。

素材文件	光盘 \ 素材 \ 第 13 章 \ 设置标注文字 .dwg
效果文件	光盘 \ 效果 \ 第 13 章 \ 设置标注文字 .dwg
视频文件	光盘 \ 视频 \ 第 13 章 \13.1.4　设置标注文字 .mp4

实战	设置标注文字

步骤 01 单击"菜单浏览器"按钮,在弹出的菜单列表中单击"打开"|"图形"命令,打开一幅素材图形,如图 13-15 所示。

步骤 02 在命令行中输入 DIMSTYLE(标注样式)命令,并按【Enter】键确认,弹出"标注样式管理器"对话框,单击"修改"按钮,如图 13-16 所示。

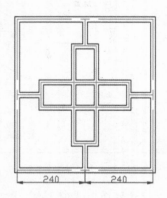

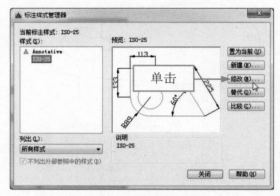

图 13-15 打开一幅素材图形

图 13-16 单击"修改"按钮

步骤 03 弹出"修改标注样式:ISO-25"对话框,在"文字"选项卡中,单击"文字颜色"右侧的下拉按钮,在弹出的列表框中选择"洋红"选项,如图 13-17 所示。

步骤 04 依次单击"确定"和"关闭"按钮,设置标注文字效果,如图 13-18 所示。

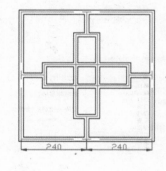

图 13-17 选择"洋红"选项

图 13-18 设置标注文字效果

13.1.5 设置标注调整比例

在"修改标注样式"对话框中,单击"调整"选项卡,在其中可以设置标注文字、箭头、引线和尺寸线的放置位置。

	素材文件	光盘 \ 素材 \ 第 13 章 \ 楔键 .dwg
	效果文件	光盘 \ 效果 \ 第 13 章 \ 楔键 .dwg
	视频文件	光盘 \ 视频 \ 第 13 章 \13.1.5 设置标注调整比例 .mp4

实战 楔键

步骤 01 单击"菜单浏览器"按钮，在弹出的菜单列表中单击"打开"|"图形"命令，打开一幅素材图形，如图 13-19 所示。

步骤 02 在命令行中输入 DIMSTYLE（标注样式）命令，并按【Enter】键确认，弹出"标注样式管理器"对话框，单击"修改"按钮，如图 13-20 所示。

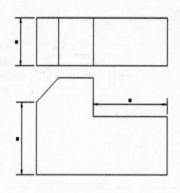

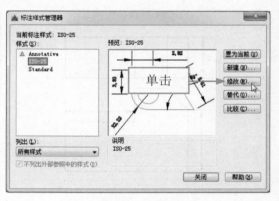

图 13-19 打开一幅素材图形

图 13-20 单击"修改"按钮

步骤 03 弹出"修改标注样式：ISO-25"对话框，在"调整"选项卡的"标注特征比例"选项区中，选中"使用全局比例"单选按钮，在右侧设置为 2，如图 13-21 所示。

步骤 04 依次单击"确定"和"关闭"按钮，设置标注调整比例，效果如图 13-22 所示。

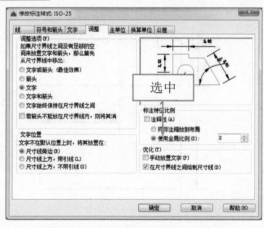

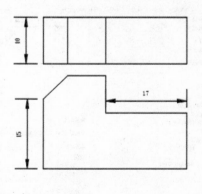

图 13-21 选中"使用全局比例"单选按钮

图 13-22 设置标注调整比例

13.1.6 设置标注主单位

在 AutoCAD 2016 中，用户可以设置主单位的格式与精度等属性。

素材文件	光盘 \ 素材 \ 第 13 章 \ 设置标注主单位 .dwg	
效果文件	光盘 \ 效果 \ 第 13 章 \ 设置标注主单位 .dwg	
视频文件	光盘 \ 视频 \ 第 13 章 \13.1.6 设置标注主单位 .mp4	

实战 设置标注主单位

步骤 01 单击"菜单浏览器"按钮,在弹出的菜单列表中单击"打开"|"图形"命令,打开一幅素材图形,如图 13-23 所示。

步骤 02 在命令行中输入 DIMSTYLE(标注样式)命令,并按【Enter】键确认,弹出"标注样式管理器"对话框,单击"修改"按钮,如图 13-24 所示。

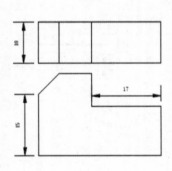

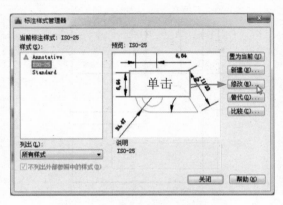

图 13-23 打开一幅素材图形   图 13-24 单击"修改"按钮

步骤 03 弹出"修改标注样式:ISO-25"对话框,切换至"主单位"选项卡,在"测量单位比例"选项区中,设置"比例因子"为 5,如图 13-25 所示。

步骤 04 设置完成后,依次单击"确定"和"关闭"按钮,设置标注主单位,效果如图 13-26 所示。

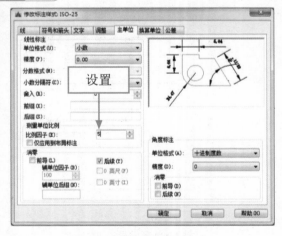

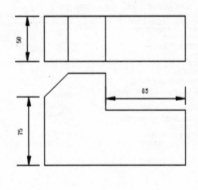

图 13-25 设置"比例因子"为 5   图 13-26 设置标注主单位

13.1.7 设置标注换算单位

在"修改标注样式"对话框中,单击"换算单位"选项卡,可以设置换算单位的格式与精度等属性。在 AutoCAD 2016 中,通过换算标注单位,可以转换不同测量单位制的标注,通过常显示英制标注的等效公制标注或公制标注的等效英制标注。在标注文字中,换算标注单位显示在主单位旁边的方括号中。

素材文件	光盘 \ 素材 \ 第 13 章 \ 设置标注换算单位 .dwg
效果文件	光盘 \ 效果 \ 第 13 章 \ 设置标注换算单位 .dwg
视频文件	光盘 \ 视频 \ 第 13 章 \13.1.7 设置标注换算单位 mp4

实战 设置标注换算单位

步骤 01 单击"菜单浏览器"按钮，在弹出的菜单列表中单击"打开"|"图形"命令，打开一幅素材图形，如图 13-27 所示。

步骤 02 在命令行中输入 DIMSTYLE（标注样式）命令，并按【Enter】键确认，弹出"标注样式管理器"对话框，单击"修改"按钮，如图 13-28 所示。

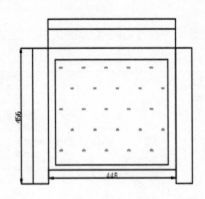

图 13-27 打开一幅素材图形

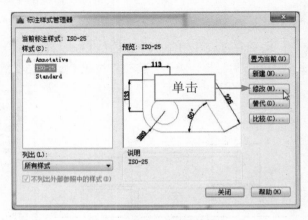

图 13-28 单击"修改"按钮

步骤 03 弹出"修改标注样式：ISO-25"对话框，切换至"换算单位"选项卡，选中"显示换算单位"复选框，单击"精度"右侧的下拉按钮，在弹出的列表框中选择"0.000"选项，如图 13-29 所示。

步骤 04 依次单击"确定"和"关闭"按钮，设置标注换算单位，效果如图 13-30 所示。

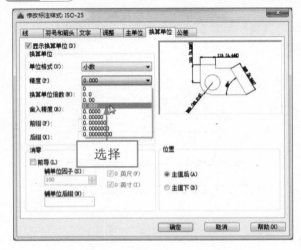

图 13-29 选择"0.000"选项

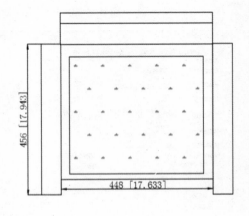

图 13-30 设置标注换算单位

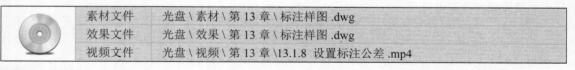

13.1.8 设置标注公差

在"修改标注样式"对话框中，单击"公差"选项卡，在其中可以设置是否标注公差，以及以何种方式进行标注等。

	素材文件	光盘 \ 素材 \ 第 13 章 \ 标注样图 .dwg
	效果文件	光盘 \ 效果 \ 第 13 章 \ 标注样图 .dwg
	视频文件	光盘 \ 视频 \ 第 13 章 \13.1.8 设置标注公差 .mp4

实战 标注样图

步骤 01 单击"菜单浏览器"按钮，在弹出的菜单列表中单击"打开"|"图形"命令，打开一幅素材图形，如图 13-31 所示。

步骤 02 在命令行中输入 DIMSTYLE（标注样式）命令，并按【Enter】键确认，弹出"标注样式管理器"对话框，单击"修改"按钮，如图 13-32 所示。

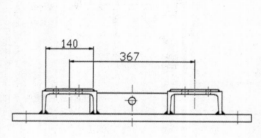

图 13-31 打开一幅素材图形

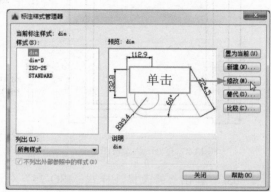

图 13-32 单击"修改"按钮

步骤 03 弹出"修改标注样式：dim"对话框，切换至"公差"选项卡，在"公差格式"选项区中设置"方式"为"极限偏差"、"精度"为 0.0000，如图 13-33 所示。

步骤 04 依次单击"确定"和"关闭"按钮，设置标注公差，效果如图 13-34 所示。

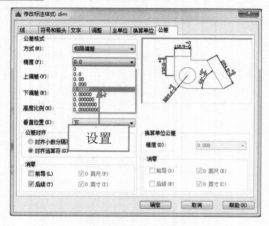

图 13-33 设置"精度"为 0.0000

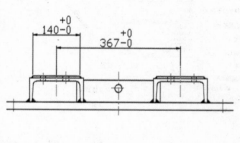

图 13-34 设置标注公差

13.1.9 设置标注符号和箭头

在 AutoCAD 2016 中，用户可以设置标注的符号和箭头。

素材文件	光盘 \ 素材 \ 第 13 章 \ 设置标注符号和箭头 .dwg
效果文件	光盘 \ 效果 \ 第 13 章 \ 设置标注符号和箭头 .dwg
视频文件	光盘 \ 视频 \ 第 13 章 \13.1.9 设置标注符号和箭头 .mp4

实战 设置标注符号和箭头

步骤 01 单击"菜单浏览器"按钮，在弹出的菜单列表中单击"打开"|"图形"命令，打开一幅素材图形，如图 13-35 所示。

步骤 02 在命令行中输入 DIMSTYLE（标注样式）命令，并按【Enter】键确认，弹出"标注样式管理器"对话框，单击"修改"按钮，如图 13-36 所示。

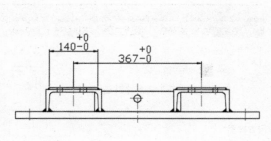

图 13-35 打开一幅素材图形

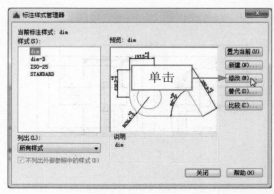

图 13-36 单击"修改"按钮

步骤 03 弹出"修改标注样式：dim"对话框，切换至"符号和箭头"选项卡，在"箭头大小"数值框中输入 5，如图 13-37 所示。

步骤 04 依次单击"确定"和"关闭"按钮，设置标注符号和箭头，如图 13-38 所示。

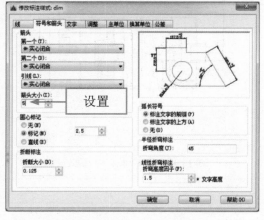

图 13-37 设置标注符号和箭头

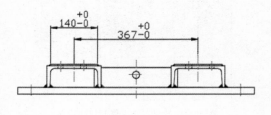

图 13-38 设置标注符号和箭头

13.1.10 更新标注样式

在 AutoCAD 2016 中，使用"更新"命令可以对已有的尺寸标注进行更新操作。

	素材文件	光盘 \ 素材 \ 第 13 章 \ 零件尺寸样图 .dwg
	效果文件	光盘 \ 效果 \ 第 13 章 \ 零件尺寸样图 .dwg
	视频文件	光盘 \ 视频 \ 第 13 章 \13.1.10 更新标注样式 .mp4

> 实战 | 零件尺寸样图

步骤 01 单击"菜单浏览器"按钮，在弹出的菜单列表中单击"打开"|"图形"命令，打开一幅素材图形，如图 13-39 所示。

步骤 02 单击"功能区"选项板中的"注释"选项卡，在"标注"面板上单击"更新"按钮，如图 13-40 所示。

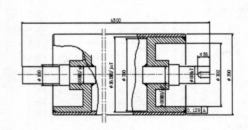

图 13-39 打开一幅素材图形

图 13-40 单击"更新"按钮

步骤 03 根据命令行提示进行操作，在绘图区中选择需要更新的尺寸标注，如图 13-41 所示。

步骤 04 按【Enter】键确认，即可更新尺寸标注，效果如图 13-42 所示。

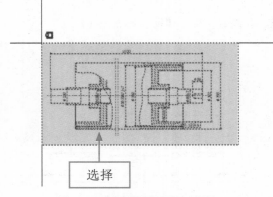

图 13-41 选择需要更新的尺寸标注

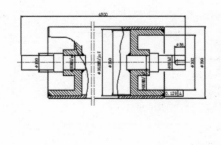

图 13-42 更新尺寸标注后的效果

13.1.11 替代标注样式

在 AutoCAD 2016 中，用户可根据需要替代标注样式。

素材文件	光盘\素材\第 13 章\替代标注样式 .dwg
效果文件	光盘\效果\第 13 章\替代标注样式 .dwg
视频文件	光盘\视频\第 13 章\13.1.11 替代标注样式 .mp4

实战 替代标注样式

步骤 01 单击"菜单浏览器"按钮，在弹出的菜单列表中单击"打开"|"图形"命令，打开一幅素材图形，如图 13-43 所示。

步骤 02 在命令行中输入 DIMSTYLE（标注样式）命令，并按【Enter】键确认，弹出"标注样式管理器"对话框，在"样式"列表框中选择"ISO-25"选项，单击"置为当前"按钮，然后单击"替代"按钮，如图 13-44 所示。

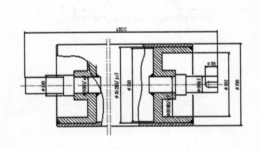

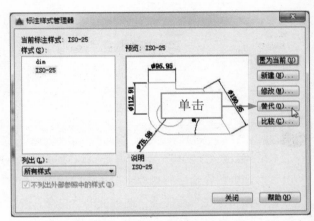

图 13-43 打开素材图形　　　　　　　　　　图 13-44 单击"替代"按钮

步骤 03 弹出"替代当前样式：ISO-25"对话框，切换至"线"选项卡，在"尺寸线"和"尺寸界线"选项区中，分别设置"颜色"为"洋红"，如图 13-45 所示。

步骤 04 切换至"文字"选项卡，在其中设置"文字颜色"为"洋红"，如图 13-46 所示。

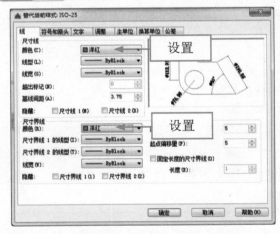

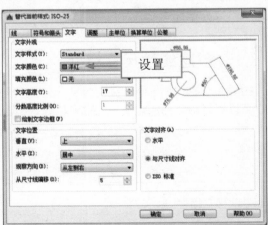

图 13-45 设置"颜色"为"洋红"　　　　　　图 13-46 设置"文字颜色"为"洋红"

步骤 **05** 设置完成后，单击"确定"按钮，返回"标注样式管理器"对话框，在"样式"列表框中选择"样式替代"选项，在该选项上单击鼠标右键，在弹出的快捷菜单中选择"保存到当前样式"选项，如图 13-47 所示。

步骤 **06** 单击"关闭"按钮，返回绘图窗口，即可替代标注样式，效果如图 13-48 所示。

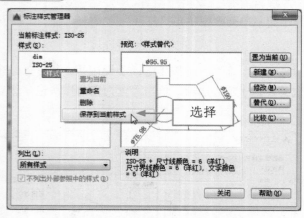

图 13-47 选择"保存到当前样式"选项

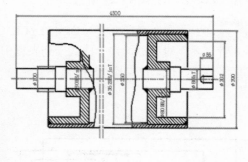

图 13-48 替代标注样式后的效果

 专家指点

　　在 AutoCAD 2016 中，用户还可以通过以下两种方法，调用"替代"命令：

　　＊ 命令：在命令行中输入 DIMOVERRIDE（替代）命令，按【Enter】键确认。

　　＊ 按钮：在"功能区"选项板的"注释"选项卡中，单击"标注"面板中间的下拉按钮，在展开的面板上，单击"替代"按钮。

　　执行以上任意一种操作，均可调用"替代"命令。

13.2 尺寸标注的创建

　　在 AutoCAD 2016 中，设置好标注样式后，即可使用该样式标注对象。常用的长度型尺寸标注主要有线性标注、对齐标注、基线标注和连续标注等类型。本节主要介绍创建长度型尺寸标注的操作方法。

13.2.1 创建线性尺寸标注

　　在 AutoCAD 2016 中，线性尺寸标注主要用来标注当前坐标系 XY 平面中两点之间的距离。用户可以直接指定标注定义点，也可以通过指定标注对象的方法来定义标注点。

素材文件	光盘 \ 素材 \ 第 13 章 \ 电梯立面图 .dwg
效果文件	光盘 \ 效果 \ 第 13 章 \ 电梯立面图 .dwg
视频文件	光盘 \ 视频 \ 第 13 章 \13.2.1 创建线性尺寸标注 .mp4

实战 电梯立面图

步骤 **01** 单击"菜单浏览器"按钮，在弹出的菜单列表中单击"打开"|"图形"命令，打开一幅素材图形，如图 13-49 所示。

步骤 **02** 在"功能区"选项板的"注释"选项卡中，单击"标注"面板上的"线性"按钮 ，如图 13-50 所示。

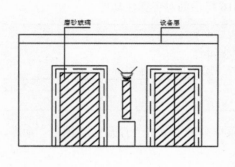

图 13-49 打开一幅素材图形

图 13-50 单击"线性"按钮

专家指点

在 AutoCAD 2016 中，用户还可以通过以下 4 种方法，调用"线性"命令：

* 命令 1：在命令行中输入 DIMLINEAR（线性）命令，按【Enter】键确认。

* 命令 2：在命令行中输入 DLI（线性）命令，按【Enter】键确认。

* 命令 3：显示菜单栏，单击"标注"|"线性"命令。

* 按钮：单击"功能区"选项板中的"常用"选项卡，在"注释"面板上单击"线性"按钮 。

执行以上任意一种操作，均可调用"线性"命令。

步骤 **03** 根据命令行提示进行操作，在绘图区中最下方的直线左侧单击鼠标左键并向右拖曳，至合适端点上再次单击鼠标左键，确定两点之间的标注线段，如图 13-51 所示。

步骤 **04** 向下拖曳鼠标，至合适位置后单击鼠标左键，即可创建线性尺寸标注，效果如图 13-52 所示。

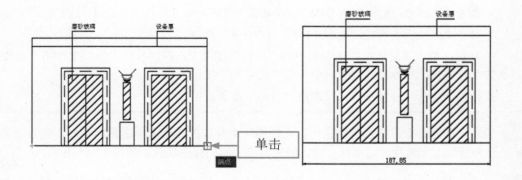

图 13-51 确定两点之间的标注线段

图 13-52 创建线性尺寸标注效果

13.2.2 创建对齐尺寸标注

在机械制图过程中，经常需要标注倾斜线段的实际长度，当用户需要得到线段的实际长度，而线段的倾斜角度未知时，就需要使用 AutoCAD 2016 提供的对齐标注功能。

素材文件	光盘 \ 素材 \ 第 13 章 \ 支撑块 .dwg
效果文件	光盘 \ 效果 \ 第 13 章 \ 支撑块 .dwg
视频文件	光盘 \ 视频 \ 第 13 章 \13.2.2 创建对齐尺寸标注 .mp4

实战 支撑块

步骤 01 单击"菜单浏览器"按钮，在弹出的菜单列表中单击"打开"|"图形"命令，打开一幅素材图形，如图 13-53 所示。

步骤 02 在"功能区"选项板的"注释"选项卡中，单击"标注"面板上的"线性"按钮，在弹出的列表框中单击"已对齐"按钮，如图 13-54 所示。

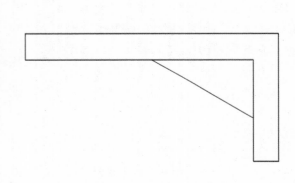

图 13-53 打开一幅素材图形

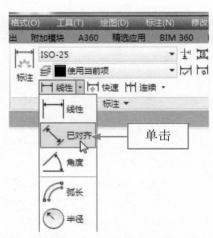

图 13-54 单击"已对齐"按钮

专家指点

在 AutoCAD 2016 中，用户还可以通过以下 3 种方法，调用"对齐"命令：

＊ 命令 1：在命令行中输入 DIMALIGNED（对齐）命令，按【Enter】键确认。

＊ 命令 2：显示菜单栏，单击"标注"|"对齐"命令。

＊ 按钮：单击"功能区"选项板中的"注释"选项卡，在"标注"面板上单击"线性"右侧的下拉按钮，在弹出的列表框中单击"已对齐"按钮。

执行以上任意一种操作，均可调用"对齐"命令。

步骤 03 根据命令行提示进行操作，在绘图区中合适的端点上单击鼠标左键，向右下方拖曳鼠标，至合适端点上再次单击鼠标左键，确定两点之间的标注线段，如图 13-55 所示。

步骤 04 向左下方拖曳鼠标，至合适位置后单击鼠标左键，即可创建对齐尺寸标注，效果如图 13-56 所示。

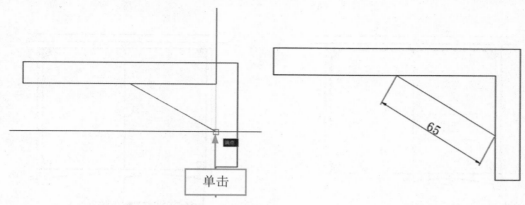

图 13-55 确定两点之间的标注线段　　　　　　　　图 13-56 创建对齐尺寸标注效果

13.2.3 创建弧长尺寸标注

在 AutoCAD 2016 中，弧长尺寸标注主要用于测量和显示圆弧的长度。

素材文件	光盘 \ 素材 \ 第 13 章 \ 柜子立面图 .dwg
效果文件	光盘 \ 效果 \ 第 13 章 \ 柜子立面图 .dwg
视频文件	光盘 \ 视频 \ 第 13 章 \13.2.3 创建弧长尺寸标注 .mp4

实战 柜子立面图

步骤 01 单击"菜单浏览器"按钮，在弹出的菜单列表中单击"打开" | "图形"命令，打开一幅素材图形，如图 13-57 所示。

步骤 02 在"功能区"选项板的"注释"选项卡中，单击"标注"面板上的"线性"按钮，在弹出的列表框中单击"弧长"按钮，如图 13-58 所示。

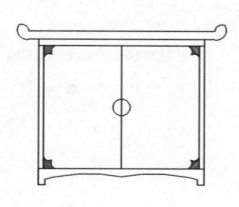

图 13-57 打开一幅素材图形

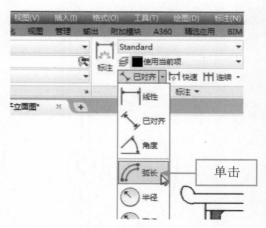

图 13-58 单击"弧长"按钮

步骤 03 根据命令行提示进行操作，在绘图区中选择需要标注尺寸的圆弧，如图 13-59 所示。

步骤 04 向下拖曳鼠标，至合适位置后单击鼠标左键，即可创建弧长尺寸标注，效果如图 13-60 所示。

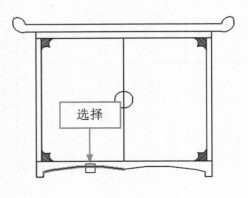

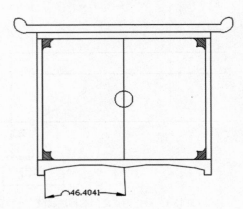

图 13-59 选择需要标注尺寸的圆弧　　　　　　　　　图 13-60 创建弧长尺寸标注

13.2.4 创建半径尺寸标注

在 AutoCAD 2016 中，标注半径就是标注圆或圆弧的半径尺寸。

	素材文件	光盘 \ 素材 \ 第 13 章 \ 手轮 .dwg
	效果文件	光盘 \ 效果 \ 第 13 章 \ 手轮 .dwg
	视频文件	光盘 \ 视频 \ 第 13 章 \13.2.4 创建半径尺寸标注 .mp4

实战 手轮

步骤 **01** 单击"菜单浏览器"按钮，在弹出的菜单列表中单击"打开"|"图形"命令，打开一幅素材图形，如图 13-61 所示。

步骤 **02** 在"功能区"选项板的"注释"选项卡中，单击"标注"面板上的"线性"按钮，在弹出的列表框中单击"半径"按钮◎，如图 13-62 所示。

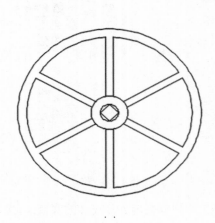

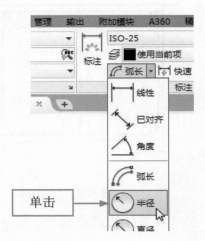

图 13-61 打开一幅素材图形　　　　　　　　　图 13-62 单击"半径"按钮

步骤 **03** 在绘图区中选择外侧圆形为标注对象，如图 13-63 所示，并向右拖曳鼠标。

步骤 **04** 至合适位置后单击鼠标左键，即可创建半径尺寸标注，效果如图 13-64 所示。

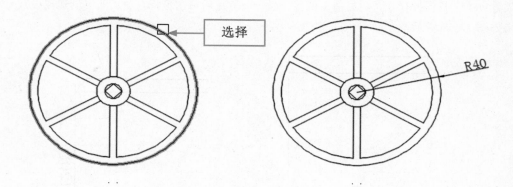

图 13-63 选择外侧圆形为标注对象   图 13-64 创建半径尺寸标注

13.2.5 创建角度尺寸标注

在工程图中，常常需要标注两条直线或 3 个点之间的夹角，可以使用"角度"命令进行角度尺寸标注。

素材文件	光盘 \ 素材 \ 第 13 章 \ 基米螺丝 .dwg
效果文件	光盘 \ 效果 \ 第 13 章 \ 基米螺丝 .dwg
视频文件	光盘 \ 视频 \ 第 13 章 \13.2.5 创建角度尺寸标注 .mp4

实战 基米螺丝

步骤 **01** 单击"菜单浏览器"按钮，在弹出的菜单列表中单击"打开"|"图形"命令，打开一幅素材图形，如图 13-65 所示。

步骤 **02** 在"功能区"选项板的"注释"选项卡中，单击"标注"面板上的"线性"按钮，在弹出的列表框中单击"角度"按钮△，如图 13-66 所示。

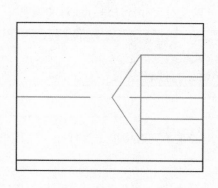

图 13-65 打开一幅素材图形

图 13-66 单击"角度"按钮

步骤 03 根据命令行提示进行操作，在绘图区中选择需要创建角度尺寸标注的第一条直线，再选择需要创建角度尺寸标注的第二条直线，如图 13-67 所示。

步骤 04 执行操作后，向右拖曳鼠标，至合适位置后单击鼠标左键，即可创建角度尺寸标注，效果如图 13-68 所示。

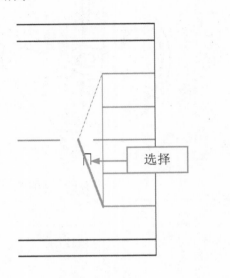

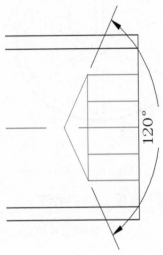

图 13-67 选择直线　　　　　　　　　　　　图 13-68 创建角度尺寸标注

 专家指点

在 AutoCAD 2016 中，用户还可以通过以下 3 种方法，调用"角度"命令：

✻ 命令 1：在命令行中输入 DIMANGULAR（角度）命令，按【Enter】键确认。

✻ 命令 2：在命令行中输入 DAN（角度）命令，按【Enter】键确认。

✻ 命令 3：显示菜单栏，单击"标注"|"角度"命令。

执行以上任意一种操作，均可调用"角度"命令。

13.2.6　创建快速尺寸标注

使用快速尺寸标注可以快速创建尺寸标注，以及对尺寸标注进行注释和说明。

素材文件	光盘 \ 素材 \ 第 13 章 \ 悬臂支座 .dwg
效果文件	光盘 \ 效果 \ 第 13 章 \ 悬臂支座 .dwg
视频文件	光盘 \ 视频 \ 第 13 章 \13.2.6 创建快速尺寸标注 .mp4

实战 悬臂支座

步骤 01 单击"菜单浏览器"按钮，在弹出的菜单列表中单击"打开"|"图形"命令，打开一幅素材图形，如图 13-69 所示。

步骤 02 在"功能区"选项板的"注释"选项卡中，单击"标注"面板上的"快速标注"按钮，如图 13-70 所示。

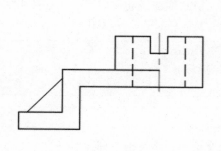

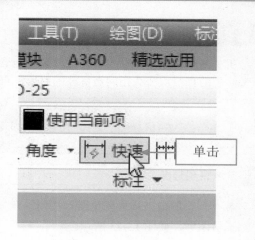

图 13-69 打开一幅素材图形　　　　　图 13-70 单击"快速标注"按钮

 专家指点

在 AutoCAD 2016 中，用户还可以通过以下两种方法，调用"快速标注"命令：

＊ 命令 1：在命令行中输入 QDIM（快速标注）命令，按【Enter】键确认。

＊ 命令 2：显示菜单栏，单击"标注"|"快速标注"命令。

执行以上任意一种操作，均可调用"快速标注"命令。

步骤 03　根据命令行提示进行操作，在绘图区中选择最右侧的直线为标注对象，如图 13-71 所示。

步骤 04　按【Enter】键确认，并向右引导光标，在合适位置处单击鼠标左键，即可在图形中创建快速尺寸标注，效果如图 13-72 所示。

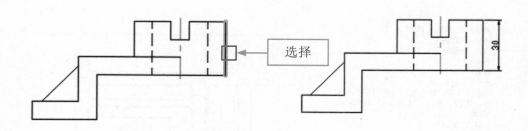

图 13-71 选择最右侧的直线为标注对象　　　　图 13-72 创建快速尺寸标注

13.2.7 创建引线尺寸标注

在 AutoCAD 2016 中，引线对象通常包含箭头、引线或曲线和文字。引线标注中的引线是一条带箭头的直线，箭头指向被标注的对象，直线的尾部带有文字注释或图形。

素材文件	光盘 \ 素材 \ 第 13 章 \ 道路规划图 .dwg
效果文件	光盘 \ 效果 \ 第 13 章 \ 道路规划图 .dwg
视频文件	光盘 \ 视频 \ 第 13 章 \13.2.7 创建引线尺寸标注 .mp4

实战 道路规划图

步骤 01 单击"菜单浏览器"按钮，在弹出的菜单列表中单击"打开"|"图形"命令，打开一幅素材图形，如图 13-73 所示。

步骤 02 在"功能区"选项板的"注释"选项卡中，单击"引线"面板上的"多重引线"按钮 ，如图 13-74 所示。

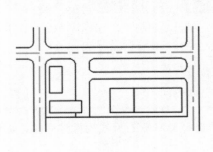

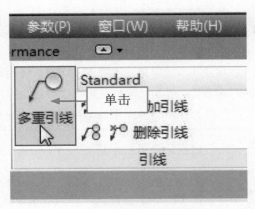

图 13-73 打开一幅素材图形   图 13-74 单击"多重引线"按钮

步骤 03 在命令行提示下，输入 H，如图 13-75 所示。

步骤 04 按【Enter】键确认，在合适的位置单击鼠标左键，确定引线的箭头方向，如图 13-76 所示。

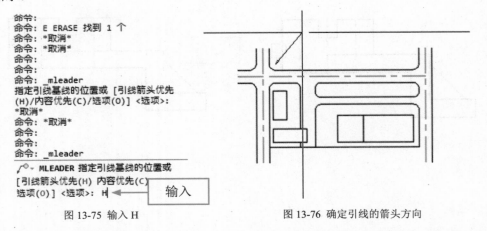

图 13-75 输入 H   图 13-76 确定引线的箭头方向

步骤 05 向右上方拖曳光标，至合适位置后单击鼠标左键，弹出文本框，如图 13-77 所示。

步骤 06 设置文字高度为 6，并按【Enter】键确认，输入文字"十字路口"，在绘图区中的任意位置上单击鼠标左键，即可创建引线尺寸标注，效果如图 13-78 所示。

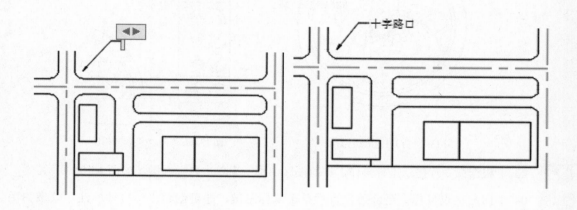

图 13-77 弹出文本框　　　　　　　　　　　　　图 13-78 创建引线尺寸标注

专家指点

在 AutoCAD 2016 中，用户还可以通过以下 3 种方法，调用"多重引线"命令：

＊ 命令 1：在命令行中输入 MLEADER（多重引线）命令，按【Enter】键确认。

＊ 命令 2：显示菜单栏，单击"标注"|"标注引线"命令。

＊ 按钮：在"功能区"选项板的"常用"选项卡中，单击"注释"面板上的"多重引线"按钮 。

执行以上任意一种操作，均可调用"多重引线"命令。

13.2.8 创建坐标尺寸标注

坐标尺寸标注可以标注测量原点到标注特性点的垂直距离，这种标注保持特征点与基准点的精确偏移量，从而可以避免误差的产生。

素材文件	光盘 \ 素材 \ 第 13 章 \ 地面拼花 .dwg
效果文件	光盘 \ 效果 \ 第 13 章 \ 地面拼花 .dwg
视频文件	光盘 \ 视频 \ 第 13 章 \13.2.8 创建坐标尺寸标注 .mp4

实战 地面拼花

步骤 01 单击"菜单浏览器"按钮，在弹出的菜单列表中单击"打开"|"图形"命令，打开一副素材图形，如图 13-79 所示。

步骤 02 单击"功能区"选项板中的"注释"选项卡，单击"标注"面板上的"线性"按钮，在弹出的列表框中单击"坐标"按钮，如图 13-80 所示。

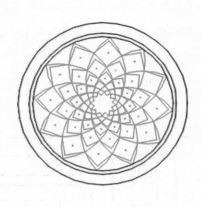

图 13-79 打开一副素材图形

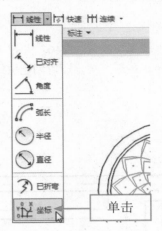

图 13-80 单击"坐标"按钮

步骤 **03** 根据命令行提示进行操作，在绘图区中圆心上单击鼠标左键，如图 13-81 所示。

步骤 **04** 向左拖曳鼠标，至合适位置后单击鼠标左键，即可创建坐标尺寸标注，效果如图 13-82 所示。

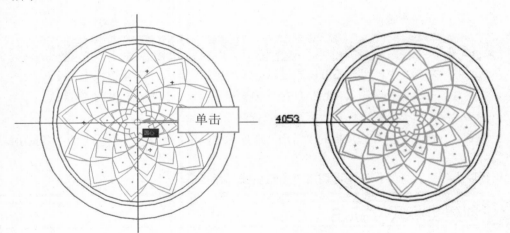

图 13-81 圆心上单击鼠标左键　　　　　　　　图 13-82 创建坐标尺寸标注

 专家指点

在 AutoCAD 2016 中，用户还可以通过以下两种方法，调用"坐标"命令：

✱ 命令 1：在命令行中输入 DIMORDINATE（坐标）命令，按【Enter】键确认。

✱ 命令 2：显示菜单栏，单击"标注"|"坐标"命令。

执行以上任意一种操作，均可调用"坐标"命令。

13.2.9 创建形位公差尺寸标注

在 AutoCAD 2016 中，形位公差主要用来定义机械图样中形状或轮廓、方向、位置和跳动等相对精确的几何图形的最大允许误差，以指定实现正确功能所要求的精确度。形位公差标注包括尺寸基准和特征控制框两部分，尺寸基准用于定义属性图块，当需要时可以快速插入该图块。

素材文件	光盘\素材\第13章\零件.dwg
效果文件	光盘\效果\第13章\零件.dwg
视频文件	光盘\视频\第13章\13.2.9 创建形位公差尺寸标注.mp4

实战 零件

步骤 01 单击"菜单浏览器"按钮，在弹出的菜单列表中单击"打开"|"图形"命令，打开一幅素材图形，如图13-83所示。

步骤 02 在"功能区"选项板的"注释"选项卡中，单击"标注"面板中间的下拉按钮，在展开的面板上单击"公差"按钮，如图13-84所示。

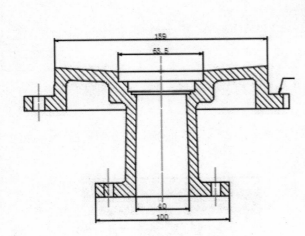

图13-83 打开一幅素材图形

图13-84 单击"公差"按钮

步骤 03 弹出"形位公差"对话框，在其中设置"公差1"为0.05、"基准1"为A，如图13-85所示。

步骤 04 单击"确定"按钮，在绘图区中的合适位置上单击鼠标左键，即可创建形位公差尺寸标注，效果如图13-86所示。

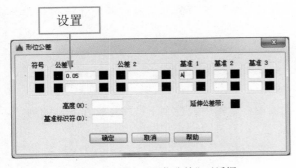

图13-85 弹出"形位公差"对话框

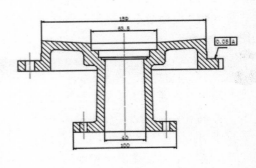

图13-86 创建形位公差尺寸标注

专家指点

在 AutoCAD 2016 中，用户还可以通过以下两种方法，调用"公差"命令：

＊ 命令 1：在命令行中输入 TOLERANCE（公差）命令，按【Enter】键确认。

＊ 命令 2：显示菜单栏，单击"标注"|"公差"命令。

执行以上任意一种操作，均可调用"公差"命令。

13.2.10 创建折弯线性尺寸标注

在 AutoCAD 2016 中，用户可根据需要创建折弯线性尺寸标注。

素材文件	光盘 \ 素材 \ 第 13 章 \ 门框架 .dwg
效果文件	光盘 \ 效果 \ 第 13 章 \ 门框架 .dwg
视频文件	光盘 \ 视频 \ 第 13 章 \13.2.10 创建折弯线性尺寸标注 .mp4

实战 门框架

步骤 01 单击"菜单浏览器"按钮，在弹出的菜单列表中单击"打开"|"图形"命令，打开一幅素材图形，如图 13-87 所示。

步骤 02 单击"功能区"选项板中的"注释"选项卡，在"标注"面板上单击"标注，折弯标注"按钮，如图 13-88 所示。

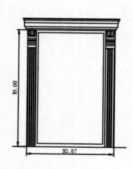

图 13-87 打开一幅素材图形

图 13-88 单击"标注，折弯标注"按钮

步骤 03 根据命令提示进行操作，在绘图区线性标注上单击鼠标左键，如图 13-89 所示。

步骤 04 根据命令行提示，指定折弯位置，执行操作后，即可创建折弯线性尺寸标注，效果如图 13-90 所示。

 专家指点

用户可以通过以下 3 种方法执行"折弯"命令。

＊ 按钮法：在"注释"选项卡的"标注"面板中，单击"线性"下拉按钮，在弹出的列表框中单击"折弯"按钮。

＊ 菜单栏：单击菜单栏中的"标注" | "折弯"命令。

＊ 命令行：输入 DIMJOGGED 命令。

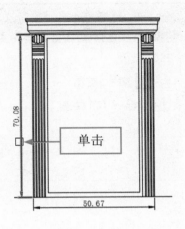

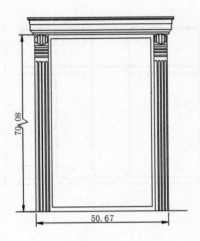

图 13-89 在线性标注上单击鼠标左键　　　　　图 13-90 创建折弯线性尺寸标注的效果

13.3　尺寸标注的编辑

在 AutoCAD 2016 中，对于已经存在的尺寸标注，系统提供了多种编辑方法，各种方法的便捷程度不同，适用的范围也不相同，用户应根据实际需要选择适当的编辑方法。本节主要介绍编辑尺寸标注的操作方法。

13.3.1　编辑标注文字位置

在 AutoCAD 2016 中，用户可根据需要移动标注文字的位置。

素材文件	光盘＼素材＼第 13 章＼衣柜 .dwg
效果文件	光盘＼效果＼第 13 章＼衣柜 .dwg
视频文件	光盘＼视频＼第 13 章＼13.3.1 编辑标注文字位置 .mp4

实战 衣柜

步骤 01　单击"菜单浏览器"按钮，在弹出的菜单列表中单击"打开"|"图形"命令，打开一幅素材图形，如图 13-91 所示。

步骤 02　在"功能区"选项板中的"注释"选项卡中，单击"标注"面板中间的下拉按钮，在展开的面板上单击"右对正"按钮，如图 13-92 所示。

步骤 03　根据命令行提示进行操作，在绘图区中的尺寸标注上，单击鼠标左键，如图 13-93 所示。

步骤 04　执行操作后，即可编辑标注文字的位置，效果如图 13-94 所示。

专家指点

单击"注释"选项卡的"标注"面板中间的下拉按钮，在展开的面板中单击"右对正"按钮或输入 EDITTABLECELL 命令。

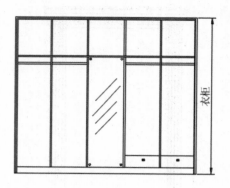

图 13-91 打开一幅素材图形

图 13-92 单击"右对正"按钮

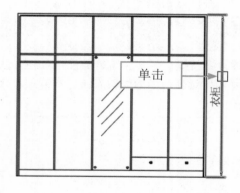

图 13-93 在尺寸标注上单击鼠标左键

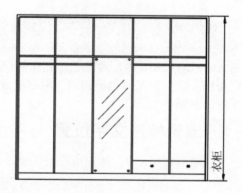

图 13-94 编辑标注文字的位置

13.3.2 编辑标注文字内容

在 AutoCAD 2016 中，用户可以编辑标注文字的内容。

素材文件	光盘 \ 素材 \ 第 13 章 \ 钉子 .dwg	
效果文件	光盘 \ 效果 \ 第 13 章 \ 钉子 .dwg	
视频文件	光盘 \ 视频 \ 第 13 章 \13.3.2 编辑标注文字内容 .mp4	

实战 钉子

步骤 01 单击"菜单浏览器"按钮，在弹出的菜单列表中单击"打开"|"图形"命令，打开素材图形，在"功能区"选项板的"视图"选项卡中，单击"选项板"面板上的"特性"按钮，如图 13-95 所示。

步骤 02 弹出"特性"面板，在绘图区的线性尺寸上单击鼠标左键，选择需要编辑标注文字的对象，如图 13-96 所示。

图 13-95 单击"特性"按钮

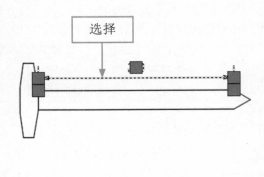

图 13-96 选择需要编辑标注文字的对象

步骤 03 在"特性"面板上的"文字替代"文本框中，输入"钉子"，如图 13-97 所示。

步骤 04 按【Enter】键确认，即可编辑标注文字的内容，效果如图 13-98 所示。

图 13-97 在文本框中输入钉子

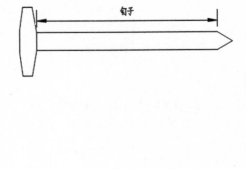

图 13-98 编辑标注文字的内容

13.4 尺寸标注的管理

为了能使图纸能够表达得更加清晰，在创建尺寸标注时，会经常调整标注间距、打断尺寸标注。在 AutoCAD 2016 中提供了多种管理尺寸标注的方法，本节将对这些编辑命令进行详细讲解。

13.4.1 修改关联标注

关联尺寸标注是指所标注尺寸与被标注对象有关联关系。若标注的尺寸值是按自动测量值标注，则尺寸标注是按尺寸关联模式标注的，如果改变被标注对象的大小后，相应的标注尺寸也将发生改变，尺寸界线和尺寸线的位置都将改变到相应的新位置，尺寸值也改变成新测量值；反之，改变尺寸界线起始点位置，尺寸值也会发生相应的变化。

	素材文件	光盘 \ 素材 \ 第 13 章 \ 轴套轴测剖视图 .dwg
	效果文件	光盘 \ 效果 \ 第 13 章 \ 轴套轴测剖视图 .dwg
	视频文件	光盘 \ 视频 \ 第 13 章 \13.4.1 修改关联标注 .mp4

实战 轴套轴测剖视图

步骤 01 单击"菜单浏览器"按钮，在弹出的菜单列表中单击"打开"|"图形"命令，打开一幅素材图形，如图 13-99 所示。

步骤 02 在"功能区"选项板的"注释"选项卡中，单击"标注"面板中的"重新关联"按钮，如图 13-100 所示。

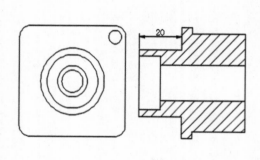

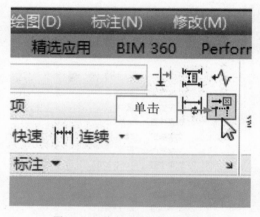

图 13-99 打开一幅素材图形

图 13-100 单击"重新关联"按钮

步骤 03 根据命令行提示进行操作，在绘图区选择尺寸标注为修改对象，如图 13-101 所示。

步骤 04 按【Enter】键确认，在下方直线的两个端点上分别单击鼠标左键，执行操作后，即可修改关联标注，效果如图 13-102 所示。

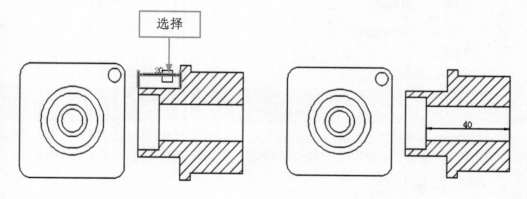

图 13-101 选择尺寸标注为修改对象

图 13-102 修改关联标注

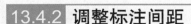

13.4.2 调整标注间距

在 AutoCAD 2016 中，可以自动调整平行的线性标注和角度标注之间的间距，或根据指定的间距值进行调整，调整标注之间距离的命令为 DIMSPACE。

素材文件	光盘 \ 素材 \ 第 13 章 \ 零部件 .dwg
效果文件	光盘 \ 效果 \ 第 13 章 \ 零部件 .dwg
视频文件	光盘 \ 视频 \ 第 13 章 \13.4.2 调整标注间距 .mp4

实战 零部件

步骤 01 打开一幅素材图形，在"功能区"选项板的"注释"选项卡中，单击"标注"面板上的"调整间距"按钮▣，如图 13-103 所示。

步骤 02 根据命令行提示进行操作，在绘图区的最左侧尺寸标注上单击鼠标左键，确认基准标注，如图 13-104 所示。

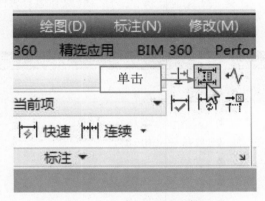

图 13-103 单击"调整间距"按钮

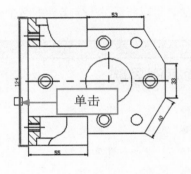

图 13-104 在尺寸标注上单击鼠标左键

步骤 03 在最下侧尺寸标注上单击鼠标左键，指定需要产生间距的标注，如图 13-105 所示。

步骤 04 按【Enter】键确认，输入 100，并按【Enter】键确认，即可调整标注的间距，效果如图 13-106 所示。

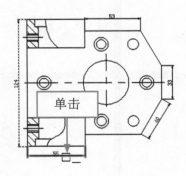

图 13-105 指定需要产生间距的标注

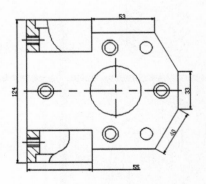

图 13-106 调整标注的间距

创建三维实体对象

学习提示

　　三维模型具有线框和表面模型所没有的特征，其内部是实心的。在 AutoCAD 2016 中，除了绘制基本三维面和实体模型的方法之外，还提供了绘制旋转、平移、直纹和边界表面的方法，可以将满足一定条件的两个或多个二维对象转换为三维对象。

本章案例导航

- 实战——机械图纸
- 实战——三维零件
- 实战——底座模型
- 实战——连接盘
- 实战——写字桌

- 实战——地球仪
- 实战——电动机
- 实战——轴支架
- 实战——顶尖
- 实战——螺杆

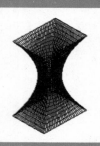
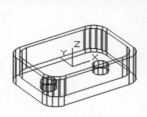

14.1 使用三维坐标系

　　AutoCAD 2016 不仅能绘制二维图形，还可以绘制具有真实效果的三维模型。而在绘制三维模型之间，必须创建相应的三维坐标系。

14.1.1 创建用户坐标系

　　用户坐标系表示了当前坐标系的坐标轴和坐标原点位置，也表示了相对于当前的 UCS 的 X、Y 平面的视图方向。下面介绍创建用户坐标系的操作方法。

素材文件	光盘 \ 素材 \ 第 14 章 \ 轴支架 .dwg	
效果文件	光盘 \ 效果 \ 第 14 章 \ 轴支架 .dwg	
视频文件	光盘 \ 视频 \ 第 14 章 \14.1.1 创建用户坐标系 .mp4	

实战 轴支架

步骤 01　单击"菜单浏览器"按钮，在弹出的菜单列表中单击"打开"|"图形"命令，打开一幅素材图形，如图 14-1 所示。

步骤 02　单击"状态栏"上的"切换工作空间"按钮 ⊙，在弹出的列表框中，选择"三维建模"选项，如图 14-2 所示。

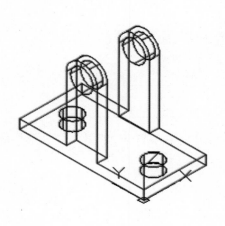

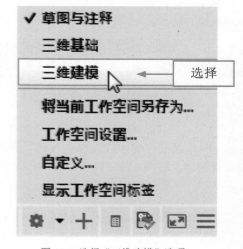

图 14-1 打开一幅素材图形　　　　　　　图 14-2 选择"三维建模"选项

步骤 03　切换至"三维建模"工作界面，在"功能区"选项板中，切换至"常用"选项卡，单击"坐标"面板中的"原点"按钮 ⌊，如图 14-3 所示。

步骤 04　根据命令行提示进行操作，在绘图区任意指定一点，单击鼠标左键，即可创建用户坐标系，如图 14-4 所示。

专家指点

　　除了运用上述方法可以调用"新建坐标系"命令外，还有以下两种常用的方法：

* 命令 1：单击"工具"|"新建 UCS"|"原点"命令。
* 命令 2：在命令行中输入 UCS（坐标系）命令，按【Enter】键确认。

执行以上任意一种操作，均可调用"新建坐标系"命令。

图 14-3 单击"原点"按钮

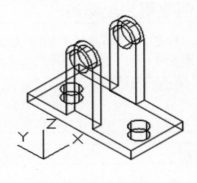

图 14-4 创建用户坐标系

14.1.2 切换世界坐标系

世界坐标系也称为通用或绝对坐标系，它的原点和方向始终保持不变。下面介绍切换世界坐标系的操作方法。

素材文件	光盘 \ 素材 \ 第 14 章 \ 机械图纸 .dwg
效果文件	光盘 \ 效果 \ 第 14 章 \ 机械图纸 .dwg
视频文件	光盘 \ 视频 \ 第 14 章 \14.1.2 切换世界坐标系 .mp4

实战 机械图纸

步骤 01 单击"菜单浏览器"按钮，在弹出的菜单列表中单击"打开"|"图形"命令，打开一幅素材图形，如图 14-5 所示。

步骤 02 在"功能区"选项板中，切换至"视图"选项卡，单击"坐标"面板中的"世界"按钮 ，即可切换世界坐标系，如图 14-6 所示。

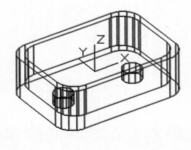

图 14-5 打开素材图形

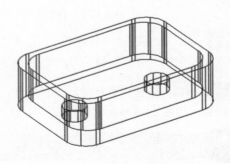

图 14-6 切换世界坐标系

14.2 设置视点

在 AutoCAD 2016 中，用户在三维绘图时，由于要从各个方向查看图形，因此需要不断变化视点。

14.2.1 使用对话框设置视点

用户可以在"视点预设"对话框中，设置当前视口的视点。下面介绍使用对话框设置视点的操作方法。

素材文件	光盘 \ 素材 \ 第 14 章 \ 顶尖 .dwg
效果文件	光盘 \ 效果 \ 第 14 章 \ 顶尖 .dwg
视频文件	光盘 \ 视频 \ 第 14 章 \14.2.1 使用对话框设置视点 .mp4

实战 顶尖

步骤 01 单击"菜单浏览器"按钮，在弹出的菜单列表中单击"打开" |"图形"命令，打开一幅素材图形，如图 14-7 所示。

步骤 02 在命令行中输入 DDVPOINT（视点预设）命令，按【Enter】键确认，弹出"视点预设"对话框，如图 14-8 所示。

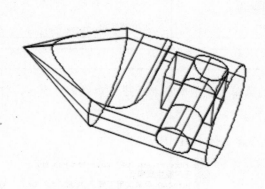

图 14-7 打开素材图形   图 14-8 弹出"视点预设"对话框

专家指点

在建模过程中，一般仅使用三维动态观察器来观察方向，而在最终输入渲染或着色模型时，使用 DDVPOINT 命令或 VOPINT 命令指定精确的查看方向。

步骤 03 选中"相对于 UCS（U）"单选按钮；设置"X 轴"为 270，"XY 平面"为 90，单击"设置为平面视图"按钮，如图 14-9 所示。

步骤 04 单击"确定"按钮,即可使用对话框设置视点,如图 14-10 所示。

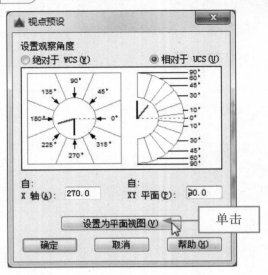

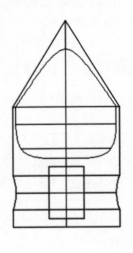

图 14-9 单击"设置为平面视图"按钮   图 14-10 使用对话框设置视点

14.2.2 使用"视点"命令设置视点

在 AutoCAD 2016 中,使用"视点"命令也可以为当前视口设置视点,该视点均是相对于 WCS 坐标系。下面介绍使用"视点"命令设置视点的操作方法。

素材文件	光盘 \ 素材 \ 第 14 章 \ 顶尖 .dwg	
效果文件	光盘 \ 效果 \ 第 14 章 \ 设置视点 .dwg	
视频文件	光盘 \ 视频 \ 第 14 章 \14.2.2 使用"视点"命令设置视点 .mp4	

实战 设置视点

步骤 01 单击"菜单浏览器"按钮,在弹出的菜单列表中单击"打开"|"图形"命令,打开一幅素材图形,如图 14-11 所示。

步骤 02 在命令行中输入 VPOINT(视点)命令,如图 14-12 所示。

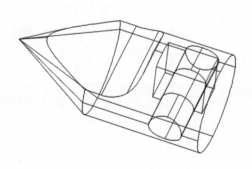

图 14-11 打开素材图形   图 14-12 输入 VPOINT(命令

步骤 03 按【Enter】键确认，根据命令行提示进行操作，捕捉绘图区中图形底面上合适的圆心点，如图 14-13 所示。

步骤 04 单击鼠标左键，即可使用"视点"命令设置视点，如图 14-14 所示。

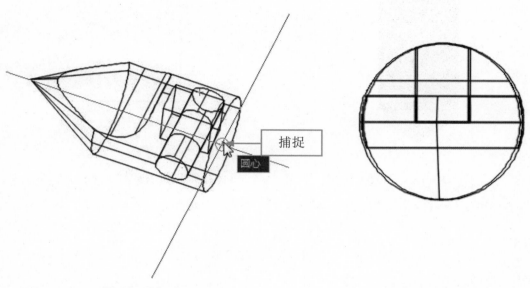

捕捉

圆心

图 14-13 捕捉圆心点   图 14-14 设置视点

14.3 动态观察三维图形

在三维建模空间中，使用三维动态观察器可以从不同的角度、距离和高度查看图形中的对象，从而实时地控制和改变当前视口中创建的三维视图。

14.3.1 受约束的动态观察

受约束的动态观察器用于在当前视口中通过拖曳鼠标动态观察模型。在观察时目标位置保持不动，相机位置（或观察点）围绕目标移动。下面将介绍使用受约束的动态观察器的操作方法。

素材文件	光盘 \ 素材 \ 第 14 章 \ 螺杆 .dwg
效果文件	无
视频文件	光盘 \ 视频 \ 第 14 章 \14.3.1 受约束的动态观察 .mp4

实战 螺杆

步骤 01 单击"菜单浏览器"按钮，在弹出的菜单列表中单击"打开"|"图形"命令，打开一幅素材图形，如图 14-15 所示。

步骤 02 在"功能区"选项板中，切换至"视图"选项卡，在"导航"面板中，单击"动态观察"右侧的下拉按钮，在弹出的列表框中单击"动态观察"按钮，如图 14-16 所示。

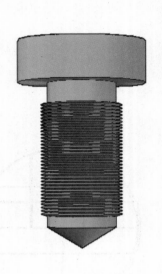

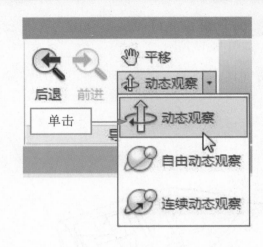

图 14-15 打开素材图形　　　　　　　　　　图 14-16 单击"动态观察"按钮

步骤 **03** 根据命令行提示进行操作，在绘图区中出现受约束的动态观察光标，如图 14-17 所示。

步骤 **04** 单击鼠标左键并拖曳至合适位置，释放鼠标，即可使用受约束动态观察三维模型，如图 14-18 所示。

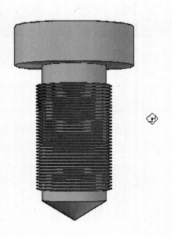

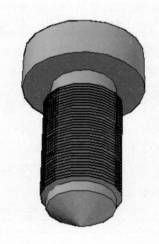

图 14-17 出现受约束的动态观察光标　　　　　　　图 14-18 观察三维模型

14.3.2 自由动态观察

　　自由动态观察视图显示一个导航球，它被更小的圆分成 4 个区域。导航球的中心称为目标点，使用三维动态观察器后，被观察的目标保持静止不动，而视点可以绕目标点在三维空间转动。下面将介绍使用自由动态观察器的操作方法。

	素材文件	光盘 \ 素材 \ 第 14 章 \ 挂锁 .dwg
	效果文件	无
	视频文件	光盘 \ 视频 \ 第 14 章 \14.3.2 自由动态观察 .mp4

实战 挂锁

步骤 01 单击"菜单浏览器"按钮,在弹出的菜单列表中单击"打开"|"图形"命令,打开一幅素材图形,如图 14-19 所示。

步骤 02 在"功能区"选项板中,切换至"视图"选项卡,在"导航"面板中,单击"动态观察"右侧的下拉按钮,在弹出的下拉列表中,单击"自由动态观察"按钮 ,如图 14-20 所示。

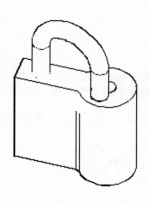

图 14-19 打开素材图形

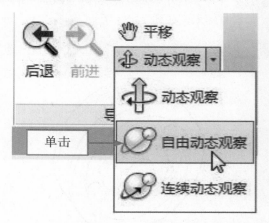

图 14-20 单击"自由动态观察"按钮

步骤 03 根据命令行提示进行操作,在绘图区出现一个自由动态观察光标,如图 14-21 所示。

步骤 04 单击鼠标左键拖曳至合适位置,释放鼠标,即可使用自由动态观察三维模型,如图 14-22 所示。

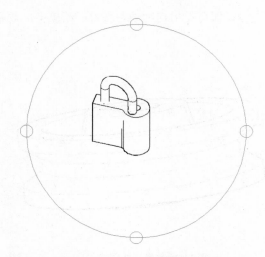

图 14-21 出现自由动态观察光标

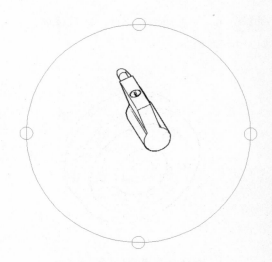

图 14-22 观察三维模型

14.3.3 连续动态观察

连续动态观察器用于连续动态地观察图形。在绘图区按住鼠标左键并向任何方向拖动鼠标，可以使目标对象以拖动的方向沿着轨道连续旋转。下面将介绍使用连续动态观察器的操作方法。

素材文件	光盘 \ 素材 \ 第 14 章 \ 带轮 .dwg
效果文件	无
视频文件	光盘 \ 视频 \ 第 14 章 \14.3.3 连续动态观察 .mp4

实战 带轮

步骤 01 单击"菜单浏览器"按钮，在弹出的菜单列表中单击"打开"|"图形"命令，打开一幅素材图形，如图 14-23 所示。

步骤 02 在命令行中输入 3DCORBIT（连续动态观察）命令，如图 14-24 所示。

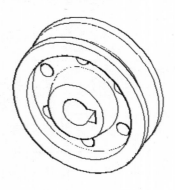

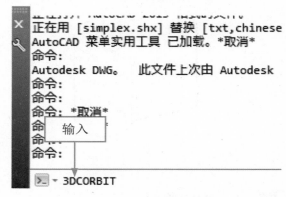

图 14-23 打开素材图形　　　　　　　　　　　　图 14-24 输入命令

步骤 03 按【Enter】键确认，根据命令行提示进行操作，在绘图区出现连续动态观察光标⊗，如图 14-25 所示。

步骤 04 在绘图区中的中心位置处，单击鼠标左键，即可使用连续动态观察三维模型，效果如图 14-26 所示。

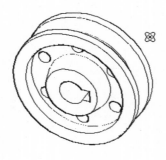

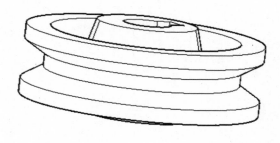

图 14-25 出现连续动态观察光标　　　　　　　　图 14-26 观察三维模型

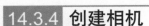

14.3.4 创建相机

在 AutoCAD 2016 中，用户可以通过定义相机的位置和目标，然后进一步定义其名称、高度、焦距和剪裁平面来创建新相机，还可以使用工具选项板上的若干预定义相机类型之一。下面将介绍创建相机的操作方法。

素材文件	光盘 \ 素材 \ 第 14 章 \ 连接盘 .dwg	
效果文件	无	
视频文件	光盘 \ 视频 \ 第 14 章 \14.3.4 创建相机 .mp4	

实战 连接盘

步骤 01 单击"菜单浏览器"按钮，在弹出的菜单列表中单击"打开"|"图形"命令，打开一幅素材图形，如图 14-27 所示。

步骤 02 在命令行中输入 CAMERA（创建相机）命令，如图 14-28 所示。

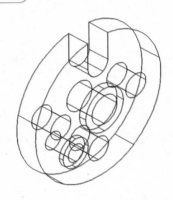

图 14-27 打开素材图形

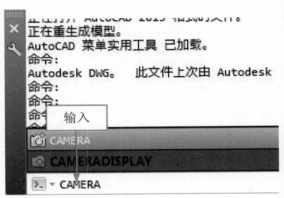

图 14-28 输入命令

步骤 03 按【Enter】键确认，根据命令行提示进行操作，在绘图区出现一个相机光标，在绘图区中最下方的圆象限点上，单击鼠标左键并拖曳，确定相机位置，如图 14-29 所示。

步骤 04 在图形上方合适的端点上，单击鼠标左键，确定目标位置，如图 14-30 所示。

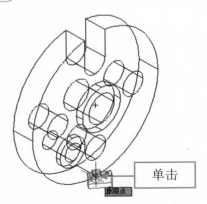

图 14-29 确定相机位置

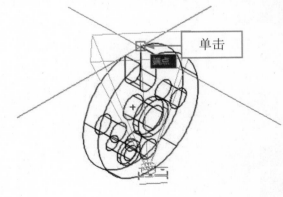

图 14-30 确定目标位置

步骤 05 在命令行提示下，输入 LO（位置），如图 14-31 所示。

步骤 06 按【Enter】键确认，输入（30,-15,-50），如图 14-32 所示。

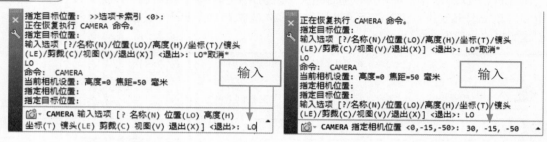

图 14-31 输入 LO 选项

图 14-32 输入（30,-15,-50）

步骤 07 连续按两次【Enter】键确认，即可创建相机，并在绘图区中出现一个相机光标，如图 14-33 所示。

步骤 08 在光标图形上，单击鼠标左键，弹出"相机预览"对话框，在对话框中观察三维模型，如图 14-34 所示。

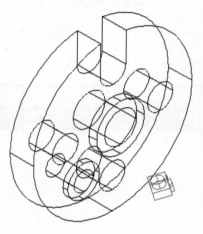

图 14-33 创建相机

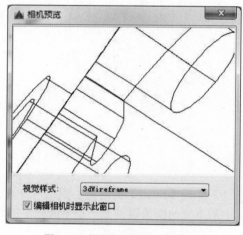

图 14-34 使用相机观察三维模型

14.3.5 漫游

　漫游工具可以动态地改变观察点相对于观察对象之间的视距和回旋角度。下面将介绍使用漫游工具的操作方法。

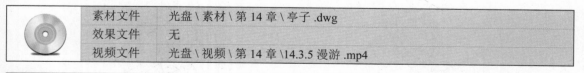

	素材文件	光盘 \ 素材 \ 第 14 章 \ 亭子 .dwg
	效果文件	无
	视频文件	光盘 \ 视频 \ 第 14 章 \14.3.5 漫游 .mp4

实战 亭子

步骤 01 单击"菜单浏览器"按钮，在弹出的菜单列表中单击"打开"|"图形"命令，打开一幅素材图形，如图 14-35 所示。

步骤 02 在命令行中输入 3DWALK（漫游）命令，如图 14-36 所示。

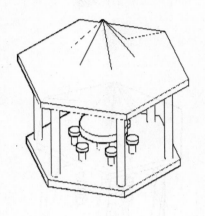

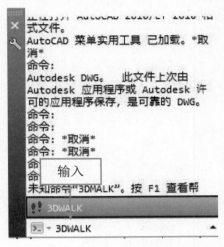

图 14-35 打开素材图形　　　　　　　　　　图 14-36 输入命令

专家指点

除了上述方法可以调用"漫游"命令外，还有以下两种常用的方法：

＊按钮：在"功能区"选项板中，切换至"渲染"选项卡，单击"动画"面板中间的下拉按钮，在展开的面板中，单击"漫游"按钮。

＊命令：单击"视图"|"漫游和飞行"|"漫游"命令。

执行以上任意一种操作，均可调用"漫游"命令。

步骤 03 按【Enter】键确认，弹出"漫游和飞行 - 更改为透视视图"对话框，单击"修改"按钮，如图 14-37 所示。

步骤 04 弹出"定位器"面板，该面板上显示漫游的路径图形，如图 14-38 所示。

图 14-37 单击"修改"按钮　　　　　　　图 14-38 "定位器"面板

步骤 **05** 在"定位器"面板中的指示器上，单击鼠标左键并向下拖曳，如图 14-39 所示。

步骤 **06** 在合适位置上释放鼠标，绘图区中的三维图形跟随鼠标移动，即可运用漫游观察三维模型，如图 14-40 所示。

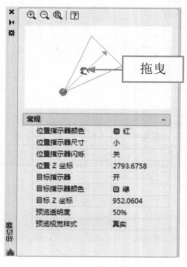

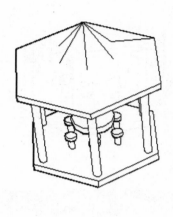

图 14-39 拖曳鼠标　　　　　　　　　　　图 14-40 使用漫游观察三维模型

14.3.6 飞行

使用飞行工具可以指定任意距离和观察角度观察模型。下面将介绍使用飞行工具的操作方法。

素材文件	光盘 \ 素材 \ 第 14 章 \ 手表 .dwg
效果文件	无
视频文件	光盘 \ 视频 \ 第 14 章 \14.3.6 飞行 .mp4

实战 手表

步骤 **01** 单击"菜单浏览器"按钮，在弹出的菜单列表中单击"打开" | "图形"命令，打开一幅素材图形，如图 14-41 所示。

步骤 **02** 在命令行中输入 3DFLY（飞行）命令，如图 14-42 所示。

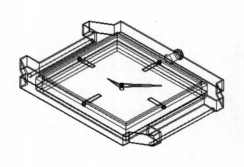

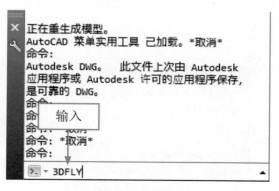

图 14-41 打开素材图形　　　　　　　　　图 14-42 输入命令

专家指点

除了上述方法可以调用"飞行"命令外，还有以下两种常用的方法：

＊按钮：在"功能区"选项板中，切换至"渲染"选项卡，单击"动画"面板中间的下拉按钮，在展开的面板中，单击"飞行"按钮🛬。

＊命令：单击"视图"|"漫游和飞行"|"飞行"命令。

执行以上任意一种操作，均可调用"飞行"命令。

步骤 03 按【Enter】键确认，弹出"漫游和飞行 - 更改为透视视图"对话框，单击"修改"按钮，弹出"定位器"面板，该面板上显示飞行的路径图形，在"定位器"面板中的指示器上，单击鼠标左键并拖曳，在合适位置上释放鼠标，如图 14-43 所示。

步骤 04 绘图区中的三维图形将跟随"定位器"面板中的指示器移动，即可使用飞行观察三维模型，如图 14-44 所示。

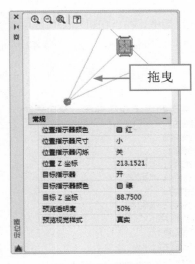

图 14-43 拖曳鼠标

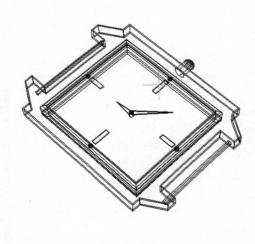

图 14-44 使用飞行观察三维模型

14.3.7 创建运动路径动画

用户通过在"运动路径动画"对话框中指定设置来确定运动路径动画的动画文件格式。下面将介绍创建运动路径动画的操作方法。

	素材文件	光盘 \ 素材 \ 第 14 章 \ 写字桌 .dwg
	效果文件	无
	视频文件	光盘 \ 视频 \ 第 14 章 \14.3.7 创建运动路径动画 .mp4

实战 写字桌

步骤 01 单击"菜单浏览器"按钮，在弹出的菜单列表中单击"打开"|"图形"命令，打开一幅素材图形，如图 14-45 所示。

步骤 02 在命令行中输入 ANIPATH（运动路径动画）命令，如图 14-46 所示。

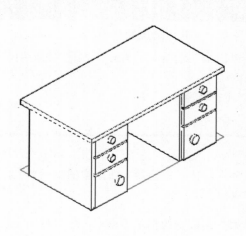

图 14-45 打开素材图形

图 14-46 输入命令

步骤 03 按【Enter】键确认，弹出"运动路径动画"对话框，在"相机"选项区中，选中"点"单选按钮，单击"选择相机所在位置的点或沿相机运动的路径"按钮 ➹，如图 14-47 所示。

步骤 04 根据命令行提示进行操作，拾取原点（0，0，0）为相机目标点，如图 14-48 所示。

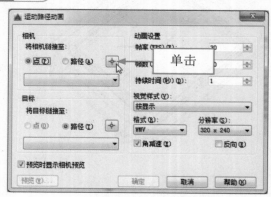

图 14-47 单击相应的按钮

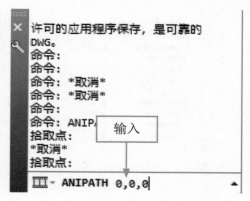

图 14-48 拾取原点

步骤 05 单击鼠标左键，弹出"点名称"对话框，保持默认名称，如图 14-49 所示。

步骤 06 单击"确定"按钮，返回到"运动路径动画"对话框，在"目标"选项区中，选中"路径"单选按钮，单击"选择目标的点或路径"按钮 ➹，如图 14-50 所示。

 专家指点

　　除了上述方法可以调用"运动路径动画"命令外，还有以下两种常用的方法：

　　＊ 按钮：在"功能区"选项板中，切换至"渲染"选项卡，单击"动画"面板中间的下拉按钮，在展开的面板中，单击"动画运动路径"按钮 ▥。

　　＊ 命令：单击"视图"|"运动路径动画"命令。

　　执行以上任意一种操作，均可调用"运动路径动画"命令。

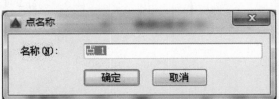

图 14-49 "点名称"对话框

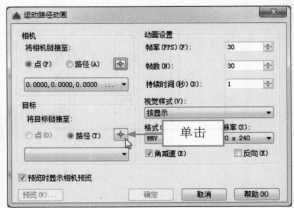

图 14-50 单击相应按钮

步骤 07 切换至绘图窗口,在绘图区最下方的矩形上,单击鼠标左键,弹出"路径名称"对话框,保持默认名称,如图 14-51 所示。

步骤 08 单击"确定"按钮,返回到"运动路径动画"对话框,单击"预览"按钮,如图 14-52 所示。

图 14-51 "路径名称"对话框

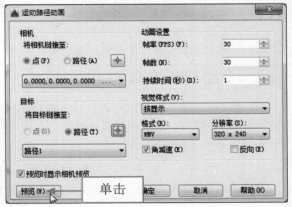

图 14-52 单击"预览"按钮

专家指点

在"运动路径动画"对话框中,选中"预览时显示相机预览"复选框,将显示"动画预览"窗口,从而可以在保存动画之前进行预览。单击"预览"按钮,将弹出"动画预览"窗口。在"动画预览"窗口中,可以预览使用运动路径或三维导航创建的运动路径动画,其中,通过"视觉样式"列表框,可以指定"预览"区中的显示的视觉样式。

步骤 09 弹出"动画预览"对话框,在"动画预览"窗口中自动播放动画,如图 14-53 所示。

步骤 10 单击"关闭"按钮,返回到"运动路径动画"对话框,单击"确定"按钮,弹出"另存为"对话框,设置保存路径,单击"保存"按钮,弹出"正在创建视频"对话框,即可保存运动动画。

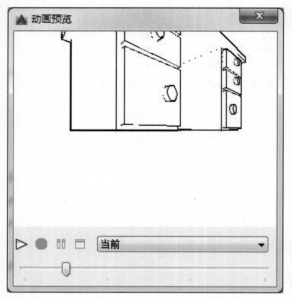 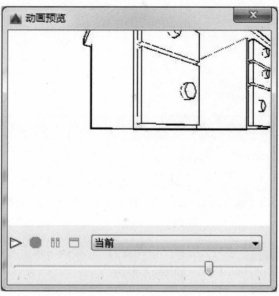

图 14-53 预览动画播放效果

14.4 创建实体模型

在 AutoCAD 2016 中，用户可以在"三维建模"界面中的"建模"面板中，单击相应的按钮，以创建出基本三维实体，主要包括长方体、楔体、球体、圆柱体、圆锥体、圆环体和多段体等。

14.4.1 绘制长方体

使用"长方体"命令，可以创建具有规则实体模型形状的长方体或正方体等实体，如创建零件的底座、支撑板、建筑墙体及家具等。下面介绍绘制长方体的操作方法。

素材文件	光盘 \ 素材 \ 第 14 章 \ 书桌 .dwg
效果文件	光盘 \ 效果 \ 第 14 章 \ 书桌 .dwg
视频文件	光盘 \ 视频 \ 第 14 章 \14.4.1 绘制长方体 .mp4

实战 书桌

步骤 01 单击快速访问工具栏上的"打开"按钮，打开一幅素材图形，如图 14-54 所示。

步骤 02 在命令行中输入 BOX（长方体）命令，如图 14-55 所示。

专家指点

除了上述方法可以调用"长方体"命令外，还有以下两种常用的方法：

＊ 按钮：在"功能区"选项板的"常用"选项卡中，单击"建模"面板中的"长方体"按钮 。

＊ 命令：单击"绘图" | "建模" | "长方体"命令。

执行以上任意一种方法，均可调用"长方体"命令。

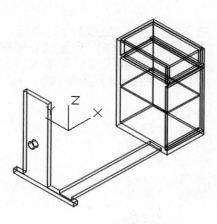

图 14-54 打开素材图形

图 14-55 输入命令

步骤 03 按【Enter】键确认，根据命令行提示进行操作，输入（0,0,0），按【Enter】键确认，接着输入 L 并确认，向右上方引导光标，输入 1300，按【Enter】键确认，输入 700 并确认，向上引导光标，接着输入 30，如图 14-56 所示。

步骤 04 按【Enter】键确认，即可创建长方体，如图 14-57 所示。

图 14-56 输入 30

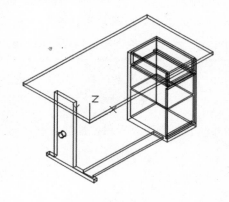

图 14-57 创建长方体

14.4.2 绘制楔体

使用"楔体"命令可以创建五面三维实体，并使其倾斜面与 X 轴成夹角。下面介绍绘制楔体的操作方法。

素材文件	光盘 \ 素材 \ 第 14 章 \ 三维零件 .dwg
效果文件	光盘 \ 效果 \ 第 14 章 \ 三维零件 .dwg
视频文件	光盘 \ 视频 \ 第 14 章 \14.4.2 绘制楔体 .mp4

实战 三维零件

步骤 01 单击快速访问工具栏上的"打开"按钮，打开一幅素材图形，如图 14-58 所示。

步骤 02 在命令行中输入 WEDGE（楔体）命令，如图 14-59 所示。

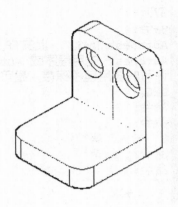

```
输入选项 [二维线框(2)/线框(W)/
隐藏(H)/真实(R)/概念(C)/着色
(S)/带边缘着色(E)/灰度(G)/勾画
(SK)/X 射线(X)/其他(O)] <线框
>: _H
命令:
命令: *取消*
命令: *取消*
命令:      输入
命令:      取消
命令: *取消*
```

>_ ▾ WEDGE|

图 14-58 打开素材图形　　　　　　　　　图 14-59 输入命令

 专家指点

除了上述方法可以调用"楔体"命令外，还有以下两种常用的方法：

＊ 按钮：在"功能区"选项板的"常用"选项卡中，在"建模"面板中，单击"长方体"中间的下拉按钮，在弹出的下拉列表中，单击"楔体"按钮◻。

＊ 命令：单击"绘图"｜"建模"｜"楔体"命令。

执行以上任意一种方法，均可调用"楔体"命令。

步骤 03 按【Enter】键确认，根据命令行提示，捕捉图形合适的端点为第一个角点，如图 14-60 所示，并按鼠标左键确认。

步骤 04 根据命令行提示，捕捉图形合适的端点为第二个角点，按鼠标左键确认，如图 14-61 所示。

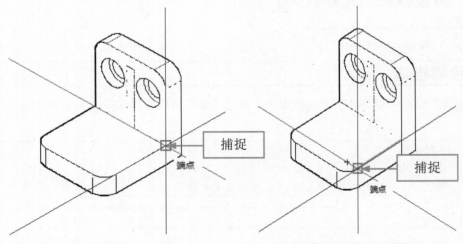

图 14-60 指定第一个角点　　　　　　　　图 14-61 指定第二个角点

步骤 05 在绘图区中指定其它角点，按【Enter】键确认，即可绘制楔体，效果如图 14-62 所示。

步骤 **06** 在命令行中输入 MOVE（移动）命令，按【Enter】键确认，选择新创建的楔体对象，将其移动至合适的位置，如图 14-63 所示。

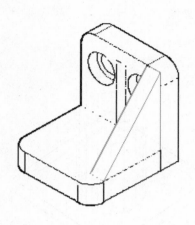

图 14-62 绘制楔体

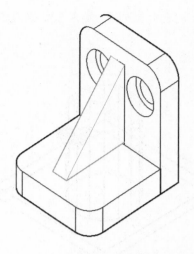

图 14-63 移动楔体效果

14.4.3 绘制圆柱体

使用"圆柱体"命令可以在绘制以圆或椭圆为底面的实体圆柱体。下面介绍绘制圆柱体的操作方法。

素材文件	光盘 \ 素材 \ 第 14 章 \ 底座模型 .dwg
效果文件	光盘 \ 效果 \ 第 14 章 \ 底座模型 .dwg
视频文件	光盘 \ 视频 \ 第 14 章 \14.4.3 绘制圆柱体 .mp4

实战 底座模型

步骤 **01** 单击快速访问工具栏上的"打开"按钮，打开一幅素材图形，如图 14-64 所示。

步骤 **02** 在命令行中输入 CYLINDER（圆柱体）命令，如图 14-65 所示。

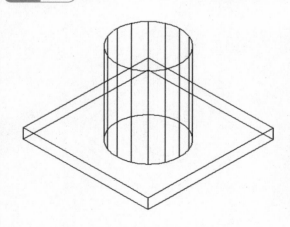

图 14-64 打开素材图形

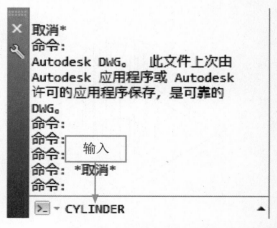

图 14-65 输入命令

步骤 03 按【Enter】键确认，根据命令行提示进行操作，在绘图区中，最上方的圆心点上，单击鼠标左键，确定底面中心点，如图 14-66 所示。

步骤 04 向右引导光标，输入 20，确定底面半径，如图 14-67 所示。

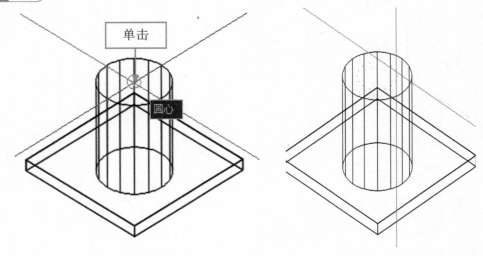

图 14-66 确定底面中心点　　　　　图 14-67 输入半径值 20

专家指点

除了上述方法可以调用"圆柱体"命令外，还有以下两种常用的方法：

＊按钮：在"功能区"选项板的"常用"选项卡中，在"建模"面板中，单击"长方体"中间的下拉按钮，在弹出的下拉列表中，单击"圆柱体"按钮 。

＊命令：单击"绘图"|"建模"|"圆柱体"命令。

执行以上任意一种方法，均可调用"圆柱体"命令。

步骤 05 按【Enter】键确认，向下引导光标，输入 -80，如图 14-68 所示。

步骤 06 按【Enter】键确认，即可创建圆柱体，效果如图 14-69 所示。

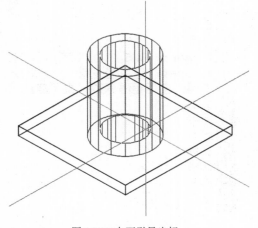

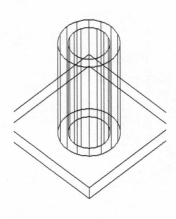

图 14-68 向下引导光标　　　　　图 14-69 创建圆柱体

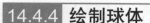
14.4.4 绘制球体

球体是在三维空间中，到一个点（即球心）距离相等的所有点的集合形成的实体。下面介绍绘制球体的操作方法。

素材文件	光盘 \ 素材 \ 第 14 章 \ 地球仪 .dwg
效果文件	光盘 \ 效果 \ 第 14 章 \ 地球仪 .dwg
视频文件	光盘 \ 视频 \ 第 14 章 \14.4.4 绘制球体 .mp4

实战 | 地球仪

步骤 01 单击快速访问工具栏上的"打开"按钮，打开一幅素材图形，如图 14-70 所示。

步骤 02 在命令行中输入 SPHERE（球体）命令，如图 14-71 所示，按【Enter】键确认。

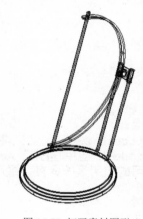

图 14-70 打开素材图形

图 14-71 输入命令

步骤 03 在绘图区中捕捉图形合适的中点为圆心，如图 14-72 所示。

步骤 04 输入半径值为 70，并按【Enter】键确认，即可绘制球体，以隐藏样式显示模型，如图 14-73 所示。

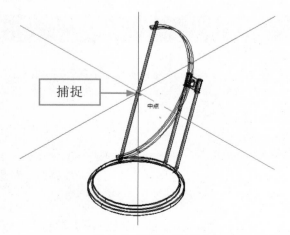

图 14-72 捕捉中点为圆心

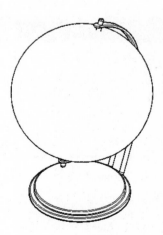

图 14-73 绘制球体

14.5 由二维图形创建三维实体

在 AutoCAD 2016 中，用户可以通过绘制二维图形来创建三维实体，包括拉伸实体、旋转实体、放样实体以及扫掠实体。

14.5.1 创建拉伸实体

在 AutoCAD 2016 中，使用"拉伸"命令，可以在绘图区中通过二维图形拉伸为三维实体。下面介绍创建拉伸实体的操作方法。

素材文件	光盘 \ 素材 \ 第 14 章 \ 垫圈 .dwg
效果文件	光盘 \ 效果 \ 第 14 章 \ 垫圈 .dwg
视频文件	光盘 \ 视频 \ 第 14 章 \14.5.1 创建拉伸实体 .mp4

实战 垫圈

步骤 01 单击快速访问工具栏上的"打开"按钮，打开一幅素材图形，如图 14-74 所示。

步骤 02 在命令行中输入 EXTRUDE（拉伸）命令，如图 14-75 所示。

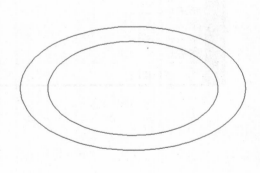

图 14-74 打开素材图形

图 14-75 输入命令

👨‍🎓 专家指点

除了上述方法可以调用"拉伸"命令外，还有以下两种常用的方法：

＊ 按钮：在"功能区"选项板的"常用"选项卡中，单击"建模"面板中的"拉伸"按钮 📲。

＊ 命令：单击"绘图"|"建模"|"拉伸"命令。

执行以上任意一种方法，均可调用"拉伸"命令。

步骤 03 按【Enter】键确认，根据命令行提示进行操作，在绘图区中，选择需要拉伸的对象，如图 14-76 所示。

步骤 04 按【Enter】键确认，向上引导光标，设置拉伸高度为 50，按【Enter】键确认，即可拉伸实体对象，效果如图 14-77 所示。

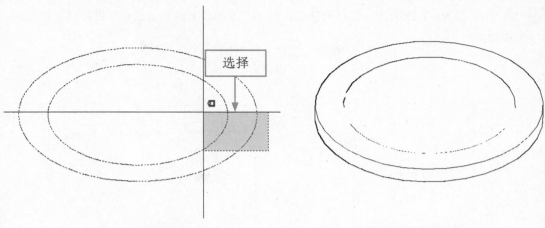

图 14-76 选择拉伸对象　　　　　　　　　　　　　　图 14-77 拉伸实体对象

14.5.2　创建旋转实体

　　使用"旋转"命令可以通过绕轴旋转开放或闭合对象来创建实体或曲面，以旋转对象定义实体或曲面轮廓。下面介绍创建旋转实体的操作方法。

素材文件	光盘 \ 素材 \ 第 14 章 \ 端盖 .dwg
效果文件	光盘 \ 效果 \ 第 14 章 \ 端盖 .dwg
视频文件	光盘 \ 视频 \ 第 14 章 \14.5.2 创建旋转实体 .mp4

实战 端盖

步骤 01　单击快速访问工具栏上的"打开"按钮，打开一幅素材图形，如图 14-78 所示。

步骤 02　在命令行中输入 REVOLVE（旋转）命令，如图 14-79 所示。

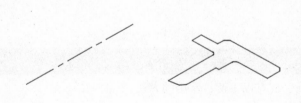

图 14-78 打开素材图形　　　　　　　　　　　　　图 14-79 输入命令

步骤 03　按【Enter】键确认，根据命令行提示进行操作，在绘图区中，选择面域对象为旋转对象，如图 14-80 所示。

步骤 04 按【Enter】键确认，在左侧垂直直线下方的端点上，单击鼠标左键，确定轴起点，如图 14-81 所示。

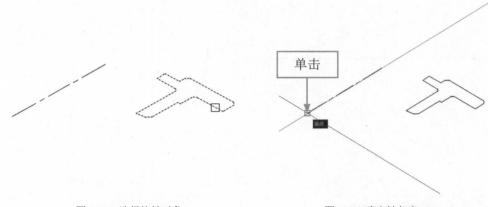

图 14-80 选择旋转对象   图 14-81 确定轴起点

步骤 05 在左侧垂直直线上方的端点上，单击鼠标左键，输入 360，如图 14-82 所示。

步骤 06 按【Enter】键确认，即可创建旋转实体，效果如图 14-83 所示。

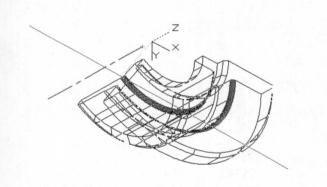

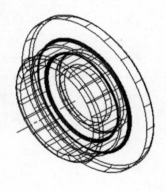

图 14-82 单击鼠标左键   图 14-83 创建旋转实体

 专家指点

除了上述方法可以调用"旋转"命令外，还有以下两种常用的方法：

＊ 按钮：在"功能区"选项板的"常用"选项卡中，在"建模"面板中，单击"拉伸"中间的下拉按钮，在弹出的下拉列表中，单击"旋转"按钮 。

＊ 命令：单击"绘图"|"建模"|"旋转"命令。

执行以上任意一种方法，均可调用"旋转"命令。

14.5.3 创建放样实体

使用"放样"命令可以通过对两条或两条以上横截面曲线进行放样来创建三维实体。下面介绍创建放样实体的操作方法。

素材文件	光盘 \ 素材 \ 第 14 章 \ 花瓶 .dwg
效果文件	光盘 \ 效果 \ 第 14 章 \ 花瓶 .dwg
视频文件	光盘 \ 视频 \ 第 14 章 \14.5.3 创建放样实体 .mp4

实战 花瓶

步骤 01 单击快速访问工具栏上的 "打开" 按钮，打开一幅素材图形，如图 14-84 所示。

步骤 02 在命令行中输入 LOFT（放样）命令，如图 14-85 所示。

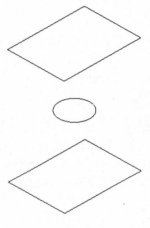

图 14-84 打开素材图形

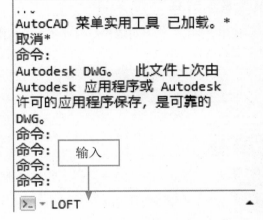

图 14-85 输入命令

步骤 03 按【Enter】键确认，根据命令行提示进行操作，在绘图区中，按放样次序，从下到上依次选择绘图区中的图形对象，如图 14-86 所示。

步骤 04 按【Enter】键确认，输入 C（仅横截面），按【Enter】键确认，即可创建放样实体，效果如图 14-87 所示。

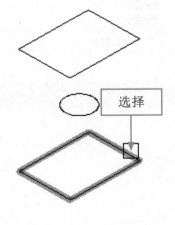

图 14-86 选择放样对象

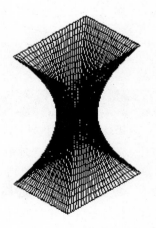

图 14-87 创建放样实体

专家指点

　　除了上述方法可以调用"放样"命令外，还有以下两种常用的方法：

　　＊ 按钮：在"功能区"选项板的"常用"选项卡中，在"建模"面板中，单击"拉伸"中间的下拉按钮，在弹出的下拉列表中，单击"放样"按钮。

　　＊ 命令：单击"绘图"|"建模"|"放样"命令。

　　执行以上任意一种方法，均可调用"放样"命令。

14.5.4 创建扫掠实体

　　使用"扫掠"命令可以沿开放或闭合的二维或三维路径扫掠开放或闭合的平面曲线（轮廓），以创建新实体或曲面。下面介绍创建扫掠实体的操作方法。

素材文件	光盘 \ 素材 \ 第 14 章 \ 弹簧 .dwg	
效果文件	光盘 \ 效果 \ 第 14 章 \ 弹簧 .dwg	
视频文件	光盘 \ 视频 \ 第 14 章 \14.5.4 创建扫掠实体 .mp4	

实战 弹簧

步骤 01 单击快速访问工具栏上的"打开"按钮，打开一幅素材图形，如图 14-88 所示。

步骤 02 在命令行中输入 SWEEP（扫掠）命令，如图 14-89 所示。

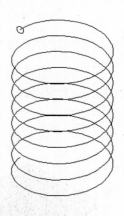

图 14-88 打开素材图形　　　　　　　　　图 14-89 输入命令

专家指点

　　除了上述方法可以调用"扫掠"命令外，还有以下两种常用的方法：

　　＊ 按钮：在"功能区"选项板的"常用"选项卡中，在"建模"面板中，单击"拉伸"中间的下拉按钮，在弹出的下拉列表中，单击"扫掠"按钮。

　　＊ 命令：单击"绘图"|"建模"|"扫掠"命令。

　　执行以上任意一种方法，均可调用"扫掠"命令。

步骤 03 按【Enter】键确认，根据命令行提示进行操作，在绘图区中，选择左上角的圆为扫掠对象，如图 14-90 所示。

步骤 04 按【Enter】键确认，在绘图区中的曲线上单击鼠标左键，即可创建扫掠实体，如图 14-91 所示。

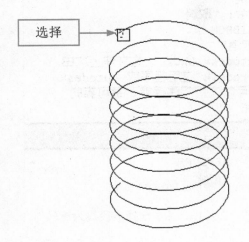

选择

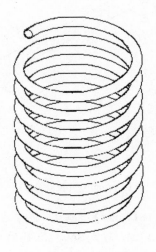

图 14-90 选择扫掠对象　　　　　　　　图 14-91 创建扫掠实体

14.6 创建网格曲面

在 AutoCAD 2016 中，可以创建多种类型的网格，包括三维面、直纹网格、平移网格、旋转网格、边界网格等，下面分别对这些网格曲面类型进行具体介绍。

14.6.1 创建旋转网格

使用"旋转网格"命令可以在两条直线或曲线之间，创建一个曲面的多边形网格。下面介绍创建旋转网格的操作方法。

素材文件	光盘 \ 素材 \ 第 14 章 \ 哑铃 .dwg
效果文件	光盘 \ 效果 \ 第 14 章 \ 哑铃 .dwg
视频文件	光盘 \ 视频 \ 第 14 章 \14.6.1 创建旋转网格 .mp4

实战 哑铃

步骤 01 单击快速访问工具栏上的"打开"按钮，打开一幅素材图形，如图 14-92 所示。

步骤 02 在命令行中输入 REVSURF（旋转网格）命令，如图 14-93 所示。

 专家指点

除了上述方法可以调用"旋转网格"命令外，还有以下两种常用的方法：

＊按钮：在"功能区"选项板中，切换至"网格"选项卡，单击"图元"面板中的"建模，网格，旋转曲面"按钮。

＊命令：单击"绘图"|"建模"|"网格"|"旋转网格"命令。

执行以上任意一种方法，均可调用"旋转网格"命令。

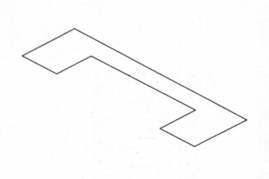

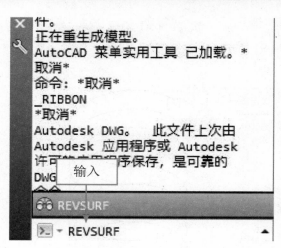

图 14-92 打开素材图形   图 14-93 输入命令

步骤 03 按【Enter】键确认，根据命令行提示进行操作，在绘图区中，选择多段线为旋转对象，选择直线为旋转轴，输入 360，如图 14-94 所示。

步骤 04 连续按两次【Enter】键确认，即可创建旋转网格，如图 14-95 所示。

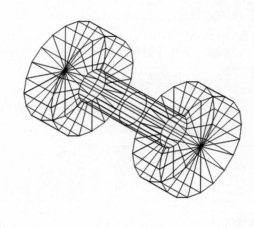

图 14-94 输入 360   图 14-95 创建旋转网格

14.6.2 创建平移网格

在 AutoCAD 2016 中，使用"平移网格"命令可以创建多边形网格。下面介绍创建平移网格的操作方法。

	素材文件	光盘 \ 素材 \ 第 14 章 \ 扳手 .dwg
	效果文件	光盘 \ 效果 \ 第 14 章 \ 扳手 .dwg
	视频文件	光盘 \ 视频 \ 第 14 章 \14.6.2 创建平移网格 .mp4

实战 扳手

步骤 01 单击快速访问工具栏上的"打开"按钮，打开一幅素材图形，如图 14-96 所示。

步骤 02 在命令行中输入 TABSURF（平移网格）命令，如图 14-97 所示。

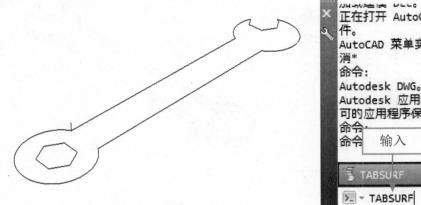

图 14-96 打开素材图形

图 14-97 输入命令

专家指点

除了上述方法可以调用"平移网格"命令外，还有以下两种常用的方法：

* 按钮：在"功能区"选项板中，切换至"网格"选项卡，单击"图元"面板中的"建模，网格，平移曲面"按钮 。

* 命令：单击"绘图"|"建模"|"网格"|"平移网格"命令。

执行以上任意一种方法，均可调用"平移网格"命令。

步骤 03 按【Enter】键确认，根据命令行提示进行操作，在绘图区中，选择最外侧的多段线为平移对象，如图 14-98 所示。

步骤 04 选择直线为方向矢量对象，即可创建平移网格，如图 14-99 所示。

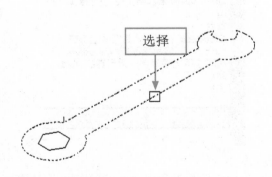

图 14-98 选择平移对象

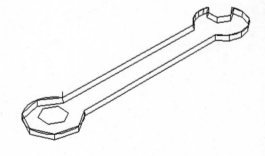

图 14-99 创建平移网格

步骤 05 用与上同样的方法，创建其他的平移网格对象，效果如图 14-100 所示。

步骤 06 在绘图区中，选择垂直的直线，按【Delete】键删除，如图 14-101 所示。

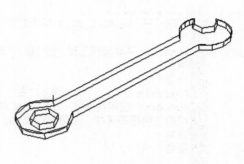

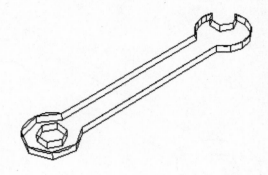

图 14-100 创建其他平移网格对象　　　　　　　　　　图 14-101 删除对象效果

14.6.3　创建直纹网格

　　使用"直纹网格"命令可以在两条直线或曲线之间创建一个曲面的多边形网格。下面介绍创建直纹网格的操作方法。

素材文件	光盘 \ 素材 \ 第 14 章 \ 创建直纹网格 .dwg
效果文件	光盘 \ 效果 \ 第 14 章 \ 创建直纹网格 .dwg
视频文件	光盘 \ 视频 \ 第 14 章 \14.6.3 创建直纹网格 .mp4

实战	创建直纹网格

步骤 **01**　单击快速访问工具栏上的"打开"按钮，打开一幅素材图形，如图 14-102 所示。

步骤 **02**　在命令行中输入 RULESURF（直纹网格）命令，如图 14-103 所示。

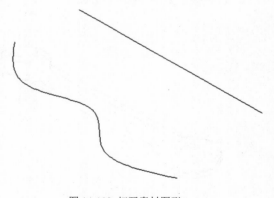

图 14-102 打开素材图形　　　　　　　　　　　图 14-103 输入命令

专家指点

　　除了上述方法可以调用"直纹网格"命令外，还有以下两种常用的方法：

　　* 按钮：在"功能区"选项板中，切换至"网格"选项卡，单击"图元"面板中的"建模，网格，直纹曲面"按钮 。

> ＊命令：单击"绘图"|"建模"|"网格"|"直纹网格"命令。
>
> 执行以上任意一种方法，均可调用"直纹网格"命令。

步骤 03 按【Enter】键确认，根据命令行提示进行操作，在绘图区中，选择曲线对象为第一条定义曲线，如图 14-104 所示。

步骤 04 在绘图区中，选择直线对象为第二条定义曲线，即可创建直纹网格，如图 14-105 所示。

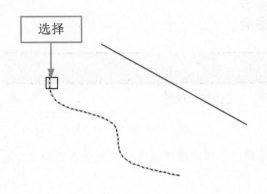
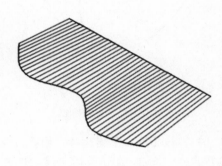

选择

图 14-104 选择第一条定义曲线　　　　　　图 14-105 创建直纹网格

14.6.4 创建边界网格

边界网格是一个三维多边形网格，该曲面网格由 4 条邻边作为边界创建。下面介绍创建边界网格的操作方法。

素材文件	光盘 \ 素材 \ 第 14 章 \ 垫铁轴测图 .dwg
效果文件	光盘 \ 效果 \ 第 14 章 \ 垫铁轴测图 .dwg
视频文件	光盘 \ 视频 \ 第 14 章 \14.6.4 创建边界网格 .mp4

实战 垫铁轴测图

步骤 01 单击快速访问工具栏上的"打开"按钮，打开一幅素材图形，如图 14-106 所示。

步骤 02 在命令行中输入 EDGESURF（边界网格）命令，如图 14-107 所示。

 专家指点

除了上述方法可以调用"边界网格"命令外，还有以下两种常用的方法：

＊ 按钮：在"功能区"选项板中，切换至"网格"选项卡，单击"图元"面板中的"建模，网格，边界曲面"按钮。

＊ 命令：单击"绘图"|"建模"|"网格"|"边界网格"命令。

执行以上任意一种方法，均可调用"边界网格"命令。

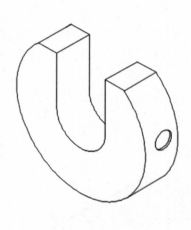

图 14-106 打开素材图形

图 14-107 输入命令

步骤 03 按【Enter】键确认，根据命令行提示进行操作，在绘图区中选择最左侧的直线对象作为边界的第一条边，单击鼠标左键，如图 14-108 所示。

步骤 04 在绘图区中的其他 3 条直线上，依次单击鼠标左键，即可创建边界网格，如图 14-109 所示。

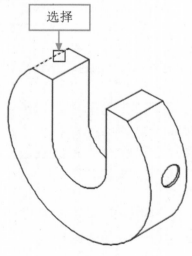

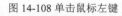

图 14-108 单击鼠标左键

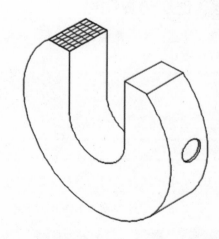

图 14-109 创建边界网格

14.7 控制三维显示的系统变量

在 AutoCAD 2016 中，控制三维模型显示的系统变量有 FACETRES、ISOLINES 和 DISPSILH，这 3 个系统系统变量影响着三维模型显示的效果。

14.7.1 控制渲染对象的平滑度

使用 FACETRES 系统变量，可以控制着色和渲染曲面实体的平滑度，下面将介绍控制渲染对象的平滑度的操作方法。

素材文件	光盘 \ 素材 \ 第 14 章 \ 深沟球轴承 .dwg	
效果文件	光盘 \ 效果 \ 第 14 章 \ 深沟球轴承 .dwg	
视频文件	光盘 \ 视频 \ 第 14 章 \14.7.1 控制渲染对象的平滑度 .mp4	

实战 深沟球轴承

步骤 01 单击"菜单浏览器"按钮，在弹出的菜单列表中单击"打开" | "图形"命令，打开一幅素材图形，如图 14-110 所示。

步骤 02 在命令行中输入 FACETRES（平滑度）命令，如图 14-111 所示。

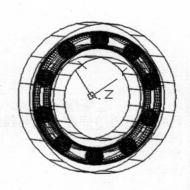

图 14-110 打开素材图形

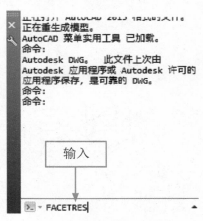

图 14-111 输入命令

步骤 03 按【Enter】键确认，根据命令行提示，在命令行中输入 10，按【Enter】键确认，输入 HIDE（消隐）命令，如图 14-112 所示。

步骤 04 按【Enter】键确认，即可控制渲染对象的平滑度，效果如图 14-113 所示。

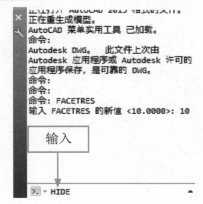

图 14-112 输入命令

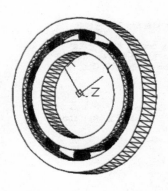

图 14-113 控制渲染对象的平滑度

专家指点

数目越多，显示性能越差，渲染时间也越长，有效取值范围为 0.01 ～ 10 之间。

14.7.2 控制曲面轮廓线

使用 ISOLINES 系统变量可以控制对象上每个曲面的轮廓线数目，下面将介绍控制曲面轮廓线的操作方法。

素材文件	光盘 \ 素材 \ 第 14 章 \ 支座 .dwg
效果文件	光盘 \ 效果 \ 第 14 章 \ 支座 .dwg
视频文件	光盘 \ 视频 \ 第 14 章 \14.7.2 控制曲面轮廓线 .mp4

实战 支座

步骤 01 单击"菜单浏览器"按钮，在弹出的菜单列表中单击"打开"|"图形"命令，打开一幅素材图形，如图 14-114 所示。

步骤 02 在命令行中输入 ISOLINES（曲面轮廓线）命令，如图 14-115 所示。

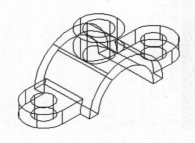

图 14-114 打开素材图形

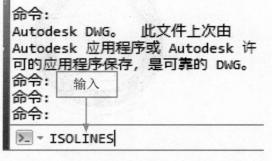

图 14-115 输入命令

步骤 03 按【Enter】键确认，根据命令行提示，在命令行中输入 100，按【Enter】键确认，输入 HIDE（消隐）命令，如图 14-116 所示。

步骤 04 按【Enter】键确认，即可控制曲面轮廓线，效果如图 14-117 所示。

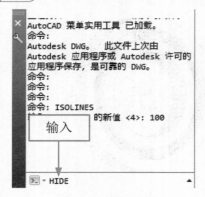

图 14-116 输入命令

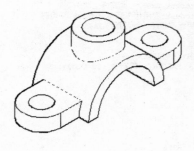

图 14-117 控制曲面轮廓线

14.7.3 控制以线框形式显示轮廓

使用 DISPSILH 系统变量，可以控制是否将三维实体对象的轮廓曲线显示为线框，下面将介绍控制以线框形式显示轮廓的操作方法。

素材文件	光盘 \ 素材 \ 第 14 章 \ 连接件 .dwg
效果文件	光盘 \ 效果 \ 第 14 章 \ 连接件 .dwg
视频文件	光盘 \ 视频 \ 第 14 章 \14.7.3 控制以线框形式显示轮廓 .mp4

实战 连接件

步骤 01 单击"菜单浏览器"按钮，在弹出的菜单列表中单击"打开"|"图形"命令，打开一幅素材图形，如图 14-118 所示。

步骤 02 在命令行中输入 DISPSILH（线框形式）命令，如图 14-119 所示。

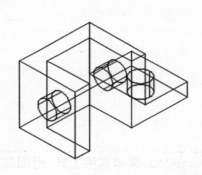

图 14-118 打开素材图形　　　　图 14-119 输入命令

步骤 03 按【Enter】键确认，根据命令行提示，在命令行中输入 1，按【Enter】键确认，，输入 HIDE（消隐）命令，如图 14-120 所示。

步骤 04 按【Enter】键确认，即可控制以线框形式显示轮廓，效果如图 14-121 所示。

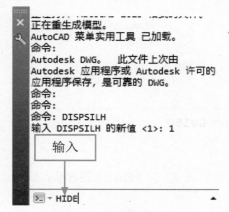
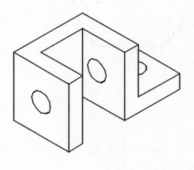

图 14-120 输入命令　　　　图 14-121 控制以线框形式显示轮廓

14.8 控制三维投影样式

在 AutoCAD 2016 中，可以在三维空间中查看三维模型的平行投影和透视投影。

14.8.1 平行投影和透视投影概述

通过定义模型的平行投影或透视投影可以在图形中创建真实的视觉效果。

透视投影和平行投影之间的差别是：透视投影取决于理论相机和目标点之间的距离。较小的距离产生明显的透视效果，较大的距离产生轻微的效果。

14.8.2 创建平行投影

在 AutoCAD 2016 中，用户可以根据需要创建平行投影，下面将介绍创建平行投影的操作方法。

	素材文件	光盘 \ 素材 \ 第 14 章 \ 水桶 .dwg
	效果文件	光盘 \ 效果 \ 第 14 章 \ 水桶 .dwg
	视频文件	光盘 \ 视频 \ 第 14 章 \14.8.2 创建平行投影 .mp4

实战 水桶

步骤 01 单击"菜单浏览器"按钮，在弹出的菜单列表中单击"打开"|"图形"命令，打开一幅素材图形，如图 14-122 所示。

步骤 02 在命令行中输入 DVIEW（投影）命令，如图 14-123 所示。

```
AutoCAD 菜单实用工具 已加载。*取消*
命令:
Autodesk DWG。   此文件上次由
Autodesk 应用程序或 Autodesk 许可的
应用程序保存，是可靠的 DWG。
命令:
命令:
```

输入

`>_ ▾ DVIEW`

图 14-122 打开素材图形　　　　　　　　　图 14-123 输入命令

步骤 03 按【Enter】键确认，选择所有图形为平行的对象，按【Enter】键确认，输入 CA（相机）选项，如图 14-124 所示。

步骤 04 按【Enter】键确认，输入 50，如图 14-125 所示。

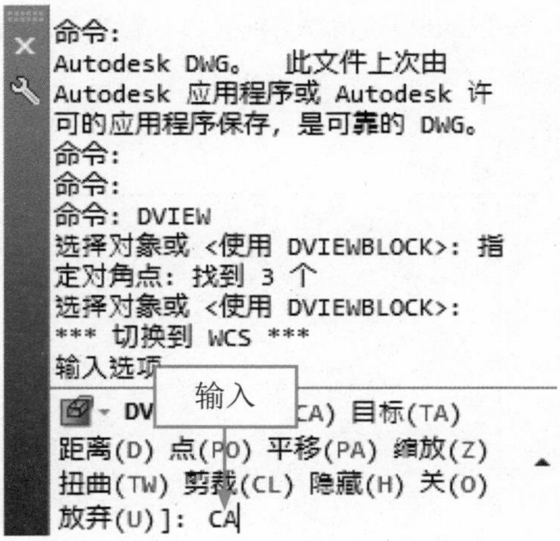

```
命令:
Autodesk DWG。  此文件上次由
Autodesk 应用程序或 Autodesk 许
可的应用程序保存, 是可靠的 DWG。
命令:
命令:
命令: DVIEW
选择对象或 <使用 DVIEWBLOCK>: 指
定对角点: 找到 3 个
选择对象或 <使用 DVIEWBLOCK>:
*** 切换到 WCS ***
输入选项

距离(D) 点(PO) 平移(PA) 缩放(Z)
扭曲(TW) 剪裁(CL) 隐藏(H) 关(O)
放弃(U)]: CA
```
输入

图 14-124 输入命令

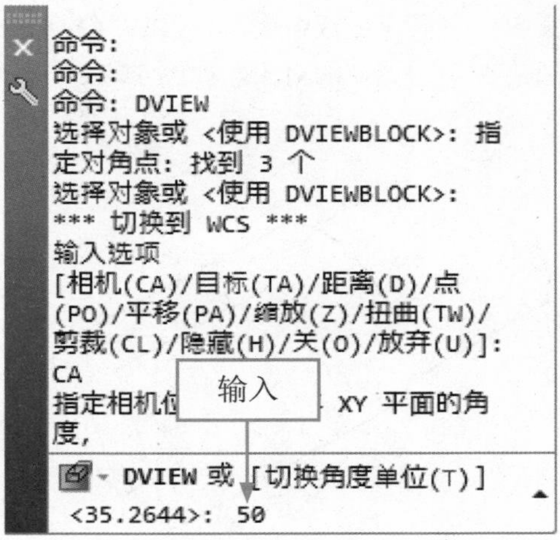

```
命令:
命令:
命令: DVIEW
选择对象或 <使用 DVIEWBLOCK>: 指
定对角点: 找到 3 个
选择对象或 <使用 DVIEWBLOCK>:
*** 切换到 WCS ***
输入选项
[相机(CA)/目标(TA)/距离(D)/点
(PO)/平移(PA)/缩放(Z)/扭曲(TW)/
剪裁(CL)/隐藏(H)/关(O)/放弃(U)]:
CA
指定相机位       XY 平面的角
度,

DVIEW 或 [切换角度单位(T)]
<35.2644>: 50
```
输入

图 14-125 输入 50

步骤 **05** 按【Enter】键确认, 输入 20, 如图 14-126 所示。

步骤 **06** 按两次【Enter】键确认, 即可创建平行投影, 效果如图 14-127 所示。

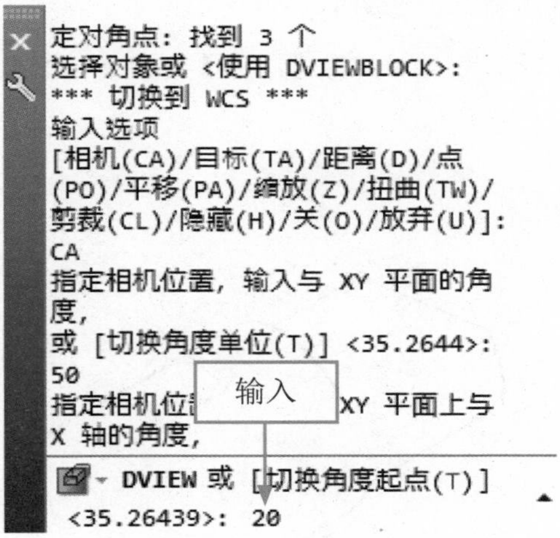

```
定对角点: 找到 3 个
选择对象或 <使用 DVIEWBLOCK>:
*** 切换到 WCS ***
输入选项
[相机(CA)/目标(TA)/距离(D)/点
(PO)/平移(PA)/缩放(Z)/扭曲(TW)/
剪裁(CL)/隐藏(H)/关(O)/放弃(U)]:
CA
指定相机位置, 输入与 XY 平面的角
度,
或 [切换角度单位(T)] <35.2644>:
50
指定相机位       XY 平面上与
X 轴的角度,

DVIEW 或 [切换角度起点(T)]
<35.26439>: 20
```
输入

图 14-126 输入 20

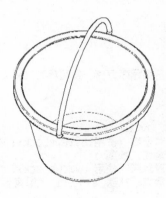

图 14-127 创建平行投影

14.8.3 创建透视投影

在透视效果关闭或在其位置定义新视图之前, 透视图将一直保持其效果。下面将介绍创建透视投影的操作方法。

素材文件	光盘 \ 素材 \ 第 14 章 \ 接头 .dwg
效果文件	光盘 \ 效果 \ 第 14 章 \ 接头 .dwg
视频文件	光盘 \ 视频 \ 第 14 章 \14.8.3 创建透视投影 .mp4

实战 接头

步骤 **01** 单击 "菜单浏览器" 按钮, 在弹出的菜单列表中单击 "打开" | "图形" 命令, 打开一幅素材图形, 如图 14-128 所示。

步骤 02 在命令行中输入 DVIEW（投影）命令，按【Enter】键确认，根据命令行提示进行操作，选择所有图形为透视的对象，如图 14-129 所示。

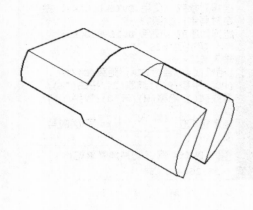

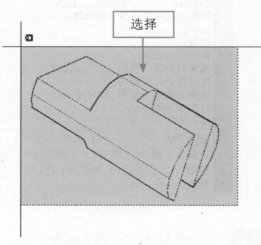

图 14-128 打开素材图形   图 14-129 选择透视对象

步骤 03 按【Enter】键确认，输入 D（距离）并确认，如图 14-130 所示。

步骤 04 根据命令行提示，在命令行中输入 700，连续按三次【Enter】键确认，即可创建透视投影，如图 14-131 所示。

```
可的应用程序保存，是可靠的 DWG。
命令：
命令：
命令：
命令：DVIEW
选择对象或 <使用 DVIEWBLOCK>：指
定对角点：找到 1 个
选择对象或 <使用 DVIEWBLOCK>：指
定对角点：找到 1 个 (1 个重复)，
总计 1 个
选择对象或 <使用 DVIEWBLOCK>：
输入选项
```

```
▱ ▾ DV        (CA) 目标(TA)
距离(D) 点(PO) 平移(PA) 缩放(Z)
扭曲(TW) 剪裁(CL) 隐藏(H) 关(O)
放弃(U)]：D
```

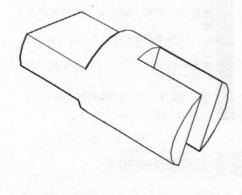

图 14-130 输入参数   图 14-131 创建透视投影

14.8.4 使用坐标值定义三维视图

在 AutoCAD 2016 中，视点坐标值是相对于世界坐标系而言的。下面将介绍使用坐标值定义三维视图的操作方法。

	素材文件	光盘 \ 素材 \ 第 14 章 \ 拨叉 .dwg
	效果文件	光盘 \ 效果 \ 第 14 章 \ 拨叉 .dwg
	视频文件	光盘 \ 视频 \ 第 14 章 \14.8.4 使用坐标值定义三维视图 .mp4

实战 拨叉

步骤 01 单击"菜单浏览器"按钮,在弹出的菜单列表中单击"打开"|"图形"命令,打开一幅素材图形,如图 14-132 所示。

步骤 02 在命令行中输入 VPOINT(视点)命令,如图 14-133 所示。

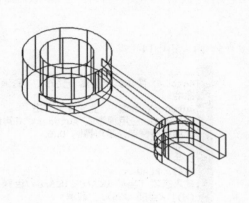

图 14-132 打开素材图形

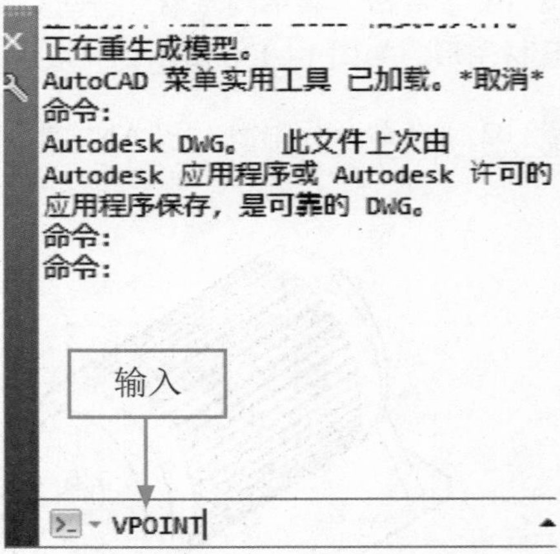

图 14-133 输入命令

步骤 03 按【Enter】键确认,弹出"视点预设"对话框,设置 X 轴为 0,XY 平面为 45,如图 14-134 所示。

步骤 04 单击"确定"按钮,即可使用坐标值定义三维视图,如图 14-135 所示。

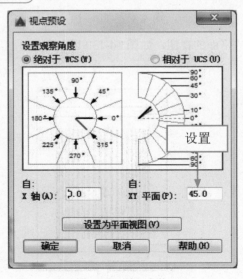

图 14-134 输入参数

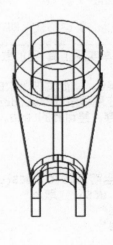

图 14-135 使用坐标值定义三维视图

14.8.5 切换至 XY 平面视图

平面视图是从正 Z 轴上的一点指向原点(0,0,0)的视图。下面将介绍切换至 XY 平面视图的操作方法。

素材文件	光盘 \ 素材 \ 第 14 章 \ 电动机 .dwg
效果文件	光盘 \ 效果 \ 第 14 章 \ 电动机 .dwg
视频文件	光盘 \ 视频 \ 第 14 章 \14.8.5 切换至 XY 平面视图 .mp4

实战 电动机

步骤 01 单击"菜单浏览器"按钮,在弹出的菜单列表中单击"打开"|"图形"命令,打开一幅素材图形,如图 14-136 所示。

步骤 02 在命令行中输入 PLAN(平面视图)命令,如图 14-137 所示。

图 14-136 打开素材图形

图 14-137 输入命令

步骤 03 按【Enter】键确认,根据命令行提示进行操作,输入 C,如图 14-138 所示。

步骤 04 按【Enter】键确认,即可更改到 XY 平面的视图,如图 14-139 所示。

图 14-138 输入 C

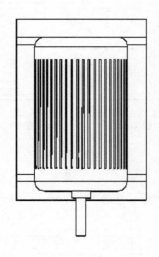

图 14-139 切换至 XY 平面视图

15 修改渲染三维模型

学习提示

　　与编辑二维图形一样，用户也可以编辑三维对象，而且二维图形对象编辑中的大多数命令（如移动、复制等）都适用于三维图形。渲染包括应用视觉样式、设置模型光源、设置模型材质、设置三维贴图以及渲染三维图形等。本章主要介绍 AutoCAD 2016 中三维图形的修改与渲染方法。

本章案例导航

- 实战——电动机
- 实战——单人床
- 实战——连接盘
- 实战——微波炉
- 实战——连接件

- 实战——耳机
- 实战——吊灯
- 实战——茶杯
- 实战——柜子
- 实战——链轮

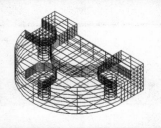

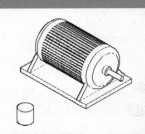

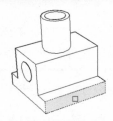

15.1 编辑三维实体

在 AutoCAD 2016 中，用户创建好实体模型后，可以对其进行三维移动、三维旋转、三维对齐、三维镜像、三维加厚以及三维阵列等基本编辑。本节将向读者介绍编辑基本三维模型的相关知识。

15.1.1 移动三维实体

使用"三维建模"界面中的"移动"命令，可以调整模型在三维空间中的位置。下面介绍移动三维实体的操作方法。

素材文件	光盘 \ 素材 \ 第 15 章 \ 电动机 .dwg
效果文件	光盘 \ 效果 \ 第 15 章 \ 电动机 .dwg
视频文件	光盘 \ 视频 \ 第 15 章 \15.1.1 移动三维实体 .mp4

实战 电动机

步骤 01 单击快速访问工具栏上的"打开"按钮，打开一幅素材图形，如图 15-1 所示。

步骤 02 在命令行中输入 3DMOVE（三维移动）命令，如图 15-2 所示。

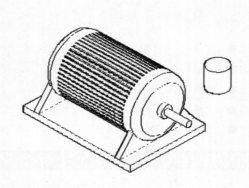

图 15-1 素材图形

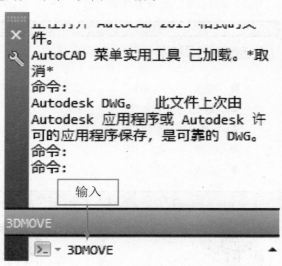

图 15-2 输入命令

 专家指点

除了运用上述方法可以调用"三维移动"命令外，还有以下两种常用的方法：

* 按钮：在"功能区"选项板的"常用"选项卡中，单击"修改"面板中的"三维移动"按钮⊞。

* 命令：单击"修改" | "三维操作" | "三维移动"命令。

执行以上任意一种方法，均可调用"三维移动"命令。

步骤 03 按【Enter】键确认，根据命令行提示进行操作，在绘图区中，选择圆柱体为移动对象，如图 15-3 所示。

步骤 04 按【Enter】键确认，捕捉相应的圆心点，单击鼠标左键，即可确定基点，如图15-4所示。

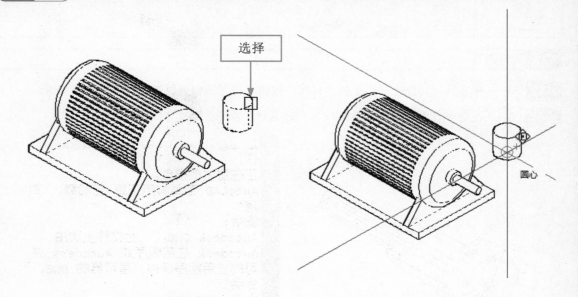

图 15-3 选择移动对象　　　　　　　　　　　　　　图 15-4 确定基点

步骤 05 在正交模式下，向左引导光标，输入350，如图15-5所示。

步骤 06 按【Enter】键确认，即可移动三维实体，效果如图15-6所示。

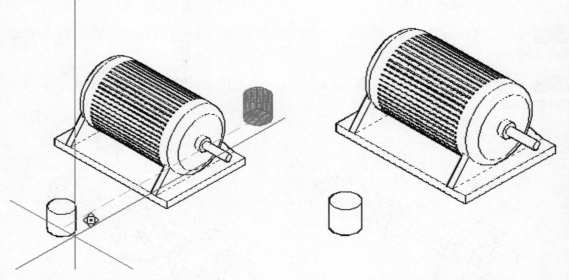

图 15-5 向左引导光标　　　　　　　　　　　　　　图 15-6 移动三维实体

15.1.2 旋转三维实体

在创建或编辑三维模型时，使用"三维旋转"命令可以自由地旋转三维对象或将旋转约束到轴。下面介绍旋转三维实体的操作方法。

素材文件	光盘 \ 素材 \ 第 15 章 \ 台阶螺钉 .dwg
效果文件	光盘 \ 效果 \ 第 15 章 \ 台阶螺钉 .dwg
视频文件	光盘 \ 视频 \ 第 15 章 \15.1.2 旋转三维实体 .mp4

实战 台阶螺钉

步骤 01 单击快速访问工具栏上的"打开"按钮，打开一幅素材图形，如图 15-7 所示。

步骤 02 在命令行中输入 3DROTATE（三维旋转）命令，如图 15-8 所示。

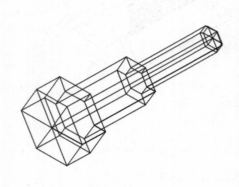

图 15-7 素材图形

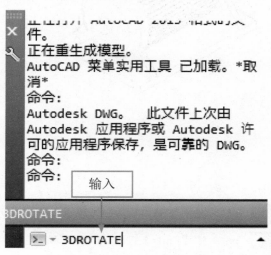

图 15-8 输入命令

步骤 03 按【Enter】键确认，根据命令行提示进行操作，在绘图区中，选择所有图形为旋转对象，如图 15-9 所示。

步骤 04 按【Enter】键确认，移动鼠标至旋转夹点工具上蓝色圆圈上，使其变成黄色，如图 15-10 所示。

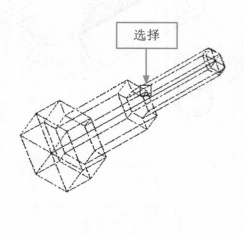

图 15-9 选择旋转对象

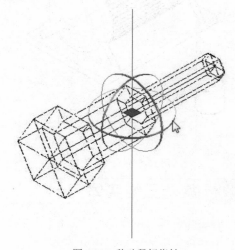

图 15-10 移动鼠标指针

步骤 05 单击鼠标左键，指定 Z 轴为旋转轴，输入 200，如图 15-11 所示。

步骤 06 按【Enter】键确认，即可旋转三维实体，效果如图 15-12 所示。

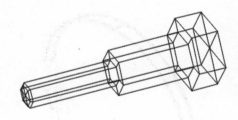

指定旋转角度或 [基点(B)/复制
(C)/放弃(U)/参照(R)/退出(X)]:
取消
正在重生成模型。
命令: 3DROTATE
UCS 当前的正角方向: ANGDIR=逆
时针 ANGBASE=0
选择对象: 找到 1 个
选择对象:
指定基点:
** 旋转 **

输入

⊕ 3DROTATE 指定旋转角度或 [
基点(B) 复制(C) 放弃(U)
参照(R) 退出(X)]: 200

图 15-11 输入参数　　　　　　　　　图 15-12 旋转三维实体

15.1.3 镜像三维实体

镜像三维模型的方法与镜像二维平面图形的方法类似，通过指定的平面即可对选择的三维模型进行镜像处理。下面介绍镜像三维实体的操作方法。

素材文件	光盘 \ 素材 \ 第 15 章 \ 耳机 .dwg	
效果文件	光盘 \ 效果 \ 第 15 章 \ 耳机 .dwg	
视频文件	光盘 \ 视频 \ 第 15 章 \15.1.3 镜像三维实体 .mp4	

实战 耳机

步骤 01 单击快速访问工具栏上的"打开"按钮，打开一幅素材图形，如图 15-13 所示。

步骤 02 在命令行中输入 MIRROR3D（三维镜像）命令，如图 15-14 所示。

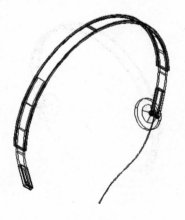

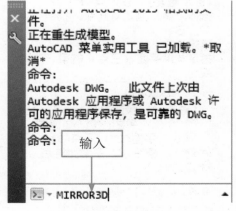

正在打开 AutoCAD 2013 相关的文件。
正在重生成模型。
AutoCAD 菜单实用工具 已加载。*取消*
命令:
Autodesk DWG。 此文件上次由
Autodesk 应用程序或 Autodesk 许可的应用程序保存，是可靠的 DWG。
命令:
命令:

输入

>_ ▾ MIRROR3D

图 15-13 素材图形　　　　　　　　　图 15-14 输入命令

步骤 03 按【Enter】键确认，根据命令行提示进行操作，在绘图区中，选择右侧所有的耳机对象为镜像对象，如图 15-15 所示。

步骤 04 按【Enter】键确认，输入 YZ，如图 15-16 所示。

选择

命令: MIRROR3D
选择对象: 指定对角点: 找到 3 个
选择对象: 指定对角点: 找到 4 个
(3 个重复)，总计 4 个
选择对象: 指定对角点: 找到 2
个，总计 6 个
选择对象:
指定镜像平面 (三点) 的第一个点
或

%⁄ ▾ MIRROR3D [对象(O)
L) Z 轴(Z) 视图(V)
XY 平面(XY) YZ 平面(YZ) ▲
ZX 平面(ZX) 三点(3)] <三点>:
YZ

输入

图 15-15 选择镜像对象　　　　　　　　　图 15-16 输入参数

专家指点

除了运用上述方法可以调用"三维镜像"命令外，还有以下两种常用的方法：

＊按钮：在"功能区"选项板的"常用"选项卡中，单击"修改"面板中的"三维镜像"按钮%。

＊命令：单击"修改"|"三维操作"|"三维镜像"命令。

执行以上任意一种方法，均可调用"三维镜像"命令。

步骤 05 按【Enter】键确认，输入原点坐标值（0，0，0），如图 15-17 所示。

步骤 06 连续按两次【Enter】键确认，即可镜像三维实体，效果如图 15-18 所示。

(3 个重复)，总计 4 个
选择对象: 指定对角点: 找到 2
个，总计 6 个
选择对象:
指定镜像平面 (三点) 的第一个点
或

%⁄ ▾ MIRROR3D
[对象(O)/最近的(L)/Z 轴(Z)/
视图(V)/XY 平面(XY)/YZ 平面
(YZ)/ZX 平面(ZX)/三点(3)] <三
点>: YZ 指定 YZ 平面上的点
<0,0,0>:
0,0,0

输入

图 15-17 输入参数　　　　　　　　　图 15-18 镜像三维实体

15.1.4 阵列三维实体

使用"三维阵列"命令可以在三维空间中快速创建指定对象的多个模型副本，并按指定的形式排列，通常用于大量通用模型的复制。下面介绍阵列三维实体的操作方法。

	素材文件	光盘 \ 素材 \ 第 15 章 \ 吊灯 .dwg
	效果文件	光盘 \ 效果 \ 第 15 章 \ 吊灯 .dwg
	视频文件	光盘 \ 视频 \ 第 15 章 \15.1.4 阵列三维实体 .mp4

实战 吊灯

步骤 01 单击快速访问工具栏上的"打开"按钮，打开一幅素材图形，如图 15-19 所示。

步骤 02 在命令行中输入 3DARRAY（三维阵列）命令，如图 15-20 所示，并按【Enter】键确认。

图 15-19 素材图形

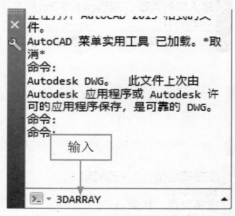

图 15-20 输入命令

步骤 03 根据命令行提示进行操作，在绘图区中，选择合适的图形为阵列对象，如图 15-21 所示，按【Enter】键确认。

步骤 04 根据命令行提示，输入 P，如图 15-22 所示，按【Enter】键确认。

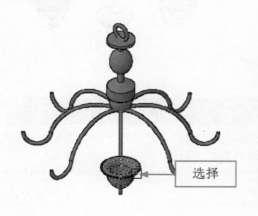

图 15-21 选择阵列对象

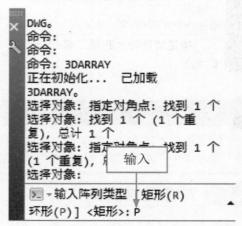

图 15-22 输入参数

步骤 05 根据命令行提示，输入阵列数目为 8，如图 15-23 所示，按【Enter】键确认。

步骤 06 输入 360，指定要填充的角度，如图 15-24 所示，按【Enter】键确认。

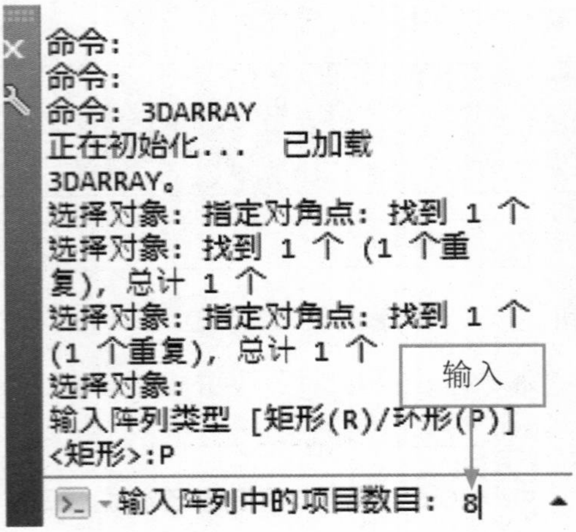

命令：
命令：
命令：3DARRAY
正在初始化... 已加载
3DARRAY。
选择对象：指定对角点：找到 1 个
选择对象：找到 1 个 (1 个重
复)，总计 1 个
选择对象：指定对角点：找到 1 个
(1 个重复)，总计 1 个
选择对象：
输入阵列类型 [矩形(R)/环形(P)]
<矩形>：P
输入阵列中的项目数目：8

输入

图 15-23 输入参数

选择对象：指定对角点：找到 1 个
选择对象：找到 1 个 (1 个重
复)，总计 1 个
选择对象：指定对角点：找到 1 个
(1 个重复)，总计 1 个
选择对象：
输入阵列类型 [矩形(R)/环形(P)]
<矩形>：P
输入阵列中的项目数目：8

输入

指定要填充的角度 (+=逆时针，-=
顺时针) <360>：

360

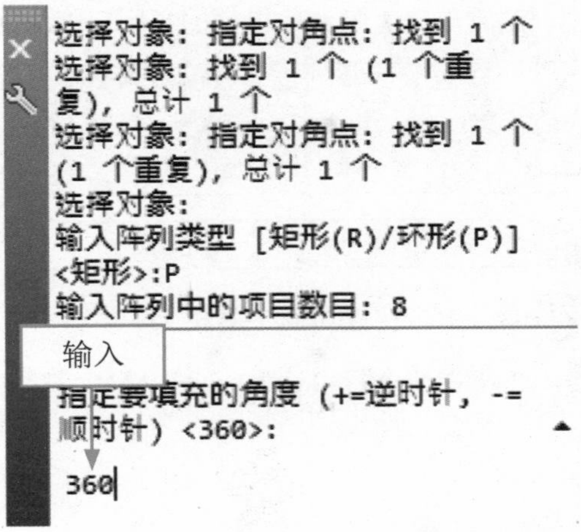

图 15-24 输入参数

步骤 07 选择 Y（是）选项，输入阵列中心点坐标为（0,0,0），旋转轴上的第二点坐标为（0,0,1）并确认，如图 15-25 所示。

步骤 08 执行操作后，即可阵列三维实体，效果如图 15-26 所示。

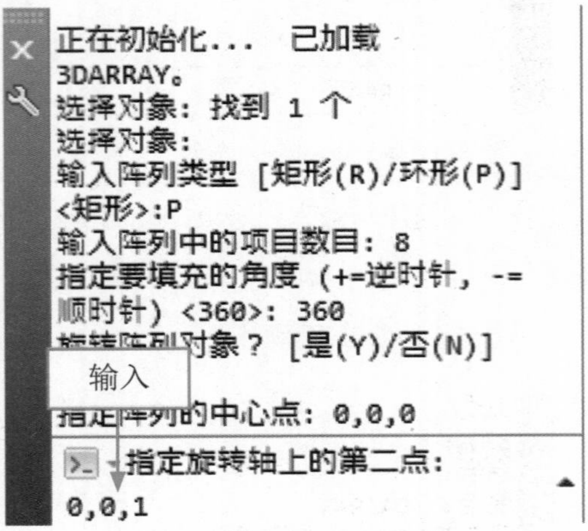

正在初始化... 已加载
3DARRAY。
选择对象：找到 1 个
选择对象：
输入阵列类型 [矩形(R)/环形(P)]
<矩形>：P
输入阵列中的项目数目：8
指定要填充的角度 (+=逆时针，-=
顺时针) <360>：360
旋转阵列对象？[是(Y)/否(N)]

输入

指定阵列的中心点：0,0,0
指定旋转轴上的第二点：

0,0,1

图 15-25 输入坐标

图 15-26 阵列三维实体

专家指点

除了运用上述方法可以调用"三维阵列"命令外，用户还可以在"功能区"选项板的"常用"选项卡中，单击"修改"面板中的"三维阵列"按钮圙。

15.1.5 对齐三维实体

使用"三维对齐"命令，可以通过移动、旋转或倾斜对象来使该对象与另一个对象对齐。下面介绍对齐三维实体的操作方法。

素材文件	光盘\素材\第 15 章\茶杯 .dwg
效果文件	光盘\效果\第 15 章\茶杯 .dwg
视频文件	光盘\视频\第 15 章\15.1.5 对齐三维实体 .mp4

实战 茶杯

步骤 01 单击快速访问工具栏上的"打开"按钮，打开一幅素材图形，如图 15-27 所示。

步骤 02 在命令行中输入 3DALIGN（三维对齐）命令，如图 15-28 所示。

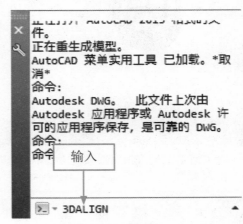

图 15-27 素材图形　　　　　　　　　　　　　　　　　图 15-28 输入命令

步骤 03 按【Enter】键确认，根据命令行提示进行操作，在绘图区中，选择右侧的茶杯盖为对齐对象，如图 15-29 所示。

步骤 04 按【Enter】键确认，捕捉茶杯盖底部的圆心点，如图 15-30 所示。

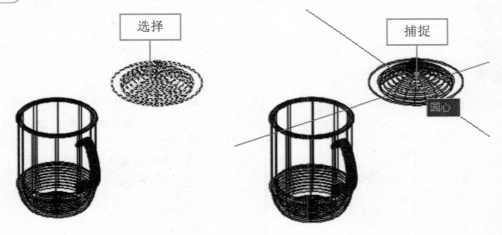

图 15-29 选择对齐对象　　　　　　　　　　　　　　　图 15-30 捕捉圆心点

步骤 05 按【Enter】键确认，在茶杯上部的圆心点上，单击鼠标左键，如图 15-31 所示。

步骤 06 按【Enter】键确认，即可对齐三维实体，效果如图 15-32 所示。

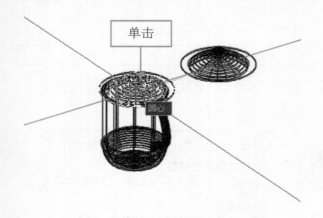

图 15-31 单击鼠标左键

图 15-32 对齐三维实体

 专家指点

　　除了运用上述方法可以调用"三维对齐"命令外，用户还可以在"功能区"选项板的"常用"选项卡中，单击"修改"面板中的"三维对齐"按钮 。

15.1.6 圆角三维实体

　　使用"圆角"命令，可以在三维空间中为三维实体创建圆角。下面介绍圆角三维实体的操作方法。

素材文件	光盘 \ 素材 \ 第 15 章 \ 柜子 .dwg
效果文件	光盘 \ 效果 \ 第 15 章 \ 柜子 .dwg
视频文件	光盘 \ 视频 \ 第 15 章 \15.1.6 圆角三维实体 .mp4

实战 柜子

步骤 01 单击快速访问工具栏上的"打开"按钮，打开一幅素材图形，如图 15-33 所示。

步骤 02 在命令行中输入 FILLET（圆角）命令，如图 15-34 所示。

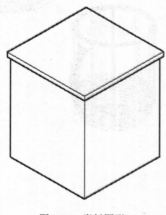

图 15-33 素材图形

图 15-34 输入命令

步骤 03 按【Enter】键确认，根据命令行提示进行操作，在绘图区中，选择合适的直线为圆角对象，如图 15-35 所示。

步骤 04 单击鼠标左键确认，输入 30，如图 15-36 所示。

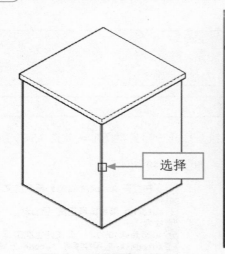

选择第一个对象或 [放弃(U)/多段线(P)/半径(R)/修剪(T)/多个(M)]：
命令：*取消*
命令：*取消*
命令：*取消*
命令：*取消*
命令：FILLET
当前设置：模式 = 修剪，半径 = 0.0000
选择第一个对象或 [放弃(U)/多段线(P)/半径(R)/修剪(T)/多个(M)]：
⌀ ▾ FILLET 输入圆角半径或 [表达式(E)]：30

选择

输入

图 15-35 选择圆角对象　　　　　　　　图 15-36 输入参数

步骤 05 连续按两次【Enter】键确认，即可圆角处理对象，如图 15-37 所示。

步骤 06 用与上同样的方法，圆角处理其他边，如图 15-38 所示。

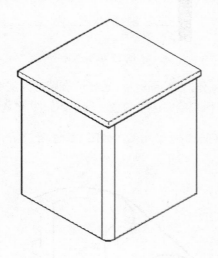

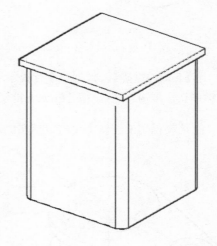

图 15-37 圆角对象　　　　　　　　图 15-38 圆角其他边

专家指点

　　三维图形的圆角功能是对实体的棱边倒圆角，在两个相邻面之间产生一个圆滑过渡的曲面。用户在创建圆角时，需要先选定三维实体的一条边，并设置半径，然后再选取其他需要倒圆角的边，或通过选项选择来进行倒圆角。

15.1.7 剖切三维实体

使用三维空间中的剖切功能，可以以某一个平面为剖切面，将一个三维实体对象剖切成多个三维实体，剖切面可以是对象、Z 轴、视图、XY/YZ/ZX 平面或 3 点定义的面。下面介绍剖切三维实体的操作方法。

素材文件	光盘 \ 素材 \ 第 15 章 \ 链轮 .dwg
效果文件	光盘 \ 效果 \ 第 15 章 \ 链轮 .dwg
视频文件	光盘 \ 视频 \ 第 15 章 \15.1.7 剖切三维实体 .mp4

实战 链轮

步骤 01 单击快速访问工具栏上的"打开"按钮，打开一幅素材图形，如图 15-39 所示。

步骤 02 在命令行中输入 SLICE（剖切）命令，如图 15-40 所示。

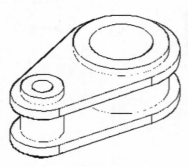

图 15-39 素材图形　　　　　　　　　　图 15-40 输入命令

步骤 03 按【Enter】键确认，根据命令行提示进行操作，在绘图区中，选择所有图形为剖切对象，按【Enter】键确认，再输入 ZX，按【Enter】键确认，捕捉绘图区中的任一圆心，如图 15-41 所示。

步骤 04 在需要保留的一侧上单击鼠标左键，即可剖切三维实体，如图 15-42 所示。

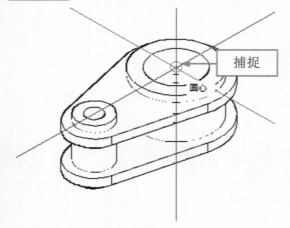
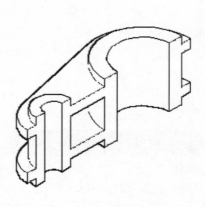

图 15-41 捕捉圆心　　　　　　　　　　图 15-42 剖切三维实体

除了运用上述方法可以调用"剖切"命令外，还有以下两种常用的方法：

※ 按钮：在"功能区"选项板的"常用"选项卡中，单击"实体编辑"面板中的"剖切"按钮。

※ 命令：单击"修改"|"三维操作"|"剖切"命令。

执行以上任意一种方法，均可调用"剖切"命令。

15.1.8 加厚三维实体

使用"加厚"命令，可以通过加厚曲面将任何曲面类型创建成三维实体。下面介绍加厚三维实体的操作方法。

素材文件	光盘 \ 素材 \ 第 15 章 \ 单人床 .dwg
效果文件	光盘 \ 效果 \ 第 15 章 \ 单人床 .dwg
视频文件	光盘 \ 视频 \ 第 15 章 \15.1.8 加厚三维实体 .mp4

实战 单人床

步骤 01 单击快速访问工具栏上的"打开"按钮，打开一幅素材图形，如图 15-43 所示。

步骤 02 在命令行中输入 THICKEN（加厚）命令，如图 15-44 所示。

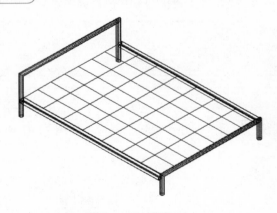

图 15-43 素材图形

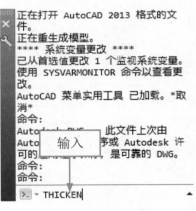

图 15-44 输入命令

 专家指点

除了运用上述方法可以调用"加厚"命令外，还有以下两种常用的方法：

※ 按钮：单击"功能区"选项板中的"常用"选项卡，在"实体编辑"面板中，单击"加厚"按钮。

※ 命令：单击"修改"|"三维操作"|"加厚"命令。

执行以上任意一种方法，均可调用"加厚"命令。

步骤 03 按【Enter】键确认，根据命令行提示进行操作，在绘图区中，选择最下方的曲面为加厚对象，如图 15-45 所示，并按【Enter】键确认。

步骤 **04** 根据命令行提示，输入 12，并按【Enter】键确认，即可加厚三维实体，效果如图 15-46 所示。

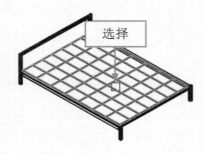
图 15-45 选择加厚对象

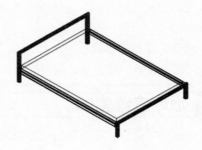
图 15-46 加厚三维实体

15.2 编辑三维实体边和面

AutoCAD 2016 提供了压印、着色和复制边命令来对实体的边进行编辑操作，本节将向用户介绍对三维实体边进行编辑的相关知识。

15.2.1 复制三维边

使用"复制边"命令可以复制三维实体的各个边。下面介绍复制三维边的操作方法。

素材文件	光盘 \ 素材 \ 第 15 章 \ 连接盘 .dwg
效果文件	光盘 \ 效果 \ 第 15 章 \ 连接盘 .dwg
视频文件	光盘 \ 视频 \ 第 15 章 \15.2.1 复制三维边 .mp4

实战 连接盘

步骤 **01** 单击快速访问工具栏上的"打开"按钮，打开一幅素材图形，如图 15-47 所示，切换至三维建模工作界面。

步骤 **02** 在"功能区"选项板的"常用"选项卡中，在"实体编辑"面板中，单击"提取边"右侧的下拉按钮，在弹出的下拉列表中，单击"复制边"按钮，如图 15-48 所示。

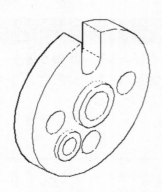
图 15-47 素材图形

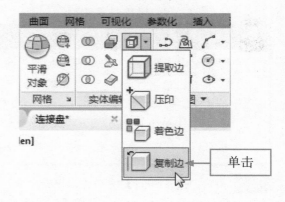
图 15-48 单击"复制边"按钮

步骤 03 根据命令行提示进行操作，在绘图区中，选择三维实体对象的左上方最外侧的边为复制边，如图 15-49 所示。

步骤 04 按【Enter】键确认，在中间小圆柱体的最外侧圆心点上，单击鼠标左键，如图 15-50 所示。

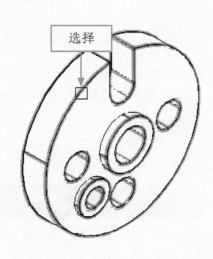

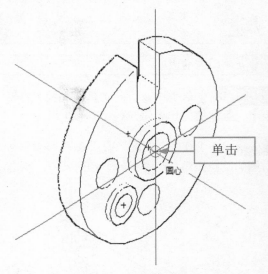

图 15-49 选择复制边对象

图 15-50 单击圆心点

步骤 05 在开启"动态模式输入"的情况下，输入（0,-20,0），如图 15-51 所示。

步骤 06 连续按 3 次【Enter】键确认，即可复制三维边，效果如图 15-52 所示。

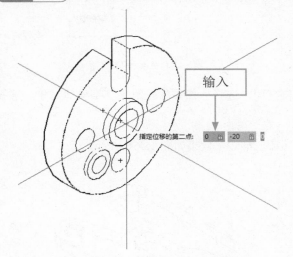

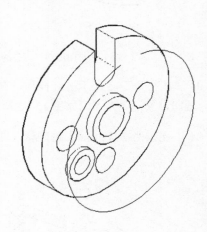

图 15-51 输入参数

图 15-52 复制三维边

专家指点

除了运用上述方法可以调用"复制边"命令外，用户还可以单击"修改"|"实体编辑"|"复制边"命令。

15.2.2 压印三维边

使用"压印"命令可以通过与选定面相交的对象压印三维实体上的面，来修改选择的面对象的外观效果。下面介绍压印三维边的操作方法。

素材文件	光盘 \ 素材 \ 第 15 章 \ 压印三维边 .dwg
效果文件	光盘 \ 效果 \ 第 15 章 \ 压印三维边 .dwg
视频文件	光盘 \ 视频 \ 第 15 章 \15.2.2 压印三维边 .mp4

实战	压印三维边

步骤 01 单击快速访问工具栏上的"打开"按钮，打开一幅素材图形，如图 15-53 所示，切换至三维建模工作界面。

步骤 02 在"功能区"选项板的"常用"选项卡中，在"实体编辑"面板中，单击"提取边"右侧的下拉按钮，在弹出的下拉列表中，单击"压印"按钮，如图 15-54 所示。

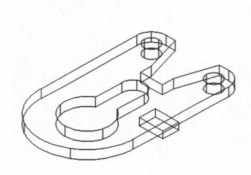

图 15-53 素材图形

图 15-54 单击"压印"按钮

步骤 03 根据命令行提示进行操作，在绘图区中，选择外部整体轮廓为三维实体对象，选择长方体为压印对象，输入 Y，如图 15-55 所示。

步骤 04 连按两次【Enter】键确认，即可压印三维边，效果如图 15-56 所示。

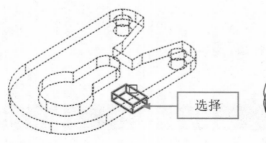

图 15-55 选择长方体为压印对象

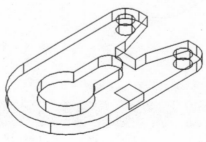

图 15-56 压印三维边

专家指点

除了上述方法可以调用"压印"命令外，还有以下两种常用方法：

＊命令 1：在命令行中输入 IMPRINT（压印）命令，按【Enter】键确认。

＊命令 2：单击"修改"|"实体编辑"|"压印"命令。

执行以上任意一种方法，均可调用"压印"命令。

15.2.3 着色三维边

使用着色功能可以为三位实体的某个边进行着色处理。下面介绍着色三维边对象的操作方法。

素材文件	光盘\素材\第 15 章\电脑主机箱 .dwg
效果文件	光盘\效果\第 15 章\电脑主机箱 .dwg
视频文件	光盘\视频\第 15 章\15.2.3 着色三维边 .mp4

实战　电脑主机箱

步骤 01 单击快速访问工具栏上的"打开"按钮，打开一幅素材图形，如图 15-57 所示。

步骤 02 在命令行中输入 SOLIDEDIT（实体编辑）命令，如图 15-58 所示。

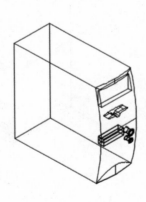

图 15-57 素材图形

图 15-58 输入命令

 专家指点

除了运用上述方法可以调用"着色边"命令外，用户还可以单击"修改"|"实体编辑"|"着色边"命令。

步骤 03 按【Enter】键确认，根据命令行提示进行操作，输入 E，按【Enter】键确认，输入 L，如图 15-59 所示。

步骤 04 按【Enter】键确认，在绘图区中，选择最外侧的合适的边为着色边对象，如图 15-60 所示。

步骤 05 按【Enter】键确认，弹出"选择颜色"对话框，在对话框的下方，选择"红"选项，单击"确定"按钮，如图 15-61 所示。

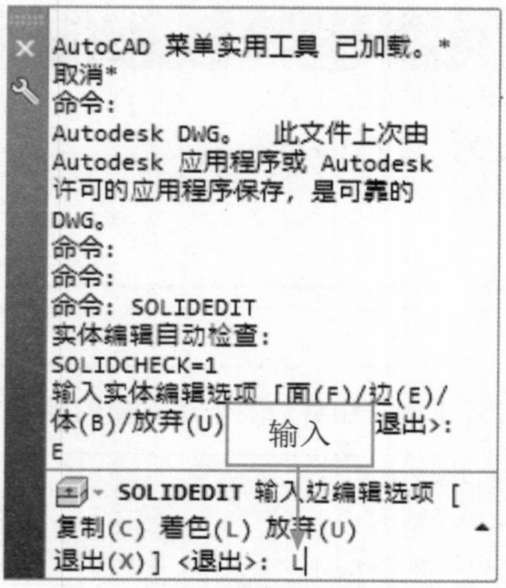

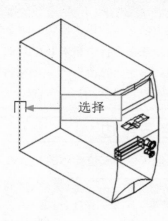

图 15-59 输入参数

图 15-60 选择着色边对象

步骤 06 连续按两次【Enter】键确认，即可着色三维边，如图 15-62 所示。

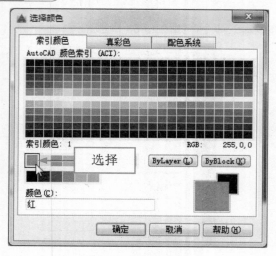

图 15-61 选择"红"选项

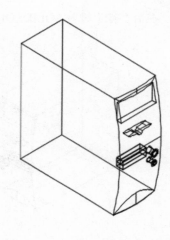

图 15-62 着色三维边

15.2.4 提取三维边

使用"提取边"命令，可以通过从三维实体或曲面中提取边来创建线框几何体，也可以提取单个边和面。下面介绍提取三维边对象的操作方法。

素材文件	光盘 \ 素材 \ 第 15 章 \ 支座 .dwg
效果文件	光盘 \ 效果 \ 第 15 章 \ 支座 .dwg
视频文件	光盘 \ 视频 \ 第 15 章 \15.2.4 提取三维边 .mp4

实战 支座

步骤 01 单击快速访问工具栏上的"打开"按钮，打开一幅素材图形，如图 15-63 所示，切换至三维建模工作界面。

步骤 02 在"功能区"选项板的"常用"选项卡中,在"实体编辑"面板中,单击"提取边"按钮口,如图 15-64 所示。

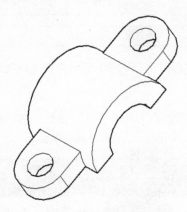

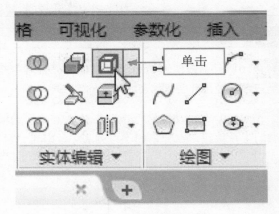

图 15-63 素材图形　　　　　　　　　　图 15-64 单击"提取边"按钮

步骤 03 根据命令行提示进行操作,在绘图区中选择所有图形为提取对象,如图 15-65 所示。

步骤 04 按【Enter】键确认,即可提取三维边,在绘图区中的任意边上,单击鼠标左键,查看提取边效果,如图 15-66 所示。

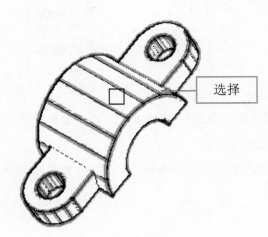

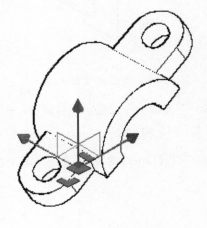

图 15-65 选择提取边对象　　　　　　　　图 15-66 查看提取边效果

专家指点

　　除了运用上述方法可以调用"提取边"命令外,用户还可以单击"修改"|"实体编辑"|"提取边"命令。

15.2.5 移动三维面

　　在 AutoCAD 2016 中,使用"移动面"命令,可以沿指定的高或距离移动选定的三维实体对象的面。下面介绍移动三维面的操作方法。

中文版 **AutoCAD 2016 应用宝典**

素材文件	光盘 \ 素材 \ 第 15 章 \ 微波炉 .dwg
效果文件	光盘 \ 效果 \ 第 15 章 \ 微波炉 .dwg
视频文件	光盘 \ 视频 \ 第 15 章 \15.2.5 移动三维面 .mp4

实战 微波炉

步骤 01 单击快速访问工具栏上的"打开"按钮，打开一幅素材图形，如图 15-67 所示，切换至三维建模工作界面。

步骤 02 在"功能区"选项板的"常用"选项卡中，单击"实体编辑"面板中的"拉伸面"右侧的下拉按钮，在弹出的下拉列表中，单击"移动面"按钮，如图 15-68 所示。

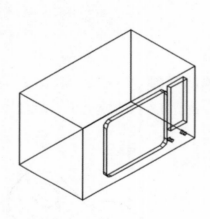

图 15-67 素材图形

图 15-68 单击"移动面"按钮

步骤 03 根据命令行提示进行操作，在绘图区中图形上方的矩形面上，单击鼠标左键，确定移动面，如图 15-69 所示。

步骤 04 按【Enter】键确认，在图形最上方的端点上，单击鼠标左键，确定基点，如图 15-70 所示。

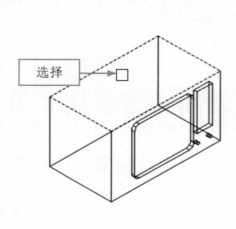

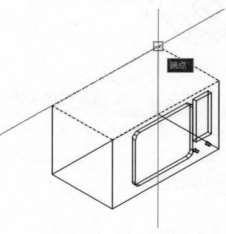

图 15-69 确定移动面

图 15-70 确定基点

步骤 05 向上方引导光标，输入 30，如图 15-71 所示。

步骤 06 连续按 3 次【Enter】键确认，即可移动三维面，效果如图 15-72 所示。

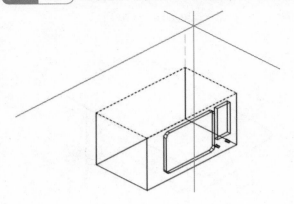

图 15-71 向上方引导光标

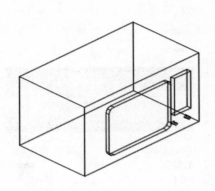

图 15-72 移动三维面

专家指点

　　除了运用上述方法可以调用"移动面"命令外，用户还可以单击"修改"|"实体编辑"|"移动面"命令。

15.2.6 着色三维面

　　使用"着色面"命令，用于对选中的实体面进行着色处理。下面将介绍着色三维面的操作方法。

素材文件	光盘 \ 素材 \ 第 15 章 \ 茶几 .dwg
效果文件	光盘 \ 效果 \ 第 15 章 \ 茶几 .dwg
视频文件	光盘 \ 视频 \ 第 15 章 \15.2.6 着色三维面 .mp4

实战 茶几

步骤 01 单击快速访问工具栏上的"打开"按钮，打开一幅素材图形，如图 15-73 所示。

步骤 02 在"功能区"选项板的"常用"选项卡中，单击"实体编辑"面板中的"拉伸面"右侧的下拉按钮，在弹出的下拉列表中，单击"着色面"按钮，如图 15-74 所示。

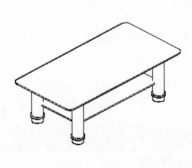

图 15-73 素材图形

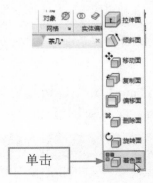

图 15-74 单击"着色面"按钮

03 根据命令行提示进行操作，在绘图区中的上表面上，单击鼠标左键，确定着色面，按【Enter】键确认，弹出"选择颜色"对话框，选择"红"选项，如图 15-75 所示。

 04 连续按三次【Enter】键确认，即可着色三维面，效果如图 15-76 所示。

图 15-75 选择"红"选项

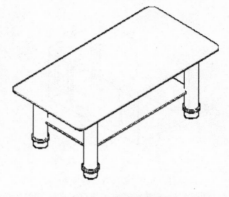

图 15-76 着色三维面

 专家指点

　　除了运用上述方法可以调用"着色面"命令外，用户还可以单击"修改"|"实体编辑"|"着色面"命令。

15.2.7 复制三维面

　　使用"复制面"命令，可以将面复制为面域或体。下面将介绍复制三维面的操作方法。

素材文件	光盘 \ 素材 \ 第 15 章 \ 音响 .dwg	
效果文件	光盘 \ 效果 \ 第 15 章 \ 音响 .dwg	
视频文件	光盘 \ 视频 \ 第 15 章 \15.2.7 复制三维面 .mp4	

 实战 音响

 01 单击快速访问工具栏上的"打开"按钮，打开一幅素材图形，如图 15-77 所示。

 02 在"功能区"选项板的"常用"选项卡中，单击"实体编辑"面板中的"拉伸面"右侧的下拉按钮，在弹出的下拉列表中，单击"复制面"按钮，如图 15-78 所示。

 03 根据命令行提示进行操作，在绘图区中的上表面上，单击鼠标左键，确定复制面，如图 15-79 所示。

 04 按【Enter】键确认，在绘图区中复制面左下方边的中点和图形最下方底边的中点上，依次单击鼠标左键，按【Esc】键退出，即可复制三维面，效果如图 15-80 所示。

 专家指点

　　除了运用上述方法可以调用"复制面"命令外，用户还可以单击"修改"|"实体编辑"|"复制面"命令。

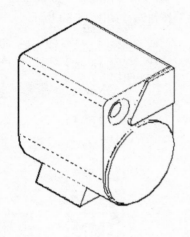

图 15-77 素材图形

图 15-78 单击"复制面"按钮

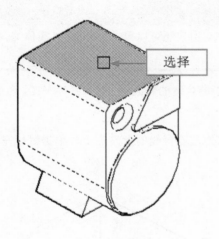

图 15-79 确定复制面

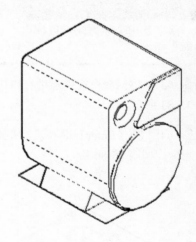

图 15-80 复制三维面

15.2.8 旋转三维面

使用"旋转面"命令，可以从当前位置起始对象绕选定的轴旋转指定的角度。下面将介绍旋转三维面的操作方法。

	素材文件	光盘 \ 素材 \ 第 15 章 \ 连接件 .dwg
	效果文件	光盘 \ 效果 \ 第 15 章 \ 连接件 .dwg
	视频文件	光盘 \ 视频 \ 第 15 章 \15.2.8 旋转三维面 .mp4

实战 连接件

步骤 01 单击快速访问工具栏上的"打开"按钮，打开一幅素材图形，如图 15-81 所示。

步骤 02 在"功能区"选项板的"常用"选项卡中，单击"实体编辑"面板中的"拉伸面"右侧的下拉按钮，在弹出的下拉列表中，单击"旋转面"按钮，如图 15-82 所示。

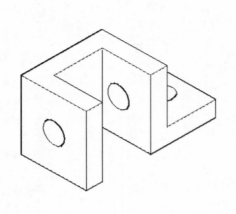

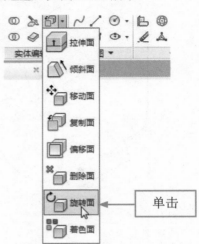

图 15-81 素材图形   图 15-82 单击"旋转面"按钮

专家指点

除了运用上述方法可以调用"旋转面"命令外，用户还可以单击"修改"|"实体编辑"|"旋转面"命令。

步骤 03 根据命令行提示进行操作，在绘图区中的合适的表面上，单击鼠标左键，确定旋转面，如图 15-83 所示。

步骤 04 按【Enter】键确认，在选择的旋转面的左侧直线的上端点上，单击鼠标左键，向下引导光标，如图 15-84 所示。

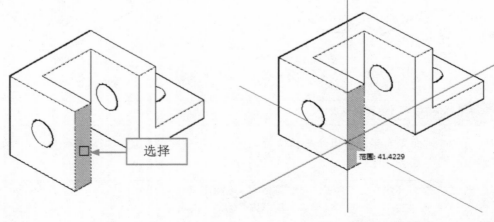

图 15-83 确定旋转面   图 15-84 向下引导光标

步骤 05 在下方的端点上，单击鼠标左键，输入 -15，如图 15-85 所示。

步骤 06 连续按三次【Enter】键确认，即可旋转三维面，效果如图 15-86 所示。

输入实体编辑选项 [面(F)/边(E)/
体(B)/放弃(U)/退出(X)] <退出>:
_face
输入面编辑选项
[拉伸(E)/移动(M)/旋转(R)/偏移
(O)/倾斜(T)/删除(D)/复制(C)/颜
色(L)/材质(A)/放弃(U)/退出(X)]
<退出>: _rotate
选择面或 [放弃(U)/删除(R)]: 找
到一个面。
选择面或 [放弃(U)/删除(R)/全部
(ALL)]:
指定轴点或 [经过对象的轴(A)/视
图(V)/x ⌈ 输入 ⌋ (Y)/z 轴
(Z)] <两
在旋转轴上指定第二个点:
⊞ ▾ SOLIDEDIT 指定旋转角度或 [
参照(R)]: -15

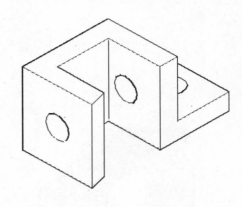

图 15-85 输入参数　　　　　　　　　　　　图 15-86 旋转三维面

15.2.9 拉伸三维面

在 AutoCAD 2016 中，每个面都有一个正边，该边在面的法线上，输入一个数值可以沿正方向拉伸面。下面介绍拉伸三维面的操作方法。

素材文件	光盘 \ 素材 \ 第 15 章 \ 端盖 .dwg
效果文件	光盘 \ 效果 \ 第 15 章 \ 端盖 .dwg
视频文件	光盘 \ 视频 \ 第 15 章 \15.2.9 拉伸三维面 .mp4

实战 端盖

步骤 01　单击快速访问工具栏上的"打开"按钮，打开一幅素材图形，如图 15-87 所示，切换至三维建模工作界面。

步骤 02　在"功能区"选项板的"常用"选项卡中，单击"实体编辑"面板中的"拉伸面"按钮⊞，如图 15-88 所示。

图 15-87 素材图形　　　　　　　　　　　图 15-88 单击"拉伸面"按钮

步骤 03 根据命令行提示进行操作，在绘图区中的合适的面上，单击鼠标左键，确定拉伸面，如图 15-89 所示。

步骤 04 按【Enter】键确认，输入 35，连续按 4 次【Enter】键确认，即可拉伸三维面，效果如图 15-90 所示。

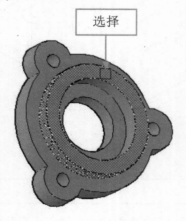

图 15-89 确定拉伸面　　　　　　　　　　　　　图 15-90 拉伸三维面

 专家指点

除了运用上述方法可以调用"拉伸面"命令外，用户还可以单击"修改"|"实体编辑"|"拉伸面"命令。

15.2.10 偏移三维面

在 AutoCAD 2016 中，偏移三维面是指通过将现有的面，从原始位置向内或向外偏移指定的距离以创建出的新的三维面。下面介绍偏移三维面的操作方法。

	素材文件	光盘 \ 素材 \ 第 15 章 \ 滚轴支墩 .dwg
	效果文件	光盘 \ 效果 \ 第 15 章 \ 滚轴支墩 .dwg
	视频文件	光盘 \ 视频 \ 第 15 章 \15.2.10 偏移三维面 .mp4

 实战 滚轴支墩

步骤 01 单击快速访问工具栏上的"打开"按钮，打开一幅素材图形，如图 15-91 所示，切换至三维建模工作界面。

步骤 02 在"功能区"选项板的"常用"选项卡中，单击"实体编辑"面板中的"拉伸面"右侧的下拉按钮，在弹出的下拉列表中，单击"偏移面"按钮 ，如图 15-92 所示。

步骤 03 根据命令行提示进行操作，在绘图区中的合适的曲面上，单击鼠标左键，确定偏移面，如图 15-93 所示。

步骤 04 按【Enter】键确认，输入 5，连续按三次【Enter】键确认，即可偏移三维面，效果如图 15-94 所示。

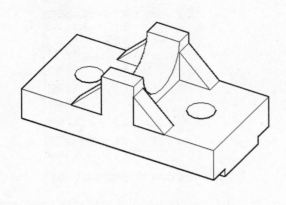

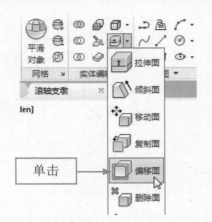

图 15-91 素材图形 　　　　　　　　　　图 15-92 单击"偏移面"按钮

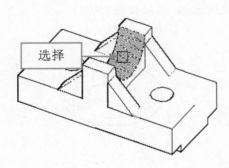

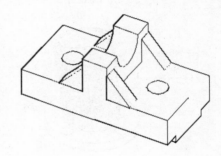

图 15-93 确定偏移面 　　　　　　　　　　图 15-94 偏移三维面

 专家指点

　　除了运用上述方法可以调用"偏移面"命令外，用户还可以单击"修改"|"实体编辑"|"偏移面"命令。

15.2.11 删除三维面

　　使用"删除面"命令，可以从选择集中删除选择的面。下面介绍删除三维面的操作方法。

	素材文件	光盘 \ 素材 \ 第 15 章 \ 接头弯管 .dwg
	效果文件	光盘 \ 效果 \ 第 15 章 \ 接头弯管 .dwg
	视频文件	光盘 \ 视频 \ 第 15 章 \15.2.11 删除三维面 .mp4

实战 接头弯管

步骤 01 单击快速访问工具栏上的"打开"按钮，打开一幅素材图形，如图 15-95 所示，切换至三维建模工作界面。

步骤 02 在"功能区"选项板的"常用"选项卡中，单击"实体编辑"面板中的"拉伸面"右侧的下拉按钮，在弹出的下拉列表中，单击"删除面"按钮 ，如图 15-96 所示。

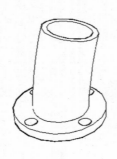

单击

图 15-95 素材图形　　　　　　　　图 15-96 单击"删除面"按钮

步骤 **03** 根据命令行提示进行操作，在绘图区中的圆柱体上，单击鼠标左键，确定删除面，如图 15-97 所示。

步骤 **04** 连续按三次【Enter】键确认，即可删除三维面，效果如图 15-98 所示。

选择

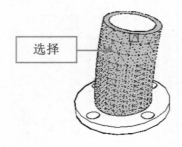

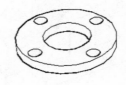

图 15-97 确定删除面　　　　　　　　图 15-98 删除三维面

专家指点

　　除了运用上述方法可以调用"删除面"命令外，用户还可以单击"修改"|"实体编辑"|"删除面"命令。

15.2.12 倾斜三维面

　　在 AutoCAD 2016 中，倾斜三维面是指通过将实体对象上的一个或多个表面按指定的角度、方向进行倾斜而得到的三维面。下面将介绍倾斜三维面的操作方法。

	素材文件	光盘 \ 素材 \ 第 15 章 \ 机械零件 .dwg
	效果文件	光盘 \ 效果 \ 第 15 章 \ 机械零件 .dwg
	视频文件	光盘 \ 视频 \ 第 15 章 \15.2.12 倾斜三维面 .mp4

实战 机械零件

步骤 **01** 单击快速访问工具栏上的"打开"按钮，打开一幅素材图形，如图 15-99 所示，切换至三维建模工作界面。

步骤 **02** 在"功能区"选项板的"常用"选项卡中，单击"实体编辑"面板中的"拉伸面"右侧的下拉按钮，在弹出的下拉列表中，单击"倾斜面"按钮，如图 15-100 所示。

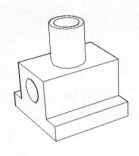

图 15-99 素材图形

图 15-100 单击"倾斜面"按钮

步骤 03 根据命令行提示进行操作，在绘图区中合适的面上，单击鼠标左键，确定倾斜面，如图 15-101 所示。

步骤 04 按【Enter】键确认，单击倾斜面上方的中心点，如图 15-102 所示。

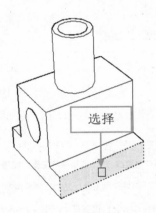

图 15-101 确定倾斜面

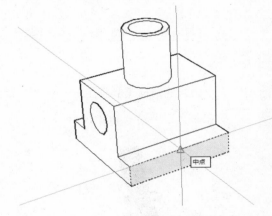

图 15-102 单击倾斜面上方的中心点

步骤 05 在下方的中心点上，单击鼠标左键，输入倾斜角度 30，如图 15-103 所示。

步骤 06 按【Enter】键确认，即可倾斜三维面，效果如图 15-104 所示。

```
命令：
命令：
命令：
命令：
命令：
命令： _solidedit
实体编辑自动检查： SOLIDCHECK=1
输入实体编辑选项 [面(F)/边(E)/体(B)/放弃(U)/退
出(X)] <退出>: _face
输入面编辑选项
[拉伸(E)/移动(M)/旋转(R)/偏移(O)/倾斜(T)/删除
(D)/复制(C)/颜色(L)/材质(A)/放弃(U)/退出(X)] <
退出>: _taper
选择面或 [放弃(U)/删除(R)        面。
选择面或 [放弃(U)/删除(R)/全部(ALL)]:
指定基点：
指定沿倾斜轴的另一个点：

SOLIDEDIT 指定倾斜角度: 30
```

图 15-103 输入参数

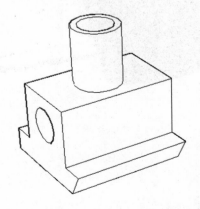

图 15-104 倾斜三维面

专家指点

　　除了运用上述方法可以调用"倾斜面"命令外，用户还可以单击"修改"|"实体编辑"|"倾斜面"命令。

15.3 创建光源

　　每种类型的光源都会在图形中产生不同的效果。用户可以使用命令来创建光源，也可以使用相应面板上的按钮。

15.3.1 创建点光源

　　点光源是从其所在位置向四周发射光线，除非将衰减设置为"无"，否则点光源的强度将随距离的增加而减弱，可以使用点光源来获得基本照明效果。下面介绍创建点光源的操作方法。

素材文件	光盘 \ 素材 \ 第 15 章 \ 小提琴 .dwg
效果文件	光盘 \ 效果 \ 第 15 章 \ 小提琴 .dwg
视频文件	光盘 \ 视频 \ 第 15 章 \15.3.1 创建点光源 .mp4

实战 小提琴

步骤 01 　单击快速访问工具栏上的"打开"按钮，打开一幅素材图形，如图 15-105 所示。

步骤 02 　在命令行中输入 POINTLIGHT（点光源）命令，并确认，如图 15-106 所示。

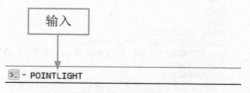

正在打开 AutoCAD 2013 格式的文件。
**** 系统变量更改 ****
已从首选值更改 1 个监视系统变量。使用
SYSVARMONITOR 命令以查看更改。
AutoCAD 菜单实用工具 已加载。*取消*
命令：
Autodesk DWG。　此文件上次由 Autodesk 应用程序
或 Autodesk 许可的应用程序保存，是可靠的 DWG。
命令：
命令：

输入

>_ ~ POINTLIGHT

图 15-105 素材图形　　　　　　　　　　图 15-106 输入命令

步骤 03 　弹出"光源 - 视口光源模式"对话框，单击"关闭默认光源（建议）"按钮，如图 15-107 所示。

步骤 04 　在绘图区的合适位置处单击鼠标左键，按【Enter】键确认，即可创建点光源，如图 15-108 所示。

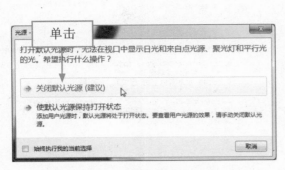

图 15-107 单击"关闭默认光源（建议）"按钮　　　　图 15-108 创建点光源

专家指点

除了运用上述方法可以调用"点光源"命令外，还有以下两种常用的方法：

＊ 命令：单击"视图"｜"渲染"｜"光源"｜"新建点光源"命令。

＊ 按钮：在"功能区"选项板中，切换至"渲染"选项卡，在"光源"面板中，单击"点光源"按钮💡。

执行以上任意一种方法，均可调用"点光源"命令。

15.3.2　创建聚光灯

聚光灯发射定向锥形光，可以控制光源的方向和圆锥体的尺寸。聚光灯的强度随着距离的增加而减弱，可以用聚光灯制作建筑模型中的壁灯、高射灯来显示特定特征和区域。下面介绍创建聚光灯的操作方法。

素材文件	光盘 \ 素材 \ 第 15 章 \ 弯月型支架 .dwg
效果文件	光盘 \ 效果 \ 第 15 章 \ 弯月型支架 .dwg
视频文件	光盘 \ 视频 \ 第 15 章 \15.3.2 创建聚光灯 .mp4

实战　弯月型支架

步骤　01　单击快速访问工具栏上的"打开"按钮，打开一幅素材图形，如图 15-109 所示。

步骤　02　在命令行中输入 SPOTLIGHT（聚光灯）命令并确认，如图 15-110 所示。

步骤　03　弹出"光源 - 视口光源模式"对话框，单击"关闭默认光源（建议）"按钮，如图 15-111 所示。

步骤　04　在绘图区中的合适位置处单击鼠标左键，按【Enter】键确认，即可创建聚光灯，如图 15-112 所示。

专家指点

除了运用上述方法可以调用"聚光灯"命令外，还有以下两种常用的方法：

＊ 命令：单击"视图"｜"渲染"｜"光源"｜"新建聚光灯"命令。

＊ 按钮：在"功能区"选项板中，切换至"渲染"选项卡，在"光源"面板中，单击"创建光源"右侧的下拉按钮，在弹出下拉列表中，单击"聚光灯"按钮💯。

执行以上任意一种方法，均可调用"聚光灯"命令。

图 15-109 素材图形

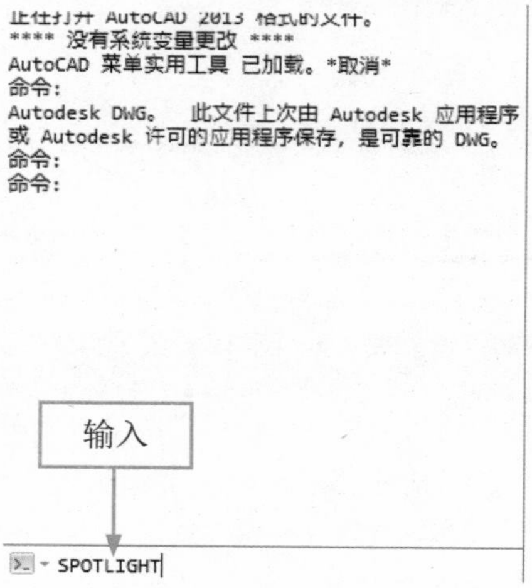

图 15-110 输入命令

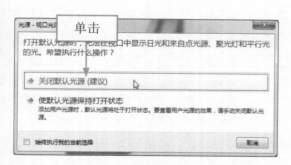

图 15-111 单击"关闭默认光源（建议）"按钮

图 15-112 创建聚光灯

15.4 设置模型材质和贴图

为了给渲染提供更多的真实效果，可以在模型的表面应用材质，如地板和塑料，也可以在渲染时将材质贴到对象上。

15.4.1 创建并赋予材质

在 AutoCAD 2016 中，材质由许多特性来定义，可用选项取决于选定的材质类型。下面介绍创建材质的操作方法。

素材文件	光盘 \ 素材 \ 第 15 章 \ 文具盒 .dwg
效果文件	光盘 \ 效果 \ 第 15 章 \ 文具盒 .dwg
视频文件	光盘 \ 视频 \ 第 15 章 \15.4.1 创建并赋予材质 .mp4

实战 文具盒

步骤 01 单击快速访问工具栏上的"打开"按钮，打开一幅素材图形，如图 15-113 所示。

步骤 02 在命令行中输入 MATERIALS（材质）命令，如图 15-114 所示。

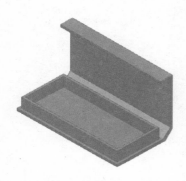

图 15-113 素材图形

图 15-114 输入命令

步骤 03 按【Enter】键确认，弹出"材质浏览器"面板，单击"创建新材质"按钮，如图 15-115 所示。

步骤 04 在弹出的快捷选项中，选择"新建常规材质"选项，在"材质浏览器"面板上显示新建的材质球，并弹出"材质编辑器"面板，在"颜色"右侧的文本框中单击鼠标左键，如图 15-116 所示。

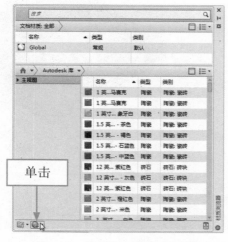

图 15-115 单击"创建新材质"按钮

图 15-116 单击鼠标左键

步骤 05 弹出"选择颜色"对话框，设置"颜色"为 41，如图 15-117 所示，并单击"确定"按钮。

步骤 06 返回"材质编辑器"面板，设置"光泽度"为80，如图15-118所示。

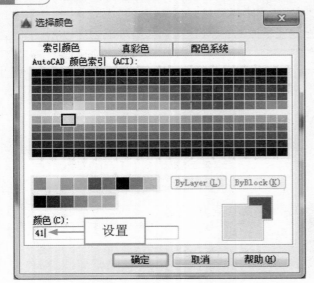

图 15-117 设置颜色

图 15-118 设置光泽度

步骤 07 在绘图区选择图形为赋予对象，在"材质浏览器"面板中新建的材质球上单击鼠标右键，在弹出的快捷菜单中选择"指定给当前选择"选项，如图15-119所示。

步骤 08 关闭"材质浏览器"面板，即可完成创建并赋予材质，效果如图15-120所示。

图 15-119 选择"指定给当前选择"选项

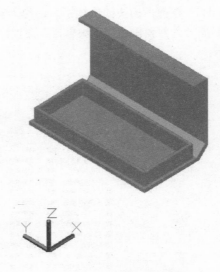

图 15-120 创建并赋予材质

15.4.2 设置漫射贴图

漫射贴图为材质提供多种图案，用户可以选择将图像文件作为纹理贴图或程序贴图，以为材质的漫射颜色指定图案或纹理。下面介绍设置漫射贴图的操作方法。

素材文件	光盘 \ 素材 \ 第 15 章 \ 沙发 .dwg
效果文件	光盘 \ 效果 \ 第 15 章 \ 沙发 .dwg
视频文件	光盘 \ 视频 \ 第 15 章 \15.4.2 设置漫射贴图 .mp4

实战 沙发

步骤 01　单击快速访问工具栏上的"打开"按钮，打开一幅素材图形，如图 15-121 所示。

步骤 02　在命令行中输入 MATERIALS（材质）命令，按【Enter】键确认，弹出"材质浏览器"面板，如图 15-122 所示。

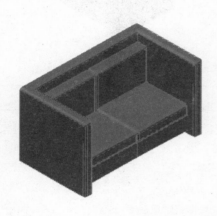

图 15-121 素材图形

图 15-122 "材质浏览器"面板

步骤 03　在材质球上单击鼠标右键，在弹出的快捷菜单中，选择"编辑"选项，如图 15-123 所示。

步骤 04　在弹出的"材质编辑器"面板中单击"图像"空白处，如图 15-124 所示。

图 15-123 选择"编辑"选项

图 15-124 单击"图像"空白处

步骤 05　弹出"材质编辑器打开文件"对话框，从中选择文件，单击"打开"按钮，如图 15-125 所示。

步骤 06 返回到"材质编辑器"面板，依次关闭"材质编辑器"和"材质浏览器"面板，即可设置漫射效果，如图 15-126 所示。

单击

图 15-125 单击"打开"按钮　　　　　　　　图 15-126 设置漫射贴图

15.4.3 调整纹理贴图

材质被映射后，可以调整材质适应对象的形状。将合适的材质贴图类型应用到对象，可以使之更加适合对象。

素材文件	光盘 \ 素材 \ 第 15 章 \ 机床主轴 .dwg
效果文件	光盘 \ 效果 \ 第 15 章 \ 机床主轴 .dwg
视频文件	光盘 \ 视频 \ 第 15 章 \15.4.3 调整纹理贴图 .mp4

实战 机床主轴

步骤 01 单击快速访问工具栏上的"打开"按钮，打开一幅素材图形，如图 15-127 所示。

步骤 02 在命令行中输入 MATERIALMAP（材质贴图）命令，如图 15-128 所示，并按【Enter】键确认。

输入

图 15-127 素材图形　　　　　　　　　　图 15-128 输入命令

步骤 03 在命令行提示下，输入 C（柱面），按【Enter】键确认，选择所有实体对象，如图 15-129 所示。

步骤 04 执行操作后，连续按两次【Enter】键确认，即可调整纹理贴图，效果如图 15-130 所示。

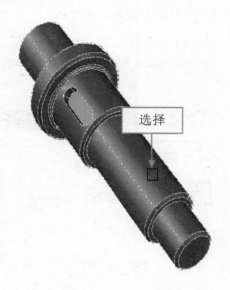

选择

图 15-129 选择对象　　　　　　　　　　　　　　　图 15-130 调整纹理贴图

 专家指点

AutoCAD 2016 提供的贴图类型有以下几种：

＊ 平面贴图：将图像映射到对象上，就像将其从幻灯片投影器投影到二维曲面上一样。图像不会失真，但是会被缩放以适应对象，该贴图最常用于面。

＊ 长方体贴图：将图像映射到类似长方体的实体上，该图像将在对象每个面上重复使用。

＊ 球面贴图：将图像映射到球面对象上。

＊ 柱面贴图：将图像映射到圆柱形对象上；水平边将一起弯曲，但顶边和底边不会弯曲。图像的高度将沿圆柱体的轴进行缩放。

15.5　三维实体的其他编辑

在 AutoCAD 2016 中创建三维实体后，用户可以将创建好的实体转换为曲面，同时也可以将曲面转换为实体。

15.5.1 转换为实体

使用"转换为实体"命令可以将没有厚度的多段线和圆转换为三维实体。下面将介绍转换为实体的操作方法。

素材文件	光盘 \ 素材 \ 第 15 章 \ 灯笼 .dwg	
效果文件	光盘 \ 效果 \ 第 15 章 \ 灯笼 .dwg	
视频文件	光盘 \ 视频 \ 第 15 章 \15.5.1 转换为实体 .mp4	

实战 灯笼

步骤 01 单击快速访问工具栏上的"打开"按钮，打开一幅素材图形，如图 15-131 所示，切换至三维建模工作界面。

步骤 02 在"功能区"选项板中，切换至"网格"选项卡，单击"转换网格"面板中的"转换为实体"按钮，如图 15-132 所示。

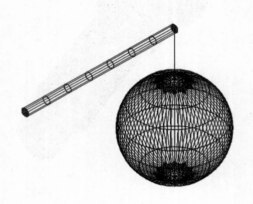

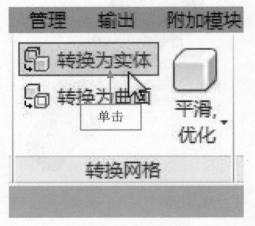

图 15-131 素材图形　　　　　　　　　　图 15-132 单击"转换为实体"按钮

步骤 03 根据命令行提示进行操作，在绘图区中，选择网格球体为转换对象，如图 15-133 所示。

步骤 04 按【Enter】键确认，即可将网格球体转换为实体对象，如图 15-134 所示。

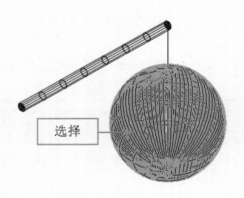

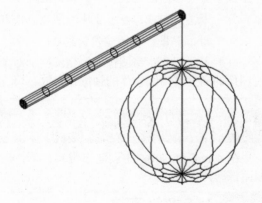

图 15-133 选择转换对象　　　　　　　　　　图 15-134 转换为实体

 专家指点

除了上述方法可以调用"转换为实体"命令外，还有以下 3 种常用方法：

＊ 命令 1：在命令行中输入 CONVTOSOLID（转换为实体）命令，按【Enter】键确认。

＊ 命令 2：单击"修改"|"网格编辑"|"转换为平滑实体"命令。

※ 按钮：在"功能区"选项板的"常用"选项卡中，单击"实体编辑"面板中间的下拉
按钮，在展开的面板中，单击"转换为实体"按钮 。

执行以上任意一种方法，均可调用"转换为实体"命令。

15.5.2 转换为曲面

使用"转换为曲面"命令可以将相应的对象转换为曲面。下面将介绍转换为曲面的操作方法。

素材文件	光盘 \ 素材 \ 第 15 章 \ 泵盖 .dwg
效果文件	光盘 \ 效果 \ 第 15 章 \ 泵盖 .dwg
视频文件	光盘 \ 视频 \ 第 15 章 \15.5.2 转换为曲面 .mp4

实战 泵盖

步骤 01 单击快速访问工具栏上的"打开"按钮，打开一幅素材图形，如图 15-135 所示，切换至三维建模工作界面。

步骤 02 在"功能区"选项板中，切换至"网格"选项卡，单击"转换网格"面板中的"转换为曲面"按钮 ，如图 15-136 所示。

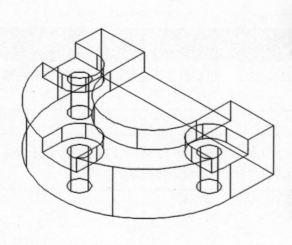

图 15-135 素材图形

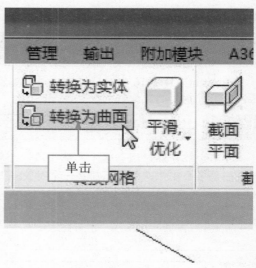

图 15-136 单击"转换为曲面"按钮

专家指点

除了上述方法可以调用"转换为曲面"命令外，还有以下 3 种常用方法：

※ 命令 1：在命令行中输入 CONVTOSURFACE（转换为曲面）命令，按【Enter】键确认。

※ 按钮 2：在"功能区"选项板的"常用"选项卡中，单击"实体编辑"面板中间的下拉按钮，在展开的面板中，单击"转换为曲面"按钮。

※ 命令：单击"修改"|"网格编辑"|"转换为平滑曲面"命令。

执行以上任意一种方法，均可调用"转换为曲面"命令。

步骤 03 根据命令行提示进行操作，在绘图区中，选择整个图形为转换对象，如图 15-137 所示。

步骤 04 按【Enter】键确认，即可转换为曲面对象，如图 15-138 所示。

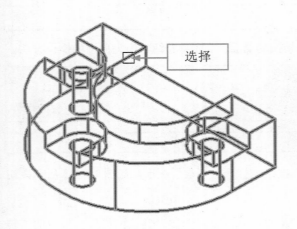

选择

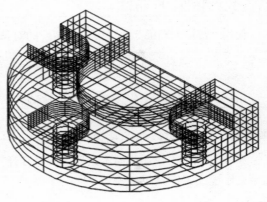

图 15-137 选择转换对象   图 15-138 转换为曲面效果

15.6 布尔运算实体

在 AutoCAD 2016 中对三维实体进行编辑时，除了可以编辑实体边和面外，还可以对三维实体对象进行布尔运算。

15.6.1 并集三维实体

并集运算是通过组合多个实体生成一个新的实体，如果组合一些不相交的实体，显示效果看起来还是多个实体，但实际却是一个对象。下面将介绍并集三维实体的操作方法。

素材文件	光盘 \ 素材 \ 第 15 章 \ 并集三维实体 .dwg	
效果文件	光盘 \ 效果 \ 第 15 章 \ 并集三维实体 .dwg	
视频文件	光盘 \ 视频 \ 第 15 章 \15.6.1 并集三维实体 .mp4	

实战 并集三维实体

步骤 01 单击快速访问工具栏上的"打开"按钮，打开一幅素材图形，如图 15-139 所示，切换至三维建模工作界面。

步骤 02 在命令行中输入 UNION（并集）命令，如图 15-140 所示。

步骤 03 按【Enter】键确认，根据命令行提示进行操作，在绘图区中，选择所有图形为并集对象，如图 15-141 所示。

步骤 04 按【Enter】键确认，即可并集三维实体对象，效果如图 15-142 所示。

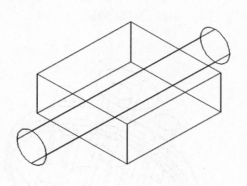

图 15-139 素材图形

正在重生成模型。
AutoCAD 菜单实用工具 已加载。*取消*
命令：
Autodesk DWG.　此文件上次由
Autodesk 应用程序或 Autodesk 许可的应用程序保存，是可靠的 DWG。
命令：
命令：
命令：*取消*
命令
命令

输入

>_ ▾ UNION

图 15-140 输入命令

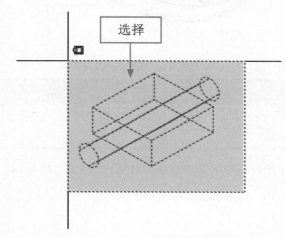

选择

图 15-141 选择并集对象

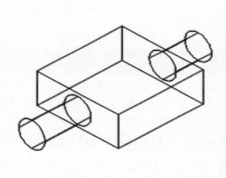

图 15-142 并集运算效果

专家指点

除了上述方法可以调用"并集"命令外，用户还可以"功能区"选项板的"常用"选项卡中，单击"实体编辑"面板中的"并集"按钮 ⑩。

15.6.2 差集三维实体

使用"差集"命令，可以从一组实体中删除与另一组实体的公共区域。下面将介绍差集三维实体的操作方法。

素材文件	光盘 \ 素材 \ 第 15 章 \ 法兰盘 .dwg
效果文件	光盘 \ 效果 \ 第 15 章 \ 法兰盘 .dwg
视频文件	光盘 \ 视频 \ 第 15 章 \15.6.2 差集三维实体 .mp4

实战 法兰盘

步骤 **01** 单击快速访问工具栏上的"打开"按钮，打开一幅素材图形，如图 15-143 所示，切换至三维建模工作界面。

步骤 **02** 在命令行中输入 SUBTRACT（差集）命令，按【Enter】键确认，根据命令行提示进行操作，在绘图区中，选择最大的圆柱体为差集对象，如图 15-144 所示。

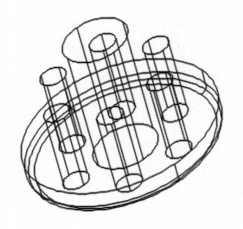

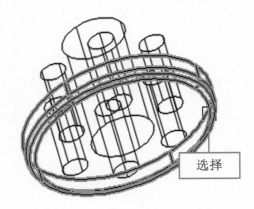

选择

图 15-143 素材图形　　　　　　　图 15-144 选择最大的圆柱体为差集对象

专家指点

除了上述方法可以调用"差集"命令外，用户还可以"功能区"选项板的"常用"选项卡中，单击"实体编辑"面板中的"差集"按钮 ⓪。

步骤 **03** 按【Enter】键确认，根据命令行提示，选择图形中其它圆柱体对象，如图 15-145 所示。

步骤 **04** 按【Enter】键确认，即可差集三维实体，效果如图 15-146 所示。

选择

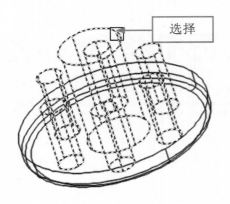

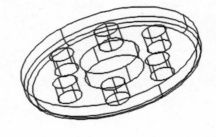

图 15-145 选择其它圆柱体对象　　　　　　　图 15-146 差集三维实体

15.6.3 交集三维实体

使用"交集"命令，可以从两个实体的公共部分创建复合对象。下面将介绍交集三维实体的操作方法。

	素材文件	光盘 \ 素材 \ 第 15 章 \ 卫星模型 .dwg
	效果文件	光盘 \ 效果 \ 第 15 章 \ 卫星模型 .dwg
	视频文件	光盘 \ 视频 \ 第 15 章 \15.6.3 交集三维实体 .mp4

实战 卫星模型

步骤 01 单击快速访问工具栏上的"打开"按钮,打开一幅素材图形,如图 15-147 所示,切换至三维建模工作界面。

步骤 02 在命令行中输入 INTERSECT（交集）命令,如图 15-148 所示。

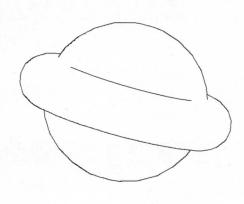

图 15-147 素材图形

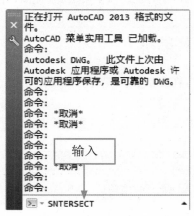

图 15-148 输入命令

步骤 03 按【Enter】键确认,根据命令行提示进行操作,在绘图区中,选择所有图形为交集对象,如图 15-149 所示。

步骤 04 按【Enter】键确认,即可交集三维实体,如图 15-150 所示。

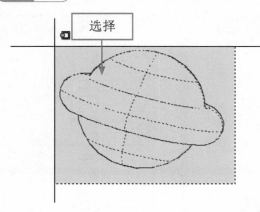

图 15-149 选择交集对象

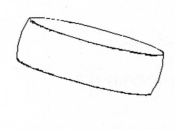

图 15-150 交集三维实体

 专家指点

　　除了上述方法可以调用"差集"命令外,用户还可以"功能区"选项板的"常用"选项卡中,单击"实体编辑"面板中的"交集"按钮 。

16

打印与发布图形

学习提示

在图纸设计完成后，就需要通过打印机将图形输出到图纸上，在 AutoCAD 2016 中，可以通过图纸空间或布局空间打印输出设计好的图形。图纸空间是绘制与编辑图形的空间，而布局空间则是模拟图纸的页面，是创建图形最终打印输出布局的一种工具。

本章案例导航

- 实战——设置打印设备
- 实战——设置图纸尺寸
- 实战——设置打印区域
- 实战——设置打印比例
- 实战——创建打印布局

- 实战——插座平面图
- 实战——别墅结构图
- 实战——户型平面图
- 实战——壁画
- 实战——阀管

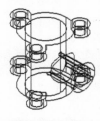

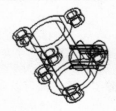

16.1 设置图纸的打印

创建完图形之后，通常要打印到图纸上，也可以生成一份电子图纸，以便从互联网上进行访问。打印的图形可以包含图形的单一视图，或者更为复杂的视图排列。为了使用户更好地掌握图形输出的方法和技巧，下面将介绍打印图形的一些相关知识、如设置打印设备、设置图纸尺寸、设置打印区域等、设置打印比例和预览打印效果等。

16.1.1 设置打印设备

为了获得更好的打印效果，在打印之前，应对打印设备进行设置。在"功能区"选项板的"输出"选项卡中，单击"打印"面板中的"打印"按钮🖨，弹出"打印 - 模型"对话框，在"打印机/绘图仪"选项区中，可以设置打印设备，用户可以在"名称"下拉列表框中选择需要的打印设备，如图 16-1 所示。单击"特性"按钮，在弹出的"绘图仪配置编辑器"对话框中可以查看或修改打印机的配置信息，如图 16-2 所示。

图 16-1 选择打印机　　　　　　图 16-2 查看或修改配置信息

 专家指点

用户可以用以下两种常用的方法调用"打印"命令：

＊ 命令 1：在命令行中输入 PLOT（打印）命令，按【Enter】键确认。

＊ 命令 2：单击"菜单浏览器"按钮，在弹出的下拉菜单中，单击"打印"|"打印"命令。

执行以上任意一种方法，均可调用"打印"命令。

16.1.2 设置图纸尺寸

在"打印 - 模型"对话框的"图纸尺寸"选项区中的列表框中，用户可以选择标准图纸的大小。下面介绍设置图纸尺寸的操作方法。

素材文件	无
效果文件	无
视频文件	光盘 \ 视频 \ 第 16 章 \16.1.2 设置图纸尺寸 .mp4

实战 设置图纸尺寸

步骤 01 在"功能区"选项板中，切换至"输出"选项卡，单击"打印"面板中的"页面设置管理器"按钮，如图 16-3 所示。

步骤 02 弹出"页面设置管理器"对话框，单击"修改"按钮，如图 16-4 所示。

图 16-3 单击相应按钮

图 16-4 单击"修改"按钮

步骤 03 弹出"页面设置 - 模型"对话框，在"打印机 / 绘图仪"选项区中，单击"名称"右侧的下拉按钮，在弹出的列表框中，选择合适的选项，如图 16-5 所示。

步骤 04 单击"图纸尺寸"右侧的下拉按钮，在弹出的列表框中，选择合适的选项，如图 16-6 所示。

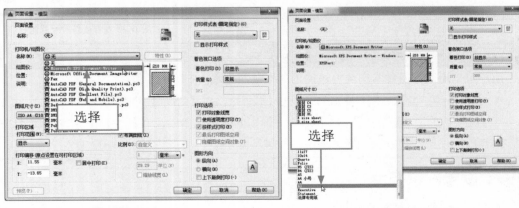

图 16-5 选择合适的选项　　　　　　　　图 16-6 选择合适的选项

步骤 05 单击"确定"按钮，返回到"页面设置管理器"对话框，单击"关闭"按钮，即可设置图纸打印尺寸。

16.1.3　设置打印区域

由于 AutoCAD 的绘图界限没有限制，所以在打印图形时，必须设置图形的打印区域，这样可以更准确地打印需要的图形，在"打印 - 模型"对话框中"打印区域"栏的"打印范围"列表框中包括"窗口"、"图形界限"和"显示"3 个选项，各选项的含义如下：

＊ 窗口：打印指定窗口内的图形对象。

＊ 图形界限：选择该选项，只打印设定的图形界限内的所有对象。

＊ 显示：选择该选项，可以打印当前显示的图形对象。

16.1.4　设置打印比例

在"打印 - 模型"对话框的"打印比例"选项区中，可以设置图形的打印比例。用户在绘制图形时一般按 1 ：1 的比例绘制，打印输出图形时则需要根据图纸尺寸确定打印比例。

系统默认的选项是"布满图纸"，即系统自动调整缩放比例，使所绘图形充满图纸。用户还可以直接在"比例"列表框中选择标准缩放比例值。如果需要自己指定打印比例，可选择"自定义"选项，此时可以在自定义对应的两个数值框中设置打印比例。其中，第一个文本框表示图纸尺寸单位，第二个文本框表示图形单位。例如，若设置打印比例为 2 ：1，即可在第一个文本框内输入 2，在第二个文本框内输入 1，则表示图形中 1 个单位在打印输出后变为 2 个单位。

16.2　图形图纸的打印

在 AutoCAD 2016 中，用户可以通过模型布局空间打印输出绘制好的图形，模型空间用于在草图和设计环境中创建二维图形和三维模型。

16.2.1　在模型空间打印

默认情况下，用户都是从模型空间中打印输出图形的。在模型空间中绘制完图形后，可以在工作空间中直接打印图形。下面介绍在模型空间打印的操作方法。

素材文件	光盘 \ 素材 \ 第 16 章 \ 壁画 .dwg
效果文件	无
视频文件	光盘 \ 视频 \ 第 16 章 \16.2.1 在模型空间打印 .mp4

实战 壁画

步骤 01 单击快速访问工具栏上的"打开"按钮，打开一幅素材图形，如图 16-7 所示。

步骤 02 在"功能区"选项板中，切换至"输出"选项卡，在"打印"面板中单击"页面设置管理器"按钮 □，弹出"页面设置管理器"对话框，单击"新建"按钮，如图 16-8 所示。

步骤 03 弹出"新建页面设置"对话框，在"新页面设置名"文本框中输入"壁画"，如图 16-9 所示。

图 16-7 素材图形

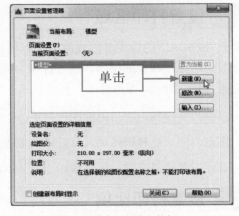

图 16-8 单击"新建"按钮

> **步骤 04** 单击"确定"按钮,弹出"页面设置 - 模型"对话框,单击"确定"按钮,返回到"页面设置管理器"对话框,依次单击"置为当前"和"关闭"按钮,如图 16-10 所示。

图 16-9 "新建页面设置"对话框

图 16-10 在模型空间打印

> **步骤 05** 执行操作后,即可在模型空间中打印图纸。

16.2.2 创建打印布局

用户可以为图形创建多种布局,每个布局代表一张单独的打印输出图纸。创建布局后,就可以在布局中创建浮动视口。视口中的各个视图可以使用不同的打印比例,还可以控制视图中图层的可见性。下面介绍创建打印布局的操作方法。

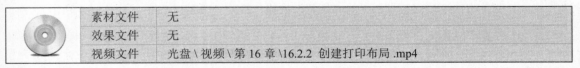

	素材文件	无
	效果文件	无
	视频文件	光盘 \ 视频 \ 第 16 章 \16.2.2 创建打印布局 .mp4

实战 创建打印布局

> **步骤 01** 显示菜单栏,单击菜单栏上的"插入" | "布局" | "创建布局向导"命令,弹出"创建布局 - 开始"对话框,设置"输入新布局的名称"为"建筑布局",如图 16-11 所示。

步骤 02 单击"下一步"按钮，弹出"创建布局-打印机"对话框，选择合适的打印机，单击"下一步"按钮，如图 16-12 所示。

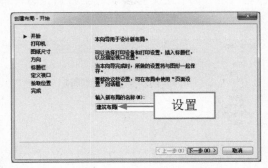

图 16-11 输入名称

图 16-12 单击"下一步"按钮

步骤 03 弹出"创建布局-图纸尺寸"对话框，保持默认选项，单击"下一步"按钮，如图 16-13 所示。

步骤 04 弹出"创建布局-方向"对话框，选中"纵向"单选按钮，单击"下一步"按钮，如图 16-14 所示。

图 16-13 单击"下一步"按钮

图 16-14 单击"下一步"按钮

步骤 05 弹出"创建布局-标题栏"对话框，选择合适的选项，单击"下一步"按钮，如图 16-15 所示。

步骤 06 弹出"创建布局-定义视口"对话框，选中"标准三维工程视图"单选按钮，单击"下一步"按钮，如图 16-16 所示。

图 16-15 单击"下一步"按钮

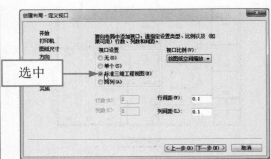

图 16-16 单击"下一步"按钮

步骤 07 弹出"创建布局 - 拾取位置"对话框，单击"选择位置"按钮，如图 16-17 所示。

步骤 08 在绘图区中的任意位置上，单击鼠标左键，并向右上方拖曳鼠标至合适位置，释放鼠标，弹出"创建布局 - 完成"对话框，如图 16-18 所示。

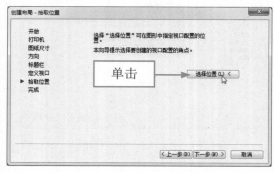
图 16-17 单击"选择位置"按钮

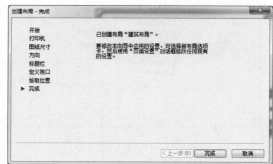
图 16-18 "创建布局 - 完成"对话框

步骤 09 单击"完成"按钮，完成向导布局的创建。

16.2.3 创建打印样式表

打印样式通过确定打印特性（例如线宽、颜色和填充样式）来控制对象或布局的打印方式。打印样式表中收集了多组打印样式。打印样式管理器是一个窗口，其中显示了所有可用的打印样式表。下面介绍创建打印样式表的操作方法。

素材文件	光盘 \ 素材 \ 第 16 章 \ 插座平面图 .dwg
效果文件	无
视频文件	光盘 \ 视频 \ 第 16 章 \16.2.3 创建打印样式表 .mp4

实战 插座平面图

步骤 01 单击快速访问工具栏上的"打开"按钮，打开一幅素材图形，如图 16-19 所示。

步骤 02 显示菜单栏，单击"工具"|"向导"|"添加打印样式表"命令，弹出"添加打印样式表"对话框，单击"下一步"按钮，如图 16-20 所示。

图 16-19 素材图形

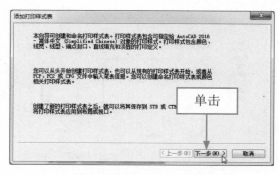
图 16-20 单击"下一步"按钮

步骤 03 进入"开始"界面，保持默认选项，单击"下一步"按钮，如图 16-21 所示。

步骤 04 进入"选择打印样式表"界面，保持默认选项设置，单击"下一步"按钮，如图 16-22 所示。

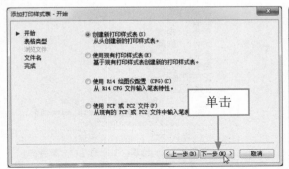

图 16-21 单击"下一步"按钮

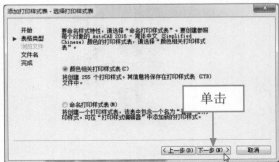

图 16-22 单击"下一步"按钮

步骤 05 进入"文件名"界面，在"文件名"文本框中，输入"插座平面图"，如图 16-23 所示。

步骤 06 单击"下一步"按钮，弹出"完成"界面，如图 16-24 所示，单击"完成"按钮，即可创建打印样式表。

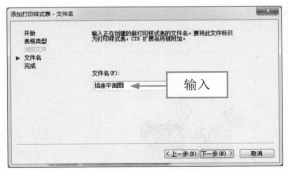

图 16-23 输入名称

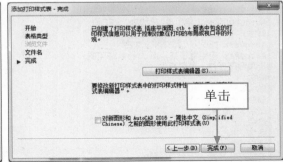

图 16-24 "完成"界面

16.2.4 在浮动视口中旋转视图

在浮动视口中，使用 MVSETUP 命令可以旋转整个视图。该功能与 ROTATE 命令不同，ROTATE 命令只能旋转单个对象。下面介绍在浮动视口中旋转视图的操作方法。

素材文件	光盘 \ 素材 \ 第 16 章 \ 阀管 .dwg
效果文件	光盘 \ 效果 \ 第 16 章 \ 阀管 .dwg
视频文件	光盘 \ 视频 \ 第 16 章 \16.2.4 在浮动视口中旋转视图 .mp4

实战 阀管

步骤 01 单击快速访问工具栏上的"打开"按钮，打开一幅素材图形，如图 16-25 所示。

步骤 02 在命令行中输入 MVSETUP（旋转视图）命令，按【Enter】键确认，根据命令行提示进行操作，输入 A，如图 16-26 所示。

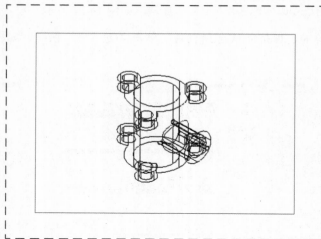

图 16-25 素材图形

正在重生成模型。
AutoCAD 菜单实用工具 已加载。*取消*
命令：
Autodesk DWG。　此文件上次由
Autodesk 应用程序或 Autodesk 许可的
应用程序保存，是可靠的 DWG。
命令：
命令：
命令：*取消*
命令：*取消*
命令：
命令：MVSETUP
正在初始化...
创建默认文件 mvsetup.dfs
　　　　　\Users\Administrator
　　　　　roaming\autodesk\autocad
　　　　　r20.1\chs\support\.

输入

>_ ▾ 输入选项 [对齐(A) 创建(C)
缩放视口(S) 选项(O) 标题栏(T) 放弃(U)
|: A

图 16-26 输入命令

> 步骤 **03** 按【Enter】键确认，输入 R，如图 16-27 所示。

> 步骤 **04** 按【Enter】键确认，输入（-8，15），按【Enter】键确认，输入 30 并确认，即可在浮动视口中旋转视图，如图 16-28 所示。

正在重生成模型。
AutoCAD 菜单实用工具 已加载。*取消*
命令：
Autodesk DWG。　此文件上次由
Autodesk 应用程序或 Autodesk 许可的
应用程序保存，是可靠的 DWG。
命令：
命令：
命令：*取消*
命令：*取消*
命令：
命令：MVSETUP
正在初始化...
创建默认文件 mvsetup.dfs
于目录 C:\Users\Administrator
\appdata\roaming\autodesk\au
2016\r20.1\chs\support\.
输入选项 [对齐(A)/创建(C)/缩放视口
(S)/选项(O)/标题栏(T)/放弃(U)]: A
输入
>_ ▾ 输入选项 [角度(A) 水平(H)
垂直对齐(V) 旋转视图(R) 放弃(U)]: R

图 16-27 输入参数

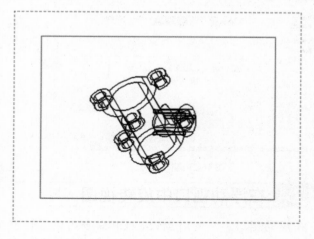

图 16-28 旋转视图

16.3 发布图形图纸

在 AutoCAD 2016 中，用户可以以电子格式输出图形文件、进行电子传递，还可以将设计好的作品发布到 Web 供用户浏览等。

16.3.1 电子打印图形

使用 AutoCAD 2016 中的 ePlot 驱动程序，可以发布电子图形到 Internet 上，所创建文件以 Web 图形格式文件保存。下面介绍电子打印图形的操作方法。

素材文件	光盘\素材\第 16 章\别墅结构图 .dwg
效果文件	无
视频文件	光盘\视频\第 16 章\16.3.1 电子打印图形 .mp4

实战 别墅结构图

步骤 01 单击快速访问工具栏上的"打开"按钮，打开一幅素材图形，如图 16-29 所示。

步骤 02 在"功能区"选项板中，切换至"输出"选项卡，在"打印"面板中，单击"打印"按钮，如图 16-30 所示。

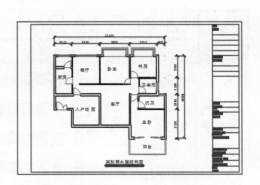

图 16-29 素材图形

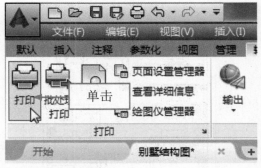

图 16-30 单击"打印"按钮

步骤 03 弹出"打印 - 模型"对话框，单击"名称"右侧的下拉按钮，在弹出的列表框中，选择相应选项，如图 16-31 所示。

步骤 04 单击"确定"按钮，弹出"文件另存为"对话框，设置文件名和保存路径，如图 16-32 所示。

图 16-31 选择合适的选项

图 16-32 "文件另存为"对话框

步骤 05 单击"保存"按钮，即可电子打印图形。

16.3.2 电子发布

AutoCAD 2016 提供了一种简易的创建图纸图形集或电子图形集的方法。电子图形集是打印图形集的数字形式。下面介绍电子发布的操作方法。

素材文件	光盘 \ 素材 \ 第 16 章 \ 户型平面图 .dwg	
效果文件	无	
视频文件	光盘 \ 视频 \ 第 16 章 \16.3.2 电子发布 .mp4	

实战 户型平面图

步骤 01 单击快速访问工具栏上的"打开"按钮，打开一幅素材图形，如图 16-33 所示。

步骤 02 在"功能区"选项板中，切换至"输出"选项卡，在"打印"面板中，单击"批处理打印"按钮 🖨，如图 16-34 所示。

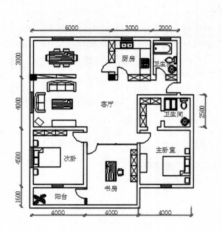

图 16-33 素材图形　　　　　　　　　图 16-34 单击"批处理打印"按钮

步骤 03 弹出"发布"对话框，单击"发布"按钮，如图 16-35 所示。

步骤 04 弹出"列表另存为"对话框，设置文件名和保存路径，如图 16-36 所示。

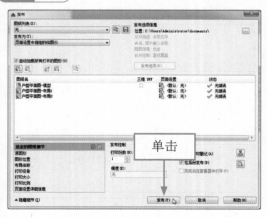

图 16-35 单击"发布"按钮　　　　　　　图 16-36 "列表另存为"对话框

步骤 05 单击"保存"按钮，即可电子发布图形。

简易图纸设计

学习提示

  AutoCAD 是设计行业中最常用的计算机绘图软件，使用它可以边设计边修改，直到满意为止，再利用打印设备出图。从而在设计过程中不再需要绘制很多不必要的草图，大大提高了设计的质量和工作效率。

本章案例导航

- 17.1.1 创建插座
- 17.1.2 布置插座图形
- 17.2.1 绘制灯泡的接口
- 17.2.2 绘制灯管

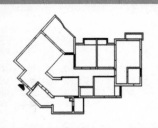

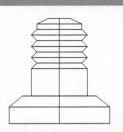

插座布置图

17.1 插座布置图设计

插座包括强电插座、有线电视插座、电话插座等。这些设施的图形都有常规的表示方法。本实例介绍插座布置图的设计，效果如图 17-1 所示。

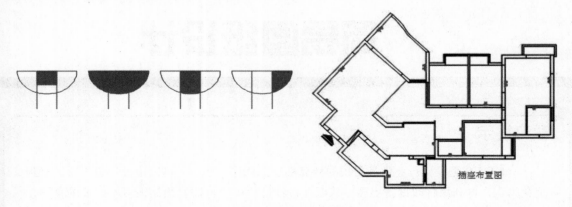

图 17-1 插座布置图设计

	素材文件	光盘 \ 素材 \ 第 17 章 \ 插座布置图 .dwg
	效果文件	光盘 \ 效果 \ 第 17 章 \ 插座布置图 .dwg
	视频文件	光盘 \ 视频 \ 第 17 章 \17.1 插座布置图设计 .mp4

17.1.1 创建插座

创建插座的具体操作步骤如下：

步骤 01 单击"菜单浏览器"按钮，在弹出的菜单列表中单击"打开"|"图形"命令，打开一幅素材图形，如图 17-2 所示。

步骤 02 在命令行中输入 LA（图层）命令，按【Enter】键确认，弹出"图层特性管理器"面板，新建"插座"图层，设置"颜色"为蓝色，并将其置为当前图层，如图 17-3 所示。

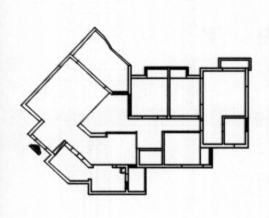

图 17-2 打开一幅素材图形

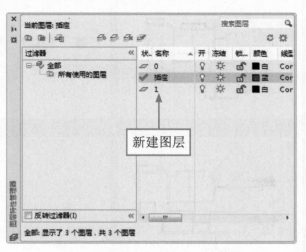

图 17-3 新建图层

步骤 03 在命令行中输入 L（直线）命令，按【Enter】键确认，任意捕捉一点，向右引导光标，输入 250，按【Enter】键确认，绘制直线，按 2 次【Enter】键，捕捉新创建直线的中点，向下引导光标，输入 207，按【Enter】键确认，绘制直线，如图 17-4 所示。

步骤 04 在命令行中输入 O（偏移）命令，按【Enter】键确认，根据命令行提示进行操作，设置偏移距离为 42，将新绘制的直线左右各偏移一次，如图 17-5 所示。

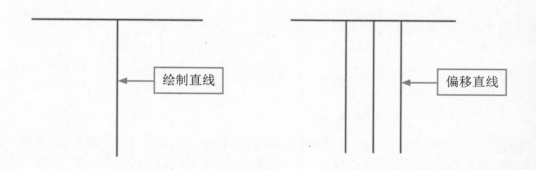

图 17-4 绘制直线　　　　　　　　　　　　　　图 17-5 偏移直线

步骤 05 在命令行中输入 C（圆）命令，按【Enter】键确认，根据命令行提示进行操作，捕捉水平直线的中点，输入 125，按【Enter】键确认，绘制圆，如图 17-6 所示。

步骤 06 在命令行中输入 CO（复制）命令，按【Enter】键确认，根据命令行提示进行操作，选择新绘制的图形，按【Enter】键确认，捕捉相应角点，单击鼠标左键确认，向右引导光标，依次输入 300、600 和 900，并按【Enter】键确认，复制图形，如图 17-7 所示。

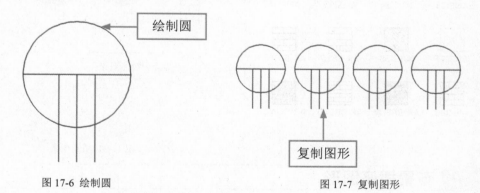

图 17-6 绘制圆　　　　　　　　　　　　　　图 17-7 复制图形

步骤 07 在命令行中输入 L（直线）命令，按【Enter】键确认，根据命令行提示进行操作，输入 FROM 命令并确认，捕捉最左侧垂直直线的上端点，输入（@0,-74）和（@84,0）并确认，绘制直线，如图 17-8 所示。

步骤 08 在命令行中输入 TR（修剪）命令，按【Enter】键确认，根据命令行提示进行操作，修剪绘图区中多余的图形。在命令行中输入 E（删除）命令，按【Enter】键确认，根据命令行提示进行操作，删除多余的图形，如图 17-9 所示。

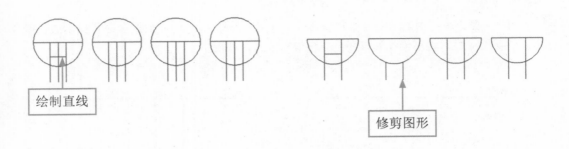

图 17-8 绘制直线   图 17-9 修剪图形

步骤 **09** 在命令行中输入 H（图案填充）命令，按【Enter】键确认，弹出"图案填充创建"选项卡，单击"图案填充图案"中间下拉按钮，在弹出下拉列表框中，选择 SOLID 选项，如图 17-10 所示。

步骤 **10** 根据命令行提示进行操作，拾取相应位置，单击"关闭图案填充创建"按钮✖，即可创建图案填充，如图 17-11 所示。

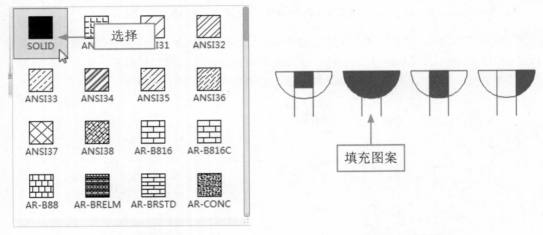

图 17-10 选择填充图案   图 17-11 填充图案

17.1.2 布置插座图形

布置插座图形的操作步骤如下：

步骤 **01** 在命令行中输入 M（移动）命令，按【Enter】键确认，根据命令行提示进行操作，选择左侧的图形，捕捉其上方中点，将其移至墙体的右下角点处，如图 17-12 所示。

步骤 **02** 在命令行中输入 CO（复制）命令，按【Enter】键确认，根据命令行提示进行操作，选择相应图形，捕捉上方中点，依次输入（@1380,4835）、（@7122,6660），按【Enter】键确认，复制图形，如图 17-13 所示。

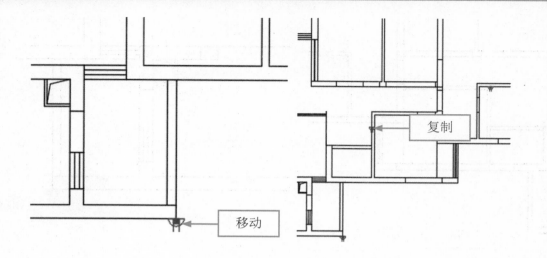

图 17-12 移动图形   图 17-13 复制图形

步骤 03 在命令行中输入 RO（旋转）命令，按【Enter】键确认，根据命令行提示进行操作，捕捉左侧复制所得图形的上方中点，输入 -90，并按【Enter】键确认，旋转图形，如图 17-14 所示。

步骤 04 在命令行中输入 E（删除）命令，按【Enter】键确认，根据命令行提示进行操作，删除多余的图形，如图 17-15 所示。

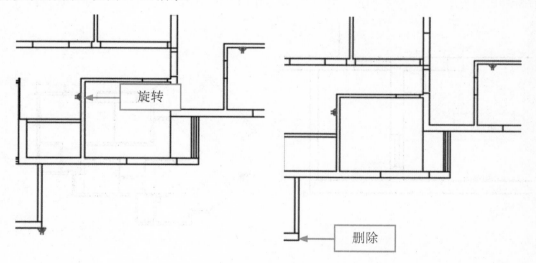

图 17-14 旋转图形   图 17-15 删除图形

步骤 05 在命令行中输入 M（移动）命令，按【Enter】键确认，根据命令行提示进行操作，选择相应图形，捕捉其上方中点，将其移至墙体的右下角点处，如图 17-16 所示。

步骤 06 在命令行中输入 CO（复制）命令，按【Enter】键确认，根据命令行提示进行操作，选择相应图形，捕捉上方中点，依次输入（@-864,240）、（@-3156,240）和（@-3406,240），按【Enter】键确认，复制图形，如图 17-17 所示。

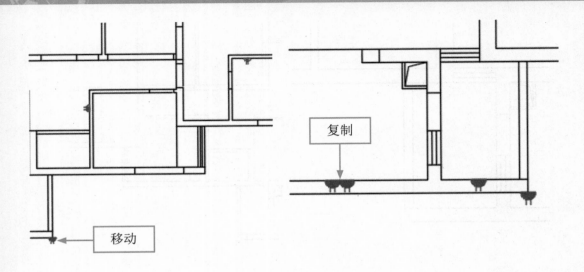

图 17-16 移动图形　　　　　　　　　　　　图 17-17 复制图形

步骤 07 在命令行中输入 RO（旋转）命令，按【Enter】键确认，根据命令行提示进行操作，分别捕捉复制所得图形的上方中点，输入 180 并确认，旋转图形，如图 17-18 所示。

步骤 08 在命令行中输入 CO（复制）命令，按【Enter】键确认，根据命令行提示进行操作，选择旋转后的图形，捕捉相应的点，复制图形，如图 17-19 所示。

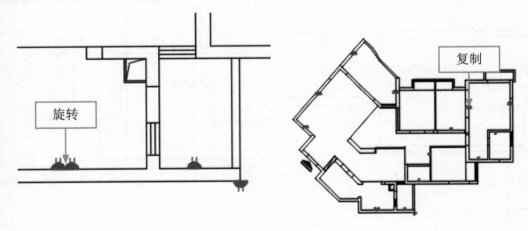

图 17-18 旋转图形　　　　　　　　　　　　图 17-19 复制图形

步骤 09 在命令行中输入 RO（旋转）命令，按【Enter】键确认，根据命令行提示进行操作，分别捕捉复制所得图形的相应点，旋转图形，并删除多余的图形，如图 17-20 所示。

步骤 10 在命令行中输入 M（移动）命令，按【Enter】键确认，根据命令行提示进行操作，选择相应图形，捕捉其上方中点，将其移至墙体的右下角点处，如图 17-21 所示。

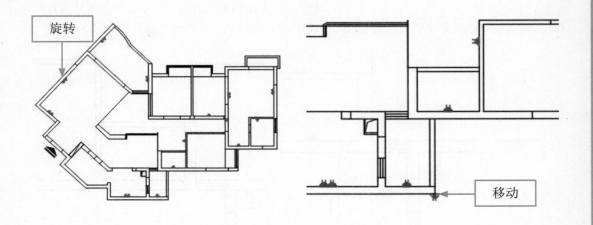

图 17-20 旋转并删除图形　　　　　　　　　　　　图 17-21 移动图形

步骤 **11** 在命令行中输入 CO（复制）命令，按【Enter】键确认，根据命令行提示进行操作，选择相应图形，捕捉上方中点，依次输入（@-2896,240）、（@-4610,946）和（@-830,3627），按【Enter】键确认，复制图形，如图 17-22 所示。

步骤 **12** 在命令行中输入 RO（旋转）命令，按【Enter】键确认，根据命令行提示进行操作，分别捕捉复制后图形的上方中点，设置旋转角度分别为 180、90 和 -90，旋转图形，并删除多余的图形，如图 17-23 所示。

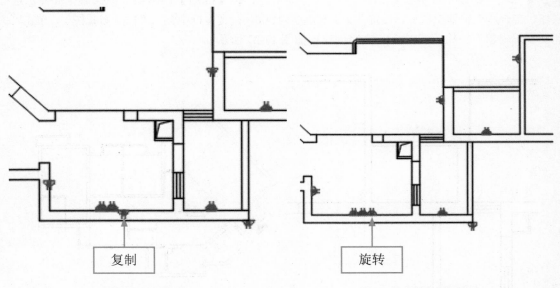

图 17-22 复制图形　　　　　　　　　　　　图 17-23 旋转并删除图形

步骤 **13** 在命令行中输入 M（移动）命令，按【Enter】键确认，根据命令行提示进行操作，选择相应图形，捕捉其上方中点，将其移至墙体的右下角点处，如图 17-24 所示。

步骤 **14** 在命令行中输入 CO（复制）命令，按【Enter】键确认，根据命令行提示进行操作，选择相应图形，捕捉上方中点，输入（@1510,2750）并确认，复制图形，如图 17-25 所示。

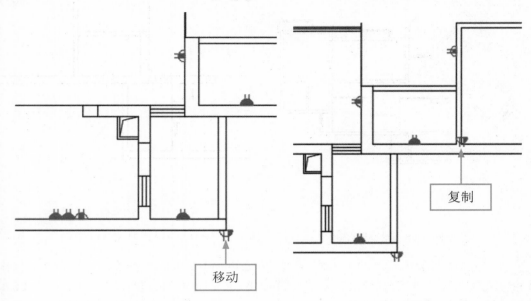

图 17-24 移动图形　　　　　　　　　　　图 17-25 复制图形

步骤 **15** 在命令行中输入 RO（旋转）命令，按【Enter】键确认，根据命令行提示进行操作，捕捉复制后图形的上方中点，设置旋转角度为 90，旋转图形，并删除多余的图形，如图 17-26 所示。

步骤 **16** 在命令行中输入 MT（多行文字）命令，按【Enter】键确认，根据命令行提示进行操作，在合适位置拖曳鼠标，设置"文字高度"为 500，在文本框中输入"插座布置图"，单击"关闭文字编辑器"按钮，完成多行文字创建，如图 17-27 所示。

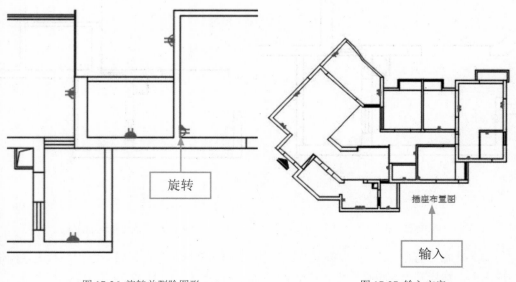

图 17-26 旋转并删除图形　　　　　　　　图 17-27 输入文字

17.2 节能灯泡

在本实例的制作过程中，主要运用到了绘制矩形、绘制直线、偏移处理、修剪处理、延伸处理和绘制圆弧等操作。本实例的最终效果如图 17-28 所示。

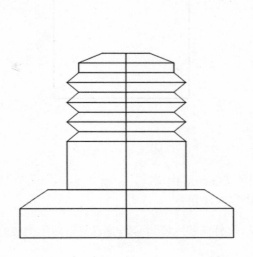
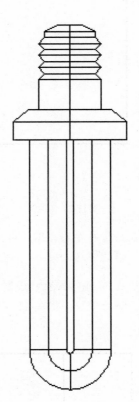

图 17-28 节能灯泡

素材文件	无
效果文件	光盘 \ 效果 \ 第 17 章 \ 节能灯泡 .dwg
视频文件	光盘 \ 视频 \ 第 17 章 \17.2 节能灯泡 .mp4

17.2.1 绘制灯泡的接口

绘制灯泡的接口的具体操作步骤如下：

步骤 01 新建一个 CAD 文件，在命令行中输入 REC（矩形）命令，按【Enter】键确认，根据命令行提示进行操作，分别以（169，217）和（@10，-14）为矩形角点和对角点绘制矩形，如图 17-29 所示。

步骤 02 在命令行中输入 X（分解）命令，按【Enter】键确认，根据命令行提示，选中新绘制的矩形，按【Enter】键确认，分解矩形，如图 17-30 所示。

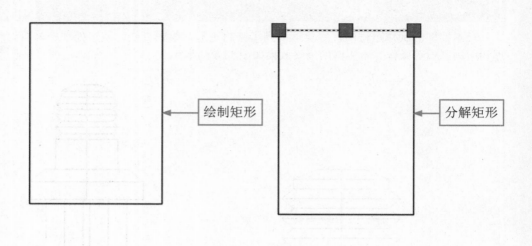

图 17-29 绘制矩形   图 17-30 分解矩形

步骤 03 在命令行中输入 L（直线）命令，按【Enter】键确认，根据命令行提示，以矩形上边中点为起点，下边中点为终点，绘制直线，如图 17-31 所示。

步骤 04 执行 O（偏移）命令，根据命令行提示，设置偏移距离为1，选择已分解矩形上边的直线，沿垂直方向向下进行偏移，如图 17-32 所示。

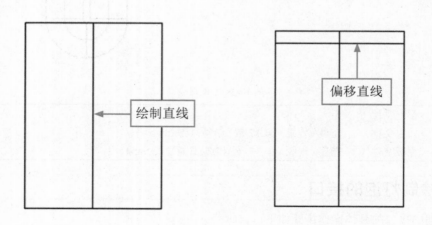

图 17-31 绘制直线   图 17-32 偏移直线

步骤 05 重复执行 O（偏移）命令，根据命令行提示，选择上步偏移的水平直线，沿垂直方向向下偏移 8 次，偏移距离均为 1，效果如图 17-33 所示。

步骤 06 重复执行 O（偏移）命令，将中间的竖直直线分别向左向右偏移两次，偏移距离均为 2，如图 17-34 所示。

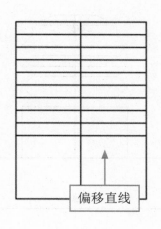

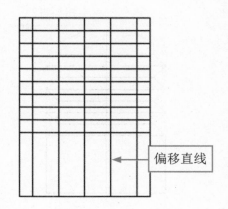

图 17-33 偏移直线　　　　　　　　　　　　　　　　图 17-34 偏移直线

步骤 07　执行 L（直线）命令，根据命令行提示，指定直线相交的点，绘制图形左侧所需的直线，如图 17-35 所示。

步骤 08　重复执行 L（直线）命令，根据命令行提示进行操作，绘制图形右侧所需的直线，如图 17-36 所示。

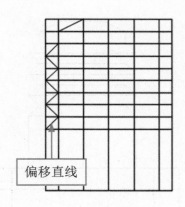

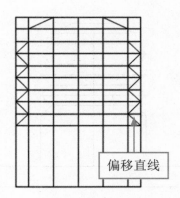

图 17-35 绘制直线　　　　　　　　　　　　　　　　图 17-36 绘制直线

步骤 09　执行 TR（修剪）命令，根据命令行提示，选择所有图形对象，按【Enter】键确认后对图形进行修剪处理，并删除多余的直线，如图 17-37 所示。

步骤 10　执行 REC（矩形）命令，根据命令行提示，以（165，203）和（@18，-5）为矩形角点和对角点绘制矩形，如图 17-38 所示。

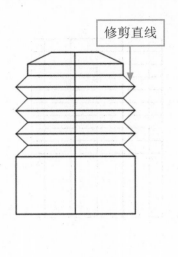

图 17-37 修剪直线

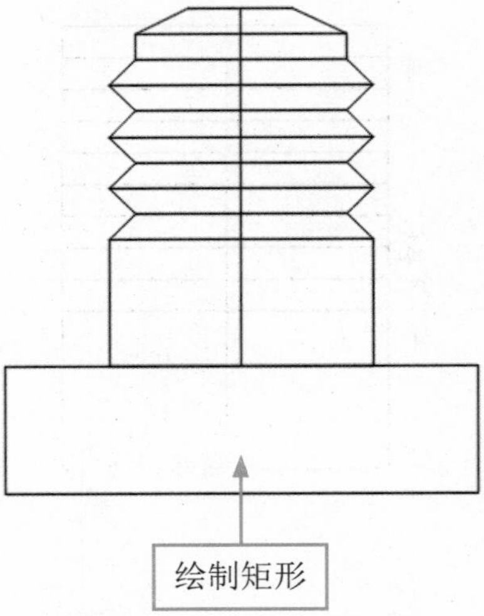

图 17-38 绘制矩形

步骤 11　执行 X（分解）命令，分解上一步绘制的矩形，执行 O（偏移）命令，选择已分解矩形上边直线，沿垂直方向向下偏移，偏移距离为 2，如图 17-39 所示。

步骤 12　重复执行 O（偏移）命令，分别选择已分解矩形左侧与右侧的直线，沿水平方向向右和向左偏移，偏移距离均为 2.4，如图 17-40 所示。

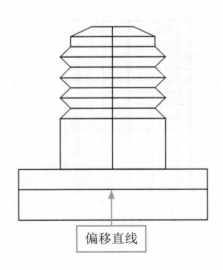

图 17-39 偏移直线

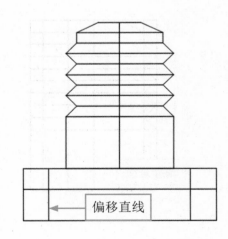

图 17-40 偏移直线

步骤 13　执行 L（直线）命令，连接相应的端点，修剪和删除多余的线条，如图 17-41 所示。

步骤 14　执行 EX（延伸）命令，根据命令行提示，选择最下方的直线，按【Enter】键确认，选择要延伸的中线，延伸直线，如图 17-42 所示。

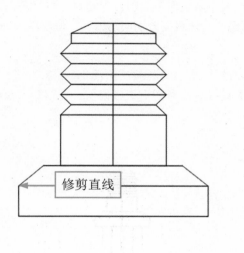

图 17-41 修剪图形

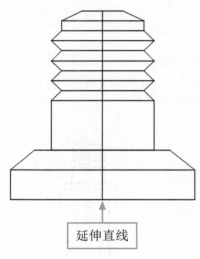

图 17-42 延伸直线

17.2.2 绘制灯管

制作灯管的具体操作步骤如下：

步骤 01 执行 REC（矩形）命令，根据命令行提示，以（167.5，198）和（@13，-35）为矩形的角点和对角点绘制矩形，如图 17-43 所示。

步骤 02 执行 X（分解）命令，分解上步绘制的矩形，执行 O（偏移）命令，根据命令行提示，将已分解矩形左侧与右侧的直线沿水平方向分别向右和向左偏移两次，偏移距离均为 3，如图 17-44 所示。

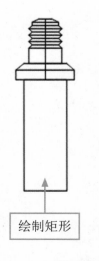

图 17-43 绘制矩形

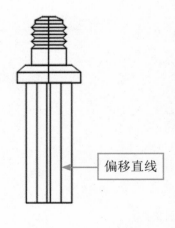

图 17-44 偏移直线

步骤 03 执行 L（直线）命令，根据命令行提示，以矩形下边中点为起点，垂直向下绘制一条长 6.5 的直线，执行 O（偏移）命令，选择矩形底边的边线，分别向下偏移，偏移距离为 0.6 和 2.9，如图 17-45 所示。

步骤 04 执行 ARC（圆弧）命令，根据图形需要依次绘制圆弧，执行 TR（修剪）命令，根据命令行提示，选择需要修剪的图形，按【Enter】键确认，对图形进行修剪，并删除多余线段，效果如图 17-46 所示。

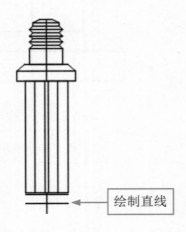

绘制直线 ←

图 17-45 绘制直线

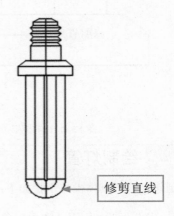

修剪直线 ←

图 17-46 修剪并删除直线

18 机械设计

学习提示

　　AutoCAD 在机械类行业方面的应用非常普遍，但凡与机械相关专业的人士，如机械设计师、模具设计师、工业产品设计师等，一般都要求能熟练掌握和运用 AutoCAD 设计相关专业的图纸。

本章案例导航

- 18.1.1　绘制三通接头
- 18.1.2　渲染实体
- 18.2.1　绘制垫片
- 18.2.2　渲染实体

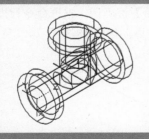

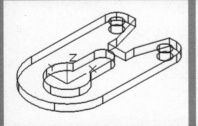

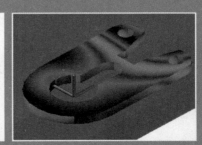

18.1 三通接头

在本实例的制作过程中，主要运用到了绘制圆柱体、旋转处理和复制处理等操作。本实例的最终效果如图 18-1 所示。

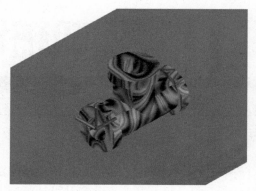

图 18-1 三通接头

素材文件	光盘 \ 效果 \ 第 18 章 \ mw014.tif、Meta101.jpeg
效果文件	光盘 \ 效果 \ 第 18 章 \ 三通接头 .dwg
视频文件	光盘 \ 视频 \ 第 18 章 \18.1 三通接头 .mp4

18.1.1 绘制三通接头

绘制三通接头的具体操作步骤如下：

步骤 01 启动 AutoCAD 2016，将视图方向切换至西南等轴测视图，在命令行中输入 UCS（坐标系）命令，按【Enter】键确认，根据命令行提示进行操作，将坐标系绕 Y 轴旋转 90 度。在命令行中输入 CYLINDER（圆柱体）命令，按【Enter】键确认，根据命令行提示进行操作，输入（0,0,0）并确认，绘制半径为 50、高度为 20 的圆柱体，如图 18-2 所示。

步骤 02 在命令行中输入 CYLINDER（圆柱体）命令，按【Enter】键确认，根据命令行提示进行操作，输入（0,0,0）并确认，绘制半径为 40、高度为 100 的圆柱体，如图 18-3 所示。

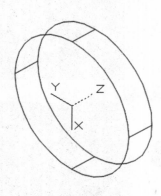

图 18-2 绘制圆柱体

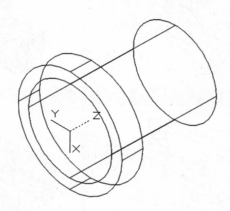

图 18-3 绘制圆柱体

步骤 **03** 在命令行中输入 CYLINDER（圆柱体）命令，按【Enter】键确认，根据命令行提示进行操作，输入（0,0,0）并确认，绘制半径为 25、高度为 100 的圆柱体，如图 18-4 所示。

步骤 **04** 在命令行中输入 UNION（并集）命令，按【Enter】键确认，根据命令行提示进行操作，在绘图区依次选择半径为 50 和 40 的圆柱体，按【Enter】键确认，并集运算图形，如图 18-5 所示。

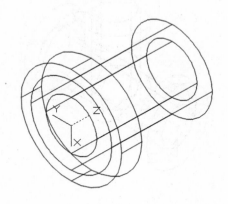

图 18-4 绘制圆柱体

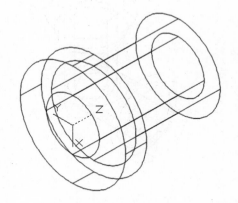

图 18-5 并集运算

步骤 **05** 在命令行中输入 SUBTRACT（差集）命令，按【Enter】键确认，根据命令行提示进行操作，选择并集的图形，按【Enter】键确认，再选择半径为 25 的圆柱体并确认，差集运算图形，如图 18-6 所示。

步骤 **06** 在命令行中输入 MIRROR3D（三维镜像）命令，按【Enter】键确认，根据命令行提示进行操作，选择实体图形，以 XY 平面为镜像面，拾取实体右面的圆心点，选择 N（否）选项，镜像图形，如图 18-7 所示。

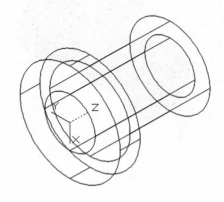

图 18-6 差集运算

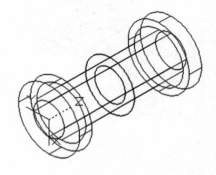

图 18-7 镜像图形

步骤 **07** 在命令行中输入 3DROTATE（三维旋转）命令，按【Enter】键确认，根据命令行提示进行操作，选择镜像所得图形，按【Enter】键确认，指定绿色旋转轴，指定中间圆心为基点，输入旋转角度 90，并确认，旋转图形，如图 18-8 所示。

步骤 08 在命令行中输入 MIRROR3D（三维镜像）命令，按【Enter】键确认，根据命令行提示进行操作，选择左侧实体图形，以 XY 平面为镜像面，拾取实体右面的圆心点，选择 N（否）选项，镜像图形，如图 18-9 所示。

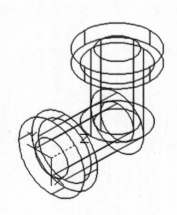

图 18-8 旋转图形

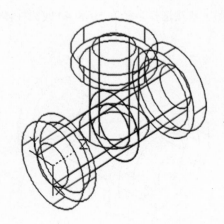

图 18-9 镜像图形

步骤 09 在命令行中输入 UNION（并集）命令，按【Enter】键确认，根据命令行提示进行操作，在绘图区选择所有实体，按【Enter】键确认，并集运算图形，如图 18-10 所示。

步骤 10 在菜单栏中，选择"视图"|"视觉样式"|"概念"选项，将视图转换成概念视觉样式，效果如图 18-11 所示。

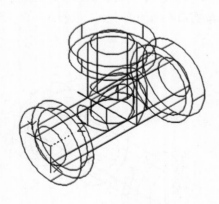

图 18-10 并集运算

图 18-11 概念视觉样式

18.1.2 渲染实体

渲染实体的具体操作步骤如下：

步骤 01 在命令行中输入 UCS（坐标系）命令，按【Enter】键确认，在命令行中输入 REC（矩形）命令，在命令行提示下，在绘图区中绘制一个矩形，并执行 REG（面域）命令，选择所绘矩形创建面域，调整其位置，如图 18-12 所示。

步骤 02 执行 MATERIALS 命令，弹出"材质浏览器"面板，单击"创建材质"下拉按钮，在弹出的下拉列表框中选择"新建常规材质"选项，如图 18-13 所示。

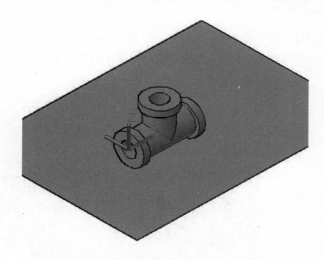

图 18-12 创建面域

图 18-13 选择"新建常规材质"选项

步骤 03 弹出"材质编辑器"面板，单击"图像"右侧的空白处，弹出"材质编辑器打开文件"对话框，选择"mw014.TIF"文件，单击"打开"按钮，设置贴图并弹出"纹理编辑器"面板，在"比例"选项组中设置其"样例尺寸"为 800×800，在"材质编辑器"面板中单击"颜色"下拉列表框，在弹出的下拉列表中选择"按对象着色"，如图 18-14 所示。

步骤 04 将视图转换为真实样式。在绘图区中选择矩形框面域，在"材质浏览器"面板中"默认为常规"上单击鼠标右键，在弹出的快捷菜单中选择"指定给当前选择"选项，为地面赋予材质，如图 18-15 所示。

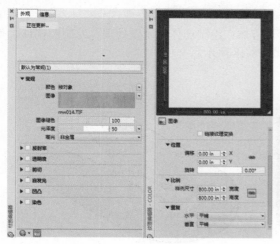

图 18-14 材质编辑器

图 18-15 为地面赋予材质

步骤 05 在"材质浏览器"中单击"创建材质"下拉按钮，在弹出的下拉列表框中选择"新建常规材质"选项，弹出"材质编辑器"面板，单击"图像"右侧的空白处，弹出"材质编辑器打开文件"对话框，选择"Meta101.JPEG"文件，单击"打开"按钮，在"材质编辑器"面板中，设置"图像褪色"为83、"光泽度"为80、"高光"为"金属"，选中"反射率"复选框，设置"直接"和"倾斜"均为90，如图 18-16 所示。

步骤 06 关闭相应的面板，选择实体对象，选择默认为常规(1)，单击鼠标右键，弹出快捷菜单，选择"指定给当前选择"选项，执行操作后，即可为合适的实体对象赋予材质，如图 18-17 所示。

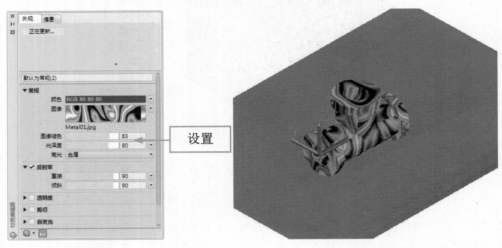

图 18-16 设置选项   图 18-17 赋予材质

专家指点

对模型赋予合适的材质及贴图并进行渲染是一件细心活，用户要非常有耐心地渲染多次才能得到满意的图形渲染效果。

18.2 垫片

在本实例的制作过程中，主要运用到了绘制长方体、绘制球体、镜像处理、绘制圆柱体、差集处理和渲染处理等操作。本实例的最终效果如图 18-18 所示。

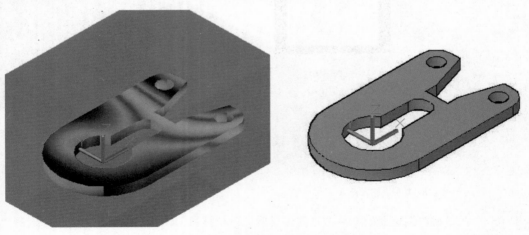

图 18-18 垫片

素材文件	光盘 \ 素材 \ 第 18 章 \mw014.tif、Meta101.jpeg
效果文件	光盘 \ 效果 \ 第 18 章 \ 垫片 .dwg
视频文件	光盘 \ 视频 \ 第 18 章 \18.2 垫片 .mp4

18.2.1 绘制垫片

绘制垫片的具体操作步骤如下：

步骤 **01** 启动 AutoCAD 2016，将视图切换至"西南等轴测"视图，执行 BOX（长方体）命令，以原点（0,0）为指定角点，输入 L、60、50、5，绘制长方体，如图 18-19 所示。

步骤 **02** 执行 CYL（圆柱体）命令，捕捉长方体左侧底面下方边的中点为中心，绘制半径为 25、高为 5 的圆柱体，如图 18-20 所示。

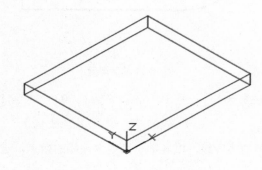

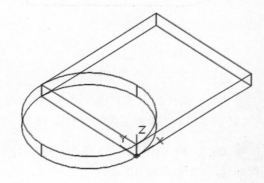

图 18-19 绘制长方体 图 18-20 绘制圆柱体

步骤 **03** 执行 UNI（并集）命令，拾取长方体与圆柱体为对象，进行并集运算，如图 18-21 所示。

步骤 **04** 设置视图为"俯视"，在命令行中输入 UCS，移动坐标原点到半径为 25 圆柱体的圆心，执行 C（圆）命令，以坐标原点为圆心，绘制半径为 12 的圆，以（25，0）为圆心，绘制半径为 6 的圆，如图 18-22 所示。

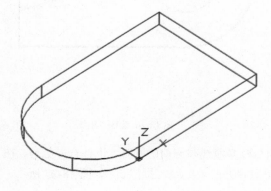

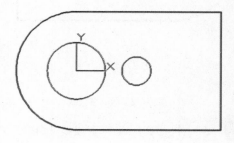

图 18-21 并集运算 图 18-22 绘制圆

步骤 **05** 执行 XL（构造线）命令，通过半径为 6 的圆上、下象限点，绘制水平构造线，如图 18-23 所示。

步骤 **06** 执行 TR（修剪）命令，修剪绘图区中需要修剪的线段，如图 18-24 所示。

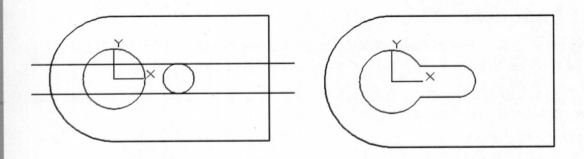

图 18-23 绘制构造线

图 18-24 修剪图形

步骤 **07** 执行 PL（多段线）命令，依次输入（35，0）、（@ 0，6）、（@ 6，0）、（@ 19，6）（@ 0，-12），绘制多段线，如图 18-25 所示。

步骤 **08** 执行 MI（镜像）命令，拾取上步绘制的多段线，以其端点为镜像轴线的两点，进行镜像处理，如图 18-26 所示。

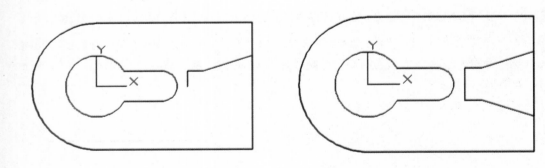

图 18-25 绘制多段线

图 18-26 镜像多段线

步骤 **09** 执行 PE（编辑多段线）命令，分别拾取多段线与修剪的圆弧，进行合并处理，在"西南等轴测"视图中，执行 EXT（拉伸）命令，拾取合并的多段线，拉伸 5，如图 18-27 所示。

步骤 **10** 运用 SU（差集）命令，选择实体，拾取上步的两个拉伸体，进行差集运算，如图 18-28 所示。

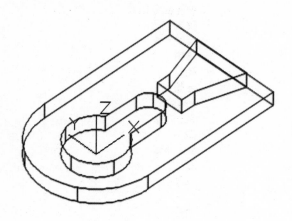

图 18-27 拉伸处理

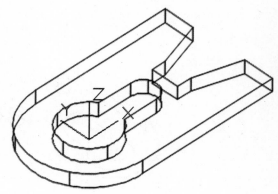

图 18-28 差集运算

步骤 **11** 执行 F（圆角）命令，设置圆角半径为 8，对垫片的角进行圆角处理，如图 18-29 所示。

步骤 **12** 执行 CYL（圆柱体）命令，以圆角的圆心为圆柱体的中心，绘制半径为 4、高为 5 的圆柱体，并执行 SU（差集）命令，选择实体，拾取绘制的两个圆柱体，进行差集运算，效果如图 18-30 所示。

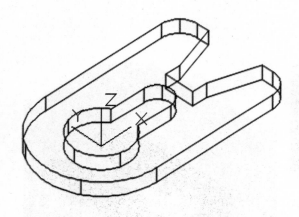

图 18-29 圆角处理

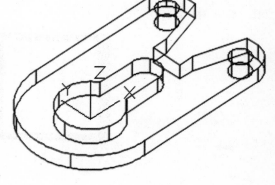

图 18-30 差集运算

18.2.2 渲染实体

渲染实体的具体操作步骤如下：

步骤 **01** 执行 REC（矩形）命令，在命令行提示下，在绘图区中绘制一个矩形，并执行 REG（面域）命令，选择所绘矩形创建面域，如图 18-31 所示。

步骤 **02** 执行 MATERIALS 命令，弹出"材质浏览器"面板，单击"创建材质"下拉按钮，在弹出的下拉列表框中选择"新建常规材质"选项，如图 18-32 所示。

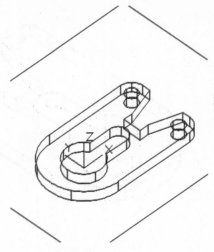

图 18-31 创建面域

图 18-32 选择"新建常规材质"选项

步骤 03 弹出"材质编辑器"面板，单击"图像"右侧的空白处，弹出"材质编辑器打开文件"对话框，选择"mw014.TIF"文件，单击"打开"按钮，设置贴图并弹出"纹理编辑器"面板，在"比例"选项组中设置其"样例尺寸"为 800×800，在"材质编辑器"面板中单击"颜色"下拉列表框，在弹出的下拉列表中选择"按对象着色"，如图 18-33 所示。

步骤 04 将视图转换为真实样式。在绘图区选择矩形面域，在"材质浏览器"面板中"默认为常规"上单击鼠标右键，在弹出的快捷菜单中选择"指定给当前选择"选项，为地面赋予材质，如图 18-34 所示。

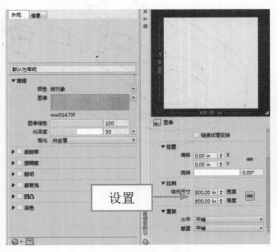

图 18-33 材质编辑器

图 18-34 为地面赋予材质

步骤 05 在"材质浏览器"中单击"创建材质"下拉按钮，在弹出的下拉列表框中选择"新建常规材质"选项，弹出"材质编辑器"面板，如图 18-35 所示。

步骤 06 单击"图像"右侧的空白处，弹出"材质编辑器打开文件"对话框，选择 Meta101. JPEG 文件，单击"打开"按钮，如图 18-36 所示。

图 18-35 材质编辑器

图 18-36 选择贴图文件

步骤 07 在"材质编辑器"面板中,设置"图像褪色"为 83、"光泽度"为 80、"高光"为"金属",选中"反射率"复选框,设置"直接"和"倾斜"均为 90,如图 18-37 所示。

步骤 08 关闭相应的面板,选择实体对象,选择默认为常规(1),单击鼠标右键,在弹出的快捷菜单中,选择"指定给当前选择"选项,执行操作后,即可为合适的实体对象赋予材质,如图 18-38 所示。

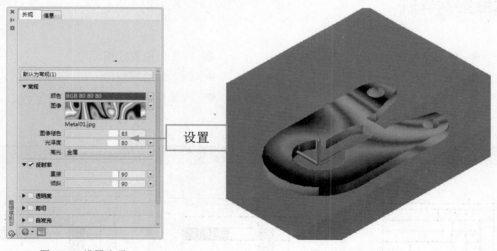

图 18-37 设置选项

图 18-38 赋予材质

19 室内设计

学习提示

　　随着城市化进程的加快和人们生活水平的提高，建筑行业已经成为国民经济支柱的产业之一。本章主要向读者介绍室内装潢图纸的绘制方法与设计技巧，对室内装潢设计中的不同风格进行了深刻的剖析，为读者成为专业的室内设计师做好全面的准备。

本章案例导航

- 19.1.1 绘制书房立面图轮廓
- 19.1.2 绘制柜体细节
- 19.1.3 布置立面图
- 19.2.1 设置绘图环境
- 19.2.2 绘制墙体
- 19.2.3 绘制门窗

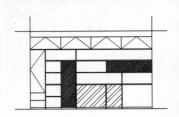
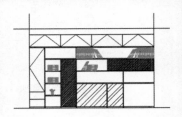
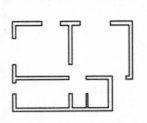
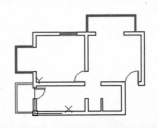
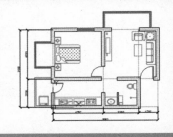

19.1 书房立面图设计

本实例介绍书房立面图的设计，效果如图 19-1 所示。

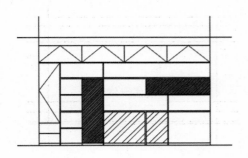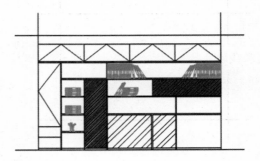

图 19-1 书房立面图

	素材文件	光盘 \ 素材 \ 第 19 章 \ 书籍装饰物 .dwg
	效果文件	光盘 \ 效果 \ 第 19 章 \ 书房立面图设计 .dwg
	视频文件	光盘 \ 视频 \ 第 19 章 \19.1 书房立面图设计 .mp4

19.1.1 绘制书房立面图轮廓

绘制立面图轮廓的具体操作步骤如下：

步骤 01 启动 AutoCAD 2016，在命令行中输入 REC（矩形）命令，按【Enter】键确认，根据命令行提示进行操作，任意捕捉一点，输入（@3969,2600），按【Enter】键确认，绘制矩形，如图 19-2 所示。

步骤 02 在命令行中输入 X（分解）命令，按【Enter】键确认，根据命令行提示进行操作，将新绘制矩形分解。如图 19-3 所示。

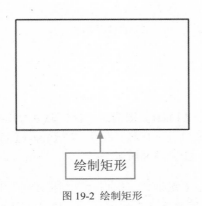

图 19-2 绘制矩形

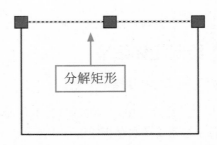

图 19-3 分解矩形

步骤 03 使用夹点编辑，将矩形的 4 条边分别向外拉长 500，如图 19-4 所示。

步骤 04 在命令行中输入 O（偏移）命令，并按【Enter】键确认，根据命令行提示进行操作，将最上方的水平直线向下偏移，偏移距离依次为 200、400、1470、240 和 240，如图 19-5 所示。

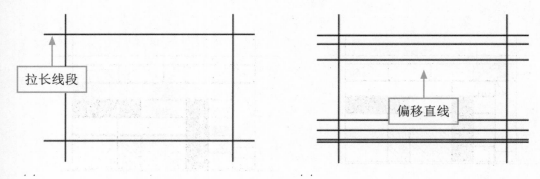

图 19-4 拉长线段   图 19-5 偏移直线

步骤 05 在命令行中输入 O（偏移）命令，按【Enter】键确认，根据命令行提示进行操作，将左侧竖直直线依次向右偏移，偏移距离依次为 500、1000 和 1500，如图 19-6 所示。

步骤 06 在命令行中输入 TR（修剪）命令，按【Enter】键确认，根据命令行提示进行操作，修剪并删除多余的图形，如图 19-7 所示。

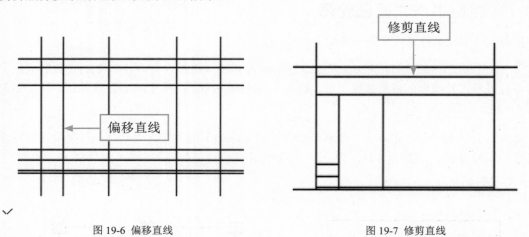

图 19-6 偏移直线   图 19-7 修剪直线

19.1.2 绘制柜体细节

绘制柜体细节的具体操作步骤如下：

步骤 01 在命令行中输入 DIV（定数等分）命令，按【Enter】键确认，根据命令行提示进行操作，将从上数第 2 条水平直线进行 4 等分。在命令行中输入 L（直线）命令，按【Enter】键确认，根据命令行提示进行操作，捕捉节点和垂足，绘制直线，如图 19-8 所示。

步骤 02 在命令行中输入 L（直线）命令，按【Enter】键确认，根据命令行提示进行操作，输入 FROM 命令并确认，捕捉合适的端点，单击鼠标左键并确认，输入（@0,-400），并确认，向右引导光标，捕捉垂足，绘制直线，如图 19-9 所示。

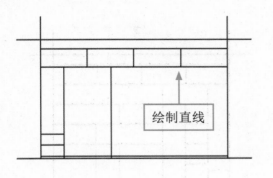

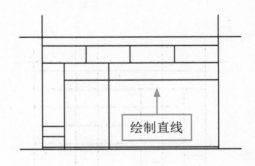

图 19-8 绘制直线   图 19-9 绘制直线

步骤 03 在命令行中输入 O（偏移）命令，按【Enter】键确认，根据命令行提示进行操作，设置偏移距离为 400，将新绘制的直线向下偏移 3 次，如图 19-10 所示。

步骤 04 在命令行中输入 TR（修剪）命令，按【Enter】键确认，根据命令行提示进行操作，修剪多余的图形，如图 19-11 所示。

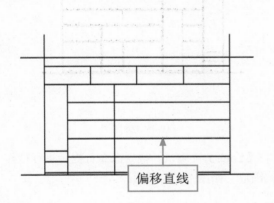

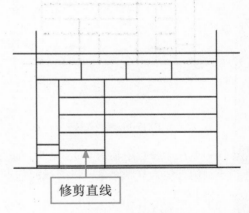

图 19-10 偏移直线   图 19-11 修剪直线

步骤 05 在命令行中输入 O（偏移）命令，按【Enter】键确认，根据命令行提示进行操作，将右侧竖直直线向左偏移，偏移距离依次为 970、517 和 1482，如图 19-12 所示。

步骤 06 在命令行中输入 TR（修剪）命令，按【Enter】键确认，根据命令行提示进行操作，修剪多余的图形，如 19-13 图所示。

步骤 07 在命令行中输入 O（偏移）命令，按【Enter】键确认，根据命令行提示进行操作，设置偏移距离为 20，将相应位置偏移出双线。在命令行中输入 TR（修剪）命令，按【Enter】键确认，根据命令行提示进行操作，修剪多余的图形，如图 19-14 所示。

步骤 08 在命令行中输入 L（直线）命令，按【Enter】键确认，根据命令行提示进行操作，捕捉左上方端点，单击鼠标左键确认，输入（@496,400）、（@496,-400）并确认，即可绘制直线，如图 19-15 所示。

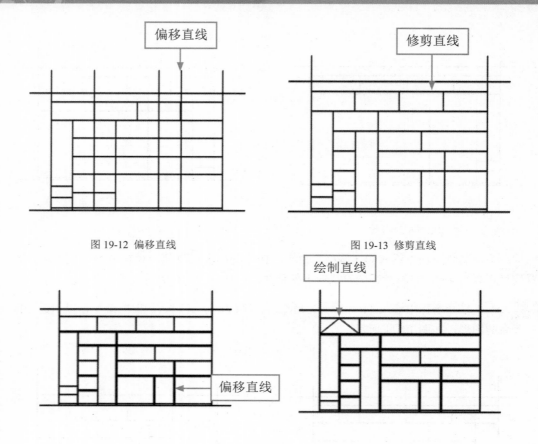

图 19-12 偏移直线

图 19-13 修剪直线

图 19-14 偏移直线

图 19-15 绘制直线

步骤 09 在命令行中输入 CO（复制）命令，按【Enter】键确认，根据命令行提示进行操作，选择新绘制的直线为复制对象，以合适的基点复制图形，如图 19-16 所示。

步骤 10 在命令行中输入 L（直线）命令，按【Enter】键确认，根据命令行提示进行操作，捕捉左上方端点，单击鼠标左键确认，输入（@-480,-650）、（@480,-800）并确认，即可绘制直线，如图 19-17 所示。

图 19-16 复制直线

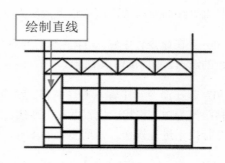

图 19-17 绘制直线

步骤 11 在命令行中输入 H（图案填充）命令，按【Enter】键确认，弹出"图案填充创建"选项卡，选择"ANSI31"图案，设置"填充比例"为 5，在绘图区合适位置处，依次单击鼠标左键，按【Enter】键确认，即可创建图案填充，如图 19-18 所示。

步骤 12 在命令行中输入 H（图案填充）命令，按【Enter】键确认，弹出"图案填充创建"选项卡，选择"STEEL"图案，设置"填充比例"为 70，在绘图区合适位置处，依次单击鼠标左键，按【Enter】键确认，即可创建图案填充，如图 19-19 所示。

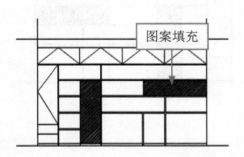

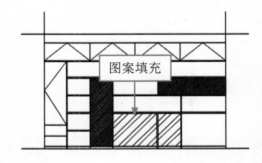

图 19-18 图案填充　　　　　　　　　　　图 19-19 图案填充

19.1.3 布置立面图

布置立面图的具体操作步骤如下：

步骤 01 在命令行中输入 I（插入）命令，按【Enter】键确认，弹出"插入"对话框，单击"浏览"按钮，弹出"选择图形文件"对话框，选择相应的图形文件，如图 19-20 所示。

步骤 02 单击"打开"按钮，返回到"插入"对话框，单击"确定"按钮，在绘图区的合适位置上，单击鼠标左键，即可插入图块，如图 19-21 所示。

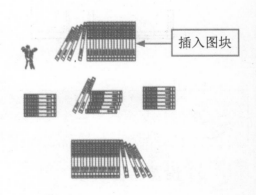

图 19-20 选择文件　　　　　　　　　　　图 19-21 插入图块

步骤 03 在命令行中输入 X（分解）命令，按【Enter】键确认，根据命令行提示进行操作，分解图块，选择图形查看分解效果，在命令行中输入 SC（缩放）命令，按【Enter】键确认，根据命令行提示进行操作，设置比例因子为 0.05，缩放相应的图形，如图 19-22 所示。

步骤 04 在命令行中输入 M（移动）命令，按【Enter】键确认，根据命令行提示进行操作，移动相应的图形至合适位置，如图 19-23 所示。

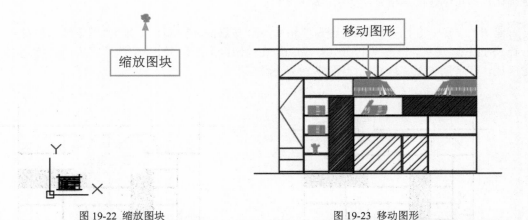

图 19-22 缩放图块　　　　　　　　　　　　　　图 19-23 移动图形

19.2 户型平面图

在本实例的制作过程中，主要运用到了新建图层、绘制直线、分解处理、修剪处理、绘制多线和偏移处理等操作。本实例的最终效果如图 19-24 所示。

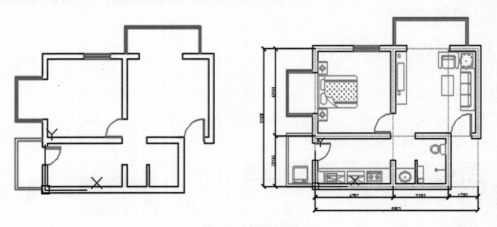

图 19-24 户型平面图

素材文件	光盘 \ 素材 \ 第 19 章 \ 户型平面图 .dwg
效果文件	光盘 \ 效果 \ 第 19 章 \ 户型平面图 .dwg
视频文件	光盘 \ 视频 \ 第 19 章 \19.2 户型平面图 .mp4

19.2.1 设置绘图环境

设置绘图环境的具体操作步骤如下：

步骤 01 新建一个 CAD 文件，执行 LA（图层）命令，弹出"图层特性管理器"面板，依次创建"轴线（CENTER、红色）"、"墙线"、"门窗（蓝色）"和"标注"图层，将"轴线"图层置为当前图层，如图 19-25 所示。

步骤 **02** 开启正交模式，执行 L（直线）命令，在命令行提示下，指定原点为直线的第一点，向右引导光标，输入 9983，按【Enter】键确认，绘制一条水平直线；捕捉新绘制直线的左端点，向上引导光标，输入 7587 并确认，绘制一条垂直直线，如图 19-26 所示。

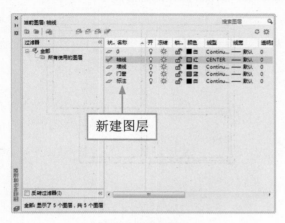

图 19-25 新建图层

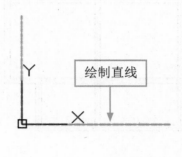

图 19-26 绘制直线

步骤 **03** 执行 O（偏移）命令，在命令行提示下，依次输入偏移距离为 2796 和 4791，将水平直线向上偏移，如图 19-27 所示。

步骤 **04** 重复执行 O（偏移）命令，在命令行提示下，依次输入偏移距离为 4792、3393、1798，将竖直直线向右偏移，如图 19-28 所示。

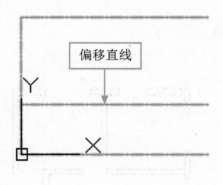

图 19-27 偏移直线

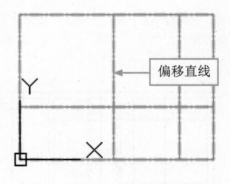

图 19-28 偏移直线

19.2.2 绘制墙体

绘制墙体的具体操作步骤如下：

步骤 **01** 将"墙线"图层置为当前，锁定"轴线"，执行 ML（多线）命令，在命令行提示下，设置比例为 319、"对正"为"无"，在绘图区中合适的端点上，依次单击鼠标左键，绘制多线，如图 19-29 所示。

步骤 02 执行 X（分解）命令，在命令行提示下，分解多线对象；执行 TR（修剪）命令，在命令行提示下，修剪多余的直线，如图 19-30 所示。

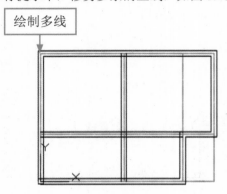

绘制多线

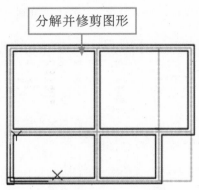

分解并修剪图形

图 19-29 绘制多线　　　　　　　　　　　　图 19-30 分解并修剪图形

19.2.3 绘制门窗

绘制门窗的具体操作步骤如下：

步骤 01 将"门窗"图层置为当前，执行 O（偏移）命令，在命令行提示下，依次设置偏移距离为 958、613、276、709、400、1198、2306，将最下方水平轴线向上进行偏移处理；继续执行 O（偏移）命令依次设置偏移距离为 2503、1597、851、839、492、133、1770、233、1331，将最左侧的竖直轴线向右偏移，隐藏"轴线"图层，如图 19-31 所示。

步骤 02 执行 EX（延伸）命令，在命令行提示下，延伸相应的直线；执行 TR（修剪）命令，修剪多余的直线；执行 E（删除）命令，删除多余的直线，如图 19-32 所示。

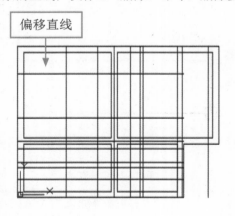

偏移直线

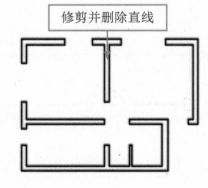

修剪并删除直线

图 19-31 偏移直线　　　　　　　　　　　　图 19-32 修剪并删除直线

步骤 03 执行 L（直线）命令，在命令行提示下，捕捉右下方合适中点，向左引导光标，输入 60，按【Enter】键确认，向上引导光标，输入 1271 并确认，向右引导光标，输入 60 并确认，向下引导光标，输入 1271 并确认，绘制直线，如图 19-33 所示。

步骤　04　执行 C（圆）命令，在命令行提示下，捕捉新绘制的直线左下方端点作为圆心，单击左边图形的端点，按【Enter】键确认，绘制圆；执行 TR（修剪）命令，在命令行提示下，修剪多余的图形，如图 19-34 所示。

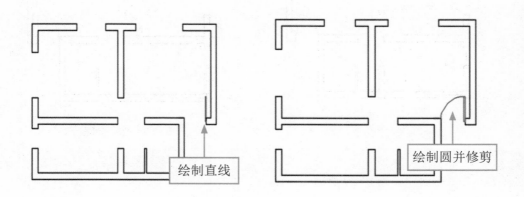

图 19-33　绘制直线　　　　　　　　　　　　图 19-34　绘制圆并修剪

步骤　05　重复执行 L（直线）命令、C（圆）命令和 TR（修剪）命令，绘制其他的门，如图 19-35 所示。

步骤　06　执行 L（直线）命令，依次捕捉上方合适的端点，绘制直线，如图 19-36 所示。

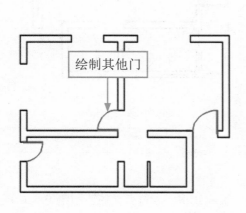
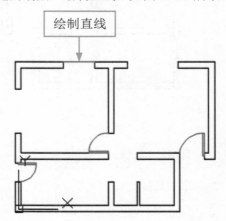

图 19-35　绘制其它门　　　　　　　　　　　　图 19-36　绘制直线

步骤　07　执行 O（偏移）命令，在命令行提示下，设置偏移距离均为 79.75，将新绘制的直线向下偏移 4 次，如图 19-37 所示。

步骤　08　执行 PL（多段线）命令，在命令行提示下，依次输入（-186，0）、（@-1597,0）、（@0,2929）和（@1597,0），绘制多段线，如图 19-38 所示。

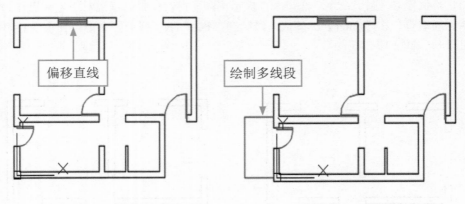

图 19-37 偏移直线 　　　　　　　　　　　　　　　　图 19-38 绘制多线段

步骤 09 执行 O（偏移）命令，在命令行提示下，设置偏移距离为 133，将新绘制的多段线向内偏移，完成阳台，如图 19-39 所示。

步骤 10 绘制其他窗台和阳台对象，如图 19-40 所示。

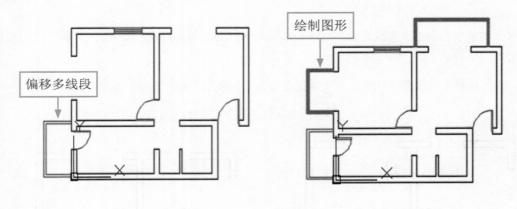

图 19-39 偏移多段线 　　　　　　　　　　　　　　　图 19-40 绘制其他图形

19.2.4 完善户型平面图

完善户型平面图的具体操作步骤如下：

步骤 01 执行 I（插入）命令，弹出"插入"对话框，单击"浏览"按钮，如图 19-41 所示。

步骤 02 弹出"选择图形文件"对话框，选择相应图形文件，单击"打开"按钮，返回到"插入"对话框，单击"确定"按钮，在绘图区中任意指定一点，插入图块，如图 19-42 所示。

步骤 03 在命令行中输入 X（分解）命令，按【Enter】键确认，分解图块，在命令行中输入 M（移动）命令，按【Enter】键确认，根据命令行提示进行操作，移动相应的图形至合适位置，如图 19-43 所示。

步骤 04 将"标注"图层置为当前，并显示"轴线"图层；执行 D（标注样式）命令，弹出"标注样式管理器"对话框，选择 ISO-25 选项，单击"修改"按钮，如图 19-44 所示。

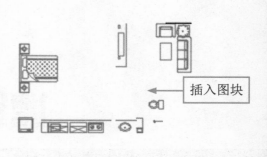

图 19-41 单击"浏览"按钮   图 19-42 插入图块

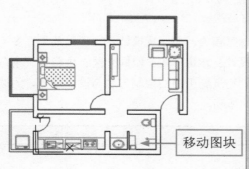

图 19-43 移动图块   图 19-44 单击"修改"按钮

步骤 05 弹出"修改标注样式"对话框，在"主单位"选项卡中设置"精度"为0，在"文字"选项卡中设置"文字高度"为200，在"符号和箭头"选项卡中设置"第一个"箭头为"建筑标记"、"箭头大小"为200，单击"确定"按钮，如图 19-45 所示。

步骤 06 执行 DLI（线性标注）命令，在命令行提示下，创建线性尺寸标注，标注图形尺寸，如图 19-46 所示。

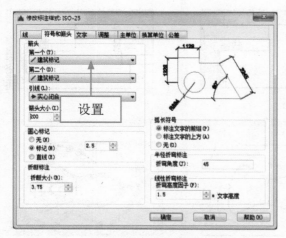

图 19-45 设置标注参数   图 19-46 创建线性尺寸标注

20 建筑设计

学习提示

　　建筑是人类文明的一部分，与人的生活息息相关，而建筑设计是一项涉及了许多不同种类学科知识的综合性工作，它包括了环境设计、建筑形式、空间分区、色彩等。本章综合执行前面章节所学的知识，向读者介绍室外建筑施工图的绘制方法与设计技巧，为读者成为受人尊敬与崇拜的知名建筑师打好结实的基础。

本章案例导航

- 20.1.1 绘制基本平面图
- 20.1.2 完善景观平面图

- 20.2.1 绘制基本轮廓
- 20.2.2 完善园林规划图

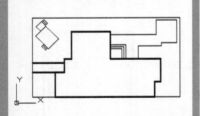
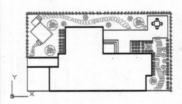

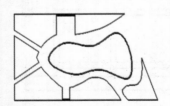
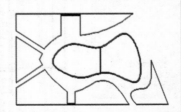
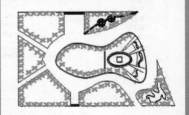

20.1 建筑景观图设计

在设计建筑景观图的过程中，首先需要绘制基本平面图，然后完善景观平面图。本实例介绍建筑景观图的设计，效果如图 20-1 所示。

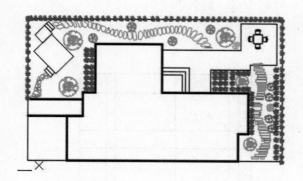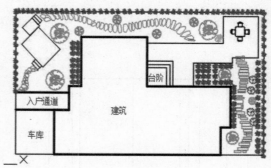

图 20-1 建筑景观图效果

素材文件	无
效果文件	无
视频文件	光盘 \ 视频 \ 第 20 章 \20.1 建筑景观图设计 .mp4

20.1.1 绘制基本平面图

步骤 01 新建一个空白文件，在命令行中输入 LA（图层）命令，按【Enter】键确认，弹出"图层特性管理器"面板，新建"辅助线"和"建筑"图层，设置"建筑"图层的"线宽"为 0.3 毫米，将"辅助线"图层置为当前层，如图 20-2 所示。

步骤 02 在命令行中输入 REC（矩形）命令，按【Enter】键确认，根据命令行提示进行操作，绘制一个 22750×12500 的矩形，如图 20-3 所示。

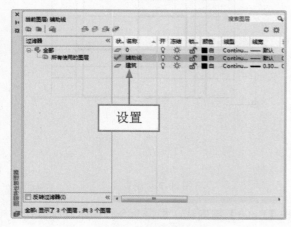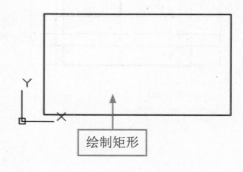

图 20-2 设置图层　　　　　　　　　　　　　图 20-3 绘制矩形

步骤 03 在命令行中输入 X（分解）命令，按【Enter】键确认，根据命令行提示进行操作，将矩形分解。在命令行中输入 O（偏移）命令，并按【Enter】键确认，根据命令行提示进行操作，将矩形左侧垂直直线向右依次偏移 3500、1400、1100、6000、6800 和 900，如图 20-4 所示。

步骤 04 在命令行中输入 O（偏移）命令，按【Enter】键确认，根据命令行提示进行操作，将矩形上侧水平直线向下依次偏移 2200、4300、2100 和 1500，如图 20-5 所示。

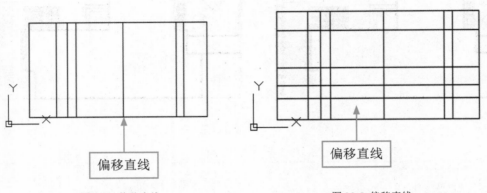

图 20-4 偏移直线　　　　　　　　　　　　　　图 20-5 偏移直线

步骤 05 将"建筑"图层置为当前层，显示线宽，在命令行中输入 PL（多段线）命令，并按【Enter】键确认，根据命令行提示进行操作，依次捕捉相应交点，绘制多段线，如图 20-6 所示。

步骤 06 在命令行中输入 L（直线）命令，按【Enter】键确认，根据命令行提示进行操作，捕捉相应点，绘制一条直线，如图 20-7 所示。

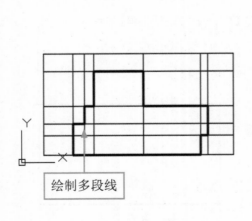

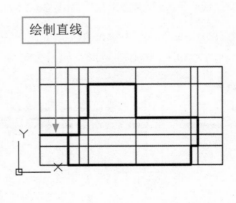

图 20-6 绘制多段线　　　　　　　　　　　　　图 20-7 绘制直线

步骤 07 在命令行中输入 O（偏移）命令，按【Enter】键确认，根据命令行提示进行操作，设置偏移距离为 1493，将新绘制的直线向上偏移，如图 20-8 所示。

步骤 08 在命令行中输入 E（删除）命令，按【Enter】键确认，根据命令行提示进行操作，删除多余的线段，如图 20-9 所示。

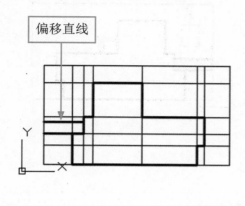

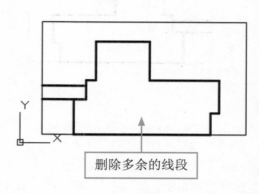

图 20-8 偏移直线　　　　　　　　　　　　　　图 20-9 删除多余的线段

步骤 09 将 0 图层置为当前层，在命令行中输入 REC（矩形）命令，按【Enter】键确认，根据命令行提示进行操作，捕捉相应角点，单击鼠标左键确认，输入（@2400,2200）并确认，绘制矩形，如图 20-10 所示。

步骤 10 在命令行中输入 X（分解）命令，按【Enter】键确认，根据命令行提示进行操作，将新绘制矩形分解，在命令行中输入 O（偏移）命令，按【Enter】键确认，根据命令行提示进行操作，设置偏移距离为 300，将相应直线向内侧偏移 2 次，效果如图 20-11 所示。

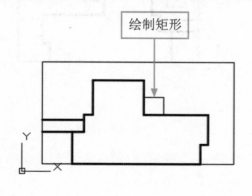

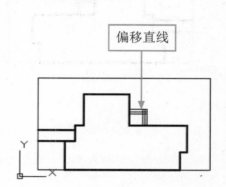

图 20-10 绘制矩形　　　　　　　　　　　　　图 20-11 偏移直线

步骤 11 在命令行中输入 CHA（倒角）命令，按【Enter】键确认，根据命令行提示进行操作，将偏移后的直线进行倒角，如图 20-12 所示。

步骤 12 在命令行中输入 REC（矩形）命令，按【Enter】键确认，根据命令行提示进行操作，绘制一个 2200×2800 的矩形，效果如图 20-13 所示。

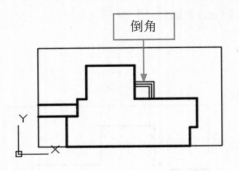

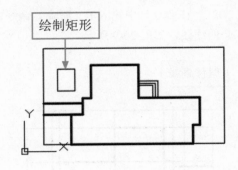

图 20-12 倒角　　　　　　　　　　　　　　　图 20-13 绘制矩形

步骤 13 在命令行中输入 REC（矩形）命令，按【Enter】键确认，根据命令行提示进行操作，捕捉新绘制矩形上方中点，输入（@1200,966）并确认，绘制矩形，如图 20-14 所示。

步骤 14 在命令行中输入 REC（矩形）命令，按【Enter】键确认，根据命令行提示进行操作，捕捉新绘制矩形的右上端点，输入（@250,-800）并确认，绘制矩形，再复制一个同样的矩形，如图 20-15 所示。

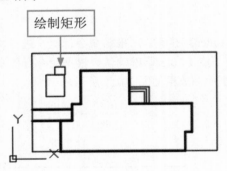

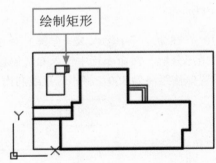

图 20-14 绘制矩形　　　　　　　　　　　　　图 20-15 绘制矩形

步骤 15 在命令行中输入 REC（矩形）命令，按【Enter】键确认，根据命令行提示进行操作，捕捉大矩形的左下端点，绘制两个 250×800 的矩形，如图 20-16 所示。

步骤 16 在命令行中输入 M（移动）命令，按【Enter】键确认，根据命令行提示进行操作，选择新绘制的两个矩形，捕捉矩形的右下端点，向上引导光标，输入 165 并确认，移动图形，如图 20-17 所示。

步骤 17 在命令行中输入 RO（旋转）命令，按【Enter】键确认，根据命令行提示进行操作，将相应图形旋转 45 度，并移动图形至合适位置，如图 20-18 所示。

步骤 18 在命令行中输入 O（偏移）命令，按【Enter】键确认，根据命令行提示进行操作，将最右侧垂直边向左依次偏移 525、2375、828 和 2718，如图 20-19 所示。

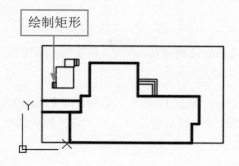

绘制矩形

图 20-16 绘制矩形

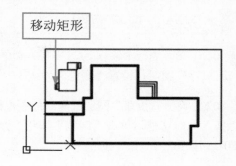

移动矩形

图 20-17 移动矩形

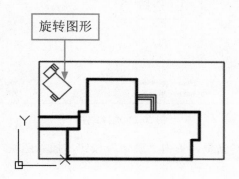

旋转图形

图 20-18 旋转图形

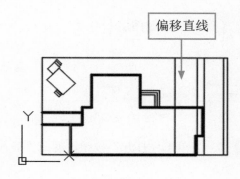

偏移直线

图 20-19 偏移直线

步骤 19 在命令行中输入 O（偏移）命令，按【Enter】键确认，根据命令行提示进行操作，将最上侧直线向下依次偏移 368、2338、1300 和 448 的距离，如图 20-20 所示。

步骤 20 在命令行中输入 TR（修剪）命令，按【Enter】键两次，根据命令行提示进行操作，修剪多余的图形，如图 20-21 所示。

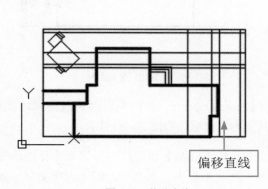

偏移直线

图 20-20 偏移直线

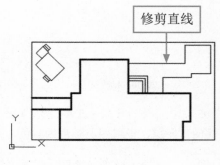

修剪直线

图 20-21 修剪直线

20.1.2 完善景观平面图

步骤 01 在命令行中输入 LA（图层）命令，按【Enter】键确认，弹出"图层特性管理器"面板，新建"石板路"图层，设置"颜色"为 253，如图 20-22 所示。

步骤 02 将"石板路"图层置为当前层，在命令行中输入 I（插入）命令，按【Enter】键确认，弹出"插入"对话框，单击"浏览"按钮，弹出"选择图形文件"对话框，选择相应图形文件，如图 20-23 所示。

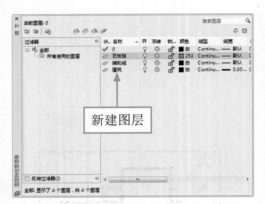

图 20-22 新建图层　　　　　　　　　　　　图 20-23 选择文件

步骤 03 单击"打开"按钮，返回"插入"对话框，单击"确定"按钮，插入图块，如图 20-24 所示。

步骤 04 在命令行中输入 X（分解）命令，按【Enter】键确认，分解图块。选择相应图形，调整大小，将其复制到合适位置，如图 20-25 所示。

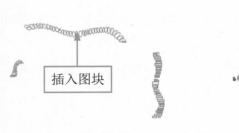

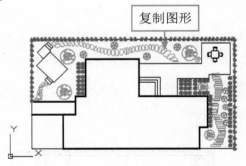

图 20-24 插入图块　　　　　　　　　　　　图 20-25 复制图形

步骤 05 在命令行中输入 LA（图层）命令，按【Enter】键确认，弹出"图层特性管理器"面板，新建"注明"图层，设置图层颜色为蓝色，并将其置为当前层，如图 20-26 所示。

步骤 06 在命令行中输入 MT（多行文字）命令，按【Enter】键确认，根据命令行提示进行操作，在合适位置拖曳鼠标，设置文字高度为 500，在文本框中输入文字，创建相应文字，效果如图 20-27 所示。

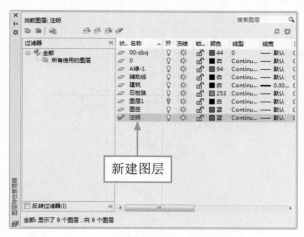

图 20-26 新建图层

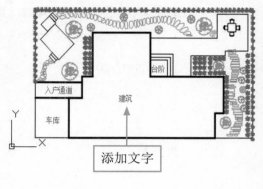

图 20-27 添加文字

20.2 园林规划鸟瞰图

在本实例的制作过程中，主要运用到了新建图层、绘制直线、分解处理、修剪处理、绘制多线和偏移处理等操作技巧。本实例制作的是园林规划鸟瞰图的效果，实例效果如图 20-28 所示。

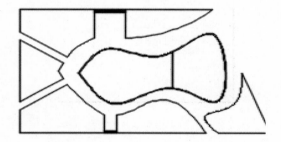

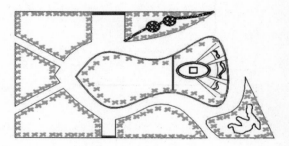

图 20-28 园林规划鸟瞰图的效果图

素材文件	无
效果文件	无
视频文件	光盘 \ 视频 \ 第 20 章 \20.2 园林规划鸟瞰图 .mp4

20.2.1 绘制基本轮廓

绘制基本建筑的具体操作步骤如下：

步骤 **01** 新建一个空白图形文件，执行 LA（图层）命令，在"图层特性管理器"面板中，单击"新建图层"按钮，新建"轮廓"图层，将其置为当前图层，如图 20-29 所示。

步骤 **02** 执行 L（直线）命令，根据命令行提示，在绘图区中任意点上，单击鼠标左键，向右引导光标，输入 65000，按【Enter】键确认，绘制直线，如图 20-30 所示。

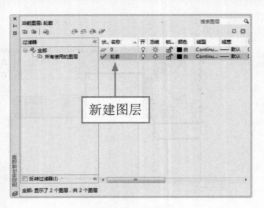

图 20-29 新建图层   图 20-30 绘制直线

步骤 03 重复 L（直线）命令，根据命令行提示，在新绘制的直线左端点上，向上引导光标，输入 39976，按【Enter】键确认，绘制直线，如图 20-31 所示。

步骤 04 重复 L（直线）命令，根据命令行提示，在新绘制的直线最上方的端点上，向右引导光标，输入 50000，按【Enter】键确认，绘制直线，如图 20-32 所示。

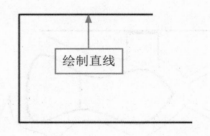

图 20-31 绘制直线   图 20-32 绘制直线

步骤 05 重复 L（直线）命令，根据命令行提示，在绘图区中的两条水平直线的右端点上，依次单击鼠标左键，绘制直线，如图 20-33 所示。

步骤 06 执行 O（偏移）命令，根据命令行提示，选择最左侧的直线为偏移对象，向右进行偏移，偏移距离依次为 19187、2563、3401、2349、20760、3143，如图 20-34 所示。

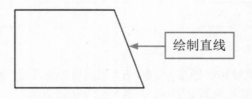

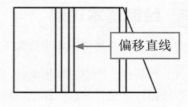

图 20-33 绘制直线   图 20-34 偏移直线

步骤 07 重复 O（偏移）命令，根据命令行提示，选择最下方的水平直线为偏移对象，向上进行偏移，偏移距离依次为 200、200、200、6888、2496、9418、10582、2500、6695、200、200、200，如图 20-35 所示。

步骤 08 执行 TR（修剪）命令，在绘图区中，将偏移后的直线进行修剪处理，执行 E（删除）命令，在绘图区中，将修剪后的多余的线段进行删除处理，效果如图 20-36 所示。

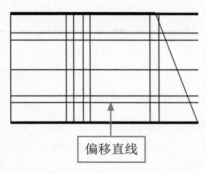

图 20-35 偏移直线

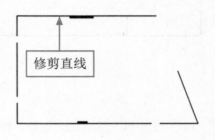

图 20-36 修剪直线

步骤 09 执行 PL（多段线）命令，根据命令行提示，输入 FROM（捕捉自）命令，按【Enter】键确认，在绘图区中左下方端点上，单击鼠标左键，确定基点，如图 20-37 所示。

步骤 10 输入（@0，7480），按【Enter】键确认，输入（@12167，8054）并确认，输入 A 并确认，输入 D 并确认，输入（@4166，-5453）并确认，输入（@9582，-9655）并确认，输入 L 并确认，输入（@0，-5269）并确认，绘制多段线，如图 20-38 所示。

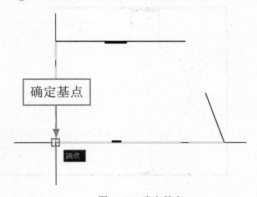

图 20-37 确定基点

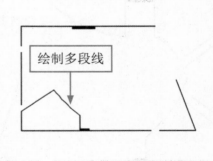

图 20-38 绘制多段线

步骤 11 重复 PL（多段线）命令，按【Enter】键确认，捕捉相应端点，输入（@11250，7500）并确认，输入（@-1250，2500）并确认，输入（@1250，2500）并确认，输入（@-11250，7500）并确认，绘制多段线，如图 20-39 所示。

步骤 12 重复 PL（多段线）命令，按【Enter】键确认，捕捉相应端点，输入（@12075，-8047）并确认，输入 A 并确认，输入 D 并确认，输入（@2635，4127）并确认，输入（@7111，6111）并确认，输入 L 并确认，输入（@0，9436）并确认，绘制多段线，如图 20-40 所示。

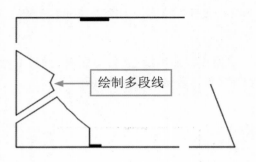

绘制多段线

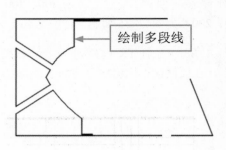

绘制多段线

图 20-39 绘制多段线　　　　　　　　　　　　　　图 20-40 绘制多段线

步骤 **13** 重复 PL（多段线）命令，按【Enter】键确认，根据命令行提示，捕捉相应端点，输入（@0，-9440）并确认，输入 A 并确认，输入 D 并确认，输入（@12928，956）并确认，输入（@22427，9377）并确认，绘制多段线，如图 20-41 所示。

步骤 **14** 重复 PL（多段线）命令，按【Enter】键确认，捕捉相应端点，输入（@0，5898）并确认，输入 A 并确认，输入 D 并确认，输入（@4756，1247）并确认，输入（@7030，3289）并确认，输入（@10325，-1024）并确认，捕捉合适的端点，按【Enter】键确认，绘制多段线，如图 20-42 所示。

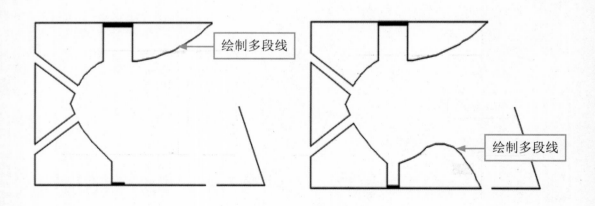

绘制多段线

绘制多段线

图 20-41 绘制多段线　　　　　　　　　　　　　　图 20-42 绘制多段线

步骤 **15** 执行 SPL（样条曲线）命令，按【Enter】键确认，捕捉相应端点，任意捕捉 3 个端点，在右侧直线最上方的端点上，单击鼠标左键，按【Enter】键确认，绘制样条曲线，如图 20-43 所示。

步骤 **16** 执行 SPL（样条曲线）命令，根据命令行提示，确定样条曲线起始点，任意捕捉其他点和终点，按【Enter】键确认，绘制样条曲线，如图 20-44 所示。

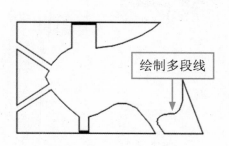

绘制多段线

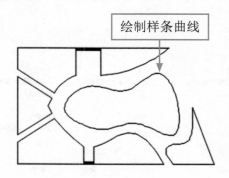

绘制样条曲线

图 20-43 绘制多段线　　　　　　　　　　　图 20-44 绘制样条曲线

步骤 **17** 执行 O（偏移）命令，根据命令行提示，设置偏移距离为 250，将新绘制的样条曲线向内进行偏移处理，如图 20-45 所示。

步骤 **18** 执行 L（直线）命令，根据命令行提示，捕捉样条曲线上的相应端点，绘制直线，执行 O（偏移）命令，根据命令行提示，设置偏移距离为 250，修剪图形，如图 20-46 所示。

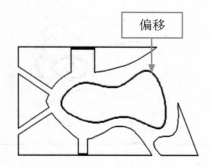

偏移

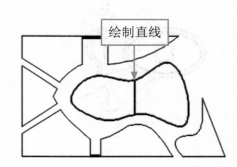

绘制直线

图 20-45 偏移效果　　　　　　　　　　　图 20-46 绘制直线

20.2.2 完善园林规划图

插入图块的具体操作步骤如下：

步骤 **01** 执行 I（插入）命令，弹出"插入"对话框，单击对话框中的"浏览"按钮，如图 20-47 所示。

步骤 **02** 弹出"选择图形文件"对话框，在其中选择需要插入的图块素材"台阶"，如图 20-48 所示。

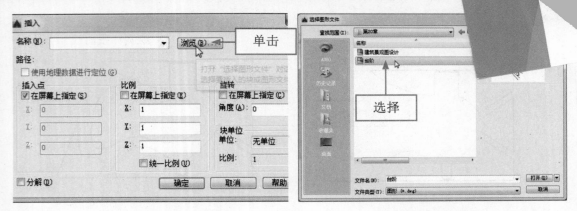

图 20-47 单击"浏览"按钮   图 20-48 选择素材图形

步骤 03 单击"打开"按钮，返回到"插入"对话框，单击"确定"按钮，在绘图区中的任意位置上，单击鼠标左键，插入台阶，如图 20-49 所示。

步骤 04 执行 M（移动）命令，根据命令行提示进行操作，选择新插入的"台阶"为移动对象，按【Enter】键确认，在绘图区中的合适位置上，移动图形，调整大小和位置，如图 20-50 所示。

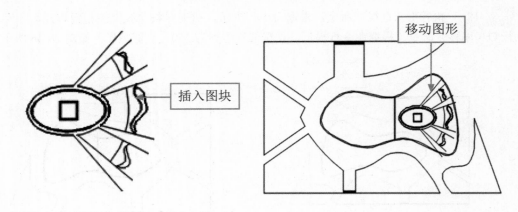

图 20-49 插入图块   图 20-50 移动图形

步骤 05 执行 I（插入）命令，弹出"插入"对话框，单击对话框中的"浏览"按钮，弹出"选择图形文件"对话框，在文件中选择需要插入的素材"假山"，单击"打开"按钮，如图 20-51 所示。

步骤 06 返回到"插入"对话框，单击"确定"按钮，在绘图区中的任意位置上，单击鼠标左键，插入假山图块，并将其移至合适的位置，如图 20-52 所示。

步骤 07 执行 I（插入）命令，弹出"插入"对话框，单击对话框中的"浏览"按钮，弹出"选择图形文件"对话框，选择素材"鹅卵石路"，单击"打开"按钮，如图 20-53 所示。

步骤 08 返回到"插入"对话框，单击"确定"按钮，在绘图区中的任意位置上，单击鼠标左键，插入鹅卵石路图块，并将其移至合适的位置，如图 20-54 所示。

图 20-51 选择素材图形

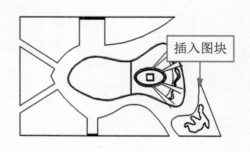

图 20-52 插入图块

图 20-53 选择素材图形

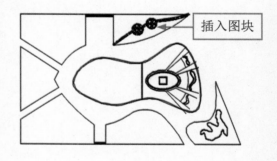

图 20-54 插入图块

步骤 **09** 重复执行 I（插入）命令，选择素材"绿草"，插入绿草图块，缩放图形至合适大小，将其移至合适的位置，如图 20-55 所示。

步骤 **10** 执行 CO（复制）命令，根据命令行提示进行操作，选择新插入的"植物"为复制对象，将其复制至合适位置，如图 20-56 所示。

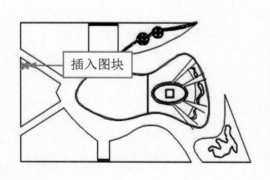

图 20-55 插入图块

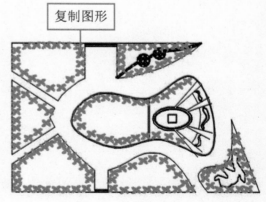

图 20-56 复制图形